JN131448

大学院・大学編入のための

# 応用数学

基本事項の整理と問題演習および
入試問題研究

プレアデス出版

# はじめに

本書は，理工系大学院入試で中心となる「応用数学」について，基礎から始めて無理なく入試レベルに到達することを意図して書かれたものです。

「応用数学」として本書では，複素解析，フーリエ解析，ラプラス変換，ベクトル解析，偏微分方程式を扱っています。

また，本書は大学院入試対策を目的とするものですが，応用数学が出題される大学編入試験における応用数学の対策としても非常に有効なものです。

各章の構成について述べておきます。各章はいくつかの節に分かれ，各節は基本的な問を含む講義部分，例題，演習問題からなります。また，章末には「入試問題研究」として大学院入試問題の研究コーナーを設けています。本書では基本的な問も含めて，すべての問題に詳しい解答を付けていますので，基本に不安がある方でも安心して取り組んでいただけることと思います。

応用数学の入試対策としては，内容の理解が大切なのはもちろんですが，重要公式を正確に覚えておくことも非常に大切です。本書では，基本の理解に基づいて公式が無理なく覚えられるように工夫しています。したがって，本書をしっかりと勉強してもらえれば，入試本番において大いに力を発揮してくれるものと確信しています。

なお，本書では大学初年級で学習する微分積分（微分方程式を含む）と線形代数は扱っていません。これらの分野は大学院入試と大学編入試験とで何ら違いはないので，微分積分や線形代数の対策に不安がある方は巻末にあげた大学編入試験対策の参考書を利用していただければと思います。

最後になりましたが，本書の出版の機会を与えてくださいましたプレアデス出版の麻畑仁氏に心より感謝申し上げます。

2022 年　5 月

桜井　基晴

# 目　　次

## 第４章　ラプラス変換



## 第５章　ベクトル解析



## 第６章　偏微分方程式

# 大学院・大学編入
## のための
# 応 用 数 学

## 基本事項の整理と問題演習
## および
## 入試問題研究

# 第1章

# 複 素 解 析 (1)

－ 正 則 関 数 と 複 素 積 分 －

## 1．1　複素関数

〔目標〕複素関数が実関数と整合的なものとしてどのように定義されるのかを学ぶ。

### （1）オイラーの公式

まず基本となるオイラーの公式：

$$e^{i\theta} = \cos\theta + i\sin\theta$$

について説明する。ここで，$i$ は虚数単位を表す。

実関数 $e^x$, $\sin x$, $\cos x$ のマクローリン展開を思い出そう。

$$e^x = 1 + \frac{1}{1!}x + \frac{1}{2!}x^2 + \frac{1}{3!}x^3 + \frac{1}{4!}x^4 + \frac{1}{5!}x^5 + \cdots$$

$$\sin x = \frac{1}{1!}x - \frac{1}{3!}x^3 + \frac{1}{5!}x^5 - \cdots$$

$$\cos x = 1 - \frac{1}{2!}x^2 + \frac{1}{4!}x^4 - \cdots$$

そこで，以下のような“形式的”な計算をしてみる。

$$\begin{aligned}
e^{i\theta} &= 1 + \frac{1}{1!}i\theta + \frac{1}{2!}(i\theta)^2 + \frac{1}{3!}(i\theta)^3 + \frac{1}{4!}(i\theta)^4 + \frac{1}{5!}(i\theta)^5 + \cdots \\
&= 1 + \frac{1}{1!}i\theta - \frac{1}{2!}\theta^2 - \frac{1}{3!}i\theta^3 + \frac{1}{4!}\theta^4 + \frac{1}{5!}i\theta^5 - \cdots \\
&= \left(1 - \frac{1}{2!}\theta^2 + \frac{1}{4!}\theta^4 - \cdots\right) + i\left(\frac{1}{1!}\theta - \frac{1}{3!}\theta^3 + \frac{1}{5!}\theta^5 - \cdots\right) \\
&= \cos\theta + i\sin\theta
\end{aligned}$$

このようにして自然対数の底 $e$ の $i\theta$ 乗 $e^{i\theta}$ が次のように定められる。

**［公式］（オイラーの公式）**

$$e^{i\theta} = \cos\theta + i\sin\theta$$

### （2）指数関数 $e^z$

指数関数 $e^z$ を，指数法則を満たすように定義することを考えよう。
$z=x+yi$ （$x, y$ は実数）として

$$e^z=e^{x+yi}=e^x e^{iy}=e^x(\cos y+i\sin y)$$

より，複素関数としての指数関数を次のように定義する。

**指数関数**

$e^z=e^x(\cos y+i\sin y)$　　ただし，$z=x+yi$ （$x, y$ は実数）である。

**（注１）** 指数関数の定義より

$$|e^z|=e^x,\quad \arg e^z=y$$

**（注２）** 指数関数 $e^z$ は周期 $2\pi i$ の周期関数である。

$$\begin{aligned}e^{z+2\pi i}&=e^{x+(y+2\pi)i}\\&=e^x\{\cos(y+2\pi)+i\sin(y+2\pi)\}\\&=e^x(\cos y+i\sin y)=e^z\end{aligned}$$

**問 1**　次の値を求めよ。

(1)　$e^{1+\frac{\pi}{2}i}$　　　(2)　$e^{2\pi i}$

**（解）** (1)　$e^{1+\frac{\pi}{2}i}=e^1\left(\cos\frac{\pi}{2}+i\sin\frac{\pi}{2}\right)=ei$

(2)　$e^{2\pi i}=e^0=1$　□

### （3）三角関数 $\sin z,\ \cos z,\ \tan z$

複素関数の三角関数は複素関数の指数関数をもとに以下のように定義される。

まずオイラーの公式から実数 $\theta$ に対して次が成り立つことがわかる。

$$e^{i\theta}=\cos\theta+i\sin\theta$$

$$e^{-i\theta}=\cos\theta-i\sin\theta$$

これより，次が成り立つ。

$$\sin\theta=\frac{e^{i\theta}-e^{-i\theta}}{2i}$$

$$\cos\theta=\frac{e^{i\theta}+e^{-i\theta}}{2}$$

これを複素数の範囲にまで拡張することにより次の定義を得る。

**三角関数**

$$\sin z = \frac{e^{iz} - e^{-iz}}{2i}, \quad \cos z = \frac{e^{iz} + e^{-iz}}{2}, \quad \tan z = \frac{\sin z}{\cos z}$$

**問 2**　$\sin z = 0$ を満たす複素数 $z$ をすべて求めよ。

（解）$\sin z = \dfrac{e^{iz} - e^{-iz}}{2i} = 0$ より

$$e^{iz} = e^{-iz} \qquad \therefore \quad e^{2iz} = 1$$

$\therefore \quad 2iz = 2n\pi i$ （$n$ は整数）　　よって，$z = n\pi$ （$n$ は整数）　□

**問 3**　$\sin z$ の基本周期を求めよ。

（解）$\sin(z+w) = \sin z$ とすると

$$\frac{e^{i(z+w)} - e^{-i(z+w)}}{2i} = \frac{e^{iz} - e^{-iz}}{2i}$$

$$\therefore \quad e^{iz}e^{iw} - e^{-iz}e^{-iw} = e^{iz} - e^{-iz}$$

$$e^{2iz}e^{iw} - e^{-iw} = e^{2iz} - 1$$

$$e^{2iz}(e^{iw} - 1) - (e^{-iw} - 1) = 0$$

これが任意の複素数 $z$ について成り立つ条件は

$e^{iw} = 1$　かつ　$e^{-iw} = 1$　⬅ **2つの等式は同値**

よって，$iw = 2n\pi i$ （$n$ は整数）　　すなわち，基本周期は　$w = 2\pi$　□

### （4）対数関数 $\log z$

次に複素関数としての対数関数を定義したいがこれはやや難しい。すなわち，与えられた複素数 $z$ に対して $z = e^w$ を満たす複素数 $w$ を考えたいのであるが，指数関数 $e^w$ は周期 $2\pi i$ の周期関数であるから複素数 $z$ に対応する $w$ は無数に存在する。

以上のことに注意しつつ，$z = e^w$ を満たす複素数 $w$ を考えていこう。

$w = x + yi$ とおくと，$z = e^w$ より

$$z = e^{x+yi} = e^x(\cos y + i\sin y)$$

よって

$$|z| = e^x, \quad \arg z = y$$

であるから，$z=r(\cos\theta+i\sin\theta)$ とおくと

$r=e^x\ \ (x=\log_e r)$　　（注）$\log_e$ は実関数の自然対数を表す。

$y=\theta+2n\pi$ （$n$ は整数）

すなわち，$z=e^w$ を満たす複素数 $w$ は

$w=\log_e r+(\theta+2n\pi)i$ （$n$ は整数）　⬅ **無限多価関数**

となる。これを $\log z$ で表す。

**（注）** 複素関数の $\log z$ には実関数のときのような“底”はない。

$w=\log z$ の値をただ１つに定めたい場合は $w$ の虚部について

$$-\pi<\operatorname{Im} w \leqq \pi$$

の限定を付け

$$\log z=\log_e r+i\theta \quad (-\pi<\theta\leqq\pi)$$

を考え，対数関数 $\log z$ の**主値**という。主値を $\operatorname{Log} z$ で表すことがある。

以上より，対数関数 $\log z$ を次のように定める。

**対数関数**

複素数 $z=r(\cos\theta+i\sin\theta)$ に対して

$$\log z=\log_e r+(\theta+2n\pi)i \quad (n \text{ は整数})$$

と定める。

ただし，$-\pi<\operatorname{Im}\log z\leqq\pi$ として主値を考える場合は

$$\operatorname{Log} z=\log_e r+i\theta \quad (-\pi<\theta\leqq\pi)$$

を考える。

**（注）** 指数関数 $a^z$ は $a^z=e^{z\log a}$ で定義される。　⬅ **無限多価関数**

**問 4**　$\log(1+i)$ の値を求めよ。

**（解）** $1+i=\sqrt{2}\left(\cos\dfrac{\pi}{4}+i\sin\dfrac{\pi}{4}\right)$ より

$$\log(1+i)=\log_e\sqrt{2}+\left(\frac{\pi}{4}+2n\pi\right)i \quad (n \text{ は整数})$$ □

**（注）** 主値は

$$\operatorname{Log}(1+i)=\log_e\sqrt{2}+\frac{\pi}{4}i$$

### （5）累乗関数 $z^\alpha$

複素関数の累乗関数 $z^\alpha$ は対数関数 $\log z$ を用いて次のように定義される。

**累乗関数**

$$z^\alpha = e^{\log z^\alpha} = e^{\alpha \log z}$$ ⬅ **多価関数**

（注１）対数関数 $\log z$ の主値を $\mathrm{Log}\, z$ で表すとき，累乗関数 $z^\alpha$ の主値は

$$z^\alpha = e^{\alpha \mathrm{Log}\, z}$$

（注２） $z^{\frac{1}{n}}$ （$n$ は自然数）を $\sqrt[n]{z}$ と表す。

**問 5**　$i^i$ の値を求めよ。

（解） $i^i = e^{i\log i} = e^{i\left\{\log_e 1 + \left(\frac{\pi}{2}+2n\pi\right)i\right\}} = e^{-\left(\frac{\pi}{2}+2n\pi\right)} = e^{-\frac{\pi}{2}-2n\pi}$ （$n$ は整数）　□

**問 6**　$\sqrt[3]{1}$ の値を求めよ。また，その主値を答えよ。

（解） $\sqrt[3]{1} = 1^{\frac{1}{3}} = e^{\frac{1}{3}\log 1}$ であり

$\log 1 = \log_e 1 + 2n\pi i = 2n\pi i$ （$n$ は整数）　（注） $\mathrm{Log}\, 1 = \log_e 1 = 0$

であるから

$$\sqrt[3]{1} = e^{\frac{1}{3}\log 1} = e^{\frac{2}{3}n\pi i} = \cos\frac{2n\pi}{3} + i\sin\frac{2n\pi}{3}$$

$$= 1, -\frac{1}{2}+\frac{\sqrt{3}}{2}i, -\frac{1}{2}-\frac{\sqrt{3}}{2}i$$ （注）主値は 1 である。

**<注意！>**　複素関数に登場する多価関数は注意を要する。

**【例】** $z = r(\cos\theta + i\sin\theta)$ に対して

$$\sqrt{z} = e^{\frac{1}{2}\log z}$$

ここで

$$\frac{1}{2}\log z = \frac{1}{2}\{\log_e r + (\theta + 2n\pi)i\} = \log_e \sqrt{r} + \left(\frac{\theta}{2} + n\pi\right)i$$

であるから

$$\sqrt{z} = e^{\frac{1}{2}\log z} = \sqrt{r}\left\{\cos\left(\frac{\theta}{2}+n\pi\right) + i\sin\left(\frac{\theta}{2}+n\pi\right)\right\}$$

$$= \pm\sqrt{r}\left(\cos\frac{\theta}{2} + i\sin\frac{\theta}{2}\right)$$

すなわち，これは符号が反対となる 2 価関数の例である。

**例題 1（複素関数①）**

次の方程式を解け。

(1) $e^z = \sqrt{3} + i$　　　(2) $\log z = 1 + \pi i$

**【解説】** 複素関数は実関数の自然な拡張となるように定義される。まず，指数関数は通常の関数（**1価関数**）として定義される。

$$e^z = e^x(\cos y + i\sin y) \qquad \text{ただし，} z = x + yi$$

よって，複素関数の指数関数は周期 $2\pi i$ の周期関数であることに注意しよう。

一方，対数関数や累乗関数は複数の値をとる多価関数として定義される。

**対数関数**：$z = r(\cos\theta + i\sin\theta)$ に対して

$$\log z = \log_e r + (\theta + 2n\pi)i \quad (n \text{ は整数})$$

**累乗関数**：対数関数を用いて

$$z^\alpha = e^{\log z^\alpha} = e^{\alpha \log z}$$

**解答** (1) $z = x + yi$（$x, y$ は実数）とおくと

$$e^z = e^x(\cos y + i\sin y)$$

であり。

一方

$$\sqrt{3} + i = 2\left(\cos\frac{\pi}{6} + i\sin\frac{\pi}{6}\right)$$

であるから

$$\begin{cases} e^x = 2 \quad (\text{すなわち，} x = \log_e 2) \\ y = \dfrac{\pi}{6} + 2n\pi \quad (n \text{ は整数}) \end{cases}$$

以上より

$$z = x + yi = \log_e 2 + \left(\frac{\pi}{6} + 2n\pi\right)i \quad (n \text{ は整数}) \quad \cdots\cdots \text{〔答〕}$$

(2) $z = r(\cos\theta + i\sin\theta)$ とおくと

$$\log z = \log_e r + (\theta + 2n\pi)i \quad (n \text{ は整数})$$

よって，$\log z = 1 + \pi i$ とすると

$$\log_e r = 1 \quad \text{かつ} \quad \theta + 2n\pi = \pi \quad (n \text{ は整数})$$

$$\therefore \quad r = e \quad \text{かつ} \quad \theta = \pi - 2n\pi \quad (n \text{ は整数})$$

以上より

$$\begin{aligned} z &= r(\cos\theta + i\sin\theta) \\ &= e\{\cos(\pi - 2n\pi) + i\sin(\pi - 2n\pi)\} \\ &= -e \quad \cdots\cdots \text{〔答〕} \end{aligned}$$

**例題2（複素関数②）**

(1) 方程式 $\cos z = \sqrt{2}$ を解け。

(2) $\sin z$ の逆関数 $\sin^{-1} z$ を求めよ。

**【解説】** 複素関数の三角関数

$$\sin z = \frac{e^{iz} - e^{-iz}}{2i}, \quad \cos z = \frac{e^{iz} + e^{-iz}}{2}, \quad \tan z = \frac{\sin z}{\cos z}$$

も指数関数と同様，1価関数として定義されるが，具体的な計算では対数関数の知識があることが望ましい場合が多い。

**解答**　(1) $\cos z = \sqrt{2}$ より

$$\frac{e^{iz} + e^{-iz}}{2} = \sqrt{2}$$

$$\therefore \quad e^{iz} + e^{-iz} = 2\sqrt{2}$$

$$e^{2iz} - 2\sqrt{2}e^{iz} + 1 = 0$$

$$e^{iz} = \sqrt{2} \pm 1$$

$$\therefore \quad iz = \log(\sqrt{2} \pm 1) = \log_e(\sqrt{2} \pm 1) + 2n\pi i \quad (n \text{ は整数})$$

よって

$$z = -i\log_e(\sqrt{2} \pm 1) + 2n\pi \quad (n \text{ は整数})$$ ……〔答〕

(2) 複素数 $z$ に対して，$\sin w = z$ を満たす複素数 $w$ を求めたい。

$\sin w = z$ より

$$\frac{e^{iw} - e^{-iw}}{2i} = z$$

$$\therefore \quad e^{2iw} - 2ize^{iw} - 1 = 0$$

$$e^{iw} = iz \pm \sqrt{1 - z^2}$$

$$\therefore \quad w = \frac{1}{i}\log(iz \pm \sqrt{1 - z^2})$$

よって

$$\sin^{-1} z = \frac{1}{i}\log(iz \pm \sqrt{1 - z^2})$$ ……〔答〕

**（注）** $\sqrt{\quad}$ が符号が反対の2価関数であることに注意すると

$$\sin^{-1} z = \frac{1}{i}\log(iz + \sqrt{1 - z^2})$$ ⬅ **±が＋に変わっていることに注意**

と表してもよい。

## ■ 演習問題　1.1

解答はp. 264

**1** 次の等式を証明せよ。

(1) $e^z \cdot e^w = e^{z+w}$

(2) $e^{\log z} = z$

(3) $\log e^z = z + 2n\pi i$ （$n$ は自然数）

(4) $(e^z)^n = e^{nz}$　　ただし，$n$ は自然数とする。

**2** (1) $\sin^2 z + \cos^2 z = 1$ が成り立つことを証明せよ。

(2) 次の加法定理を証明せよ。

(i) $\sin(z+w) = \sin z \cos w + \cos z \sin w$

(ii) $\cos(z+w) = \cos z \cos w - \sin z \sin w$

**3** 次の値を求めよ。

(1) $\sin\left(\dfrac{\pi}{2} + i\right)$　　(2) $\log(-2)$　　(3) $(-1)^i$

**4** $\cos z$ の逆関数 $\cos^{-1} z$ を求めよ。

**5** $\tan z$ の逆関数 $\tan^{-1} z$ を求めよ。

## １．２　正則関数

〔目標〕複素関数の微分について学ぶが，複素関数の微分と実関数の微分には注意すべき違いがある。特に，正則関数の概念が重要である。

### （１）複素関数の微分

まず複素関数の導関数は次のようになる。

**複素関数の導関数**

$$f'(z)=\lim_{h\to 0}\frac{f(z+h)-f(z)}{h}$$

ここで，$h\to 0$ は $h$ が $0$ でない任意の複素数値をとって $0$ に近づくことを表す。

さらに，$f'(z_0)$ が存在するとき，$f(z)$ は $z=z_0$ において**微分可能**であるという。

**問 1**　$(z^2)'=2z$ であることを示せ。

（解）$(z^2)'=\lim_{h\to 0}\frac{(z+h)^2-z^2}{h}=\lim_{h\to 0}(2z+h)=2z$　□

**問 2**　$f(z)=|z|^2$ は $z=0$ において微分可能であることを示せ。

（解）$f'(0)=\lim_{h\to 0}\frac{f(h)-f(0)}{h}$

$$=\lim_{h\to 0}\frac{|h|^2-0}{h}=\lim_{h\to 0}\frac{h\bar{h}}{h}=\lim_{h\to 0}\bar{h}=0$$

$f'(0)$ が存在するから，$f(z)=|z|^2$ は $z=0$ において微分可能である。　□

実関数の場合と同様，以下の公式が成り立つ。

［基本公式Ⅰ］

①　$(f+g)'=f'+g'$　　②　$(kf)'=kf'$　　ただし，$k$ は定数

③　$(f\cdot g)'=f'\cdot g+f\cdot g'$　　④　$\left(\frac{f}{g}\right)'=\frac{f'\cdot g-f\cdot g'}{g^2}$

［基本公式Ⅱ］（合成関数の微分）

$$\{f(g(z))\}'=f'(g(z))\cdot g'(z)$$

**［公式］（コーシー・リーマンの関係式）**

$f(z)=u(x,y)+iv(x,y)$ が $z_0=x_0+y_0i$ において微分可能であるための必要十分条件は，$u(x,y)$，$v(x,y)$ がともに $(x_0,y_0)$ において全微分可能でかつ，次のコーシー・リーマンの関係式を満たすことである。

$$\frac{\partial u}{\partial x}=\frac{\partial v}{\partial y},\quad \frac{\partial u}{\partial y}=-\frac{\partial v}{\partial x}$$ ⬅ **コーシー・リーマンの関係式**

さらに，$f(z)=u(x,y)+iv(x,y)$ が微分可能であるとき

$$f'(z)=\frac{\partial u}{\partial x}+i\frac{\partial v}{\partial x}=\frac{\partial}{\partial x}(u+iv)$$

が成り立つ。

**問 3** 指数関数 $e^z$ は微分可能であり，$(e^z)'=e^z$ を満たすことを示せ。

**（解）** $e^z=e^x(\cos y+i\sin y)=e^x\cos y+ie^x\sin y$

より

$$u(x,y)=e^x\cos y,\quad v(x,y)=e^x\sin y$$

よって

$$\frac{\partial u}{\partial x}=e^x\cos y,\quad \frac{\partial u}{\partial y}=-e^x\sin y,\quad \frac{\partial v}{\partial x}=e^x\sin y,\quad \frac{\partial v}{\partial y}=e^x\cos y$$

であるから，コーシー・リーマンの関係式を満たすことがわかる。

なお，全微分可能性の条件を満たすことは明らかである。

また

$$(e^z)'=\frac{\partial u}{\partial x}+i\frac{\partial v}{\partial x}$$

$$=e^x\cos y+ie^x\sin y=e^x(\cos y+i\sin y)=e^z$$ □

**（注）** 指数関数 $e^z$ の微分可能性からコーシー・リーマンの関係式を思い出すことができる。

初等関数の導関数について，実関数の場合と同様に次の公式が成り立つ。

**［公式］（初等関数の導関数）**

① $(z^p)'=pz^{p-1}$　② $(e^z)'=e^z$　③ $(\log z)'=\dfrac{1}{z}$

④ $(\sin z)'=\cos z$　⑤ $(\cos z)'=-\sin z$　⑥ $(\tan z)'=\dfrac{1}{\cos^2 z}$

実関数におけるロピタルの定理も複素関数に対して成り立つが，まずは次の特殊な場合について確認しておく。理解のため，証明も示しておこう。

**［公式］（ロピタルの定理・その 1）**

$f(z)$，$g(z)$ が $z=a$ で微分可能であり

$$f(a)=g(a)=0,\quad g'(a)\neq 0$$

ならば，次が成り立つ。

$$\lim_{z\to a}\frac{f(z)}{g(z)}=\frac{f'(a)}{g'(a)}$$

さらに，$f'(z)$，$g'(z)$ が $z=a$ で連続ならば次が成り立つ。

$$\lim_{z\to a}\frac{f(z)}{g(z)}=\lim_{z\to a}\frac{f'(z)}{g'(z)}\ \left(=\frac{f'(a)}{g'(a)}\right)$$

**（証明）** 前半部分を証明すれば十分である。

$$\lim_{z\to a}\frac{f(z)}{g(z)}=\lim_{z\to a}\frac{f(z)-f(a)}{g(z)-g(a)}\qquad (\because\quad f(a)=g(a)=0)$$

$$=\lim_{z\to a}\frac{\dfrac{f(z)-f(a)}{z-a}}{\dfrac{g(z)-g(a)}{z-a}}$$

$$=\frac{f'(a)}{g'(a)}\qquad (\because\quad f'(a),\ g'(a)\text{ が存在して，}\ g'(a)\neq 0)$$

□

**問 4**　次の極限値を求めよ。

(1) $\displaystyle\lim_{z\to 0}\frac{\sin z}{z}$　　(2) $\displaystyle\lim_{z\to 0}\frac{1-\cos z}{z^2}$　　(3) $\displaystyle\lim_{z\to 0}\frac{\log(1+z)}{z}$

**（解）** (1) $\displaystyle\lim_{z\to 0}\frac{\sin z}{z}=\lim_{z\to 0}\frac{\cos z}{1}=\frac{1}{1}=1$

(2) $\displaystyle\lim_{z\to 0}\frac{1-\cos z}{z^2}=\lim_{z\to 0}\frac{1-\cos^2 z}{z^2(1+\cos z)}=\lim_{z\to 0}\left(\frac{\sin z}{z}\right)^2\frac{1}{1+\cos z}=1^2\cdot\frac{1}{2}=\frac{1}{2}$

(3) $\displaystyle\lim_{z\to 0}\frac{\log(1+z)}{z}=\lim_{z\to 0}\frac{1}{1+z}=\frac{1}{1+1}=\frac{1}{2}$　□

**（注）** 上で述べた形のロピタルの定理では次の計算の正当性は主張できない。

$$\lim_{z\to 0}\frac{1-\cos z}{z^2}=\lim_{z\to 0}\frac{\sin z}{2z}\ \left(=\frac{1}{2}\right)\qquad \text{（仮定 } g'(a)\neq 0 \text{ を満たしていない。）}$$

これについては第 2 章でもう一度述べる。

### （２）正則関数

複素関数の微分が定義できたので，次に正則関数の定義を述べよう。

**正則関数**

複素関数 $f(z)$ が $z=z_0$ の十分小さな近傍の各点において微分可能であるとき，$f(z)$ は点 $z_0$ において**正則**であるという。

さらに，$f(z)$ が領域 $D$ の各点において正則であるとき，$f(z)$ は領域 $D$ において正則であるという。

**（注）** $f(z)$ が閉領域（境界を含む領域）$D$ において正則であるならば，$f(z)$ は $D$ を含む十分小さな開領域（境界を含まない領域）$E$ において微分可能である。

**問 5**　$f(z)=|z|^2$ は $z=0$ において正則でないことを示せ。

**（解）** $f(z)=|z|^2=x^2+y^2$ より

$$u(x,y)=x^2+y^2,\quad v(x,y)=0$$

であるから

$$\frac{\partial u}{\partial x}=2x,\quad \frac{\partial u}{\partial y}=2y,\quad \frac{\partial v}{\partial x}=0,\quad \frac{\partial v}{\partial y}=0$$

よって，コーシー・リーマンの関係式を満たすのは $z=0$ のみである。

したがって，$f(z)=|z|^2$ は原点 $0$ において正則ではない。　□

**問 6**　複素関数 $f(z)=u(x,y)+iv(x,y)$ が領域に $D$ において正則であるとき，$u(x,y)$，$v(x,y)$ はともに $D$ 上の調和関数であることを示せ。

**（解）** $f(z)=u(x,y)+iv(x,y)$ が領域に $D$ において正則であるから

$$\frac{\partial u}{\partial x}=\frac{\partial v}{\partial y},\quad \frac{\partial u}{\partial y}=-\frac{\partial v}{\partial x}$$

⬅ **コーシー・リーマンの関係式**

が成り立ち

$$\frac{\partial^2 u}{\partial x^2}=\frac{\partial^2 v}{\partial x\partial y},\quad \frac{\partial^2 u}{\partial y^2}=-\frac{\partial^2 v}{\partial y\partial x}$$

$$\therefore\quad \frac{\partial^2 u}{\partial x^2}+\frac{\partial^2 u}{\partial y^2}=0$$

⬅ **実関数 $f(x,y)$ が調和関数とは，** $\dfrac{\partial^2 f}{\partial x^2}+\dfrac{\partial^2 f}{\partial y^2}=0$

となり，$u(x,y)$ は $D$ 上の調和関数である。

全く同様にして，$v(x,y)$ も $D$ 上の調和関数である。　□

**例題1（複素微分①）**

次の導関数の公式を示せ。

(1) $(\sin z)' = \cos z$　　(2) $(\log z)' = \dfrac{1}{z}$　　(3) $(z^p)' = pz^{p-1}$

**【解説】** 複素関数の微分の公式の導出では，基礎となる関数の導関数の公式の他，次の公式も重要である。

$f(z) = u(x, y) + iv(x, y)$ が微分可能であるとき

$$f'(z) = \frac{\partial u}{\partial x} + i\frac{\partial v}{\partial x} = \frac{\partial}{\partial x}(u + iv)$$

解答　(1) $(\sin z)' = \left(\dfrac{e^{iz} - e^{-iz}}{2i}\right)' = \dfrac{ie^{iz} + ie^{-iz}}{2i} = \dfrac{e^{iz} + e^{-iz}}{2} = \cos z$

(2) $z = r(\cos\theta + i\sin\theta)$ とすると

$$\log z = \log_e r + (\theta + 2n\pi)i$$

一方，$z = x + yi$ とすると

$$r = \sqrt{x^2 + y^2} = (x^2 + y^2)^{\frac{1}{2}},\ \theta = \tan^{-1}\frac{y}{x}$$

であるから

$$\log z = \frac{1}{2}\log_e(x^2 + y^2) + i\tan^{-1}\frac{y}{x}$$

よって

$$u(x, y) = \frac{1}{2}\log_e(x^2 + y^2),\ v(x, y) = \tan^{-1}\frac{y}{x}$$

とおくと

$$\frac{\partial u}{\partial x} = \frac{x}{x^2 + y^2},\quad \frac{\partial u}{\partial y} = \frac{y}{x^2 + y^2}$$

$$\frac{\partial v}{\partial x} = \frac{1}{1 + (\frac{y}{x})^2} \times \left(-\frac{y}{x^2}\right) = -\frac{y}{x^2 + y^2},\quad \frac{\partial v}{\partial y} = \frac{1}{1 + (\frac{y}{x})^2} \times \frac{1}{x} = \frac{x}{x^2 + y^2}$$

であるから

$$(\log z)' = \frac{\partial u}{\partial x} + i\frac{\partial v}{\partial x}$$

$$= \frac{x}{x^2 + y^2} - i\frac{y}{x^2 + y^2} = \frac{x - iy}{x^2 + y^2} = \frac{1}{x + iy} = \frac{1}{z}$$

(3) $(z^p)' = (e^{p\log z})'$

$$= e^{p\log z} \times \frac{p}{z} = z^p \times \frac{p}{z} = pz^{p-1}$$

**例題２（複素微分②）**

次の導関数の公式を示せ。

$$(\sin^{-1} z)' = \frac{1}{\sqrt{1-z^2}}$$

**【解説】**前の節で学習したように，$\sqrt{\quad}$ が２価関数であることに注意すると

$$\sin^{-1} z = \frac{1}{i}\log\left(iz+\sqrt{1-z^2}\right)$$

と表すことができる。あとは微分の公式を活用して計算すればよい。

**解答** $\sin^{-1} z = \dfrac{1}{i}\log\left(iz+\sqrt{1-z^2}\right)$ より

$$(\sin^{-1} z)' = \frac{1}{i}\cdot\frac{i+\dfrac{-z}{\sqrt{1-z^2}}}{iz+\sqrt{1-z^2}}$$

$$= \frac{1+\dfrac{iz}{\sqrt{1-z^2}}}{iz+\sqrt{1-z^2}} = \frac{\dfrac{\sqrt{1-z^2}+iz}{\sqrt{1-z^2}}}{iz+\sqrt{1-z^2}}$$

$$= \frac{1}{\sqrt{1-z^2}}$$

**例題３（正則関数）**

複素関数 $f(z) = e^{\bar{z}}$ は正則でないことを示せ。

**【解説】**複素関数が正則であるかどうかを調べるためには，コーシー・リーマンの関係式が成り立つかどうかを確認すればよい。

**解答** $z = x+yi$ とすると，$\bar{z} = x-yi$ であり

$$f(z) = e^{\bar{z}} = e^x(\cos y - i\sin y)$$

$$= e^x\cos y - ie^x\sin y$$

そこで

$$u(x, y) = e^x\cos y,\quad v(x, y) = -e^x\sin y$$

とおくと

$$\frac{\partial u}{\partial x} = e^x\cos y,\quad \frac{\partial u}{\partial y} = -e^x\sin y,\quad \frac{\partial v}{\partial x} = -e^x\sin y,\quad \frac{\partial v}{\partial y} = -e^x\cos y$$

よって，コーシー・リーマンの関係式；

$$\frac{\partial u}{\partial x} = \frac{\partial v}{\partial y},\quad \frac{\partial u}{\partial y} = -\frac{\partial v}{\partial x}$$

がすべての点 $z = x+yi$ において成り立たない。

**例題4（コーシ・リーマンの関係式）**

$f(z)=u(x,y)+iv(x,y)$ が $z=x+yi$ において微分可能であるとき，$u(x,y)$，$v(x,y)$ はともに $(x,y)$ において，次のコーシー・リーマンの関係式を満たすことを示せ。

$$\frac{\partial u}{\partial x}=\frac{\partial v}{\partial y},\quad \frac{\partial u}{\partial y}=-\frac{\partial v}{\partial x}$$

**【解説】** 複素関数の微分の定義は

$$f'(z)=\lim_{h\to 0}\frac{f(z+h)-f(z)}{h}$$

であり，一見すると実関数の場合と何も変わらないように見えるが，極限の意味が，$h$ を $0$ でない任意の複素数値をとって $0$ に近づけたときの極限であるという点が実関数の微分の場合との大きな違いである。

**解答**　$f(z)$ の微分可能性より，どのような道順で $h$ を $0$ に近づけても

$$f'(z)=\lim_{h\to 0}\frac{f(z+h)-f(z)}{h}$$

であることに注意する。

まず，実軸に到達したのち，実軸に沿って $h$ を $0$ に近づけると

$$f'(z)=\lim_{h=\Delta x\to 0}\frac{f(z+\Delta x)-f(z)}{\Delta x}\qquad (h=\Delta x+0\cdot i)$$

$$=\lim_{\Delta x\to 0}\left(\frac{u(x+\Delta x,y)-u(x,y)}{\Delta x}+i\frac{v(x+\Delta x,y)-v(x,y)}{\Delta x}\right)$$

$$=\frac{\partial u}{\partial x}+i\frac{\partial v}{\partial x}\quad\cdots\cdots①$$

次に，まず虚軸に到達したのち，虚軸に沿って $h$ を $0$ に近づけると

$$f'(z)=\lim_{h=\Delta y\cdot i\to 0}\frac{f(z+i\Delta y)-f(z)}{i\Delta y}\qquad (h=0+\Delta y\cdot i)$$

$$=\lim_{\Delta y\to 0}\left(\frac{u(x,y+\Delta y)-u(x,y)}{i\Delta y}+i\frac{v(x,y+\Delta y)-v(x,y)}{i\Delta y}\right)$$

$$=\frac{1}{i}\cdot\frac{\partial u}{\partial y}+\frac{1}{i}\cdot i\frac{\partial v}{\partial y}$$

$$=\frac{\partial v}{\partial y}-i\frac{\partial u}{\partial y}\quad\cdots\cdots②$$

①，②の実部，虚部を比較することにより，次を得る。

$$\frac{\partial u}{\partial x}=\frac{\partial v}{\partial y},\quad \frac{\partial u}{\partial y}=-\frac{\partial v}{\partial x}$$

## ■ 演習問題 1.2

解答はp. 265

**1** 自然数 $n$ に対して，次の公式を導関数の定義に従って証明せよ。

$$(z^n)' = nz^{n-1}$$

**2** 次の導関数の公式を示せ。

(1) $(\cos^{-1} z)' = -\dfrac{1}{\sqrt{1-z^2}}$ (2) $(\tan^{-1} z)' = \dfrac{1}{1+z^2}$

**3** 正則関数 $f(z) = u + vi$ に対して， $z = x + yi = r(\cos\theta + i\sin\theta)$ とするとき，次の関係式が成り立つことを示せ。

$$\frac{\partial u}{\partial r} = \frac{1}{r}\frac{\partial v}{\partial \theta}, \quad \frac{\partial v}{\partial r} = -\frac{1}{r}\frac{\partial u}{\partial \theta}$$

**4** 複素関数の**双曲線関数**を次で定義する。

$$\sinh z = \frac{e^z - e^{-z}}{2}, \quad \cosh z = \frac{e^z + e^{-z}}{2}, \quad \tanh z = \frac{\sinh z}{\cosh z}$$

このとき，次の公式が成り立つことを示せ。

$$(\sinh z)' = \cosh z\ , \quad (\cosh z)' = \sinh z\ , \quad (\tanh z)' = \frac{1}{\cosh^2 z}$$

**5** $w = f(z)$ が正則ならば，次の等式が成り立つことを示せ。

$$\left(\frac{\partial^2}{\partial x^2} + \frac{\partial^2}{\partial y^2}\right)|w|^2 = 4\left|\frac{dw}{dz}\right|^2$$

## 1．3　複素積分

〔目標〕いよいよ複素積分について学習する。まず複素積分の定義に従った計算をきちんと練習することが大切である。さらに，複素解析において最も重要な定理と言ってよいコーシーの積分定理を学ぶ。

### （1）複素積分

複素積分を次のように定義する。

**複素積分**

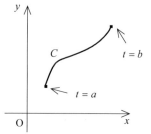

複素平面上の曲線 $C$ が

$$C : z = z(t) = x(t) + iy(t), \quad a \leqq t \leqq b$$

で表されており，$f(z)$ が $C$ 上で連続であるとき

$$\int_C f(z)dz = \int_a^b f(z(t))\frac{dz}{dt}dt$$

を $f(z)$ の $C$ 上の**複素積分**といい，

$C$ を**積分路**という。



特に，積分路を**単一閉曲線**（途中で自分自身と交わらない閉曲線）を一周するようにとるとき**周回積分**といい

$$\oint_C f(z)dz$$

と表すこともある。

**問 1**　次の複素積分を求めよ。

(1) $\displaystyle\int_{C_1} \bar{z}\,dz$　　ただし，$C_1 : z = e^{i\theta}$　$\left(0 \leqq \theta \leqq \dfrac{\pi}{2}\right)$

(2) $\displaystyle\int_{C_2} \bar{z}\,dz$　　ただし，$C_2 : z = (1-t) + ti$　$\left(0 \leqq t \leqq 1\right)$

（解）(1) $\displaystyle\int_{C_1} \bar{z}\,dz = \int_0^{\frac{\pi}{2}} e^{-i\theta} \cdot ie^{i\theta} d\theta = i\int_0^{\frac{\pi}{2}} d\theta = \frac{\pi}{2}i$

(2) $\displaystyle\int_{C_2} \bar{z}\,dz = \int_0^1 (t - ti) \cdot 1dt = \left[\frac{t^2}{2} - \frac{t^2}{2}i\right]_0^1 = \frac{1-i}{2}$　□

（注）上の複素積分において，積分路 $C_1, C_2$ はいずれも複素平面上の点 0 から点 $i$ に至る曲線であるが，始点と終点が同じだけで異なる曲線であることに注意しよう。すなわち，複素積分は一般に積分路の始点と終点だけで値が決まるわけではない。

［公式］

$f(z)=u(x,y)+iv(x,y)$ のとき

$$\int_C f(z)dz=\int_C\{u(x,y)+iv(x,y)\}(dx+idy)$$
$$=\int_C\{u(x,y)dx-v(x,y)dy\}+i\int_C\{v(x,y)dx+u(x,y)dy\}$$

（証明）$\displaystyle\int_C f(z)dz=\int_a^b f(z(t))\frac{dz}{dt}dt$

$$=\int_C\{u(x(t),y(t))+iv(x(t),y(t))\}\left(\frac{dx}{dt}+i\frac{dy}{dt}\right)dt$$
$$=\int_C\{u(x,y)+iv(x,y)\}(dx+idy)$$ □

**問 2**　$C:z=z(t)=e^{i\theta}\ (0\leqq\theta\leqq2\pi)$ とするとき，次の周回積分を求めよ。

(1) $\displaystyle\oint_C\frac{1}{z}dz$　　(2) $\displaystyle\oint_C\frac{1}{z^2}dz$

（解）(1) $\displaystyle\int_C\frac{1}{z}dz=\int_0^{2\pi}\frac{1}{e^{i\theta}}\cdot ie^{i\theta}d\theta=i\int_0^{2\pi}d\theta=2\pi i$

(2) $\displaystyle\int_C\frac{1}{z^2}dz=\int_0^{2\pi}\frac{1}{(e^{i\theta})^2}\cdot ie^{i\theta}d\theta=i\int_0^{2\pi}e^{-i\theta}d\theta=i\left[-\frac{1}{i}e^{-i\theta}\right]_0^{2\pi}=0$ □

周回積分，特に円周積分について次の公式は大切である。

［公式］（円周積分）

積分路は点 $a$ を中心とする半径 $r$ の円周 $C:|z-a|=r$ とするとき，次が成り立つ。ただし，$n$ は整数とする。

$$\oint_{|z-a|=r}(z-a)^n dz=\begin{cases}2\pi i & (n=-1)\\ 0 & (n\neq-1)\end{cases}$$

（証明）$z=a+re^{i\theta}\quad(0\leqq\theta\leqq2\pi)$ より

$$\oint_{|z-a|=r}(z-a)^n dz=\int_0^{2\pi}(re^{i\theta})^n\cdot rie^{i\theta}d\theta$$
$$=ir^{n+1}\int_0^{2\pi}e^{i(n+1)\theta}d\theta$$
$$=ir^{n+1}\left(\int_0^{2\pi}\cos(n+1)\theta d\theta+i\int_0^{2\pi}\sin(n+1)\theta d\theta\right)$$
$$=\begin{cases}2\pi i & (n=-1)\\ 0 & (n\neq-1)\end{cases}$$ □

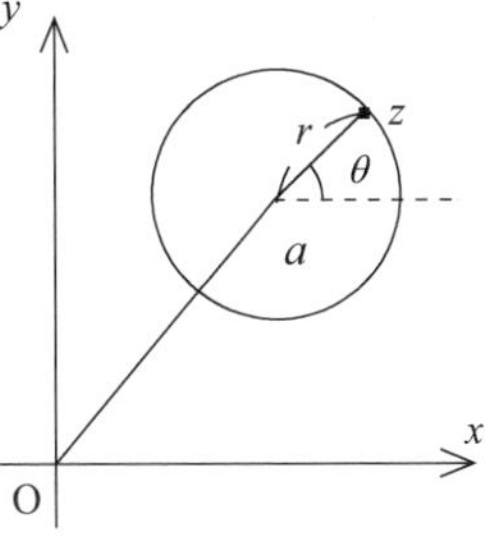

### （2）コーシーの積分定理

以下に述べるコーシーの積分定理が複素積分の核となるものである。

**[定理]（コーシーの積分定理）**

$f(z)$ が単一閉曲線 $C$ で囲まれた領域およびその境界で正則ならば，

$$\oint_C f(z)dz = 0$$

が成り立つ。

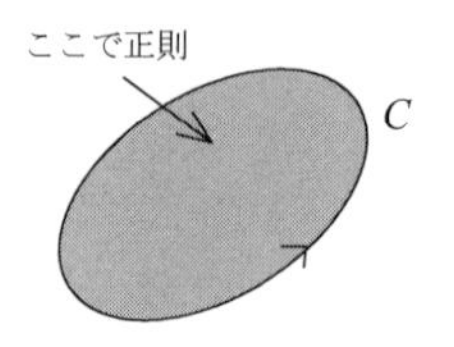


このコーシーの積分定理からただちに以下のような公式が得られる。

**[公式Ⅰ]**

2点 $a, b$ を結ぶ2つの曲線 $C_1, C_2$ があり，$f(z)$ が $C_1$ と $C_2$ で囲まれた領域およびその境界で正則ならば，

$$\int_{C_1} f(z)dz = \int_{C_2} f(z)dz$$

が成り立つ。

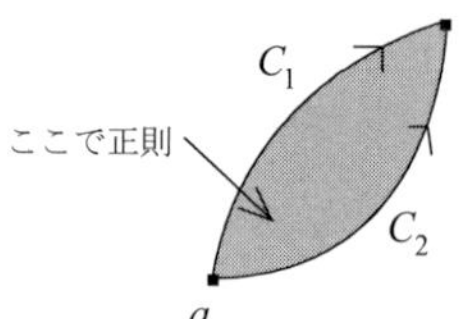


**（注）** 2つの曲線 $C_1, C_2$ が交わっていてもよい。そのときは交点で分割して考えればよい。

**[公式Ⅱ]**

$f(z)$ が図のような2つの曲線 $C_1, C_2$ で囲まれた領域およびその境界で正則ならば，

$$\oint_{C_1} f(z)dz = \oint_{C_2} f(z)dz$$

が成り立つ。

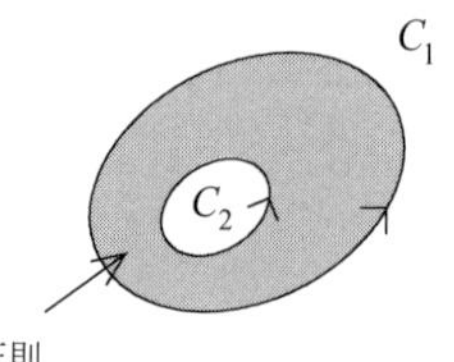


さらに次が成り立つ。

**[公式Ⅲ]**

$f(z)$ が図のような曲線 $C, C_1, \cdots, C_n$ で囲まれた領域およびその境界で正則ならば，

$$\oint_C f(z)dz = \oint_{C_1} f(z)dz + \cdots + \oint_{C_n} f(z)dz$$

が成り立つ。

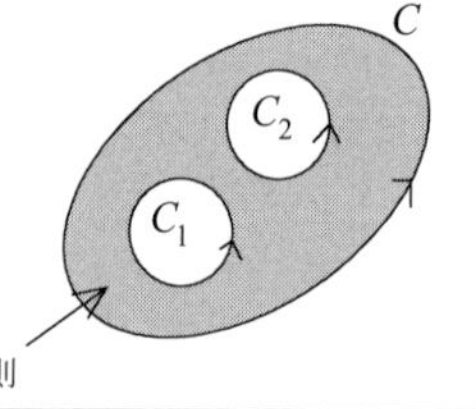


**（注）** これらの公式により，積分路を計算に都合の良いものに変形して計算することができる。

**問 3** 次の周回積分を求めよ。

$$\oint_{|z|=2}\frac{z}{z^2+1}dz$$

（解）$\displaystyle\oint_{|z|=2}\frac{z}{z^2+1}dz$

$$=\oint_{|z|=2}\frac{1}{2}\left(\frac{1}{z-i}+\frac{1}{z+i}\right)dz$$

$$=\frac{1}{2}\oint_{|z|=2}\frac{1}{z-i}dz+\frac{1}{2}\oint_{|z|=2}\frac{1}{z+i}dz$$

$$=\frac{1}{2}\oint_{|z-i|=\frac{1}{2}}\frac{1}{z-i}dz+\frac{1}{2}\oint_{|z+i|=\frac{1}{2}}\frac{1}{z+i}dz$$

$$=\frac{1}{2}\cdot 2\pi i+\frac{1}{2}\cdot 2\pi i=2\pi i$$ □

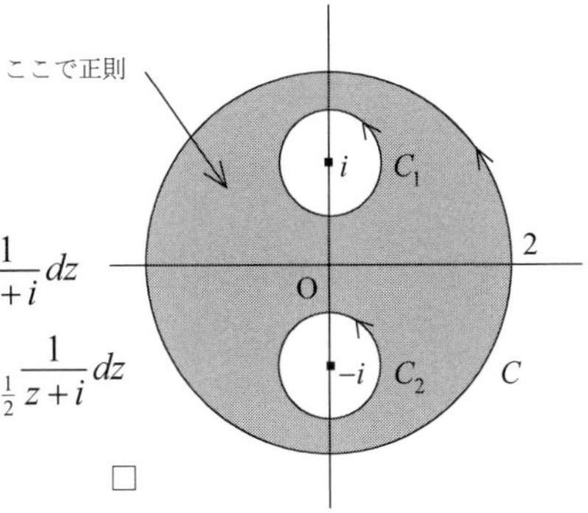

ここで正則

$i$　$C_1$　2　O　$-i$　$C_2$　$C$

**（3）弧長に関する積分**

ここで，弧長に関する積分について簡単に確認しておく。

複素積分 $\int_C f(z)\,|dz|$ を次のように定める。

$$\int_C f(z)\,|dz|=\int_a^b f(z(t))\left|\frac{dz}{dt}\right|dt \qquad ⬅ \quad |dz|=\left|\frac{dz}{dt}\right|dt$$

（注） $z(t)=x(t)+iy(t)$ とするとき

$$|dz|=\left|\frac{dz}{dt}\right|dt=\sqrt{\left(\frac{dx}{dt}\right)^2+\left(\frac{dy}{dt}\right)^2}\,dt$$

であるから，曲線 $C$ の長さを $L$ で表すと次が成り立つ。

$$\int_C|dz|=L \quad (=\text{弧長})$$

**問 4** 積分 $\displaystyle\int_{|z-a|=r}\frac{1}{z-a}|dz|$ を求めよ。

（解）$\displaystyle\int_{|z-a|=r}\frac{1}{z-a}|dz|=\int_0^{2\pi}\frac{1}{(a+re^{i\theta})-a}|ire^{i\theta}|\,d\theta$

$$=\int_0^{2\pi}\frac{1}{re^{i\theta}}\cdot r\,d\theta=\left[-\frac{1}{i}e^{-i\theta}\right]_0^{2\pi}=0$$ □

弧長に関する積分について，次の不等式が成り立つ。

**［公式］**

$$\left|\int_C f(z)dz\right|\leqq\int_C|f(z)||dz|$$

### (4) コーシーの積分公式

次の**正則関数の積分表示**の公式 (**コーシーの積分公式**) は，ある領域で正則な関数 $f(z)$ の領域内部の任意の点 $a$ における値 $f(a)$ が点 $a$ を囲む閉曲線上の値から定まるという驚くべき定理で，正則関数の際立った特徴の一つである。そして，この公式から正則関数の多くの重要な性質が導かれる。

**[公式] (正則関数の積分表示)**

$f(z)$ が単一閉曲線 $C$ で囲まれた領域およびその境界で正則ならば，領域の内部の点 $a$ に対して

$$f(a)=\frac{1}{2\pi i}\oint_C \frac{f(z)}{z-a}dz$$

が成り立つ。

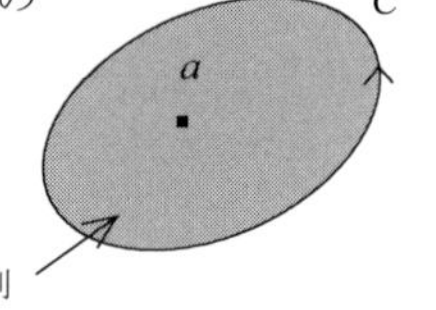


(注)　$f(a)$ の値が曲線 $C$ 上の値で決定されていることに注意しよう。

**(証明の概略)** コーシーの積分公式の基本的なアイデアがわかるように証明の概略を述べる。$r>0$ を十分小さくとり，点 $a$ を中心とする円 $|z-a|=r$ が曲線 $C$ で囲まれた領域の内部に含まれるようにすると，コーシーの積分定理により次が成り立つ。

$$\oint_C \frac{f(z)}{z-a}dz=\oint_{|z-a|=r}\frac{f(z)}{z-a}dz$$

右辺について，複素積分の定義より

$$\oint_{|z-a|=r}\frac{f(z)}{z-a}dz=\int_0^{2\pi}\frac{f(a+re^{i\theta})}{re^{i\theta}}rie^{i\theta}d\theta=i\int_0^{2\pi}f(a+re^{i\theta})d\theta$$

ここで，極限操作と積分の順序交換を仮定すると，$f(z)$ の連続性より

$$\lim_{r\to 0}\oint_{|z-a|=r}\frac{f(z)}{z-a}dz=i\int_0^{2\pi}\lim_{r\to 0}f(a+re^{i\theta})d\theta$$

$$=i\int_0^{2\pi}f(a)d\theta=2\pi i\cdot f(a)$$

よって，最初の複素積分は $r>0$ によらないことに注意すると

$$\oint_C \frac{f(z)}{z-a}dz=\lim_{r\to 0}\oint_{|z-a|=r}\frac{f(z)}{z-a}dz=2\pi i\cdot f(a)$$

$$\therefore\quad f(a)=\frac{1}{2\pi i}\oint_C \frac{f(z)}{z-a}dz$$

□

上で示したコーシーの積分公式から，**正則関数は何回でも微分できる**という極めて重要な結論が以下のようにして得られる。

関数 $f(z)$ が点 $a$ で正則とすると，$r>0$ を十分小さくとることにより

$$f(a)=\frac{1}{2\pi i}\oint_C \frac{f(z)}{z-a}dz \qquad \text{ただし，} C:|z-a|=r$$

また，複素数 $h$ を十分小さく（0 に近い値）とれば

$$f(a+h)=\frac{1}{2\pi i}\oint_C \frac{f(z)}{z-a-h}dz$$

となるから，ここでも極限操作と積分の順序変更を仮定すると

$$\begin{aligned}
f'(a) &= \lim_{h\to 0}\frac{f(a+h)-f(a)}{h} \\
&= \frac{1}{2\pi i}\lim_{h\to 0}\oint_C \frac{1}{h}\left(\frac{1}{z-a-h}-\frac{1}{z-a}\right)f(z)dz \\
&= \frac{1}{2\pi i}\lim_{h\to 0}\oint_C \frac{1}{(z-a-h)(z-a)}f(z)dz \\
&= \frac{1}{2\pi i}\oint_C \frac{f(z)}{(z-a)^2}dz
\end{aligned}$$

さらに，この公式から

$$\begin{aligned}
f''(a) &= \lim_{h\to 0}\frac{f'(a+h)-f'(a)}{h} \\
&= \frac{1}{2\pi i}\lim_{h\to 0}\oint_C \frac{1}{h}\left(\frac{1}{(z-a-h)^2}-\frac{1}{(z-a)^2}\right)f(z)dz \\
&= \frac{1}{2\pi i}\lim_{h\to 0}\oint_C \frac{2(z-a)-h}{(z-a-h)^2(z-a)^2}f(z)dz \\
&= \frac{1}{2\pi i}\oint_C \frac{2(z-a)}{(z-a)^2(z-a)^2}f(z)dz = \frac{2}{2\pi i}\oint_C \frac{f(z)}{(z-a)^3}dz
\end{aligned}$$

このようにして，**正則関数は何回でも微分可能である**ことが示され，正則関数の積分の公式とともにさらに以下の公式が成り立つ。

**［公式］（コーシーの積分公式）**

$f(z)$ が単一閉曲線 $C$ で囲まれた領域およびその境界で正則ならば，領域の内部の点 $a$ に対して，次の公式が成り立つ。

（ i ） $f(a)=\dfrac{1}{2\pi i}\oint_C \dfrac{f(z)}{z-a}dz$

（ ii ） $f^{(n)}(a)=\dfrac{n!}{2\pi i}\oint_C \dfrac{f(z)}{(z-a)^{n+1}}dz \quad (n=1, 2, \cdots)$

**（注）**（ ii ）で $n=0$ とすると（ i ）である（$0!=1$ に注意）。

**例題 1（複素積分）**

$f(z) = \mathrm{Re}\, z$ を次の積分路 $C_1, C_2, C_3$ で積分した値

$$\int_{C_k} f(z)dz \qquad (k = 1, 2, 3)$$

をそれぞれ求めよ。ここで，$\mathrm{Re}\, z$ は $z$ の実部を表す。

(1)　$C_1 : z = t + ti \quad (0 \leqq t \leqq 1)$

(2)　$C_2 : z = t + t^2 i \quad (0 \leqq t \leqq 1)$

(3)　$C_3 : z = t^2 + ti \quad (0 \leqq t \leqq 1)$

**【解説】** 複素積分の定義は

$$\int_C f(z)dz = \int_a^b f(z(t)) \frac{dz}{dt} dt$$

で与えられる。

ただし，$C : z = z(t) = x(t) + iy(t)$，$a \leqq t \leqq b$

まずは複素積分の定義に従って計算することが大切である。

**解答**　(1)　$C_1 : z = t + ti \ (0 \leqq t \leqq 1)$ より

$$\int_{C_1} f(z)dz = \int_{C_1} \mathrm{Re}\, z\, dz = \int_0^1 t \cdot (1+i)dt$$

$$= (1+i)\int_0^1 t\, dt = \frac{1}{2} + \frac{1}{2}i \quad \cdots\cdots 〔答〕$$

(2)　$C_2 : z = t + t^2 i \ (0 \leqq t \leqq 1)$ より

$$\int_{C_2} f(z)dz = \int_{C_2} \mathrm{Re}\, z\, dz$$

$$= \int_0^1 t \cdot (1 + 2ti)dt$$

$$= \int_0^1 (t + 2t^2 i)dt$$

$$= \left[\frac{1}{2}t^2 + \frac{2}{3}t^3 i\right]_0^1 = \frac{1}{2} + \frac{2}{3}i \quad \cdots\cdots 〔答〕$$

(3)　$C_3 : z = t^2 + ti \ (0 \leqq t \leqq 1)$ より

$$\int_{C_3} f(z)dz = \int_{C_3} \mathrm{Re}\, z\, dz = \int_0^1 t^2 \cdot (2t + i)dt = \int_0^1 (2t^3 + t^2 i)dt$$

$$= \left[\frac{1}{2}t^4 + \frac{1}{3}t^3 i\right]_0^1 = \frac{1}{2} + \frac{1}{3}i \quad \cdots\cdots 〔答〕$$

**（注）** 一般に，複素積分の値は積分路全体で定まり，始点と終点だけで決まるのではない。

**例題２（コーシーの積分定理）**

グリーンの定理を用いて，次のコーシーの積分定理を証明せよ。

**コーシーの積分定理；**

$f(z)$ が単一閉曲線 $C$ で囲まれた領域およびその境界で正則ならば

$$\oint_C f(z)dz = 0$$

が成り立つ。

**【解説】**「ベクトル解析」における重要な定理として次のグリーンの定理がある。この定理を用いて，コーシーの積分定理を証明する。

**グリーンの定理：**

単一閉曲線 $C$ で囲まれた領域を $D$ とするとき

$$\oint_C \{u(x,y)dx + v(x,y)dy\} = \iint_D \left(\frac{\partial v}{\partial x} - \frac{\partial u}{\partial y}\right)dxdy$$

が成り立つ。

**解答** $f(z) = u(x, y) + iv(x, y)$， $z = x + yi$ とおく。

$f(z)$ は正則であるから，コーシー・リーマンの関係式；

$$\frac{\partial u}{\partial x} = \frac{\partial v}{\partial y} \quad \text{かつ} \quad \frac{\partial u}{\partial y} = -\frac{\partial v}{\partial x}$$

がなりたつことに注意する。

さて

$$\oint_C f(z)dz = \oint_C \{u(x, y) + iv(x, y)\}(dx + idy)$$

$$= \oint_C \{u(x, y)dx - v(x, y)dy\} + i\oint_C \{v(x, y)dx + u(x, y)dy\}$$

であり，ここでグリーンの定理より

$$\oint_C \{u(x, y)dx - v(x, y)dy\}$$

$$= \iint_D \left(-\frac{\partial v}{\partial x} - \frac{\partial u}{\partial y}\right)dxdy = 0 \qquad \left(\because \quad \frac{\partial u}{\partial y} = -\frac{\partial v}{\partial x}\right)$$

および

$$\oint_C \{v(x,y)dx + u(x,y)dy\}$$

$$= \iint_D \left(\frac{\partial u}{\partial x} - \frac{\partial v}{\partial y}\right)dxdy = 0 \qquad \left(\because \quad \frac{\partial u}{\partial x} = \frac{\partial v}{\partial y}\right)$$

が成り立つ。

よって

$$\oint_C f(z)dz = \oint_C \{u(x,y)dx - v(x,y)dy\} + i\oint_C \{v(x,y)dx + u(x,y)dy\}$$

$$= 0 + 0 = 0$$

**例題3（コーシーの積分定理の応用）**

次の複素積分を求めよ。

(1) $\displaystyle\int_C \frac{1}{z^2-2z}dz \quad (C:|z|=1)$

(2) $\displaystyle\int_C \frac{z^2}{z-1}dz \quad (C:|z|=3)$

(3) $\displaystyle\int_C \frac{2z}{(z+1)^2}dz \quad (C:|z|=2)$

**【解説】**コーシーの積分定理および関連する諸公式の活用により，複素積分を効率的に計算することができる。円周積分の公式にも注意。

**解答**　(1)
$$\begin{aligned}\int_C \frac{1}{z^2-2z}dz &= \int_C \frac{1}{z(z-2)}dz\\ &= \int_C \frac{1}{2}\left(\frac{1}{z-2}-\frac{1}{z}\right)dz\\ &= \frac{1}{2}\int_C \frac{1}{z-2}dz - \frac{1}{2}\int_C \frac{1}{z}dz\\ &= \frac{1}{2}\cdot 0 - \frac{1}{2}\cdot 2\pi i\\ &= -\pi i \quad \cdots\cdots〔答〕\end{aligned}$$

(2)
$$\begin{aligned}\int_C \frac{z^2}{z-1}dz &= \int_C \frac{(z+1)(z-1)+1}{z-1}dz\\ &= \int_C \left(z+1+\frac{1}{z-1}\right)dz\\ &= \int_C (z+1)dz + \int_C \frac{1}{z-1}dz\\ &= 0 + \int_{|z-1|=1} \frac{1}{z-1}dz = 0 + 2\pi i = 2\pi i \quad \cdots\cdots〔答〕\end{aligned}$$

(3)
$$\begin{aligned}\int_C \frac{2z}{(z+1)^2}dz &= \int_C \frac{2(z+1)-2}{(z+1)^2}dz\\ &= \int_C \left(\frac{2}{z+1}-\frac{2}{(z+1)^2}\right)dz\\ &= 2\int_C \frac{1}{z+1}dz - 2\int_C \frac{1}{(z+1)^2}dz\\ &= 2\int_{|z+1|=\frac{1}{2}} \frac{1}{z+1}dz - 2\int_{|z+1|=\frac{1}{2}} \frac{1}{(z+1)^2}dz\\ &= 2\cdot 2\pi i - 2\cdot 0 = 4\pi i \quad \cdots\cdots〔答〕\end{aligned}$$

**例題４（コーシーの積分公式）**

$f(z)$ が単一閉曲線 $C$ で囲まれた領域およびその境界で正則ならば，領域の内部の点 $a$ に対して，次の等式が成り立つことを示せ。

$$\frac{1}{2\pi i}\int_C f(z)\frac{z+a}{z-a}dz = 2af(a)$$

**【解説】** コーシーの積分公式から正則関数に関連する様々な等式が導かれる。本問でも左辺をコーシーの積分公式が適用できる形に変形することを考える。

解答

$$\begin{aligned}\frac{1}{2\pi i}\int_C f(z)\frac{z+a}{z-a}dz &= \frac{1}{2\pi i}\int_C f(z)\frac{(z-a)+2a}{z-a}dz\\ &= \frac{1}{2\pi i}\int_C f(z)dz + 2a\cdot\frac{1}{2\pi i}\int_C\frac{f(z)}{z-a}dz\\ &= \frac{1}{2\pi i}\cdot 0 + 2a\cdot f(a)\\ &= 2af(a)\end{aligned}$$

**例題５（コーシーの積分公式の応用）**

$f(z)$ が円 $|z-a|=r$ の内部およびその境界で正則で，円周上

$$|f(z)| \leqq M \quad (|z-a|=r)$$

を満たすならば，次の不等式を満たすことを示せ。

$$\left|f^{(n)}(a)\right| \leqq \frac{n!M}{r^n} \quad (n=0,1,2,\cdots)$$

**【解説】** コーシーの積分公式を利用して導かれるいろいろな結論をもう少し調べてみよう。本問の不等式は**コーシーの評価式**とよばれるものである。

解答　コーシーの積分公式より

$$f^{(n)}(a) = \frac{n!}{2\pi i}\oint_C \frac{f(z)}{(z-a)^{n+1}}dz \quad (n=0,1,2,\cdots)$$

ここで，$C:|z-a|=r$ として，弧長に関する積分の不等式より

$$\begin{aligned}\left|\frac{n!}{2\pi i}\oint_C \frac{f(z)}{(z-a)^{n+1}}dz\right| &\leqq \frac{n!}{2\pi}\oint_C\left|\frac{f(z)}{(z-a)^{n+1}}\right||dz|\\ &= \frac{n!}{2\pi}\oint_C\frac{|f(z)|}{|z-a|^{n+1}}|dz|\\ &\leqq \frac{n!}{2\pi}\oint_C\frac{M}{r^{n+1}}|dz| = \frac{n!}{2\pi}\cdot\frac{M}{r^{n+1}}\cdot 2\pi r = \frac{n!M}{r^n}\end{aligned}$$

よって，$|f^{(n)}(a)| \leqq \dfrac{n!M}{r^n}$

## 【研究】代数学の基本定理

正則関数に関するここまでの結果を利用して, 次の**代数学の基本定理**を証明することができる。

**代数学の基本定理**：

「複素係数の $n$ 次（$n \geqq 1$）代数方程式

$$a_n z^n + a_{n-1} z^{n-1} + \cdots + a_1 z + a_0 = 0 \quad (a_n \neq 0)$$

は少なくとも１つの解をもつ。」

これを証明する前に準備として, 複素解析において重要な定理でもある次の**リュービルの定理**を証明する。

**リュービルの定理**

複素平面全体で正則な関数 $f(z)$ が有界（ある定数 $M$ が存在して $|f(z)| \leqq M$）ならば，$f(z)$ は定数関数である。

（**証明**）複素平面全体で $|f(z)| \leqq M$ とする（$M$ は定数)。

任意の複素数 $a$ をとる。

コーシーの評価式で $n=1$ の場合を考えると，任意の $r>0$ に対して

$$|f'(a)| \leqq \frac{M}{r}$$

したがって

$$|f'(a)| \leqq \lim_{r\to\infty} \frac{M}{r} = 0 \qquad \therefore \quad f'(a) = 0$$

複素数 $a$ は任意であったから，$f'(z)=0$

よって，$f(z)$ は定数関数である。（証明終）

**代数学の基本定理の証明**：

$f(z) = a_n z^n + a_{n-1} z^{n-1} + \cdots + a_1 z + a_0$ とおく（$n \geqq 1$)。

$f(z)=0$ が解をもたないとすると

$$g(z) = \frac{1}{f(z)} = \frac{1}{a_n z^n + a_{n-1} z^{n-1} + \cdots + a_1 z + a_0}$$

は複素平面全体で正則である。

さらに，$\displaystyle\lim_{z\to\infty} |g(z)| = 0$ であるから，$g(z)$ は有界である。

よって，**リュービルの定理**により，$g(z)$ は定数である。

したがって $f(z)$ も定数となるが, これは $f(z)$ が１次以上の多項式であることに反する。

以上より，代数方程式

$$a_n z^n + a_{n-1} z^{n-1} + \cdots + a_1 z + a_0 = 0 \quad (a_n \neq 0,\ n \geqq 1)$$

は少なくとも１つの解をもつ。（証明終）

## ■ 演習問題　1.3

解答はp. 266

**1**　複素平面上の点 0 から点 $1+i$ に至る 2 つの曲線 $C_1, C_2$ を考える。

$C_1 : z = t + ti \quad (0 \leqq t \leqq 1) \qquad C_2 : z = t + t^2 i \quad (0 \leqq t \leqq 1)$

このとき，次の関数 $f(z)$ の積分路 $C_1, C_2$ に沿った積分を求めよ。

(1)　$f(z) = z^2$　　　　(2)　$f(z) = |z|^2$

**2**　$C_R : z = R(\cos\theta + i\sin\theta) = Re^{i\theta} \quad (0 \leqq \theta \leqq \pi)$ とするとき，次の不等式が成り立つことを証明せよ。ただし，$R>1$ とする。

$$\left| \int_{C_R} \frac{1}{z^4+1} dz \right| \leqq \frac{\pi R}{R^4 - 1}$$

**3**　コーシーの積分定理を利用して，次の周回積分を求めよ。

(1)　$\displaystyle\int_{|z-i|=2} \frac{1}{z^2+4} dz$　　　　(2)　$\displaystyle\int_{|z-1|=2} \frac{z+1}{z^2} dz$

**4**　正則関数の積分表示（コーシーの積分公式）を利用して，次の周回積分を求めよ。

(1)　$\displaystyle\int_{|z|=4} \frac{\cos z}{z-\pi} dz$　　　　(2)　$\displaystyle\int_{|z|=4} \frac{e^z}{z^2-2z} dz$

**5**　$f(z)$ が領域 $|z-a| \leqq R$ で正則であるとき，正則関数の積分表示（コーシーの積分公式）を利用して次の等式を証明せよ。

$$f(a) = \frac{1}{2\pi} \int_0^{2\pi} f(a + Re^{i\theta}) d\theta$$

**入試問題研究 1－1（正則関数）**

正則関数 $f(z)$ を考える。ただし $z$ は複素数，$i=\sqrt{-1}$ とする。次の各問に答えよ。

(1) $\mathrm{Re}(f(z))$ は，$f(z)$ の実部である。$\mathrm{Re}(f(z))=\sin x\cosh y$ で表されるとき，$f(z)$ を求めよ。ただし，$z=x+iy$，$x$ と $y$ は実数である。

(2) 問(1)で求めた $f(z)$ について考える。方程式 $f(z)=0$ を解け。

＜九州大学大学院＞

**【解説】**　(1) 正則関数 $f(z)$ の実部 $u(x, y)$ と虚部 $v(x, y)$ に対して，次のコーシー・リーマンの関係式が成り立つ。

$$\frac{\partial u}{\partial x}=\frac{\partial v}{\partial y},\quad \frac{\partial u}{\partial y}=-\frac{\partial v}{\partial x}$$

これを利用して，与えられた実部から虚部を求めることができる。

一般に，正則関数の実部，虚部はいずれも調和関数になるが，逆に単連結領域における調和関数が与えられるとそれを実部とする正則関数が構成できる。

**解答**　(1) 正則関数 $f(z)$ を実部と虚部に分けて

$$f(z)=u(x, y)+iv(x, y)$$

と表すと，次のコーシー・リーマンの関係式が成り立つ。

$$\frac{\partial u}{\partial x}=\frac{\partial v}{\partial y},\quad \frac{\partial u}{\partial y}=-\frac{\partial v}{\partial x}$$

条件より

$$u(x, y)=\mathrm{Re}(f(z))=\sin x\cosh y$$

であるから

$$\frac{\partial u}{\partial x}=\cos x\cosh y,\quad \frac{\partial u}{\partial y}=\sin x\sinh y$$

よって，次が成り立つ。

$$\frac{\partial v}{\partial x}=-\frac{\partial u}{\partial y}=-\sin x\sinh y\quad\cdots\cdots①\qquad \frac{\partial v}{\partial y}=\frac{\partial u}{\partial x}=\cos x\cosh y\quad\cdots\cdots②$$

①より

$$v=-\int\sin x\sinh y\,dx=\cos x\sinh y+c(y)\qquad (c(y) \text{ は } y \text{ のみの関数})$$

これを $y$ で偏微分すると

$$\frac{\partial v}{\partial y}=\cos x\cosh y+c'(y)$$

よって，②より，$c'(y)=0$　　すなわち，$c(y)=C$（$C$ は実定数）

したがって

$$v(x, y)=\cos x\sinh y+C$$

以上より

$$f(z)=u(x,\ y)+iv(x,\ y)$$
$$=\sin x\cosh y+i(\cos x\sinh y+C)$$ （$C$ は実定数）　……〔答〕

(2)　$f(z)=0$ とすると

$$\sin x\cosh y+i(\cos x\sinh y+C)=0$$

よって

$\sin x\cosh y=0$　……③　　$\cos x\sinh y+C=0$　……④

③より

$$\sin x\frac{e^y+e^{-y}}{2}=0$$

∴　$\sin x=0$　　∴　$x=n\pi$　（$n$ は整数）

$x=n\pi$ を④に代入すると

$$\cos n\pi\sinh y+C=0$$

∴　$(-1)^n\dfrac{e^y-e^{-y}}{2}+C=0$

$$e^y-e^{-y}+(-1)^n2C=0$$

$$(e^y)^2+(-1)^n2Ce^y-1=0$$

∴　$e^y=-(-1)^nC+\sqrt{C^2+1}$　（∵　$e^y>0$）

$$=(-1)^{n-1}C+\sqrt{C^2+1}$$

∴　$y=\log_e\{(-1)^{n-1}C+\sqrt{C^2+1}\}$

以上より

$$z=x+iy$$
$$=n\pi+i\log_e\{(-1)^{n-1}C+\sqrt{C^2+1}\}$$ （$n$ は整数）　……〔答〕

**（注）** 特に，$C=0$ とした場合の $f(z)=0$ の解は次のようになる。

$z=n\pi$　（$n$ は整数）

**【参考】**　本問題における 2 変数関数 $u(x,\ y)=\sin x\cosh y$ について

$$\frac{\partial^2u}{\partial x^2}=-\sin x\cosh y,\quad \frac{\partial^2u}{\partial y^2}=\sin x\cosh y$$

であるから

$$\frac{\partial^2u}{\partial x^2}+\frac{\partial^2u}{\partial y^2}=0$$

が成り立っている。すなわち，$u(x,\ y)$ は調和関数である。

**入試問題研究1－2（円周積分の実積分への応用）**

実変数 $\theta$ に関する積分

$$\int_0^{2\pi}\cos^n\theta\,d\theta\quad(n=1,2,\cdots)$$

を計算せよ。　＜大阪大学大学院＞

**【解説】**　複素関数 $f(z)$ の積分路 $C:z=z(t)\,(a\leqq t\leqq b)$ 上の複素積分は次のように実積分によって定義される。

$$\int_C f(z)dz=\int_a^b f(z(t))\frac{dz}{dt}dt$$

さらに，次の円周積分の公式が成り立つ。

**［公式］（円周積分）**

積分路が円周 $|z-a|=r$ であるとき

$$\oint_{|z-a|=r}(z-a)^n dz=\begin{cases}2\pi i & (n=-1)\\ 0 & (n\neq -1)\end{cases}$$

**解答**　$C:z=e^{i\theta}\ (0\leqq\theta\leqq 2\pi)$ とする。

$z=e^{i\theta}$ のとき，$dz=ie^{i\theta}d\theta=izd\theta$　　$\therefore$　$d\theta=\dfrac{1}{iz}dz$

また

$$\cos\theta=\frac{e^{i\theta}+e^{-i\theta}}{2}=\frac{z+z^{-1}}{2}$$

よって

$$\int_0^{2\pi}\cos^n\theta\,d\theta=\int_C\left(\frac{z+z^{-1}}{2}\right)^n\frac{1}{iz}dz$$

そこで，円周積分に注意して

$$\left(\frac{z+z^{-1}}{2}\right)^n\frac{1}{iz}$$

の $\dfrac{1}{z}$ の項，したがって

$$\left(\frac{z+z^{-1}}{2}\right)^n$$

の定数項を調べる。

（i）$n=2m$　$(m=1,2,\cdots)$ のとき

$\left(\dfrac{z+z^{-1}}{2}\right)^n=\left(\dfrac{z+z^{-1}}{2}\right)^{2m}$ の定数項は

$$\frac{1}{2^{2m}}{}_{2m}C_m=\frac{1}{2^{2m}}\cdot\frac{(2m)!}{(m!)^2}=\frac{(2m)!}{2^{2m}(m!)^2}$$

であるから

$$\int_0^{2\pi}\cos^n\theta\,d\theta=\int_C\frac{1}{2^{2m}}\cdot\frac{(2m)!}{(m!)^2}\frac{1}{iz}dz$$

$$=\frac{1}{2^{2m}}\cdot\frac{(2m)!}{(m!)^2}\cdot\frac{1}{i}\int_C\frac{1}{z}dz$$

$$=\frac{1}{2^{2m}}\cdot\frac{(2m)!}{(m!)^2}\cdot\frac{1}{i}\cdot 2\pi i$$

$$=\frac{(2m)!}{2^{2m-1}(m!)^2}\pi$$

（ⅱ） $n=2m-1$ （$m=1, 2, \cdots$） のとき

$\left(\frac{z+z^{-1}}{2}\right)^n=\left(\frac{z+z^{-1}}{2}\right)^{2m-1}$ に定数項は存在しないから

$$\int_0^{2\pi}\cos^n\theta\,d\theta=0$$

（ⅰ），（ⅱ）より

$$\int_0^{2\pi}\cos^n\theta\,d\theta=\begin{cases}\dfrac{(2m)!}{2^{2m-1}(m!)^2}\pi & (n=2m)\\ 0 & (n=2m-1)\end{cases}$$ ……〔答〕

**【参考】** $\int_0^{2\pi}\sin^n\theta\,d\theta$ （$n=1, 2, \cdots$） について：

上と同様に

$$\int_0^{2\pi}\sin^n\theta\,d\theta=\int_C\left(\frac{z-z^{-1}}{2i}\right)^n\frac{1}{iz}dz$$

$n=2m-1$ （$m=1, 2, \cdots$） のときは， 0

$n=2m$ （$m=1, 2, \cdots$） のときは

$$\int_0^{2\pi}\sin^n\theta\,d\theta=\int_C\left(\frac{z-z^{-1}}{2i}\right)^n\frac{1}{iz}dz$$

$$=\int_C\frac{1}{(2i)^{2m}}\cdot\frac{{}_{2m}C_m(-1)^m}{iz}dz=\frac{1}{(-1)^m2^{2m}}\cdot\frac{(2m)!\cdot(-1)^m}{(m!)^2}\cdot\frac{1}{i}\int_C\frac{1}{z}dz$$

$$=\frac{1}{(-1)^m2^{2m}}\cdot\frac{(2m)!\cdot(-1)^m}{(m!)^2}\cdot\frac{1}{i}\cdot 2\pi i=\frac{(2m)!}{2^{2m-1}(m!)^2}\pi$$

すなわち

$$\int_0^{2\pi}\sin^n\theta\,d\theta=\begin{cases}\dfrac{(2m)!}{2^{2m-1}(m!)^2}\pi & (n=2m)\\ 0 & (n=2m-1)\end{cases}$$

**入試問題研究 1－3（正則関数の積分表示の応用）**

複素平面において $D(a,r)=\{z:|z-a|<r\}$ とする。$R>0$ とし，関数 $f(z)$ は領域 $D(a,R)$ で正則とする。このとき，$0<r<R$ を満たす $r$ に対して

$$f(a)=\frac{1}{\pi r^2}\iint_{D(a,r)}f(z)dxdy$$

が成り立つことを示せ。ただし，$z=x+iy$ とする。

＜大阪府立大学大学院＞

**【解説】**　複素関数を2重積分で表している上の等式の証明は一見難しそうに見えるが，右辺の2重積分を $a$ を極として極座標変換したのち，正則関数の積分表示を利用することで容易に証明することができる。

**解答**　極座標変換により

$$\iint_{D(a,r)}f(z)dxdy$$

$$=\int_0^r\left(\int_0^{2\pi}f(a+\rho e^{i\theta})\rho d\theta\right)d\rho$$

$$=\int_0^r\rho\left(\int_0^{2\pi}f(a+\rho e^{i\theta})d\theta\right)d\rho$$

$$=\int_0^r\rho\left(2\pi\cdot\frac{1}{2\pi i}\int_0^{2\pi}\frac{f(a+\rho e^{i\theta})}{\rho e^{i\theta}}\rho ie^{i\theta}d\theta\right)d\rho$$

$$=\int_0^r\rho\left(2\pi\cdot\frac{1}{2\pi i}\int_{|z-a|=\rho}\frac{f(z)}{z-a}dz\right)d\rho \quad \cdots\cdots（*）$$

ここで，正則関数の積分表示（コーシーの積分公式）により

$$f(a)=\frac{1}{2\pi i}\int_{|z-a|=\rho}\frac{f(z)}{z-a}dz$$

であるから

$$（*）=\int_0^r\rho\cdot 2\pi f(a)d\rho$$

$$=2\pi f(a)\int_0^r\rho d\rho$$

$$=2\pi f(a)\cdot\frac{1}{2}r^2$$

$$=\pi r^2 f(a)$$

よって

$$f(a)=\frac{1}{\pi r^2}\iint_{D(a,r)}f(z)dxdy$$

（証明終）

**入試問題研究１－４（正則関数，正則関数の積分表示）**

以下の問いに答えよ。

(1) 複素平面内の単連結領域 $D$ 上の実数値調和関数 $u(z)=u(x, y)$ に対して，$u$ を実部にもつ $D$ 上の複素正則関数 $f$ が存在することを示せ。ただし，$z=x+iy$ とする。

(2) $R>0$ とする。実数値関数 $u(z)=u(x, y)$ は $\{z:|z-a| \leqq R\}$ において調和とする。このとき，$z_0=a+re^{i\theta}$ （$0 \leqq r<R$）に対して

$$u(z_0)=\frac{1}{2\pi}\int_0^{2\pi}\frac{R^2-r^2}{R^2-2Rr\cos(\theta-\varphi)+r^2}u(a+Re^{i\varphi})d\varphi$$

が成り立つことを証明せよ。　　　　　＜大阪府立大学大学院＞

**【解説】**　(1)は，与えられた実数値調和関数を実部にもつ複素正則関数を構成する問題で有名問題である。

(2)も有名問題で，相当の計算力を必要とするが一度はしっかりと練習しておきたい問題である。

解答　(1)　$g(z)=\dfrac{\partial u}{\partial x}-i\dfrac{\partial u}{\partial y}$ とおくと

$$\frac{\partial}{\partial x}\left(\frac{\partial u}{\partial x}\right)=\frac{\partial^2 u}{\partial x^2},\quad \frac{\partial}{\partial y}\left(\frac{\partial u}{\partial x}\right)=\frac{\partial^2 u}{\partial y\partial x}$$

$$\frac{\partial}{\partial x}\left(-\frac{\partial u}{\partial y}\right)=-\frac{\partial^2 u}{\partial x\partial y},\quad \frac{\partial}{\partial y}\left(-\frac{\partial u}{\partial y}\right)=-\frac{\partial^2 u}{\partial y^2}$$

$u(z)=u(x, y)$ は調和関数であるから

$$\frac{\partial^2 u}{\partial x^2}+\frac{\partial^2 u}{\partial y^2}=0 \qquad \therefore \quad \frac{\partial^2 u}{\partial x^2}=-\frac{\partial^2 u}{\partial y^2}$$

よって，$g(z)$ の実部と虚部はコーシー・リーマンの関係式

$$\frac{\partial}{\partial x}\left(\frac{\partial u}{\partial x}\right)=\frac{\partial}{\partial y}\left(-\frac{\partial u}{\partial y}\right),\quad \frac{\partial}{\partial y}\left(\frac{\partial u}{\partial x}\right)=-\frac{\partial}{\partial x}\left(-\frac{\partial u}{\partial y}\right)$$

を満たすから正則関数である。

したがって，コーシーの積分定理により，$g(z)$ の単連結領域 $D$ 上での複素積分の値は積分路の始点と終点で定まり，$g(z)$ の不定積分

$$f(z)=\int_a^z g(z)dz$$

が定まり

$$f'(z)=g(z)=\frac{\partial u}{\partial x}-i\frac{\partial u}{\partial y}$$

が成り立つ。

$f(z)=U+iV$ と表すと，$f'(z)=\dfrac{\partial U}{\partial x}+i\dfrac{\partial V}{\partial y}$ であるから

$$\frac{\partial U}{\partial x}=\frac{\partial u}{\partial x} \qquad \therefore \quad U=u+C \quad (C \text{ は任意の定数})$$

したがって，あらためて $C=0$ となる $f(z)$ をとれば，この $f(z)$ が与えられた調和関数 $u$ を実部にもつ $D$ 上の正則関数である。　　（証明終）

(2) 正則関数の積分表示（コーシーの積分公式）より

$$f(z_0)=\frac{1}{2\pi i}\int_{|z-a|=R}\frac{f(z)}{z-z_0}dz=\frac{1}{2\pi i}\int_{|z-a|=R}\frac{f(z)}{(z-a)-(z_0-a)}dz$$

$$=\frac{1}{2\pi i}\int_{|w|=R}\frac{f(a+w)}{w-w_0}dw \qquad (\text{ただし，} w=z-a,\ w_0=z_0-a)$$

ここで

$$w-w_0=Re^{i\varphi}-re^{i\theta}=e^{i\varphi}(R-re^{i(\theta-\varphi)})$$
$$=e^{i\varphi}\{R-r\cos(\theta-\varphi)-ir\sin(\theta-\varphi)\}$$

より

$$|w-w_0|^2=\{R-r\cos(\theta-\varphi)\}^2+\{r\sin(\theta-\varphi)\}^2 \qquad (\text{注}：|e^{i\varphi}|=1)$$
$$=R^2-2Rr\cos(\theta-\varphi)+r^2$$

であるから

$$\frac{1}{2\pi}\int_0^{2\pi}\frac{R^2-r^2}{R^2-2Rr\cos(\theta-\varphi)+r^2}f(a+Re^{i\varphi})d\varphi$$

$$=\frac{1}{2\pi}\int_0^{2\pi}\frac{|w|^2-|w_0|^2}{|w-w_0|^2}f(a+w)d\varphi$$

$$=\frac{1}{2\pi}\int_0^{2\pi}\frac{w\bar{w}-w_0\bar{w}_0}{(w-w_0)(\bar{w}-\bar{w}_0)}f(a+w)d\varphi$$

$$=\frac{1}{2\pi}\int_0^{2\pi}\frac{w(\bar{w}-\bar{w}_0)+\bar{w}_0(w-w_0)}{(w-w_0)(\bar{w}-\bar{w}_0)}f(a+w)d\varphi$$

$$=\frac{1}{2\pi}\int_0^{2\pi}\left(\frac{w}{w-w_0}+\frac{\bar{w}_0}{\bar{w}-\bar{w}_0}\right)f(a+w)d\varphi$$

ここで

$$\frac{1}{2\pi}\int_0^{2\pi}\frac{w}{w-w_0}f(a+w)d\varphi$$

$$=\frac{1}{2\pi}\int_0^{2\pi}\frac{Re^{i\varphi}}{w-w_0}f(a+w)d\varphi$$

$$=\frac{1}{2\pi i}\int_0^{2\pi}\frac{f(a+w)}{w-w_0}Rie^{i\varphi}d\varphi$$

$$=\frac{1}{2\pi i}\int_{|w|=R}\frac{f(a+w)}{w-w_0}dw$$
$$=f(a+w_0)$$
$$=f(z_0)$$

一方

$$\frac{1}{2\pi}\int_0^{2\pi}\frac{\overline{w}_0}{\overline{w}-\overline{w}_0}f(a+w)d\varphi$$
$$=\frac{1}{2\pi}\int_0^{2\pi}\frac{\overline{w}_0}{\dfrac{R^2}{w}-\overline{w}_0}f(a+w)d\varphi$$
$$=\frac{1}{2\pi}\int_0^{2\pi}\frac{w}{\dfrac{R^2}{\overline{w}_0}-w}f(a+w)d\varphi$$
$$=-\frac{1}{2\pi}\int_0^{2\pi}\frac{Re^{i\varphi}}{w-\dfrac{R^2}{\overline{w}_0}}f(a+w)d\varphi$$
$$=-\frac{1}{2\pi i}\int_0^{2\pi}\frac{f(a+w)}{w-\dfrac{R^2}{\overline{w}_0}}Rie^{i\varphi}d\varphi$$
$$=-\frac{1}{2\pi i}\int_{|w|=R}\frac{f(a+w)}{w-\dfrac{R^2}{\overline{w}_0}}dw$$

$=0$ （$\because$ $\left|\dfrac{R^2}{\overline{w}_0}\right|=\dfrac{R^2}{r}=R\cdot\dfrac{R}{r}>R$ より，被積分関数は積分路内部で正則）

以上より

$$f(z_0)=\frac{1}{2\pi}\int_0^{2\pi}\frac{R^2-r^2}{R^2-2Rr\cos(\theta-\varphi)+r^2}f(a+Re^{i\varphi})d\varphi$$

両辺の実部を考えると

$$u(z_0)=\frac{1}{2\pi}\int_0^{2\pi}\frac{R^2-r^2}{R^2-2Rr\cos(\theta-\varphi)+r^2}u(a+Re^{i\varphi})d\varphi$$

（証明終）

**【参考】** (2)では，実数値関数 $u(z)=u(x,y)$ の仮定を以下のように弱めても題意の等式は成り立つ。ただし，証明はやや煩雑になる。興味ある人は詳しい複素解析の専門書を参照すること。

**本問より弱めた仮定**：

$R>0$ とする。実数値関数 $u(z)=u(x,y)$ は

開円板 $\{z:|z-a|<R\}$ において調和，かつ，閉円板 $\{z:|z-a|\leqq R\}$ で連続とする。

**入試問題研究１－５（１次分数変換）**

線形分数変換に関する以下の問いに答えよ。

(1) 線形分数変換 $w=\dfrac{z+1}{z-1}$ により，複素平面上の領域 $D_1=\{z\,|\,|z|<1\}$ および $D_2=\{z\,|\,\mathrm{Re}\,z<0\}$ がそれぞれどのような領域に変換されるかを示せ。ただし，$\mathrm{Re}\,z$ は複素数 $z$ の実部を表す。

(2) 線形分数変換 $w=\dfrac{z-\alpha}{\alpha z-1}$ により，複素平面上の環状の領域 $D_3=\{z\,|\,\beta<|z|<1\}$ が２つの円に挟まれた領域 $D_4=\{w\,|\,|w-\dfrac{1}{4}|>\dfrac{1}{4},|w|<1\}$ に変換されるとする。このとき $\alpha,\beta$ の値を求めよ。ただし $\alpha,\beta$ は正の実数とする。　＜東京大学大学院＞

**【解説】**　1次分数変換（線形分数変換）とは

$$w=\frac{az+b}{cz+d}\quad(ad-bc\neq 0)$$

で表される変換であり，円を円に変換するというのが基本性質である（直線は半径 ∞ の円と考える）。1次分数変換は複素解析の重要項目であるが，たいていの入試問題は複素平面の初歩的な知識で容易に解答できる。

**解答**　(1) $w=\dfrac{z+1}{z-1}$ より，$z=\dfrac{w+1}{w-1}$

よって，$|z|<1$ のとき

$$\left|\frac{w+1}{w-1}\right|<1\qquad\therefore\quad |w+1|<|w-1|\qquad\therefore\quad |w+1|^2<|w-1|^2$$

$w=u+iv$ とすると，$(u+1)^2+v^2<(u-1)^2+v^2\qquad\therefore\quad u<0$

したがって，領域 $D_1=\{z\,|\,|z|<1\}$ が変換される領域は

領域 $D_2=\{w\,|\,\mathrm{Re}\,w<0\}$　……〔答〕

同様に，$\mathrm{Re}\,z<0$ とすると

$$\mathrm{Re}\,z=\frac{1}{2}(z+\overline{z})=\frac{1}{2}\left(\frac{w+1}{w-1}+\frac{\overline{w}+1}{\overline{w}-1}\right)<0$$

$$\therefore\quad \frac{(w+1)(\overline{w}-1)+(w-1)(\overline{w}+1)}{(w-1)(\overline{w}-1)}<0\qquad\therefore\quad \frac{2|w|^2-2}{|w-1|^2}<0$$

$$\therefore\quad |w|^2<1\qquad\therefore\quad |w|<1$$

したがって，領域 $D_2=\{z\,|\,\mathrm{Re}\,z<0\}$ が変換される領域は

領域 $D_1=\{w\,|\,|w|<1\}$　……〔答〕

(2)　$w=\dfrac{z-\alpha}{\alpha z-1}$ より，$z=\dfrac{w-\alpha}{\alpha w-1}$

よって，$\beta<|z|<1$ のとき

$$\beta<\left|\frac{w-\alpha}{\alpha w-1}\right|<1 \qquad \therefore \quad \beta^2|\alpha w-1|^2<|w-\alpha|^2<|\alpha w-1|^2$$

$$\therefore \quad \beta^2\{(\alpha u-1)^2+(\alpha v)^2\}<(u-\alpha)^2+v^2<\{(\alpha u-1)^2+(\alpha v)^2\}$$

したがって

$$(\alpha^2\beta^2-1)u^2-2\alpha(\beta^2-1)u+(\alpha^2\beta^2-1)v^2<\alpha^2-\beta^2 \quad \cdots\cdots(\mathrm{i})$$

$$(\alpha^2-1)u^2+(\alpha^2-1)v^2>\alpha^2-1 \quad \cdots\cdots(\mathrm{ii})$$

変換される領域が 2 つの円の共通部分であることから，$\alpha^2-1\neq 0$ である。

$\alpha^2>1$ とすると，(ⅱ)より，$u^2+v^2>1$

これは円の外部 $|w|>1$ を表すから，不適。よって，$\alpha^2<1$

このとき，(ⅱ)より，$u^2+v^2<1$

これは円の内部 $|w|<1$ を表すから，適する。

このとき，(ⅰ)は円の外部 $\left|w-\dfrac{1}{4}\right|>\dfrac{1}{4}$ を表すから，$\alpha^2\beta^2-1<0$ で，かつ

$$u^2-\frac{2\alpha(\beta^2-1)}{\alpha^2\beta^2-1}u+v^2>\frac{\alpha^2-\beta^2}{\alpha^2\beta^2-1}$$

$$\therefore \quad \left(u-\frac{\alpha(\beta^2-1)}{\alpha^2\beta^2-1}\right)^2u+v^2>\frac{\alpha^2-\beta^2}{\alpha^2\beta^2-1}+\left(\frac{\alpha(\beta^2-1)}{\alpha^2\beta^2-1}\right)^2$$

よって

$$\frac{\alpha(\beta^2-1)}{\alpha^2\beta^2-1}=\frac{1}{4} \quad \cdots\cdots① \qquad \frac{\alpha^2-\beta^2}{\alpha^2\beta^2-1}+\left(\frac{\alpha(\beta^2-1)}{\alpha^2\beta^2-1}\right)^2=\frac{1}{16} \quad \cdots\cdots②$$

①，②より

$$\frac{\alpha^2-\beta^2}{\alpha^2\beta^2-1}+\left(\frac{1}{4}\right)^2=\frac{1}{16} \qquad \therefore \quad \alpha=\beta \ (>0)$$

よって，①より

$$\frac{\alpha(\alpha^2-1)}{\alpha^4-1}=\frac{1}{4} \qquad \therefore \quad 4\alpha(\alpha^2-1)=\alpha^4-1$$

$\alpha^2-1\neq 0$ であるから

$$4\alpha=\alpha^2+1 \qquad \therefore \quad \alpha^2-4\alpha+1=0 \qquad \therefore \quad \alpha=2\pm\sqrt{3}$$

$\alpha^2<1$，$\alpha^2\beta^2-1<0$ に注意すると

$$(\alpha, \beta)=(2-\sqrt{3}, 2-\sqrt{3}) \quad \cdots\cdots〔答〕$$

# 第2章

# 複　素　解　析　(2)

## －留 数 と 級 数 展 開－

## 2．1　留数定理

〔目標〕ここでは複素解析の計算において最も特徴的なものである留数について学ぶ。

**（1）特異点と留数**

まず複素関数の特異点について確認しておく。

**特異点**

関数 $f(z)$ が点 $a$ で正則でないとき，点 $a$ を $f(z)$ の**特異点**という。特に，$f(z)$ が特異点 $a$ を除く十分小さな領域 $0<|z-a|<r$ で正則であるとき，特異点 $a$ を $f(z)$ の**孤立特異点**という。また，$\lim_{z\to a} f(z)$ が極限値をもつ孤立特異点を**除去可能な特異点**という。

**問 1**　関数 $f(z)=\dfrac{1}{z^3-1}$ の特異点をすべて求めよ。

（解）$z^3-1=0$ とすると

$$(z-1)(z^2+z+1)=0 \qquad \therefore \quad z=1, \frac{-1\pm\sqrt{3}\,i}{2}$$

よって，求める特異点は

$$z=1, \frac{-1\pm\sqrt{3}\,i}{2}$$

□

さて，関数 $f(z)$ が単一閉曲線 $C$ で囲まれた領域およびその境界で正則であるとき，コーシーの積分定理により

$$\oint_C f(z)dz=0$$

が成り立つことを思い出そう。

逆に，一般には積分の値が 0 になるとは限らない。そこで，留数を次のように定義する。

**留数**

関数 $f(z)$ が単一閉曲線 $C$ で囲まれた領域およびその境界において，$C$ の内部の点 $a$ を除いて正則であるとき

$$\frac{1}{2\pi i}\oint_C f(z)dz$$

を $f(z)$ の点 $a$ における**留数**（residue）といい，$\mathrm{Res}(f\,;a)$ あるいは単に $\mathrm{Res}(a)$ と表す。

**（注）** 点 $a$ が $f(z)$ の正則点であれば，コーシーの積分定理より，もちろん $\mathrm{Res}(f\,;a)=0$ であるが，点 $a$ が特異点であっても $\mathrm{Res}(f\,;a)=0$ となることもある。たとえば，円周積分を思い出すと次が成り立つことがわかる。

$$\mathrm{Res}\left(\frac{1}{z^2};0\right)=\frac{1}{2\pi i}\oint_{|z|=1}\frac{1}{z^2}dz=0$$

**問 2** $\mathrm{Res}\left(\dfrac{1}{z-2};2\right)$ を求めよ。

**（解）** 円周積分に注意すると

$$\mathrm{Res}\left(\frac{1}{z-2};2\right)=\frac{1}{2\pi i}\oint_{|z-2|=1}\frac{1}{z-2}dz$$
$$=\frac{1}{2\pi i}\cdot 2\pi i=1$$

□

**問 3** 関数 $f(z)$ が

$$f(z)=\sum_{n=-\infty}^{\infty}c_n(z-a)^n$$
$$=\cdots+\frac{c_{-2}}{(z-a)^2}+\frac{c_{-1}}{z-a}+c_0+c_1(z-a)+c_2(z-a)^2+\cdots$$

で与えられているとき，$\mathrm{Res}(f\,;a)=c_{-1}$ であることを示せ。

**（解）** 円周積分に注意すると

$$\oint_{|z-a|=r}f(z)dz=\oint_{|z-a|=r}\sum_{n=-\infty}^{\infty}c_n(z-a)^n dz$$
$$=\sum_{n=-\infty}^{\infty}c_n\oint_{|z-a|=r}(z-a)^n dz=c_{-1}\cdot 2\pi i$$

よって

$$\mathrm{Res}(f;a)=\frac{1}{2\pi i}\oint_{|z-a|=r}f(z)dz=c_{-1}$$

□

### (2) 留数と極

留数の応用のためにその準備として，次のように“極”を定義しよう。

**極**

関数 $f(z)$ が

$$f(z)=\sum_{n=-k}^{\infty}c_n(z-a)^n$$

$$=\frac{c_{-k}}{(z-a)^k}+\cdots+\frac{c_{-1}}{z-a}+c_0+c_1(z-a)+c_2(z-a)^2+\cdots$$

で表されるとき，点 $a$ を $f(z)$ の $k$ **位の極**（**位数**が $k$ の**極**）という。ただし，$c_{-k}\neq 0$ とする。

特に，$k=\infty$ のとき，特異点 $a$ を $f(z)$ の**真性特異点**という。

留数の値と極について，次の公式が成り立つ。

**[公式]**

点 $a$ が $f(z)$ の $k$ 位の極であるとき，次が成り立つ。

$$\mathrm{Res}(f;a)=\lim_{z\to a}\frac{\{(z-a)^k f(z)\}^{(k-1)}}{(k-1)!}$$

たとえば

$k=1$ ならば，$\mathrm{Res}(f;a)=\lim_{z\to a}(z-a)f(z)$　　（注）$0!=1$

$k=2$ ならば，$\mathrm{Res}(f;a)=\lim_{z\to a}\{(z-a)^2 f(z)\}'$

**(証明)** 点 $a$ が $f(z)$ の $k$ 位の極であることより

$$f(z)=\frac{c_{-k}}{(z-a)^k}+\cdots+\frac{c_{-1}}{z-a}+c_0+c_1(z-a)+c_2(z-a)^2+\cdots$$

とおくとき，**問3**より

$$\mathrm{Res}(f\,;a)=c_{-1}$$

であることに注意する。

$$(z-a)^k f(z)=c_{-k}+\cdots+c_{-1}(z-a)^{k-1}+c_0(z-a)^k+c_1(z-a)^{k+1}+\cdots$$

であるから

$$\{(z-a)^k f(z)\}^{(k-1)}=c_{-1}\cdot(k-1)!+c_0\cdot k!(z-a)+\cdots$$

$$\therefore\quad \frac{\{(z-a)^k f(z)\}^{(k-1)}}{(k-1)!}=c_{-1}+c_0\cdot k(z-a)+\cdots$$

$$\therefore\quad \lim_{z\to a}\frac{\{(z-a)^k f(z)\}^{(k-1)}}{(k-1)!}=c_{-1}=\mathrm{Res}(f;a)$$

□

さらに，極の位数の判定について次が成り立つ。

**［定理］（極の位数の判定）**

点 $a$ が $f(z)$ の孤立特異点であるとき，点 $a$ が $f(z)$ の $k$ 位の極であるための必要十分条件は，次の(ⅰ)または(ⅱ)を満たすことである。

(ⅰ) $f(z)$ が点 $a$ の近傍で正則な関数 $g(z)$ を用いて

$$f(z)=\frac{g(z)}{(z-a)^k}$$

と表せる。ただし，$g(a)\neq 0$ とする。

(ⅱ) $\lim_{z\to a}(z-a)^k f(z)$ が 0 でない極限値をもつ。

**問 4** 次の留数を求めよ。

(1) $\mathrm{Res}\left(\dfrac{e^z}{(z-1)(z-2)};2\right)$ (2) $\mathrm{Res}\left(\dfrac{1}{z^2(z+1)};0\right)$

**(解)** (1) $z=2$ は1位の極であるから

$$\mathrm{Res}\left(\frac{e^z}{(z-1)(z-2)};2\right)=\lim_{z\to 2}\frac{e^z}{z-1}=e^2$$

(2) $z=0$ は2位の極であるから

$$\mathrm{Res}\left(\frac{1}{z^2(z+1)};0\right)=\lim_{z\to 0}\left(\frac{1}{z+1}\right)'=\lim_{z\to 0}\left(-\frac{1}{(z+1)^2}\right)=-1$$ □

**問 5** 留数 $\mathrm{Res}\left(ze^{\frac{1}{z}};0\right)$ を求めよ。

ただし，次の級数展開を用いてよい。

$$e^z=1+\frac{1}{1!}z+\frac{1}{2!}z^2+\cdots+\frac{1}{n!}z^n+\cdots$$

**(解)** $e^z$ の級数展開に注意すると

$$\begin{aligned}ze^{\frac{1}{z}}&=z\left\{1+\frac{1}{1!}\frac{1}{z}+\frac{1}{2!}\left(\frac{1}{z}\right)^2+\cdots+\frac{1}{n!}\left(\frac{1}{z}\right)^n+\cdots\right\}\\&=z+1+\frac{1}{2!}\frac{1}{z}+\cdots+\frac{1}{n!}\frac{1}{z^{n-1}}+\cdots\end{aligned}$$

であるから

$$\mathrm{Res}\left(ze^{\frac{1}{z}};0\right)=\frac{1}{2!}=\frac{1}{2}$$ □

**(注)** $z=0$ は $f(z)=ze^{\frac{1}{z}}$ の真性特異点である。

ここで，前の章でも簡単な形で述べたロピタルの定理をもう少し有用な形で述べておこう。。

**［公式］（ロピタルの定理）**

関数 $f(z)$，$g(z)$ がともに $z=a$ で正則であり，$f(a)=g(a)=0$ とする。このとき，$\lim_{z\to a}\dfrac{f'(z)}{g'(z)}$ が存在するならば，次が成り立つ。

$$\lim_{z\to a}\frac{f(z)}{g(z)}=\lim_{z\to a}\frac{f'(z)}{g'(z)}\ \left(=\frac{f'(a)}{g'(a)}\right)$$

**（証明）** $g\neq 0$（定数関数の 0 ではない）としてよい。このとき，あとの節で述べる正則関数のテーラー展開に注意すると，$f(z)$，$g(z)$ を

$$f(z)=(z-a)^m\varphi(z)$$

$$g(z)=(z-a)^n\psi(z)\qquad \text{ただし，}\psi(a)\neq 0$$

と表すことができて

$$f'(z)=m(z-a)^{m-1}\varphi(z)+(z-a)^m\varphi'(z)$$

$$g'(z)=n(z-a)^{n-1}\psi(z)+(z-a)^n\psi'(z)$$

が成り立つ。
ここで

$$\lim_{z\to a}\frac{f'(z)}{g'(z)}=\lim_{z\to a}\frac{m(z-a)^{m-1}\varphi(z)+(z-a)^m\varphi'(z)}{n(z-a)^{n-1}\psi(z)+(z-a)^n\psi'(z)}$$

が存在するとすれば，$m\geqq n$ である。
(ｉ) $m>n$ のとき

$$\lim_{z\to a}\frac{f'(z)}{g'(z)}=\lim_{z\to a}\frac{m(z-a)^{m-n}\varphi(z)+(z-a)^{m-n+1}\varphi'(z)}{n\psi(z)+(z-a)\psi'(z)}=\frac{0}{n\psi(a)}=0$$

$$\lim_{z\to a}\frac{f(z)}{g(z)}=\lim_{z\to a}\frac{(z-a)^m\varphi(z)}{(z-a)^n\psi(z)}=\lim_{z\to a}\frac{(z-a)^{m-n}\varphi(z)}{\psi(z)}=\frac{0}{\psi(a)}=0$$

より，示すべき等式は成り立つ。
(ⅱ) $m=n$ のとき

$$\lim_{z\to a}\frac{f(z)}{g(z)}=\lim_{z\to a}\frac{(z-a)^m\varphi(z)}{(z-a)^m\psi(z)}=\lim_{z\to a}\frac{\varphi(z)}{\psi(z)}=\frac{\varphi(a)}{\psi(a)}$$

$$\lim_{z\to a}\frac{f'(z)}{g'(z)}=\lim_{z\to a}\frac{m\varphi(z)+(z-a)\varphi'(z)}{m\psi(z)+(z-a)\psi'(z)}=\frac{m\varphi(a)}{m\psi(a)}=\frac{\varphi(a)}{\psi(a)}$$

より，示すべき等式は成り立つ。
(ｉ)，(ⅱ)より，公式は証明された。 □

### （3）留数定理

複素積分の計算において次の留数定理は極めて重要である。

**［定理］（留数定理）**

関数 $f(z)$ が単一閉曲線 $C$ の内部にある有限個の点 $a_1, a_2, \cdots, a_n$ を除いて正則ならば

$$\oint_C f(z)dz = 2\pi i\sum_{k=1}^{n}\mathrm{Res}(a_k)$$

$$= 2\pi i\{\mathrm{Res}(a_1)+\cdots+\mathrm{Res}(a_n)\}$$

が成り立つ。

C
$a_3$
$a_2$
$a_1$
ここで正則

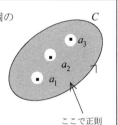

**（証明）** 曲線 $C$ の内部に，点 $a_1, a_2, \cdots, a_n$ を中心とする互いに交わらない十分小さな円 $C_1, C_2, \cdots, C_n$ をとると，コーシーの積分定理により

$$\oint_C f(z)dz = \sum_{k=1}^{n}\oint_{C_k} f(z)dz$$

$$= 2\pi i\sum_{k=1}^{n}\frac{1}{2\pi i}\oint_{C_k} f(z)dz = 2\pi i\sum_{k=1}^{n}\mathrm{Res}(a_k) \qquad \square$$

**問 6** 留数定理を利用して次の複素積分を求めよ。

(1) $\displaystyle\int_C \frac{2z+1}{z(z-3)}dz \qquad C:|z|=1$ (2) $\displaystyle\int_C \frac{z^2+1}{(z-1)^2}dz \qquad C:|z|=2$

**（解）** (1) 曲線 $C$ の内部にある特異点は $z=0$ のみであり，これは 1 位の極であるから

$$\mathrm{Res}(0) = \lim_{z\to 0}\frac{2z+1}{z-3} = -\frac{1}{3}$$

よって，留数定理より

$$\int_C \frac{2z+1}{z(z-3)}dz = 2\pi i\cdot\mathrm{Res}(0)$$

$$= 2\pi i\cdot\left(-\frac{1}{3}\right) = -\frac{2}{3}\pi i$$

(2) $z=1$ は 2 位の極であり，曲線 $C$ の内部にあるから

$$\mathrm{Res}(1) = \lim_{z\to 1}(z^2+1)' = \lim_{z\to 1}2z = 2$$

よって，留数定理より

$$\int_C \frac{z^2+1}{(z-1)^2}dz = 2\pi i\cdot\mathrm{Res}(1)$$

$$= 2\pi i\cdot 2 = 4\pi i \qquad \square$$

**例題1（留数の計算）**

次の関数 $f(z)$ の与えられた点における留数を求めよ。

(1) $f(z)=\dfrac{z}{(z^2+1)(2-z)} \quad (z=i)$　　(2) $f(z)=\dfrac{1}{z(z-1)^2} \quad (z=1)$

(3) $f(z)=\dfrac{1}{z^4+1} \quad \left( z=e^{\frac{\pi}{4}i}=\dfrac{1+i}{\sqrt{2}} \right)$

**【解説】** 留数の計算はたいていの場合，次の公式を利用して行われる。

**［公式］** 点 $a$ が $f(z)$ の $k$ 位の極であるとき，次が成り立つ。

$$\mathrm{Res}(a)=\lim_{z\to a}\frac{\{(z-a)^k f(z)\}^{(k-1)}}{(k-1)!}$$

たとえば

$k=1$ ならば，$\mathrm{Res}(a)=\lim\limits_{z\to a}(z-a)f(z)$　　（注）$0!=1$

$k=2$ ならば，$\mathrm{Res}(a)=\lim\limits_{z\to a}\{(z-a)^2 f(z)\}'$

**解答** (1) $f(z)=\dfrac{z}{(z^2+1)(2-z)}=\dfrac{z}{(z+i)(z-i)(2-z)}$

より，$z=i$ は1位の極であるから

$$\mathrm{Res}(i)=\lim_{z\to i}(z-i)f(z)=\lim_{z\to i}\frac{z}{(z+i)(2-z)}=\frac{2+i}{10} \quad \cdots\cdots〔答〕$$

(2) $z=1$ は2位の極であるから

$$\mathrm{Res}(1)=\lim_{z\to 1}\{(z-1)^2 f(z)\}'=\lim_{z\to 1}\left(\frac{1}{z}\right)'=\lim_{z\to 1}\left(-\frac{1}{z^2}\right)=-1 \quad \cdots\cdots〔答〕$$

(3) $z=e^{\frac{\pi}{4}i}$ （$=\alpha$ とおくと，$\alpha^4=-1$ ）は1位の極であるから

$$\mathrm{Res}(\alpha)=\lim_{z\to\alpha}(z-\alpha)f(z)=\lim_{z\to\alpha}(z-\alpha)\frac{1}{z^4+1}=\lim_{z\to\alpha}\frac{1}{\dfrac{z^4+1}{z-\alpha}}$$

$$=\lim_{z\to\alpha}\frac{1}{\dfrac{z^4-\alpha^4}{z-\alpha}}=\frac{1}{(z^4)'_{z=\alpha}} \qquad \Leftarrow \lim_{z\to a}\frac{f(z)-f(a)}{z-a}=f'(a)$$

$$=\frac{1}{4\alpha^3}=\frac{1}{4e^{\frac{3\pi}{4}i}}=\frac{1}{4\cdot\dfrac{-1+i}{\sqrt{2}}}$$

$$=-\frac{\sqrt{2}}{4(1-i)}=-\frac{\sqrt{2}}{8}(1+i) \quad \cdots\cdots〔答〕$$

**例題２（留数定理）**

留数定理を利用して次の複素積分を求めよ。

(1) $\int_C \frac{z}{(z+2)(z-1)}dz \qquad C:|z|=3$

(2) $\int_C \frac{z\sin z}{(z-i)^2}dz \qquad C:|z-i|=1$

**【解説】**複素積分は次の留数定理を利用して計算する場合が非常に多い。

**留数定理**：

関数 $f(z)$ が単一閉曲線 $C$ の内部にある有限個の点 $a_1, a_2, \cdots, a_n$ を除いて正則ならば次が成り立つ。

$$\oint_C f(z)dz = 2\pi i\sum_{k=1}^{n}\mathrm{Res}(a_k)$$

$$= 2\pi i\{\mathrm{Res}(a_1)+\cdots+\mathrm{Res}(a_n)\}$$

**解答**　(1) $z=1,-2$ はともに１位の極であり，曲線 $C$ の内部にある。

$$\mathrm{Res}(1)=\lim_{z\to 1}\frac{z}{z+2}=\frac{1}{3},\quad \mathrm{Res}(-2)=\lim_{z\to -2}\frac{z}{z-1}=\frac{2}{3}$$

よって，留数定理より

$$\int_C \frac{z}{(z+2)(z-1)}dz = 2\pi i\{\mathrm{Res}(1)+\mathrm{Res}(-2)\}$$

$$=2\pi i\left(\frac{1}{3}+\frac{2}{3}\right)=2\pi i \quad \cdots\cdots〔答〕$$

(2) $z=i$ は２位の極であり，曲線 $C$ の内部にある。

$$\mathrm{Res}(i)=\lim_{z\to i}(z\sin z)'=\lim_{z\to i}(\sin z + z\cos z)$$

$$=\sin i + i\cos i$$

ここで

$$\sin i=\frac{e^{i\cdot i}-e^{-i\cdot i}}{2i}=\frac{e^{-1}-e}{2i},\quad \cos i=\frac{e^{i\cdot i}+e^{-i\cdot i}}{2}=\frac{e^{-1}+e}{2}$$

より

$$\sin i + i\cos i=\frac{e^{-1}-e}{2i}+i\frac{e^{-1}+e}{2}=-i\frac{e^{-1}-e}{2}+i\frac{e^{-1}+e}{2}=ei$$

よって

$$\mathrm{Res}(i)=ei$$

したがって，留数定理より

$$\int_C \frac{z\sin z}{(z-i)^2}dz = 2\pi i\cdot ei=-2\pi e \quad \cdots\cdots〔答〕$$

**例題3（除去可能な特異点，極の位数）**

(1) $z=0$ は $f(z)=\dfrac{1}{\sin z}-\dfrac{1}{z}$ の除去可能な特異点であることを示せ。

(2) $z=0$ は $f(z)=\dfrac{1}{z\sin z}$ の2位の極であることを示せ。

**【解説】**(1) 孤立特異点 $z=a$ が除去可能な特異点であることを示すには

$$\lim_{z\to a} f(z)=\alpha \quad (\alpha \text{ は定数})$$

が成り立つことを示せばよい。

(2) 孤立特異点 $z=a$ が $k$ 位の極であることを示すには

$$\lim_{z\to a}(z-a)^k f(z)=\alpha\neq 0$$

が成り立つことを示せばよい。

なお，本問は級数展開を用いて証明することもできる（第3節参照）。

**解答** (1) $\displaystyle\lim_{z\to 0} f(z)=\lim_{z\to 0}\left(\frac{1}{\sin z}-\frac{1}{z}\right)$

$$=\lim_{z\to 0}\frac{z-\sin z}{z\sin z}$$

$$=\lim_{z\to 0}\frac{1-\cos z}{\sin z+z\cos z} \quad (\because \text{ ロピタルの定理より})$$

$$=\lim_{z\to 0}\frac{\sin z}{\cos z+(\cos z-z\sin z)} \quad (\because \text{ ロピタルの定理より})$$

$$=\lim_{z\to 0}\frac{\sin z}{2\cos z-z\sin z}=\frac{0}{2}=0$$

よって

$z=0$ は $f(z)=\dfrac{1}{\sin z}-\dfrac{1}{z}$ の除去可能な特異点である。

(2) $\displaystyle\lim_{z\to 0} z^2 f(z)=\lim_{z\to 0} z^2\cdot\frac{1}{z\sin z}$

$$=\lim_{z\to 0}\frac{z}{\sin z}$$

$$=\lim_{z\to 0}\frac{1}{\cos z}=1\neq 0 \quad (\because \text{ ロピタルの定理より})$$

よって

$z=0$ は $f(z)=\dfrac{1}{z\sin z}$ の2位の極である。

## ■ 演習問題　2.1

解答はp. 268

**1** 次の関数 $f(z)$ の与えられた点における留数を求めよ。

(1) $f(z)=\dfrac{z-2}{z^2(z-1)^3}$　　$(z=0,1)$

(2) $f(z)=\dfrac{z}{z^3-1}$　　$\left(z=\omega=\dfrac{-1+\sqrt{3}i}{2}\right)$

(3) $f(z)=z^2e^{\frac{i}{z}}$　　$(z=0)$

**2** 留数定理を利用して次の複素積分を求めよ。

(1) $\displaystyle\int_C \frac{3z-2}{(z-2)(z-i)}dz$　　$C:|z|=3$

(2) $\displaystyle\int_C \frac{e^{iz}}{(z^2+1)^2}dz$　　$C:|z-i|=1$

(3) $\displaystyle\int_C z^2e^{\frac{1}{z}}dz$　　$C:|z|=1$

**3** 複素積分

$$\int_C \frac{1}{z^4+1}dz \qquad C:|z-i|=\sqrt{2}$$

について，以下の問いに応えよ。

(1) $z^4+1=0$ を解け。

(2) 与えられた複素積分を求めよ。

## 2．2　実積分への応用

〔目標〕前の節で学んだ留数と留数定理は，実積分の計算においても絶大な威力を発揮する。ここでは，複素積分の実積分へのさまざまな応用を見ていく。

### （1）実積分への応用①

複素積分を以下のように定義していたことを思い出そう。

**複素積分**：

$$\int_C f(z)dz = \int_a^b f(z(t))\frac{dz}{dt}dt$$　⬅ **右辺は本質的には実積分**

ただし，積分路は $C$ は，$C: z = z(t) = x(t) + iy(t)$，$a \leqq t \leqq b$

**問 1**　複素積分を利用して，次の実積分を求めよ。

$$\int_0^{2\pi} \frac{1}{2+\cos\theta}d\theta$$

（解）$z = e^{i\theta}$ とおくと，$dz = ie^{i\theta}d\theta = izd\theta$　　$\therefore$　$d\theta = \frac{1}{iz}dz$

また，$z = \cos\theta + i\sin\theta$，$z^{-1} = \cos\theta - i\sin\theta$ より

$$\cos\theta = \frac{z+z^{-1}}{2}$$

であるから

$$\int_0^{2\pi}\frac{1}{2+\cos\theta}d\theta = \int_C \frac{1}{2+\frac{z+z^{-1}}{2}}\cdot\frac{1}{iz}dz = -2i\int_C \frac{1}{z^2+4z+1}dz$$

ただし，積分路は $C: |z| = 1$　$(z = e^{i\theta},\ 0 \leqq \theta \leqq 2\pi)$ である。

ここで，$z^2 + 4z + 1 = 0$ を解くと，$z = -2 \pm \sqrt{3}$

このうち，積分路 $C: |z| = 1$ の内部にあるのは $z = -2 + \sqrt{3}$ である。

$$\begin{aligned}\mathrm{Res}(-2+\sqrt{3}) &= \lim_{z\to -2+\sqrt{3}}\{z-(-2+\sqrt{3})\}\frac{1}{z^2+4z+1}\\ &= \lim_{z\to -2+\sqrt{3}}\frac{1}{z-(-2-\sqrt{3})} = \frac{1}{2\sqrt{3}}\end{aligned}$$

よって，留数定理より

$$\int_C \frac{1}{z^2+4z+1}dz = 2\pi i\cdot\mathrm{Res}(-2+\sqrt{3}) = 2\pi i\cdot\frac{1}{2\sqrt{3}} = \frac{\pi}{\sqrt{3}}i$$

以上より

$$\int_0^{2\pi}\frac{1}{2+\cos\theta}d\theta = -2i\int_C\frac{1}{z^2+4z+1}dz = -2i\cdot\frac{\pi}{\sqrt{3}}i = \frac{2\pi}{\sqrt{3}}$$　□

**（2）実積分への応用②**

次に，もう少し難しい応用例を見てみよう。その準備として，いくつかの基本事項について確認しておく。

（ｉ）**三角不等式**：$|\alpha+\beta| \leqq |\alpha|+|\beta|$

まず，三角不等式より，次の計算が成り立つ。

$$|\alpha| = |(\alpha-\beta)+\beta| \leqq |\alpha-\beta|+|\beta|$$

$$\therefore \quad |\alpha-\beta| \geqq |\alpha|-|\beta|$$

**【例１】**　$|z| = R > 1$ とするとき

$$|z^4+1| = |z^4-(-1)| \geqq |z^4|-|-1| = R^4-1\,(>0)$$

$$\therefore \quad \frac{1}{|z^4+1|} \leqq \frac{1}{R^4-1}$$

□

（ⅱ）**公式**：$\left|\int_C f(z)dz\right| \leqq \int_C |f(z)||dz|$　　ただし，$|dz| = \left|\dfrac{dz}{dt}\right|dt$

**【例２】**　$|f(z)| \leqq M$，積分路 $C$ の長さ；$L = \int_C |dz|$ のとき

$$\left|\int_C f(z)dz\right| \leqq \int_C |f(z)||dz|$$

$$\leqq \int_C M|dz| = M\int_C |dz| = ML$$

□

**問２**　半径 $R$ の円の上半分 $C_R : z = Re^{i\theta}$　$(0 \leqq \theta \leqq \pi)$ に対して

$$\lim_{R\to\infty}\int_{C_R}\frac{z^2}{z^4+1}dz = 0$$

が成り立つことを示せ。

（解）
$$\left|\int_{C_R}\frac{z^2}{z^4+1}dz\right| \leqq \int_{C_R}\frac{|z|^2}{|z^4+1|}|dz|$$

$$\leqq \int_{C_R}\frac{R^2}{R^4-1}|dz|$$

$$= \frac{R^2}{R^4-1}\int_{C_R}|dz|$$

$$= \frac{R^2}{R^4-1}\cdot\pi R = \pi\frac{R^3}{R^4-1} \to 0 \quad (R\to\infty)$$

よって

$$\lim_{R\to\infty}\int_{C_R}\frac{z^2}{z^4+1}dz = 0$$

□

**問 3**　複素積分を利用して，次の実広義積分を求めよ。

$$\int_{-\infty}^{\infty} \frac{1}{x^4+1}\,dx$$

（解）$R>1$ に対して積分路 $C_R$ を以下のように定める。

$$\Gamma_R : z = Re^{i\theta} \quad (0 \leqq \theta \leqq \pi)$$

$$I_R : z = x \quad (-R \leqq x \leqq R)$$

とし，$C_R = \Gamma_R + I_R$ とする。



このとき

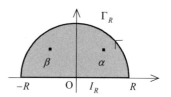

$$\int_{C_R} \frac{1}{z^4+1}\,dz = \int_{\Gamma_R} \frac{1}{z^4+1}\,dz + \int_{I_R} \frac{1}{z^4+1}\,dz \quad \cdots\cdots (*)$$

であり

$$\int_{I_R} \frac{1}{z^4+1}\,dz = \int_{-R}^{R} \frac{1}{x^4+1}\,dx \to \int_{-\infty}^{\infty} \frac{1}{x^4+1}\,dx \quad (R\to\infty)$$

$$\left| \int_{\Gamma_R} \frac{1}{z^4+1}\,dz \right| \leqq \int_{\Gamma_R} \frac{1}{|z^4+1|}\,|dz| \leqq \int_{\Gamma_R} \frac{1}{R^4-1}\,|dz|$$

$$= \frac{1}{R^4-1}\cdot \pi R = \pi \frac{R}{R^4-1} \to 0 \quad (R\to\infty)$$

より

$$\lim_{R\to\infty} \int_{\Gamma_R} \frac{1}{z^4+1}\,dz = 0$$

一方，積分路 $C_R$ の内部には 2 つの特異点 $\alpha = e^{\frac{\pi}{4}i}$，$\beta = e^{\frac{3\pi}{4}i}$ があり

$$\mathrm{Res}(\alpha) = \lim_{z\to\alpha}(z-\alpha)\frac{1}{z^4+1}$$

$$= \frac{1}{4\alpha^3} = \frac{1}{4e^{\frac{3\pi}{4}i}} = \frac{1}{2\sqrt{2}(-1+i)} = -\frac{1+i}{4\sqrt{2}}$$

$$\mathrm{Res}(\beta) = \lim_{z\to\beta}(z-\beta)\frac{1}{z^4+1}$$

$$= \frac{1}{4\beta^3} = \frac{1}{4e^{\frac{9\pi}{4}i}} = \frac{1}{2\sqrt{2}(1+i)} = \frac{1-i}{4\sqrt{2}}$$

であるから，留数定理より

$$\int_{C_R} \frac{1}{z^4+1}\,dz = 2\pi i\{\mathrm{Res}(\alpha)+\mathrm{Res}(\beta)\} = 2\pi i \cdot \left(-\frac{i}{2\sqrt{2}}\right) = \frac{\pi}{\sqrt{2}}$$

よって，(＊) において $R\to\infty$ とすることにより

$$\int_{-\infty}^{\infty} \frac{1}{x^4+1}\,dx = \frac{\pi}{\sqrt{2}}$$

□

### （３）実積分への応用③

まず初めにちょっとした不等式について注意しておこう。

（注）

$0 \leqq \theta \leqq \dfrac{\pi}{2}$ のとき，$\sin\theta \geqq \dfrac{2}{\pi}\theta$

よって，次の不等式が成り立つ。

$$e^{-\sin\theta} \leqq e^{-\frac{2}{\pi}\theta}$$



さて，次の公式が重要な役割を果たす。

［公式］

$M$ を正の定数とし，半径 $R$ の上半円 $\Gamma_R$ 上でつねに

$$f(z) \leqq \frac{M}{R^k} \quad （ただし，k>0）$$

を満たすならば，正の定数 $m$ に対して，次が成り立つ。

$$\lim_{R\to\infty}\int_{\Gamma_R} f(z)e^{imz}\,dz = 0$$

（証明）$z = Re^{i\theta} = R(\cos\theta + i\sin\theta)$ より，$dz = iRe^{i\theta}d\theta$

よって

$$\left|\int_{\Gamma_R} f(z)e^{imz}\,dz\right|$$

$$= \left|\int_0^{\pi} f(Re^{i\theta})e^{imR(\cos\theta+i\sin\theta)}iRe^{i\theta}d\theta\right| \leqq \int_0^{\pi} \left| f(Re^{i\theta})e^{imR(\cos\theta+i\sin\theta)}iRe^{i\theta}\right| d\theta$$

$$= \int_0^{\pi} \left| f(Re^{i\theta})e^{-mR\sin\theta}\cdot e^{imR\cos\theta}iRe^{i\theta}\right| d\theta$$

$$= \int_0^{\pi} | f(Re^{i\theta})| Re^{-mR\sin\theta}d\theta \qquad \Leftarrow \ |e^{iy}| = |\cos y + i\sin y| = 1$$

$$\leqq \int_0^{\pi} \frac{M}{R^k} Re^{-mR\sin\theta}d\theta = \frac{M}{R^{k-1}}\int_0^{\pi} e^{-mR\sin\theta}d\theta$$

$$= \frac{2M}{R^{k-1}}\int_0^{\frac{\pi}{2}} e^{-mR\sin\theta}d\theta \qquad \Leftarrow \ \sin\theta \text{ は } \theta = \frac{\pi}{2} \text{ に関して対称}$$

$$\leqq \frac{2M}{R^{k-1}}\int_0^{\frac{\pi}{2}} e^{-mR\cdot\frac{2}{\pi}\theta}d\theta \qquad \Leftarrow \ 0 \leqq \theta \leqq \frac{\pi}{2} \text{ のとき，} e^{-\sin\theta} \leqq e^{-\frac{2}{\pi}\theta}$$

$$= \frac{2M}{R^{k-1}}\left[-\frac{\pi}{2mR}e^{-mR\cdot\frac{2}{\pi}\theta}\right]_0^{\frac{\pi}{2}} = \frac{\pi M}{mR^k}(1-e^{-mR}) \ \to \ 0 \ (R\to\infty)$$

よって

$$\lim_{R\to\infty}\int_{\Gamma_R} f(z)e^{imz}\,dz = 0$$

□

**問 4**　複素積分を利用して，次の実広義積分を求めよ。

$$\int_{-\infty}^{\infty} \frac{x \sin mx}{x^2+1} dx \qquad (m>0)$$

**（解）** まず次の等式に注意する。

$$\int_{-\infty}^{\infty} \frac{x}{x^2+1} e^{imx} dx = \int_{-\infty}^{\infty} \frac{x \cos mx}{x^2+1} dx + i\int_{-\infty}^{\infty} \frac{x \sin mx}{x^2+1} dx$$

$$= i\int_{-\infty}^{\infty} \frac{x \sin mx}{x^2+1} dx \qquad (\because) \ \int_{-\infty}^{\infty} \frac{x \cos mx}{x^2+1} dx = 0$$

よって

$$\int_{-\infty}^{\infty} \frac{x \sin mx}{x^2+1} dx = -i\int_{-\infty}^{\infty} \frac{x}{x^2+1} e^{imx} dx$$

である。

ここで，十分大きな正の数 $R$ に対して積分路 $C_R$ を

$$C_R = \Gamma_R + I_R, \quad \Gamma_R : z = Re^{i\theta} \ (0 \leqq \theta \leqq \pi), \quad I_R : z = x \ (-R \leqq x \leqq R)$$

と定め，複素積分

$$\int_{C_R} \frac{z}{z^2+1} e^{imz} dz = \int_{\Gamma_R} \frac{z}{z^2+1} e^{imz} dz + \int_{I_R} \frac{z}{z^2+1} e^{imz} dz \quad \cdots\cdots \ (*)$$

を考える。

このとき積分路 $C_R$ の内部にある特異点は 1 位の極 $z=i$ のみである。

$$\mathrm{Res}(i) = \lim_{z \to i} (z-i) \frac{z}{z^2+1} e^{imz} = \lim_{z \to i} \frac{z}{z+i} e^{imz} = \frac{1}{2} e^{-m}$$

であるから，留数定理より

$$\int_{C_R} \frac{z}{z^2+1} e^{imz} dz = 2\pi i \cdot \mathrm{Res}(i) = 2\pi i \cdot \frac{1}{2} e^{-m} = \frac{\pi}{e^m} i$$

一方，

$\Gamma_R : z = Re^{i\theta} \ (0 \leqq \theta \leqq \pi)$ のとき

$$\left| \frac{z}{z^2+1} \right| = \frac{|z|}{|z^2+1|} \leqq \frac{R}{R^2-1} = \frac{2R}{R^2+(R^2-2)} < \frac{2R}{R^2} = \frac{2}{R}$$

であるから，先に示した公式より

$$\lim_{R \to \infty} \int_{\Gamma_R} \frac{z}{z^2+1} e^{imz} dz = 0$$

よって，(*) において $R \to \infty$ とすることにより

$$\int_{-\infty}^{\infty} \frac{x}{x^2+1} e^{imx} dx = \lim_{R \to \infty} \int_{I_R} \frac{z}{z^2+1} e^{imz} dz = \frac{\pi}{e^m} i$$

以上より

$$\int_{-\infty}^{\infty} \frac{x \sin mx}{x^2+1} dx = -i\int_{-\infty}^{\infty} \frac{x}{x^2+1} e^{imx} dx = \frac{\pi}{e^m}$$

□

**例題１（実積分への応用①）**

複素積分を利用して，次の実積分を求めよ。

$$\int_0^{2\pi}\frac{1}{5+4\sin\theta}d\theta$$

**【解説】** 複素積分を利用して実積分の計算ができる場合がある。まず最初に基本的な応用例を見ておこう。その際，複素積分の定義を思い出すことが大切である。

**複素積分**:

$$\int_C f(z)dz=\int_a^b f(z(t))\frac{dz}{dt}dt$$ ⬅ **右辺は本質的には実積分**

ただし，積分路は $C$ は

$$C: z=z(t)=x(t)+iy(t)\,,\quad a\leqq t\leqq b$$

**解答** 積分路は $C:|z|=1$ $(z=e^{i\theta},\ 0\leqq\theta\leqq 2\pi)$ を考える。

$z=e^{i\theta}$ とおくと，$dz=ie^{i\theta}d\theta=izd\theta$ $\quad\therefore\quad d\theta=\dfrac{1}{iz}dz$

また，$z=\cos\theta+i\sin\theta$，$z^{-1}=\cos\theta-i\sin\theta$ より

$$\sin\theta=\frac{z-z^{-1}}{2i}$$

であるから，複素積分の定義に注意して

$$\int_0^{2\pi}\frac{1}{5+4\sin\theta}d\theta=\int_C\frac{1}{5+4\dfrac{z-z^{-1}}{2i}}\cdot\frac{1}{iz}dz$$

$$=\int_C\frac{1}{2z^2+5iz-2}dz$$

$$=\int_C\frac{1}{(2z+i)(z+2i)}dz$$

特異点は $z=-2i,-\dfrac{i}{2}$ の 2 つであるが，このうち積分路 $C:|z|=1$ の内部にあるのは $z=-\dfrac{i}{2}$ だけであり

$$\mathrm{Res}\left(-\frac{i}{2}\right)=\lim_{z\to-\frac{i}{2}}\left(z+\frac{i}{2}\right)\frac{1}{(2z+i)(z+2i)}=\lim_{z\to-\frac{i}{2}}\frac{1}{2(z+2i)}=\frac{1}{3i}$$

よって，留数定理より

$$\int_0^{2\pi}\frac{1}{5+4\sin\theta}d\theta=\int_C\frac{1}{(2z+i)(z+2i)}dz$$

$$=2\pi i\cdot\mathrm{Res}\left(-\frac{i}{2}\right)=2\pi i\cdot\frac{1}{3i}=\frac{2\pi}{3}$$ ……〔答〕

**例題2（実積分への応用②）**

複素積分を利用して，次の実広義積分を求めよ。

$$\int_{-\infty}^{\infty}\frac{1}{x^4+4}dx$$

**【解説】** 今度は複素積分を実広義積分の計算に応用してみよう。注意すべき点としては，積分路の定め方と極限をとることによる積分値の変化をよく理解することである。

**解答**　十分大きな正の数 $R$ に対して積分路 $C_R$ を以下のように定める。

$$\Gamma_R : z = Re^{i\theta} \quad (0 \leqq \theta \leqq \pi)$$

$$I_R : z = x \quad (-R \leqq x \leqq R)$$

とし，$C_R = \Gamma_R + I_R$ とする。

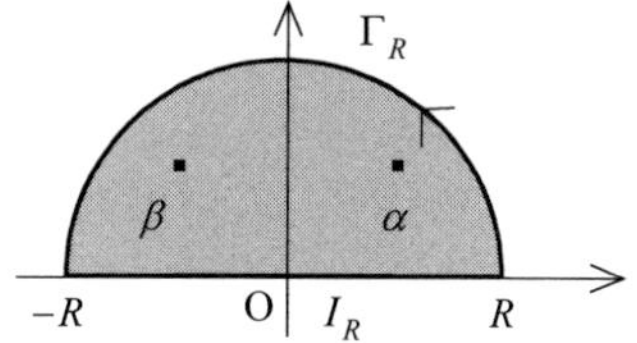


このとき

$$\int_{C_R}\frac{1}{z^4+4}dz = \int_{\Gamma_R}\frac{1}{z^4+4}dz + \int_{I_R}\frac{1}{z^4+4}dz \qquad \cdots\cdots (*)$$

であり

$$\int_{I_R}\frac{1}{z^4+4}dz = \int_{-R}^{R}\frac{1}{x^4+4}dx \to \int_{-\infty}^{\infty}\frac{1}{x^4+4}dx \quad (R\to\infty)$$

$$\left|\int_{\Gamma_R}\frac{1}{z^4+4}dz\right| \leqq \int_{\Gamma_R}\frac{1}{|z^4+4|}|dz| \leqq \int_{\Gamma_R}\frac{1}{R^4-4}|dz|$$

$$= \frac{1}{R^4-4}\cdot\pi R = \pi\frac{R}{R^4-4} \to 0 \quad (R\to\infty)$$

より

$$\lim_{R\to\infty}\int_{\Gamma_R}\frac{1}{z^4+4}dz = 0$$

一方，$C_R$ の内部には2つの特異点 $\alpha = \sqrt{2}e^{\frac{\pi}{4}i}$，$\beta = \sqrt{2}e^{\frac{3\pi}{4}i}$ があり

$$\mathrm{Res}(\alpha) = \lim_{z\to\alpha}(z-\alpha)\frac{1}{z^4+1} = \frac{1}{4\alpha^3} = \frac{1}{4\cdot 2\sqrt{2}e^{\frac{3\pi}{4}i}} = \frac{1}{8(-1+i)} = -\frac{1+i}{16}$$

$$\mathrm{Res}(\beta) = \lim_{z\to\beta}(z-\beta)\frac{1}{z^4+1} = \frac{1}{4\beta^3} = \frac{1}{4\cdot 2\sqrt{2}e^{\frac{9\pi}{4}i}} = \frac{1}{8(1+i)} = \frac{1-i}{16}$$

であるから，留数定理より

$$\int_{C_R}\frac{1}{z^4+4}dz = 2\pi i\{\mathrm{Res}(\alpha)+\mathrm{Res}(\beta)\} = 2\pi i\cdot\left(-\frac{i}{8}\right) = \frac{\pi}{4}$$

よって，（∗）において $R\to\infty$ とすることにより

$$\int_{-\infty}^{\infty}\frac{1}{x^4+4}dx = \frac{\pi}{4} \quad \cdots\cdots〔答〕$$

**例題３（実積分への応用③）**

複素積分を利用して，次の実広義積分を求めよ。

$$\int_{-\infty}^{\infty}\frac{\cos mx}{x^2+1}dx \qquad (m>0)$$

**【解説】** 今度は極限をとることによる積分値の変化の考察がより高度になる。

不等式：$\sin\theta \geqq \frac{2}{\pi}\theta \ \left(0 \leqq \theta \leqq \frac{\pi}{2}\right)$

に注意して導かれる次の公式の利用が解法のポイントである。

$M$ を正の定数とし，半径 $R$ の上半円 $\Gamma_R$ 上でつねに

$$f(z) \leqq \frac{M}{R^k} \qquad \text{（ただし，}k>0\text{）}$$

を満たすならば，正の定数 $m$ に対して，次が成り立つ。

$$\lim_{R\to\infty}\int_{\Gamma_R} f(z)e^{imz}\,dz = 0$$

**解答** まず次の等式に注意する。

$$\int_{-\infty}^{\infty}\frac{1}{x^2+1}e^{imx}dx = \int_{-\infty}^{\infty}\frac{\cos mx}{x^2+1}dx + i\int_{-\infty}^{\infty}\frac{\sin mx}{x^2+1}dx = \int_{-\infty}^{\infty}\frac{\cos mx}{x^2+1}dx$$

ここで，十分大きな正の数 $R$ に対して積分路 $C_R$ を

$$C_R = \Gamma_R + I_R\,,\ \ \Gamma_R : z = Re^{i\theta}\ (0 \leqq \theta \leqq \pi),\ \ I_R : z = x\ \ (-R \leqq x \leqq R)$$

と定め，次の複素積分を考える。

$$\int_{C_R}\frac{1}{z^2+1}e^{imz}dz = \int_{\Gamma_R}\frac{1}{z^2+1}e^{imz}dz + \int_{I_R}\frac{1}{z^2+1}e^{imz}dz \qquad \cdots\cdots(*)$$

このとき積分路 $C_R$ の内部にある特異点は 1 位の極 $z=i$ のみであり

$$\mathrm{Res}(i) = \lim_{z\to i}(z-i)\frac{1}{z^2+1}e^{imz} = \lim_{z\to i}\frac{1}{z+i}e^{imz} = \frac{1}{2i}e^{-m}$$

であるから，留数定理より

$$\int_{C_R}\frac{1}{z^2+1}e^{imz}dz = 2\pi i\cdot\mathrm{Res}(i) = 2\pi i\cdot\frac{1}{2i}e^{-m} = \frac{\pi}{e^m}$$

一方，$\Gamma_R : z = Re^{i\theta}\ (0 \leqq \theta \leqq \pi)$ のとき

$$\left|\frac{1}{z^2+1}\right| = \frac{1}{|z^2+1|} \leqq \frac{1}{R^2-1} = \frac{2}{R^2+(R^2-2)} < \frac{2}{R^2}$$

であるから，先に示した公式より $\displaystyle\lim_{R\to\infty}\int_{\Gamma_R}\frac{z}{z^2+1}e^{imz}dz = 0$

よって，（$*$）において $R\to\infty$ とすることにより

$$\int_{-\infty}^{\infty}\frac{\cos mx}{x^2+1}dx = \int_{-\infty}^{\infty}\frac{1}{x^2+1}e^{imx}dx = \frac{\pi}{e^m} \qquad \cdots\cdots\text{〔答〕}$$

**例題 4（実積分へのいろいろな応用）**

実広義積分

$$\int_0^\infty \frac{\sin x}{x} dx$$

の値を以下のような積分路 $C$ と複素関数 $f(z)=\dfrac{e^{iz}}{z}$ を利用して求めよ。

$0<r<R$ に対して積分路 $C$ を図のように定める。

$$C = I_1 + \Gamma_1 + I_2 + \Gamma_2$$

ただし

$I_1 : z = x \ \ (r \leqq x \leqq R)$

$\Gamma_1 : z = Re^{i\theta} \ \ (0 \leqq \theta \leqq \pi)$

$I_2 : z = x \ \ (-R \leqq x \leqq -r)$

$\Gamma_2 : z = re^{i\theta} \ \ (0 \leqq \theta \leqq \pi)$

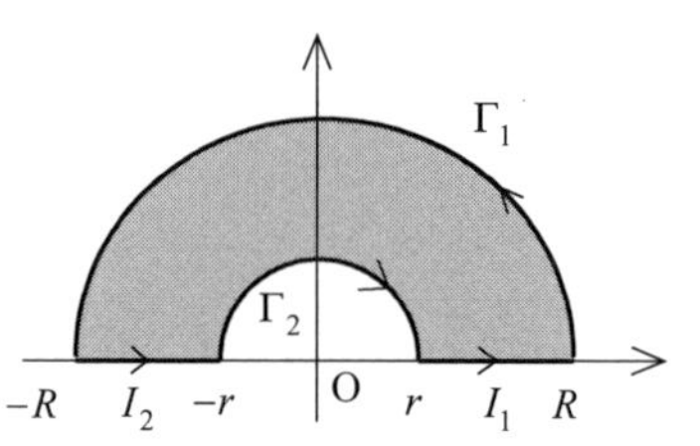


**【解説】** 複素積分の実積分の計算への応用について最後にもう少しだけ研究しておこう。問題文に与えられている積分路に注意すること。

**解答**　$\displaystyle\int_C \frac{e^{iz}}{z}dz = \int_{I_1}\frac{e^{iz}}{z}dz + \int_{\Gamma_1}\frac{e^{iz}}{z}dz + \int_{I_2}\frac{e^{iz}}{z}dz + \int_{\Gamma_2}\frac{e^{iz}}{z}dz$

ここで

$$\int_{I_1}\frac{e^{iz}}{z}dz = \int_r^R \frac{e^{ix}}{x}dx = \int_r^R \frac{\cos x}{x}dx + i\int_r^R \frac{\sin x}{x}dx$$

$$\int_{I_2}\frac{e^{iz}}{z}dz = \int_{-R}^{-r} \frac{e^{ix}}{x}dx = \int_{-R}^{-r} \frac{\cos x}{x}dx + i\int_{-R}^{-r} \frac{\sin x}{x}dx$$

$$= \int_R^r \frac{\cos x}{x}dx - i\int_R^r \frac{\sin x}{x}dx = -\int_r^R \frac{\cos x}{x}dx + i\int_r^R \frac{\sin x}{x}dx$$

より

$$\int_{I_1}\frac{e^{iz}}{z}dz + \int_{I_2}\frac{e^{iz}}{z}dz = 2i\int_r^R \frac{\sin x}{x}dx \ \to\ 2i\int_0^\infty \frac{\sin x}{x}dx \ \ (R\to\infty,\ r\to 0)$$

また

$\Gamma_1$ 上で $\left|\dfrac{1}{z}\right| = \dfrac{1}{R}$ より，$\displaystyle\lim_{R\to\infty}\int_{\Gamma_1}\frac{e^{iz}}{z}dz = 0$

$$\int_{\Gamma_2}\frac{e^{iz}}{z}dz = \int_\pi^0 \frac{e^{ir(\cos\theta + i\sin\theta)}}{re^{i\theta}} rie^{i\theta}d\theta = -i\int_0^\pi e^{-r\sin\theta + ir\cos\theta}d\theta \ \to\ -i\pi \ \ (r\to 0)$$

一方，$\displaystyle\int_C \frac{e^{iz}}{z}dz = 0$ であるから，$\displaystyle 0 = 2i\int_0^\infty \frac{\sin x}{x}dx - \pi i$

よって，$\displaystyle\int_0^\infty \frac{\sin x}{x}dx = \frac{\pi}{2}$　……〔答〕

## ■ 演習問題　2.2

解答はp. 270

**1**　複素積分を利用して，次の実積分を求めよ。

(1) $\displaystyle\int_0^{2\pi}\frac{1}{a+b\cos\theta}d\theta$　　ただし，$a>b>0$

(2) $\displaystyle\int_0^{2\pi}\frac{1}{1-2p\sin\theta+p^2}d\theta$　　ただし，$0<p<1$

**2**　複素積分を利用して，次の実広義積分を求めよ。

$$\int_{-\infty}^{\infty}\frac{1}{(x^2+1)(x^2+4)}dx$$

**3**　複素積分を利用して，次の実広義積分を求めよ。

$$\int_{-\infty}^{\infty}\frac{\cos x}{(x^2+1)^2}dx$$

**4**　複素積分を利用して，次の実広義積分を求めよ。

$$\int_0^{\infty}\frac{\sin ax}{x(x^2+1)}dx\quad(a>0)$$

**5**　$f(z)=e^{iz^2}$ を図のような扇形のまわりに沿って積分することにより

$$\int_0^{\infty}\sin(x^2)dx=\int_0^{\infty}\cos(x^2)dx=\frac{1}{2}\sqrt{\frac{\pi}{2}}$$

が成り立つことを証明せよ。

ただし，$\displaystyle\int_0^{\infty}e^{-x^2}dx=\frac{\sqrt{\pi}}{2}$ は用いてよい。

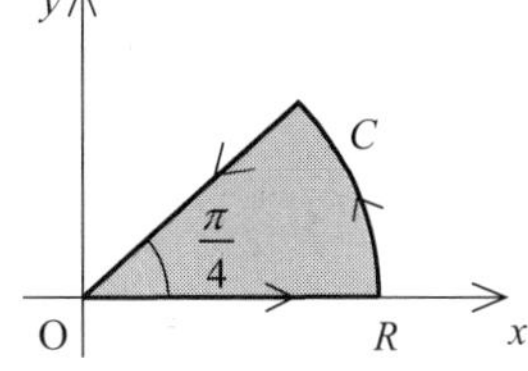

## 2．3　テーラー展開とローラン展開

**〔目標〕** 複素解析の最後に，複素関数の級数展開について学習する。特に重要な役割を果たすテーラー展開とローラン展開について詳しく学ぶ。

### （1）級数の理論

複素級数についても実級数の場合とだいたい同様な定理が成り立つ。ただし，微妙に異なる部分も出てくるので注意を要する。

**絶対収束**

複素級数 $\sum_{n=1}^{\infty} z_n$ に対して，実級数 $\sum_{n=1}^{\infty} |z_n|$ が収束するとき，$\sum_{n=1}^{\infty} z_n$ は**絶対収束**するという。

複素級数の絶対収束についても次が成り立つ。

**［定理］**

絶対収束する級数は，収束する。

実級数の正項級数の収束・発散の判定において重要な役割を果たした以下の判定法は複素級数の収束・発散の判定においても有効である。ただし，複素級数において正項級数を考えるということはないので若干の注意が必要である。

**［定理］（比較判定法）**

複素級数 $\sum_{n=1}^{\infty} z_n$ と正項級数 $\sum_{n=1}^{\infty} a_n$ において，次が成り立つ。

（ i ）$|z_n| \leqq a_n$　$(n=1, 2, \cdots)$ かつ正項級数 $\sum_{n=1}^{\infty} a_n$ が収束するならば，

複素級数 $\sum_{n=1}^{\infty} z_n$ は絶対収束する。

（ ii ）$|z_n| \geqq a_n$　$(n=1, 2, \cdots)$ かつ正項級数 $\sum_{n=1}^{\infty} a_n$ が発散するならば，

複素級数 $\sum_{n=1}^{\infty} z_n$ は絶対収束はしない。

さらに，ダランベール，コーシーの判定法については次のようになる。

**［定理］（ダランベールの判定法）**

複素級数 $\sum_{n=1}^{\infty} z_n$ について，次が成り立つ。

（ｉ）$\lim_{n\to\infty}\left|\frac{z_{n+1}}{z_n}\right|<1$ ならば，複素級数は絶対収束する。

（ⅱ）$\lim_{n\to\infty}\left|\frac{z_{n+1}}{z_n}\right|>1$ ならば，複素級数は絶対収束はしない。

**［定理］（コーシーの判定法）**

複素級数 $\sum_{n=1}^{\infty} z_n$ について，次が成り立つ。

（ｉ）$\lim_{n\to\infty}\sqrt[n]{|z_n|}<1$ ならば，複素級数は絶対収束する。

（ⅱ）$\lim_{n\to\infty}\sqrt[n]{|z_n|}>1$ ならば，複素級数は絶対収束はしない。

**（注）** 正項級数のときの判定法との違いに注意すること。

**（２）整級数**

（複素）整級数 $\sum_{n=0}^{\infty} a_n z^n$ についても次が成り立つ。

**［定理］（収束半径）**

整級数 $\sum_{n=0}^{\infty} a_n z^n$ に対して，次の条件

（ｉ）$|z|<r$ ならば，整級数は絶対収束する。

（ⅱ）$|z|>r$ ならば，整級数は発散する。

を満たす実数 $r$ $(0\leqq r\leqq\infty)$ がただ一つ存在する。

このような $r$ を整級数の**収束半径**という。

また，領域：$|z|<r$ を整級数の**収束円**という。

**【整級数の収束半径の求め方】**

実整級数のときと同様，複素整級数 $\sum_{n=0}^{\infty} a_n z^n$ の収束半径を求めるときは，正項級数 $\sum_{n=0}^{\infty} |a_n z^n|$ にダランベールの判定法あるいはコーシーの判定法を用いればよい。 □

整級数に関して以下の定理も重要である。

**[定理]（項別微分）**

点 $a$ を中心とする整級数

$$f(z)=\sum_{n=0}^{\infty}c_n(z-a)^n$$

$$=c_0+c_1(z-a)+c_2(z-a)^2+\cdots+c_n(z-a)^n+\cdots$$

の収束半径 $r$ が正ならば，$f(z)$ は収束円内の各点 $z$ で正則であり

$$f'(z)=\sum_{n=1}^{\infty}nc_n(z-a)^{n-1}=c_1+2c_2(z-a)+3c_3(z-a)^2+\cdots$$

$$=c_1+2c_2(z-a)+3c_3(z-a)^2+\cdots+nc_n(z-a)^{n-1}+\cdots$$

が成り立つ。さらに，この整級数の収束半径も $r$ である。

2つの整級数の積について，次が成り立つ。

**[定理]（整級数の積）**

整級数 $\sum_{n=0}^{\infty}a_nz^n$，$\sum_{n=0}^{\infty}b_nz^n$ がともに $|z|<r$ （$r>0$）において絶対収束するとき，次の等式が $|z|<r$ において成り立つ。

$$\left(\sum_{n=0}^{\infty}a_nz^n\right)\left(\sum_{n=0}^{\infty}b_nz^n\right)=\sum_{n=0}^{\infty}c_nz^n$$

ただし

$$c_n=a_0b_n+a_1b_{n-1}+\cdots+a_nb_0$$

である。

**【例】**　$|z|<1$ のとき

$$\frac{1}{1-z}=1+z+z^2+\cdots=\sum_{n=0}^{\infty}z^n$$

であり，これは絶対収束する整級数であるから

$$\frac{1}{(1-z)^2}=\left(\frac{1}{1-z}\right)\left(\frac{1}{1-z}\right)$$

$$=(1+z+z^2+\cdots)(1+z+z^2+\cdots)$$

$$=1+(1+1)z+(1+1+1)z^2+\cdots$$

$$=1+2z+3z^2+\cdots=\sum_{n=0}^{\infty}(n+1)z^n$$

□

**問 1** 次の整級数の収束半径を求めよ。

(1) $\displaystyle\sum_{n=1}^{\infty}\frac{1}{n}z^n$　　　(2) $\displaystyle\sum_{n=1}^{\infty}\frac{1}{n^n}z^n$

**(解)** (1) $u_n=\left|\dfrac{1}{n}z^n\right|=\dfrac{|z|^n}{n}$ とおくと

$$\lim_{n\to\infty}\frac{u_{n+1}}{u_n}=\lim_{n\to\infty}\frac{|z|^{n+1}}{n+1}\frac{n}{|z|^n}$$ ⬅ **ダランベールの判定法を利用**

$$=\lim_{n\to\infty}\frac{n}{n+1}|z|=|z|$$

であるから，$|z|=1$ より，収束半径は 1

(2) $u_n=\left|\dfrac{1}{n^n}z^n\right|=\dfrac{|z|^n}{n^n}$ とおくと

$$\lim_{n\to\infty}\sqrt[n]{u_n}=\lim_{n\to\infty}\sqrt[n]{\frac{|z|^n}{n^n}}$$ ⬅ **コーシーの判定法を利用**

$$=\lim_{n\to\infty}\frac{|z|}{n}=0<1$$

であるから，任意の $z$ に対して収束し，収束半径は $\infty$ □

### （3）テーラー展開

関数の**テーラー展開**は次のようになる。

**［定理］（テーラー展開）**

複素関数 $f(z)$ が

円形領域：$|z-a|<R\ \ (0<R\leqq\infty)$

で正則ならば，

$$f(z)=\sum_{n=0}^{\infty}\frac{f^{(n)}(a)}{n!}(z-a)^n$$

とただ一通りに展開できる。

**(注)** 上のテーラー展開で $a=0$ のときを特に**マクローリン展開**という。

**問 2** $f(z)=e^z$ を点 $\pi i$ のまわりでテーラー展開せよ。

**(解)** $f^{(n)}(z)=e^z$ であるから，$f^{(n)}(\pi i)=e^{\pi i}=\cos\pi+i\sin\pi=-1$

よって，$f(z)=e^z$ の点 $\pi i$ のまわりでのテーラー展開は

$$f(z)=\sum_{n=0}^{\infty}\frac{f^{(n)}(\pi i)}{n!}(z-\pi i)^n=-\sum_{n=0}^{\infty}\frac{1}{n!}(z-\pi i)^n$$ □

### （4）ローラン展開

複素関数の特徴的な級数展開として次の**ローラン展開**がある。

**［定理］（ローラン展開）**

複素関数 $f(z)$ が

円環領域：$r<|z-a|<R$ $(0\leqq r<R\leqq\infty)$

で正則ならば，

$$f(z)=\sum_{n=-\infty}^{\infty}c_n(z-a)^n$$

とただ一通りに展開できる。

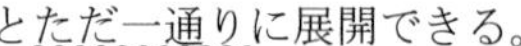

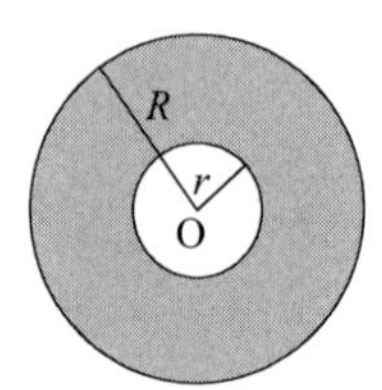


**（注）** ローラン展開は，その展開の一意性に注意して，工夫して計算するのが普通である。

**問 3**　複素関数 $f(z)=\dfrac{1}{z(z-1)}$ の次の点におけるローラン展開を求めよ。

また，そのローラン展開が正則となる円環領域を答えよ。

(1)　$z=0$　　　　(2)　$z=1$

**（解）** 無限等比級数の和の公式に注意する。

(1)　$$f(z)=\frac{1}{z(z-1)}=\frac{1}{z-1}-\frac{1}{z}=-\frac{1}{z}-\frac{1}{1-z}$$

$$=-\frac{1}{z}-(1+z+z^2+\cdots+z^n+\cdots)$$

$$=-\frac{1}{z}-1-z+-z^2-\cdots-z^n-\cdots$$

また，このローラン展開が正則となる円環領域は

$0<|z|<1$

(2)　$$f(z)=\frac{1}{z(z-1)}=\frac{1}{z-1}-\frac{1}{z}=\frac{1}{z-1}-\frac{1}{(z-1)+1}$$

$$=\frac{1}{z-1}-\frac{1}{1-\{-(z-1)\}}$$

$$=\frac{1}{z-1}-\left(1+\{-(z-1)\}+\{-(z-1)\}^2+\cdots+\{-(z-1)\}^n+\cdots\right)$$

$$=\frac{1}{z-1}-\{1-(z-1)+(z-1)^2-\cdots+(-1)^n(z-1)^n+\cdots\}$$

$$=\frac{1}{z-1}-1+(z-1)-(z-1)^2+\cdots-(-1)^n(z-1)^n-\cdots$$

また，このローラン展開が正則となる円環領域は　$0<|z-1|<1$　　□

### (5) ローラン展開と特異点，留数

ローラン展開と特異点の関係について確認しておこう。

**ローラン展開の主要部**

複素関数 $f(z)$ の $z=a$ を中心とするローラン展開

$$f(z)=\sum_{n=-\infty}^{\infty}c_n(z-a)^n$$

$$=\sum_{n=1}^{\infty}\frac{c_{-n}}{(z-a)^n}+\sum_{n=0}^{\infty}c_n(z-a)^n$$

において，負べきの部分

$$\sum_{n=1}^{\infty}\frac{c_{-n}}{(z-a)^n}=\frac{c_{-1}}{z-a}+\frac{c_{-2}}{(z-a)^2}+\cdots+\frac{c_{-n}}{(z-a)^n}+\cdots$$

を**ローラン展開の主要部**という。

ここで，ローラン展開と極および真性特異点との関係を整理しておく。

**極および真性特異点**

複素関数 $f(z)$ の孤立特異点 $a$ を中心とする，すなわち，円環領域 $0<|z-a|<r$ におけるローラン展開の主要部が有限個の項からなり

$$\sum_{n=1}^{k}\frac{c_{-n}}{(z-a)^n}=\frac{c_{-1}}{z-a}+\frac{c_{-2}}{(z-a)^2}+\cdots+\frac{c_{-k}}{(z-a)^k}\quad(c_{-k}\neq 0)$$

であるとき，点 $a$ を $k$ 位の**極**という。

また，主要部が無限個の項からなるとき，点 $a$ を**真性特異点**という。

次が成り立つことを前の節で確認した。

**［定理］（ローラン展開と留数）**

複素関数 $f(z)$ の孤立特異点 $a$ を中心とする，すなわち，円環領域 $0<|z-a|<r$ におけるローラン展開を

$$f(z)=\sum_{n=-\infty}^{\infty}c_n(z-a)^n$$

とするとき， $f(z)$ の点 $a$ における留数は

$$\mathrm{Res}(f;a)=c_{-1}$$

である。

**（注）** 留数の計算の仕方については前の節で学習済み。

**例題 1（整級数の収束半径）**

次の整級数の収束半径を求めよ。

(1)　$\displaystyle\sum_{n=1}^{\infty}\frac{n!}{n^n}z^n$　　　(2)　$\displaystyle\sum_{n=0}^{\infty}\frac{(n!)^2}{(2n)!}z^{2n}$

**【解説】** 複素関数の整級数についても実関数のときとほとんど同様に収束半径を求めることができる。たいていの場合，ダランベールの判定法を活用すればよいが，コーシーの判定法を使うのがよい場合もある。

なお，整級数の収束半径 $r$ は次の定理によって定まる。

**[定理]**　整級数 $\displaystyle\sum_{n=0}^{\infty}a_nz^n$ に対して，次の条件

（ i ）$|z|<r$ ならば，整級数は絶対収束する。

（ii）$|z|>r$ ならば，整級数は発散する。

を満たす $r$ $(0\leqq r\leqq\infty)$ がただ一つ存在する。

**（注）** よって，収束半径を求めるためには，正項級数 $\displaystyle\sum_{n=0}^{\infty}|a_nz^n|$ にダランベールの判定法またはコーシーの判定法を適用すればよい。

**解答**　(1)　$u_n=\left|\dfrac{n!}{n^n}z^n\right|=\dfrac{n!}{n^n}|z|^n$ とおくと

$$\lim_{n\to\infty}\frac{u_{n+1}}{u_n}=\lim_{n\to\infty}\frac{(n+1)!\,|z|^{n+1}}{(n+1)^{n+1}}\cdot\frac{n^n}{n!\,|z|^n}$$

$$=\lim_{n\to\infty}\frac{n^n}{(n+1)^n}|z|=\lim_{n\to\infty}\frac{1}{\left(1+\dfrac{1}{n}\right)^n}|z|=\frac{1}{e}|z|$$

$\dfrac{1}{e}|z|=1$ とすると，$|z|=e$

よって，求める収束半径は　$e$　……〔答〕

(2)　$u_n=\left|\dfrac{(n!)^2}{(2n)!}z^{2n}\right|=\dfrac{(n!)^2}{(2n)!}|z|^{2n}$ とおくと

$$\lim_{n\to\infty}\frac{u_{n+1}}{u_n}=\lim_{n\to\infty}\frac{\{(n+1)!\}^2\,|z|^{2(n+1)}}{\{2(n+1)\}!}\cdot\frac{(2n!)}{(n!)^2\,|z|^{2n}}$$

$$=\lim_{n\to\infty}\frac{(n+1)^2}{2(n+1)\cdot(2n+1)}|z|^2=\frac{1}{4}|z|^2$$

$\dfrac{1}{4}|z|^2=1$ とすると，$|z|^2=4$　　$\therefore$　$|z|=2$

よって，求める収束半径は　2　……〔答〕

**例題２（ローラン展開）**

$f(z)=\dfrac{1}{(z-1)(z-2)}$ を次の円環領域でそれぞれローラン展開せよ。

(1)　$0<|z-1|<1$　　　　(2)　$|z-1|>1$

**【解説】** 複素関数のローラン展開とは次の定理で定まるものである。

［定理］　複素関数 $f(z)$ が

円環領域：$r<|z-a|<R$　$(0\leqq r<R\leqq\infty)$

で正則ならば，

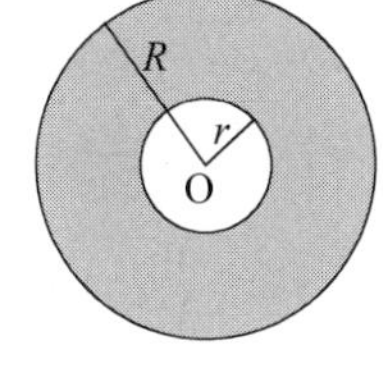


$$f(z)=\sum_{n=-\infty}^{\infty}c_n(z-a)^n$$

とただ一通りに展開できる。

**解答**　(1)　$f(z)=\dfrac{1}{(z-1)(z-2)}=\dfrac{1}{z-2}-\dfrac{1}{z-1}$

$$=-\frac{1}{2-z}-\frac{1}{z-1}=-\frac{1}{1-(z-1)}-\frac{1}{z-1}$$

ここで，$0<|z-1|<1$ であるから，求めるローラン展開は

$$f(z)=-\frac{1}{1-(z-1)}-\frac{1}{z-1}$$

$$=-\{1+(z-1)+(z-1)^2+\cdots+(z-1)^n+\cdots\}-\frac{1}{z-1}$$

$$=-\left\{\frac{1}{z-1}+1+(z-1)+(z-1)^2+\cdots+(z-1)^n+\cdots\right\}$$　……〔答〕

(2)　$f(z)=\dfrac{1}{(z-1)(z-2)}=\dfrac{1}{z-2}-\dfrac{1}{z-1}$

$$=\frac{1}{(z-1)-1}-\frac{1}{z-1}=\frac{1}{z-1}\cdot\frac{1}{1-\dfrac{1}{z-1}}-\frac{1}{z-1}$$

ここで，$|z-1|>1$ より，$\left|\dfrac{1}{z-1}\right|<1$ であるから，求めるローラン展開は

$$f(z)=\frac{1}{z-1}\cdot\frac{1}{1-\dfrac{1}{z-1}}-\frac{1}{z-1}$$

$$=\frac{1}{z-1}\left\{1+\frac{1}{z-1}+\frac{1}{(z-1)^2}+\cdots+\frac{1}{(z-1)^n}+\cdots\right\}-\frac{1}{z-1}$$

$$=\frac{1}{(z-1)^2}+\frac{1}{(z-1)^3}+\cdots+\frac{1}{(z-1)^n}+\cdots$$　……〔答〕

**例題3（ローラン展開と留数）**

次の関数を $z=0$ のまわりでローラン展開せよ。また，$z=0$ における留数を求めよ。

(1)　$f(z)=\dfrac{e^z}{z^3}$　　(2)　$f(z)=z^2\sin\dfrac{1}{z}$　　(3)　$f(z)=\dfrac{\sin z}{z}$

**【解説】**複素関数のローラン展開を求める場合，正則関数の既知のテーラー展開を活用することがしばしばある。

以下のテーラー展開は有名である。

$$e^z=1+\frac{1}{1!}z+\frac{1}{2!}z^2+\frac{1}{3!}z^3+\cdots+\frac{1}{n!}z^n+\cdots$$

$$\sin z=z-\frac{1}{3!}z^3+\frac{1}{5!}z^5-\cdots+(-1)^{n-1}\frac{1}{(2n-1)!}z^{2n-1}+\cdots$$

$$\cos z=1-\frac{1}{2!}z^2+\frac{1}{4!}z^4-\cdots+(-1)^n\frac{1}{(2n)!}z^{2n}+\cdots$$

**解答**　(1)　$f(z)=\dfrac{e^z}{z^3}$

$$=\frac{1}{z^3}\left(1+\frac{1}{1!}z+\frac{1}{2!}z^2+\frac{1}{3!}z^3+\frac{1}{4!}z^4+\cdots\right)$$

$$=\frac{1}{z^3}+\frac{1}{1!}\cdot\frac{1}{z^2}+\frac{1}{2!}\cdot\frac{1}{z}+\frac{1}{3!}+\frac{1}{4!}z+\cdots$$ ……〔答〕

$z=0$ における留数は　$\mathrm{Res}(0)=\dfrac{1}{2!}=\dfrac{1}{2}$　……〔答〕

(2) $f(z)=z^2\sin\dfrac{1}{z}$

$$=z^2\left\{\frac{1}{z}-\frac{1}{3!}\left(\frac{1}{z}\right)^3+\frac{1}{5!}\left(\frac{1}{z}\right)^5-\frac{1}{7!}\left(\frac{1}{z}\right)^7+\cdots\right\}$$

$$=z-\frac{1}{3!}\cdot\frac{1}{z}+\frac{1}{5!}\cdot\frac{1}{z^3}-\frac{1}{7!}\cdot\frac{1}{z^5}+\cdots$$ ……〔答〕

$z=0$ における留数は　$\mathrm{Res}(0)=-\dfrac{1}{3!}=-\dfrac{1}{6}$　……〔答〕

(3)　$f(z)=\dfrac{\sin z}{z}$

$$=\frac{1}{z}\left(z-\frac{1}{3!}z^3+\frac{1}{5!}z^5-\frac{1}{7!}z^7+\cdots\right)$$

$$=1-\frac{1}{3!}z^2+\frac{1}{5!}z^4-\frac{1}{7!}z^6+\cdots$$ ……〔答〕

$z=0$ における留数は　$\mathrm{Res}(0)=0$　……〔答〕

**（注）** (3)において，特異点 $z=0$ は**除去可能な特異点**である。

## ■ 演習問題　2. 3

解答はp. 274

**1** 次の整級数の収束半径を求めよ。

(1) $\displaystyle\sum_{n=1}^{\infty}\frac{(-1)^n}{n}z^n$　　(2) $\displaystyle\sum_{n=0}^{\infty}\frac{(-1)^n}{(2n)!}z^{2n}$　　(3) $\displaystyle\sum_{n=0}^{\infty}n!z^n$

**2** $f(z)=\dfrac{1}{(z-1)(z-2)}$ を次の領域でそれぞれローラン展開せよ。

(1) $|z|<1$　　(2) $1<|z|<2$　　(3) $|z|>2$

**3** $f(z)=z^2e^{-\frac{1}{z}}$ の原点を中心とするローラン展開を求めよ。また，留数 $\mathrm{Res}(f\,;0)$ を答えよ。

**4** 級数展開を利用することにより，以下の問いに答えよ。

(1) $z=0$ は $f(z)=\dfrac{1}{\sin z}-\dfrac{1}{z}$ の除去可能な特異点であることを示せ。

(2) $z=0$ は $f(z)=\dfrac{1}{z\sin z}$ の 2 位の極であることを示せ。

**入試問題研究２－１（留数の計算）**

複素変数 $z$ について，次の関数の特異点における留数を求めよ。

$$\frac{1}{z\sin z}$$

＜大阪大学大学院＞

**【解説】**　特異点はただちに

$$z = n\pi \quad (n = 0, \pm 1, \pm 2, \cdots)$$

とわかる。留数を計算するために極の位数を求める必要がある。

まず，次の公式に注意する。

**[公式]（極の位数の判定）**

関数 $f(z)$ が $z=a$ を孤立特異点とするとき，$z=a$ が $k$ 位の極であるための必要十分条件は，$\lim_{z\to a}(z-a)^k f(z)$ が 0 でない極限値をもつことである。

また，極における留数の計算には次の公式が有効である。

**[公式]（留数の計算）**

$z=a$ が $k$ 位の極であるとき，次が成り立つ。

$$\mathrm{Res}(a) = \lim_{z\to a}\frac{\{(z-a)^k f(z)\}^{(k-1)}}{(k-1)!} \qquad \text{（注）}\ 0! = 1$$

さらに，留数の計算ではしばしばロピタルの定理も役に立つ。

**[公式]（ロピタルの定理）**

関数 $f(z)$，$g(z)$ がともに $z=a$ で正則であり，$f(a)=g(a)=0$ とする。このとき，$\lim_{z\to a}\dfrac{f'(z)}{g'(z)}$ が存在するならば，次が成り立つ。

$$\lim_{z\to a}\frac{f(z)}{g(z)} = \lim_{z\to a}\frac{f'(z)}{g'(z)} \quad \left(=\frac{f'(a)}{g'(a)}\right)$$

**解答**　特異点は

$$z = n\pi \quad (n = 0, \pm 1, \pm 2, \cdots)$$

（ⅰ）$z=0$ について

$$\lim_{z\to 0} z^2\cdot\frac{1}{z\sin z} = \lim_{z\to 0}\frac{z}{\sin z} = \lim_{z\to 0}\frac{1}{\cos z} = 1 \neq 0$$

であるから，$z=0$ は 2 位の極である。

よって，留数は

$$\mathrm{Res}(0) = \lim_{z\to 0}\left(z^2\cdot\frac{1}{z\sin z}\right)'$$

$$= \lim_{z\to 0}\left(\frac{z}{\sin z}\right)' = \lim_{z\to 0}\frac{\sin z - z\cos z}{\sin^2 z}$$

$$=\lim_{z\to 0}\frac{\cos z-(\cos z-z\sin z)}{2\sin z\cos z}$$ （∵　ロピタルの定理）

$$=\lim_{z\to 0}\frac{z}{2\cos z}=0$$ ……〔答〕

（ⅱ）$z=2m\pi$ （$m=\pm 1,\pm 2,\cdots$）について

$$\lim_{z\to 2m\pi}(z-2m\pi)\cdot\frac{1}{z\sin z}$$

$$=\lim_{z\to 2m\pi}(z-2m\pi)\cdot\frac{1}{z\sin(z-2m\pi)}$$

$$=\lim_{z\to 2m\pi}\frac{1}{z}\cdot\frac{z-2m\pi}{\sin(z-2m\pi)}$$

$$=\frac{1}{2m\pi}\neq 0$$

であるから，$z=2m\pi$ （$m=\pm 1,\pm 2,\cdots$）は1位の極である。

よって，留数は

$$\mathrm{Res}(2m\pi)=\lim_{z\to 2m\pi}(z-2m\pi)\cdot\frac{1}{z\sin z}$$

$$=\frac{1}{2m\pi}$$ ……〔答〕

（ⅲ）$z=(2m-1)\pi$ （$m=0,\pm 1,\pm 2,\cdots$）について

$$\lim_{z\to(2m-1)\pi}\{z-(2m-1)\pi\}\cdot\frac{1}{z\sin z}$$

$$=\lim_{z\to(2m-1)\pi}\{z-(2m-1)\pi\}\cdot\frac{1}{z\{-\sin(z-(2m-1)\pi)\}}$$

$$=\lim_{z\to(2m-1)\pi}\left(-\frac{1}{z}\cdot\frac{z-(2m-1)\pi}{\sin(z-(2m-1)\pi)}\right)$$

$$=-\frac{1}{(2m-1)\pi}\neq 0$$

であるから，$z=(2m-1)\pi$ （$m=0,\pm 1,\pm 2,\cdots$）は1位の極である。

よって，留数は

$$\mathrm{Res}((2m-1)\pi)=\lim_{z\to 2m\pi}\{z-(2m-1)\pi\}\cdot\frac{1}{z\sin z}$$

$$=-\frac{1}{(2m-1)\pi}$$ ……〔答〕

**（注）** 上の結果は次のようにまとめることもできる。

$$\mathrm{Res}(n\pi)=\begin{cases}0 & (n=0)\\ (-1)^n\dfrac{1}{n\pi} & (n=\pm 1,\pm 2,\cdots)\end{cases}$$

**入試問題研究2－2（テーラー展開，複素積分）**

$f(z)$ を，$\sin z = zf(z)$ を満たす複素平面全体で正則な関数とする。

(1) $f(0)$，$f'(0)$，$f''(0)$ の値をそれぞれ求めよ。また，$|z|<\pi$ では $f(z)\neq 0$ となることを示せ。

(2) 上記の $f$ に対して，$F(z)=\dfrac{1}{f(z)}$ とおく。このとき，$F(z)$ の $z=0$ を中心とするテイラー級数展開を $z^2$ の項まで求めよ。

(3) $C$ は原点中心，半径1の単位円で，反時計方向に向き付けられているとする。(1)，(2)の結果を利用して，複素積分

$$\int_C \frac{1}{\sin^3 z}dz$$

の値を計算せよ。　　＜神戸大学大学院＞

【解説】　(1)では，実関数のときと同様の微分の公式が成り立つことに注意する。また，複素関数の三角関数の定義は

$$\sin z = \frac{e^{iz}-e^{-iz}}{2i},\quad \cos z = \frac{e^{iz}+e^{-iz}}{2},\quad \tan z = \frac{\sin z}{\cos z}$$

である。

(2)でも実関数のときと同様，合成関数の微分の公式が成り立つ。また一般に，正則関数 $f(z)$ のテイラー級数展開は

$$f(z)=\sum_{n=0}^{\infty}\frac{f^{(n)}(0)}{n!}z^n = f(0)+\frac{f'(0)}{1!}z+\frac{f''(0)}{2!}z^2+\cdots$$

である。

(3)は，$F(z)$ のテイラー級数展開から $\dfrac{1}{\sin^3 z}$ のテイラー級数展開を求め，あとは円周積分に注意してその複素積分を計算することができる。

**解答**　(1)　$\sin z = zf(z)$ の両辺を微分すると

$$\cos z = f(z)+zf'(z) \quad \cdots\cdots(*)$$

$z=0$ を代入すると

$$1=f(0)+0 \qquad よって，\ f(0)=1 \quad \cdots\cdots〔答〕$$

（＊）の両辺を微分すると

$$-\sin z = f'(z)+f'(z)+zf''(z)$$

$$\therefore\quad -\sin z = 2f'(z)+zf''(z) \quad \cdots\cdots(**)$$

$z=0$ を代入すると

$$0=2f'(0)+0 \qquad よって，\ f'(0)=0 \quad \cdots\cdots〔答〕$$

（＊＊）の両辺を微分すると

$$-\cos z = 2f''(z) + f''(z) + zf'''(z)$$

$\therefore \quad -\cos z = 3f''(z) + zf'''(z)$

$z=0$ を代入すると

$$-1 = 3f''(0) + 0 \qquad \text{よって，} \quad f''(0) = -\frac{1}{3}$$ ……〔答〕

$z \neq 0$ のとき

$$f(z) = \frac{\sin z}{z}$$

であるから，$f(z)=0$ とすると

$$\sin z = 0$$

$\therefore \quad \dfrac{e^{iz} - e^{-iz}}{2i} = 0 \qquad \therefore \quad e^{iz} = e^{-iz} \qquad \therefore \quad e^{2iz} = 1$

$\therefore \quad 2iz = 2n\pi i \qquad \therefore \quad z = n\pi$ （$n$ は整数）

よって，$f(0)=1$ に注意すると

$|z| < \pi$ において，$f(z) \neq 0$ （証明終）

(2) $F(z) = \dfrac{1}{f(z)} = \{f(z)\}^{-1}$ より

$$F'(z) = -\{f(z)\}^{-2} f'(z)$$

$$F''(z) = 2\{f(z)\}^{-3} f'(z) \cdot f'(z) - \{f(z)\}^{-2} f''(z)$$

であるから

$$f(0) = 1, \quad f'(0) = 0, \quad f''(0) = -\frac{1}{3}$$

に注意すると

$$F(0) = 1, \quad F'(0) = 0, \quad F''(0) = -\left(-\frac{1}{3}\right) = \frac{1}{3}$$

よって，$F(z)$ の $z=0$ を中心とするテイラー級数展開は

$$F(z) = F(0) + \frac{F'(0)}{1!}z + \frac{F''(0)}{2!}z^2 + \cdots$$

$$= 1 + \frac{0}{1!}z + \frac{1}{2!}\cdot\frac{1}{3}z^2 + \cdots = 1 + \frac{1}{6}z^2 + \cdots$$ ……〔答〕

(3) $f(z) = \dfrac{\sin z}{z}$ より

$$F(z) = \frac{1}{f(z)} = \frac{z}{\sin z} = 1 + \frac{1}{6}z^2 + \cdots \qquad \therefore \quad \frac{1}{\sin z} = \frac{1}{z} + \frac{1}{6}z + \cdots$$

よって

$$\frac{1}{\sin^3 z}=\left(\frac{1}{\sin z}\right)^3=\left(\frac{1}{z}+\frac{1}{6}z+\cdots\right)^3$$
$$=\frac{1}{z^3}+\frac{1}{2}\cdot\frac{1}{z}+\frac{1}{12}z+\cdots$$

したがって

$$\int_C \frac{1}{\sin^3 z}dz=\int_C\left(\frac{1}{z^3}+\frac{1}{2}\cdot\frac{1}{z}+\frac{1}{12}z+\cdots\right)dz$$
$$=\frac{1}{2}\cdot 2\pi i=\pi i \quad \cdots\cdots〔答〕$$

**[(1)前半の別解]** $f(0)$, $f'(0)$, $f''(0)$ の値を次のように計算することも，一応可能である。

$z\neq 0$ において

$$f(z)=\frac{\sin z}{z}$$

$$\therefore\quad f'(z)=\frac{z\cos z-\sin z}{z^2}$$

$$\therefore\quad f''(z)=\frac{(\cos z-z\sin z-\cos z)z^2-(z\cos z-\sin z)\cdot 2z}{z^4}$$
$$=\frac{(-z\sin z)z-(z\cos z-\sin z)\cdot 2}{z^3}$$
$$=\frac{(-z^2+2)\sin z-2z\cos z}{z^3}$$

よって，ロピタルの定理を利用して

$$f(0)=\lim_{z\to 0}f(z)=\lim_{z\to 0}\frac{\sin z}{z}=\lim_{z\to 0}\frac{\cos z}{1}=1 \quad \cdots\cdots〔答〕$$

$$f'(0)=\lim_{z\to 0}f'(z)=\lim_{z\to 0}\frac{z\cos z-\sin z}{z^2}$$
$$=\lim_{z\to 0}\frac{\cos z-z\sin z-\cos z}{2z}=\lim_{z\to 0}\frac{-\sin z}{2}=0 \quad \cdots\cdots〔答〕$$

$$f''(0)=\lim_{z\to 0}f''(z)=\lim_{z\to 0}\frac{(-z^2+2)\sin z-2z\cos z}{z^3}$$
$$=\lim_{z\to 0}\frac{-2z\sin z+(-z^2+2)\cos z-2\cos z+2z\sin z}{3z^2}$$
$$=\lim_{z\to 0}\frac{-z^2\cos z}{3z^2}$$
$$=\lim_{z\to 0}\frac{-\cos z}{3}=-\frac{1}{3} \quad \cdots\cdots〔答〕$$

**入試問題研究２－３（極とその位数，留数定理）**

複素関数 $f(z)=\dfrac{e^z}{\sin z}$ を考える。

複素平面上の原点を中心とし，半径 1 の反時計方向に向き付けされた円を $C$ とする。

(1) $f(z)$ の円 $C$ の内部における極とその位数を求めよ。

(2) 複素積分 $\int_C f(z)dz$ の値を求めよ。　　　　<神戸大学大学院>

**【解説】** (1)において，極の位数の判定には次の定理を用いる。

**極の位数の判定：**

複素関数 $f(z)$ が $z=a$ を極とするとき，その位数が $k$ であるための必要十分条件は，$\lim_{z\to a}(z-a)^k f(z)$ が 0 でない極限値をもつことである。

(2)は留数定理の典型的な応用である。

**解答** (1) $\sin z=0$ とすると

$$\frac{e^{iz}-e^{-iz}}{2i}=0$$

$\therefore\quad e^{iz}-e^{-iz}=0$

$\therefore\quad e^{iz}=e^{-iz}\qquad\therefore\quad e^{2iz}=1$

よって，$2iz=2n\pi i$　　すなわち，$z=n\pi$ （$n$ は整数）

したがって，円 $C$ の内部における極は

$z=0$ ……〔答〕

また

$$\lim_{z\to 0} zf(z)=\lim_{z\to 0} z\cdot\frac{e^z}{\sin z}=\lim_{z\to 0} e^z\cdot\frac{z}{\sin z}=1\neq 0$$

であるから

極 $z=0$ の位数は，1 ……〔答〕

(2) 留数定理より

$$\int_C f(z)dz=2\pi i\cdot\mathrm{Res}(0)$$

であるから，$\mathrm{Res}(0)$ を求める。

$z=0$ は 1 位の極であるから

$$\mathrm{Res}(0)=\lim_{z\to 0} zf(z)=\lim_{z\to 0} z\cdot\frac{e^z}{\sin z}=1$$

よって，求める複素積分の値は

$\int_C f(z)dz=2\pi i$ ……〔答〕

**入試問題研究２－４（極とその位数，留数定理）**

複素関数 $f(z)=\dfrac{\cos z}{\sin z}-\dfrac{1}{z}$ について，次の問いに答えよ。

(1) 関数 $f(z)$ の特異点をすべて求めよ。

(2) 関数 $f(z)$ の極における留数を求めよ。

(3) 積分 $\displaystyle\int_{|z|=\frac{5}{2}\pi} f(z)dz$ の値を求めよ。　　＜金沢大学大学院＞

**【解説】**　(1)において，$\sin z=\dfrac{e^{iz}-e^{-iz}}{2i}=0$ を満たす複素数 $z$ は，実数関数のときの場合と同じで，$z=n\pi$（$n=0,\pm1,\pm2,\cdots$）である。

(2)では，$z=0$ が除去可能な特異点であることが示され，極でないことが分かる。その他の $z=n\pi$（$n=\pm1,\pm2,\cdots$）は極であるが，留数の計算のために極の位数を確認しなければならない。

(3)は留数定理に関する典型的な問である。

**解答**　(1)　$f(z)=\dfrac{\cos z}{\sin z}-\dfrac{1}{z}=\dfrac{z\cos z-\sin z}{z\sin z}$ の特異点は

$$z\sin z=0$$

を満たす点で

$$z=n\pi\ (n=0,\pm1,\pm2,\cdots)$$ ……〔答〕

(2)　(ⅰ)　$z=0$ について

$$\lim_{z\to0}f(z)=\lim_{z\to0}\frac{z\cos z-\sin z}{z\sin z}$$

$$=\lim_{z\to0}\frac{(\cos z-z\sin z)-\cos z}{\sin z+z\cos z}\quad(\because\ \text{ロピタルの定理})$$

$$=\lim_{z\to0}\frac{-z\sin z}{\sin z+z\cos z}$$

$$=\lim_{z\to0}\frac{-\sin z}{\dfrac{\sin z}{z}+\cos z}=\frac{0}{2}=0$$

よって，$z=0$ は除去可能な特異点であり，極ではない。

(ⅱ)　$z=2m\pi$（$m=\pm1,\pm2,\cdots$）について

$$\lim_{z\to2m\pi}(z-2m\pi)f(z)=\lim_{z\to2m\pi}(z-2m\pi)\frac{z\cos z-\sin z}{z\sin z}$$

$$=\lim_{z\to2m\pi}(z-2m\pi)\frac{z\cos(z-2m\pi)-\sin(z-2m\pi)}{z\sin(z-2m\pi)}$$

$$= \lim_{w \to 0} w \frac{(w + 2m\pi)\cos w - \sin w}{(w + 2m\pi)\sin w}$$

$$= \lim_{w \to 0} \frac{w}{\sin w} \cdot \frac{(w + 2m\pi)\cos w - \sin w}{w + 2m\pi}$$

$$= 1 \cdot \frac{2m\pi - 0}{2m\pi} = 1 \neq 0$$

よって，$z = 2m\pi$ （$m = \pm 1, \pm 2, \cdots$）は 1 の極であり，その留数は

$$\mathrm{Res}(2m\pi) = \lim_{z \to 2m\pi} (z - 2m\pi) f(z) = 1$$

（iii） $z = (2m-1)\pi$ （$m = 0, \pm 1, \pm 2, \cdots$）について

$$\lim_{z \to (2m-1)\pi} \{z - (2m-1)\pi\} f(z) = \lim_{z \to (2m-1)\pi} \{z - (2m-1)\pi\} \frac{z\cos z - \sin z}{z \sin z}$$

$$= \lim_{z \to (2m-1)\pi} \{z - (2m-1)\pi\} \frac{z\{-\cos(z - (2m-1)\pi)\} + \sin(z - (2m-1)\pi)}{z\{-\sin(z - (2m-1)\pi)\}}$$

$$= \lim_{w \to 0} w \frac{\{w + (2m-1)\pi\}(-\cos w) + \sin w}{\{w + (2m-1)\pi\}(-\sin w)}$$

$$= \lim_{w \to 0} w \frac{\{w + (2m-1)\pi\}\cos w - \sin w}{\{w + (2m-1)\pi\}\sin w}$$

$$= \lim_{w \to 0} \frac{w}{\sin w} \frac{\{w + (2m-1)\pi\}\cos w - \sin w}{w + (2m-1)\pi}$$

$$= \lim_{w \to 0} 1 \cdot \frac{(2m-1)\pi - 0}{(2m-1)\pi} = 1 \neq 0$$

よって，$z = (2m-1)\pi$ （$m = 0, \pm 1, \pm 2, \cdots$）は 1 の極であり，その留数は

$$\mathrm{Res}((2m-1)\pi) = \lim_{z \to (2m-1)\pi} \{z - (2m-1)\pi\} f(z) = 1$$

（i），（ii），（iii）より，関数 $f(z)$ の極は

$$z = n\pi \quad (n = \pm 1, \pm 2, \cdots)$$

であり，位数はすべて 1 で，$z = n\pi$ における留数は

$$\mathrm{Res}(n\pi) = 1$$ ……〔答〕

(3) 関数 $f(z)$ の極のうち，積分路 $|z| = \frac{5}{2}\pi$ の内部にあるものは

$z = \pm\pi, \pm 2\pi$ の 4 点

であり，他の極はすべて積分路の外部にある。
したがって，留数定理により

$$\int_{|z|=\frac{5}{2}\pi} f(z)dz = 2\pi i\{\mathrm{Res}(\pi) + \mathrm{Res}(-\pi) + \mathrm{Res}(2\pi) + \mathrm{Res}(-2\pi)\}$$

$$= 2\pi i(1 + 1 + 1 + 1) = 8\pi i$$ ……〔答〕

**入試問題研究 2－5（ローラン展開，留数定理）**

$z$ 平面（$z=x+iy$）上で定義された次の有理関数について，以下の問いに答えよ。

$$f(z)=\frac{1}{(z-1)z(z+2)}$$

(1) $z$ 平面上の領域 $1<|z-1|<3$ における $f(z)$ のローラン展開を求めよ。

(2) 閉曲線 $|z-1|=2$ を反時計方向に回る積分路 $C$ に対して，

$$\int_C f(z)dz$$

を求めよ。　　　　＜東京大学大学院＞

**【解説】**　(1)はローラン展開を求める問題であるが，基本的な道具は高等学校で学習した**無限等比級数の和の公式**であることに注意しよう。
(2)は留数定理に関する基本問題である。

**解答**　(1) $f(z)=\dfrac{1}{(z-1)z(z+2)}=\dfrac{1}{z-1}\cdot\dfrac{1}{2}\left(\dfrac{1}{z}-\dfrac{1}{z+2}\right)$

$|z-1|>1$ のとき，$\left|\dfrac{1}{z-1}\right|<1$ であるから

$$\frac{1}{z}=\frac{1}{(z-1)+1}=\frac{1}{z-1}\cdot\frac{1}{1-\left(-\dfrac{1}{z-1}\right)}$$

$$=\frac{1}{z-1}\sum_{n=0}^{\infty}\left(-\frac{1}{z-1}\right)^n=\sum_{n=0}^{\infty}(-1)^n\frac{1}{(z-1)^{n+1}}$$

また，$|z-1|<3$ のとき，$\left|\dfrac{z-1}{3}\right|<1$ であるから

$$\frac{1}{z+2}=\frac{1}{3-\{-(z-1)\}}=\frac{1}{3}\cdot\frac{1}{1-\left(-\dfrac{z-1}{3}\right)}$$

$$=\frac{1}{3}\sum_{n=0}^{\infty}\left(-\frac{z-1}{3}\right)^n=\sum_{n=0}^{\infty}(-1)^n\frac{1}{3^{n+1}}(z-1)^n$$

以上より

$$f(z)=\frac{1}{z-1}\cdot\frac{1}{2}\left(\frac{1}{z}-\frac{1}{z+2}\right)$$

$$=\frac{1}{z-1}\cdot\frac{1}{2}\left(\sum_{n=0}^{\infty}(-1)^n\frac{1}{(z-1)^{n+1}}-\sum_{n=0}^{\infty}(-1)^n\frac{1}{3^{n+1}}(z-1)^n\right)$$

$$=\frac{1}{2}\sum_{n=0}^{\infty}(-1)^n\frac{1}{(z-1)^{n+2}}-\frac{1}{2}\sum_{n=0}^{\infty}(-1)^n\frac{1}{3^{n+1}}(z-1)^{n-1}$$ ……〔答〕

(2) $f(z)$ の特異点 $z=-2,0,1$ のうち，$z=-2$ は閉曲線 $|z-1|=2$ で囲まれる領域の外部にあり，内部にある特異点は

　　$z=0,1$ の 2 つで，いずれも 1 位の極である。

よって，その留数はそれぞれ

$$\mathrm{Res}(0)=\lim_{z\to 0} z\cdot f(z)=\lim_{z\to 0}\frac{1}{(z-1)(z+2)}=-\frac{1}{2}$$

$$\mathrm{Res}(1)=\lim_{z\to 1}(z-1)f(z)=\lim_{z\to 1}\frac{1}{z(z+2)}=\frac{1}{3}$$

したがって，留数定理より

$$\int_C f(z)dz=2\pi i\{\mathrm{Res}(0)+\mathrm{Res}(1)\}$$

$$=2\pi i\left(-\frac{1}{2}+\frac{1}{3}\right)=-\frac{\pi}{3}i \quad \cdots\cdots〔答〕$$

**（注）** (1) で求めた $f(z)$ のローラン展開において，$\dfrac{1}{z-1}$ の係数は $-\dfrac{1}{6}$ であるが，これを留数 Res(1) と勘違いしないようにしよう。(1) で求めたローラン展開は“領域 $1<|z-1|<3$ における”ローラン展開である。

一方，“領域 $0<|z-1|<1$ における”ローラン展開は以下のようになる。

$$\frac{1}{z}=\frac{1}{1-\{-(z-1)\}}=\sum_{n=0}^{\infty}\{-(z-1)\}^n=\sum_{n=0}^{\infty}(-1)^n(z-1)^n$$

$$\frac{1}{z+2}=\frac{1}{3}\cdot\frac{1}{1-\left(-\dfrac{z-1}{3}\right)}=\frac{1}{3}\sum_{n=0}^{\infty}\left(-\frac{z-1}{3}\right)^n=\sum_{n=0}^{\infty}(-1)^n\frac{1}{3^{n+1}}(z-1)^n$$

より，“領域 $0<|z-1|<1$ における”ローラン展開は

$$f(z)=\frac{1}{z-1}\cdot\frac{1}{2}\left(\frac{1}{z}-\frac{1}{z+2}\right)$$

$$=\frac{1}{z-1}\cdot\frac{1}{2}\left\{\sum_{n=0}^{\infty}(-1)^n(z-1)^n-\sum_{n=0}^{\infty}(-1)^n\frac{1}{3^{n+1}}(z-1)^n\right\}$$

$$=\sum_{n=0}^{\infty}(-1)^n\frac{1}{2}\left(1-\frac{1}{3^{n+1}}\right)(z-1)^{n-1}$$

であり，$\dfrac{1}{z-1}$ の係数は

$$\frac{1}{2}\left(1-\frac{1}{3}\right)=\frac{1}{3}\quad (=\mathrm{Res}(1))$$

となっている。

**入試問題研究2－6（ローラン展開，テーラー展開）**

$f(z)=\dfrac{z}{e^z-1}$ とする。

(1) $z=0$ が $f(z)$ の除去可能な特異点であることを示せ。

(2) $f(z)$ の $z=0$ のまわりのローラン展開を

$$f(z)=\sum_{n=0}^{\infty}\frac{B_n}{n!}z^n$$

とする。$B_0$，$B_1$，$B_2$ を求めよ。

(3) $B_{2n+1}=0$ $(n=1,2,\cdots)$ を示せ。　＜大阪府立大学大学院＞

**【解説】**　(1)は，$\lim_{z\to 0}f(z)$ が極限値をもつことを示せばよい。

(2)では，整級数の積に関する次の定理に注意する。

**[定理]（整級数の積）**

2つの整級数 $\sum_{n=0}^{\infty}a_nz^n$，$\sum_{n=0}^{\infty}b_nz^n$ が $|z|<r$ において絶対収束するとき

$$\left(\sum_{n=0}^{\infty}a_nz^n\right)\cdot\left(\sum_{n=0}^{\infty}b_nz^n\right)=\sum_{n=0}^{\infty}c_nz^n$$

が成り立ち，右辺の整級数もまた $|z|<r$ において絶対収束する。

ここで

$$c_n=a_0b_n+a_1b_{n-1}+\cdots+a_nb_0$$

である。

(3)は，$f(-z)=\sum_{n=0}^{\infty}\frac{B_n}{n!}(-z)^n=\sum_{n=0}^{\infty}\frac{B_n}{n!}(-1)^nz^n$ に注意して $f(z)-f(-z)$ を考えれば，$z$ の奇数乗の項だけが残る。

**解答**　(1) ロピタルの定理より

$$\lim_{z\to 0}f(z)=\lim_{z\to 0}\frac{z}{e^z-1}=\lim_{z\to 0}\frac{1}{e^z}=1$$

よって，$z=0$ は $f(z)$ の除去可能な特異点である。　(証明終)

**[別解]**　$\dfrac{1}{f(z)}=\dfrac{e^z-1}{z}=\dfrac{1}{1!}+\dfrac{1}{2!}z+\dfrac{1}{3!}z^2+\cdots$　より

$$\lim_{z\to 0}\frac{1}{f(z)}=\frac{1}{1!}=1 \qquad \therefore\quad \lim_{z\to 0}f(z)=1$$

よって，$z=0$ は $f(z)$ の除去可能な特異点である。　(証明終)

**（注）** すなわち，あらためて $f(0)=1$ と定めておけば $f(z)$ は $z=0$ でも正則となる。

(2) $z=0$ が $f(z)$ の除去可能な特異点であることから，$f(z)$ の $z=0$ のまわりのローラン展開はテーラー展開となり

$$\frac{z}{e^z-1}=\sum_{n=0}^{\infty}\frac{B_n}{n!}z^n$$

であるから

$$\begin{aligned}z&=(e^z-1)\sum_{n=0}^{\infty}\frac{B_n}{n!}z^n\\&=\left(\frac{1}{1!}z+\frac{1}{2!}z^2+\frac{1}{3!}z^3\right)\left(B_0+\frac{1}{1!}B_1z+\frac{1}{2!}B_2z^2+\frac{1}{3!}B_3z^3+\cdots\right)\\&=\left(z+\frac{1}{2}z^2+\frac{1}{6}z^3\right)\left(B_0+B_1z+\frac{1}{2}B_2z^2+\frac{1}{6}B_3z^3+\cdots\right)\\&=B_0z+\left(\frac{1}{2}B_0+B_1\right)z^2+\left(\frac{1}{6}B_0+\frac{1}{2}B_1+\frac{1}{2}B_2\right)z^3+\cdots\end{aligned}$$

両辺の係数を比較すると

$$B_0=1,\quad \frac{1}{2}B_0+B_1=0,\quad \frac{1}{6}B_0+\frac{1}{2}B_1+\frac{1}{2}B_2=0$$

これを解くことにより

$$B_0=1,\quad B_1=-\frac{1}{2},\quad B_2=\frac{1}{6}$$ ……〔答〕

(3) $$\frac{z}{e^z-1}=\sum_{n=0}^{\infty}\frac{B_n}{n!}z^n$$ ……①

より

$$\frac{-z}{e^{-z}-1}=\sum_{n=0}^{\infty}\frac{B_n}{n!}(-z)^n$$

$$\therefore\quad \frac{z}{1-e^{-z}}=\frac{ze^z}{e^z-1}=\sum_{n=0}^{\infty}\frac{B_n}{n!}(-1)^nz^n$$ ……②

①－②より

$$\frac{z}{e^z-1}-\frac{ze^z}{e^z-1}=2\sum_{m=1}^{\infty}\frac{B_{2m-1}}{(2m-1)!}z^{2m-1}$$

$$\therefore\quad \frac{z(1-e^z)}{e^z-1}=-z=2\left(B_1z+\sum_{m=2}^{\infty}\frac{B_{2m-1}}{(2m-1)!}z^{2m-1}\right)$$

$$\therefore\quad -\frac{1}{2}z=B_1z+\sum_{n=1}^{\infty}\frac{B_{2n+1}}{(2n+1)!}z^{2n+1}$$

両辺の係数を比較すると

$$B_{2n+1}=0\quad(n=1,2,\cdots)$$ (証明終)

**【参考】**本問に登場した数 $B_n$ は**ベルヌーイ数**と呼ばれる。

# 第3章

# フ ー リ エ 解 析

## 3．1　フーリエ級数

〔目標〕フーリエ解析の出発点としてまずフーリエ級数の理論を学ぶ。すなわち，与えられた周期関数を三角関数の級数によって表すことを考えよう。

### （1）三角関数の積分に関する基本事項

まず初めに，フーリエ級数において重要な次の計算を復習しておく。

**問 1**　自然数 $m, n$ に対して，次の定積分を求めよ。

(1) $\displaystyle\int_{-\pi}^{\pi} \sin mx \cos nx\, dx$　　(2) $\displaystyle\int_{-\pi}^{\pi} \cos mx \cos nx\, dx$

(3) $\displaystyle\int_{-\pi}^{\pi} \sin mx \sin nx\, dx$

**（解）** 三角関数の和積公式に注意して計算する。

(1) $\sin mx \cos nx$ は奇関数であるから，明らかに

$$\int_{-\pi}^{\pi} \sin mx \cos nx\, dx = 0$$

(2) $$\int_{-\pi}^{\pi} \cos mx \cos nx\, dx = \int_{-\pi}^{\pi} \frac{1}{2}\{\cos(m+n)x + \cos(m-n)x\}dx$$

$$= \int_{0}^{\pi} \{\cos(m+n)x + \cos(m-n)x\}dx \quad \cdots\cdots(*)$$

（ｉ）$m \neq n$ のとき

$$(*) = \left[\frac{1}{m+n}\sin(m+n)x + \frac{1}{m-n}\sin(m-n)x\right]_0^{\pi} = 0$$

（ⅱ）$m = n$ のとき

$$(*) = \int_0^{\pi} (\cos 2mx + 1)dx = \left[\frac{1}{2m}\sin 2mx + x\right]_0^{\pi} = \pi$$

（ｉ），（ⅱ）より

$$\int_{-\pi}^{\pi} \cos mx \cos nx\, dx = \begin{cases} 0 & (m \neq n) \\ \pi & (m = n) \end{cases}$$

(3) $\int_{-\pi}^{\pi} \sin mx \sin nx\, dx = -\int_{-\pi}^{\pi} \frac{1}{2}\{\cos(m+n)x - \cos(m-n)x\}dx$

$$= \int_{0}^{\pi} \{\cos(m-n)x - \cos(m+n)x\}dx \quad \cdots\cdots(*)$$

（ⅰ） $m \neq n$ のとき

$$(*) = \left[\frac{1}{m-n}\sin(m-n)x - \frac{1}{m+n}\sin(m+n)x\right]_0^{\pi} = 0$$

（ⅱ） $m = n$ のとき

$$(*) = \int_0^{\pi}(1-\cos 2mx)dx = \left[x - \frac{1}{2m}\sin 2mx\right]_0^{\pi} = \pi$$

（ⅰ），（ⅱ）より

$$\int_{-\pi}^{\pi} \sin mx \sin nx\, dx = \begin{cases} 0 & (m \neq n) \\ \pi & (m = n) \end{cases}$$

□

### （2）フーリエ級数

周期 $2\pi$ の周期関数 $f(x)$ を三角関数の級数によって表すことを考える。

そこで，関数 $f(x)$ が次のように表されたとする。

$$f(x) = \frac{a_0}{2} + \sum_{n=1}^{\infty}(a_n \cos nx + b_n \sin nx) \quad \cdots\cdots(*)$$

このとき，係数 $a_0, a_n, b_n$ が $f(x)$ からどのように定まるか調べてみる。
（＊）の両辺を積分すると（**問 1** の結果に注意して）

$$\int_{-\pi}^{\pi} f(x)dx = \int_{-\pi}^{\pi}\left(\frac{a_0}{2} + \sum_{n=1}^{\infty}(a_n \cos nx + b_n \sin nx)\right)dx$$

$$= \int_{-\pi}^{\pi}\frac{a_0}{2}dx + \sum_{n=1}^{\infty}\left(a_n\int_{-\pi}^{\pi}\cos nx\, dx + b_n\int_{-\pi}^{\pi}\sin nx\, dx\right) = \pi a_0$$

$$\therefore \quad a_0 = \frac{1}{\pi}\int_{-\pi}^{\pi} f(x)dx$$

次に，（＊）の両辺に $\cos mx$ （$m$ は自然数）をかけて積分すると

$$\int_{-\pi}^{\pi} f(x)\cos mx\, dx$$

$$= \int_{-\pi}^{\pi}\frac{a_0}{2}\cos mx\, dx + \sum_{n=1}^{\infty}\left(a_n\int_{-\pi}^{\pi}\cos mx \cos nx\, dx + b_n\int_{-\pi}^{\pi}\cos mx \sin nx\, dx\right)$$

$$= 0 + \pi a_m + 0 = \pi a_m$$

$$\therefore \quad a_m = \frac{1}{\pi}\int_{-\pi}^{\pi} f(x)\cos mx\, dx$$

同様に，(∗)の両辺に $\sin mx$ （$m$ は自然数）をかけて積分すると

$$\int_{-\pi}^{\pi} f(x)\sin mx\,dx$$

$$=\int_{-\pi}^{\pi}\frac{a_0}{2}\sin mx\,dx+\sum_{n=1}^{\infty}\left(a_n\int_{-\pi}^{\pi}\sin mx\cos nx\,dx+b_n\int_{-\pi}^{\pi}\sin mx\sin nx\,dx\right)$$

$$=0+0+\pi b_m=\pi b_m$$

$$\therefore\quad b_m=\frac{1}{\pi}\int_{-\pi}^{\pi} f(x)\sin mx\,dx$$

以上より，周期 $2\pi$ の周期関数 $f(x)$ が

$$f(x)=\frac{a_0}{2}+\sum_{n=1}^{\infty}(a_n\cos nx+b_n\sin nx)$$

と表されたとき，その級数展開における係数は次式で与えられる。

$$a_n=\frac{1}{\pi}\int_{-\pi}^{\pi} f(x)\cos nx\,dx\quad (n=0,1,2,\cdots)$$

$$b_n=\frac{1}{\pi}\int_{-\pi}^{\pi} f(x)\sin nx\,dx\quad (n=1,2,\cdots)$$

もちろん，上の結果は**周期** $2\pi$ の周期関数 $f(x)$ が

$$f(x)=\frac{a_0}{2}+\sum_{n=1}^{\infty}(a_n\cos nx+b_n\sin nx)$$

と表されたと仮定し，さらに項別積分も仮定しての形式的な計算である。

どのような条件を満たせばこの等式が成立するのかを述べる前に，ここで，フーリエ級数の定義を述べておくとしよう。

**フーリエ級数**

周期 $2\pi$ の周期関数 $f(x)$ に対し

$$a_n=\frac{1}{\pi}\int_{-\pi}^{\pi} f(x)\cos nx\,dx\quad (n=0,1,2,\cdots)$$

$$b_n=\frac{1}{\pi}\int_{-\pi}^{\pi} f(x)\sin nx\,dx\quad (n=1,2,\cdots)$$

で定まる $a_n, b_n$ を $f(x)$ の**フーリエ係数**といい，級数

$$\frac{a_0}{2}+\sum_{n=1}^{\infty}(a_n\cos nx+b_n\sin nx)$$

を $f(x)$ の**フーリエ級数**または**フーリエ展開**という。

これを次のように表すことがある。

$$f(x)\sim\frac{a_0}{2}+\sum_{n=1}^{\infty}(a_n\cos nx+b_n\sin nx)$$

**問 2** 周期 $2\pi$ の周期関数 $f(x)$ が次で定められているとき，$f(x)$ のフーリエ級数を求めよ。

$$f(x)=\begin{cases}0 & (-\pi<x\leqq 0)\\ 1 & (0<x\leqq \pi)\end{cases}$$

**（解）** まず，フーリエ係数を求める。

$$a_0=\frac{1}{\pi}\int_{-\pi}^{\pi}f(x)dx=\frac{1}{\pi}\int_0^{\pi}dx=1$$

$$a_n=\frac{1}{\pi}\int_{-\pi}^{\pi}f(x)\cos nx\,dx \quad (n=1,2,\cdots)$$

⬅ $a_0$ とは別に計算

$$=\frac{1}{\pi}\int_0^{\pi}\cos nx\,dx=\frac{1}{\pi}\left[\frac{1}{n}\sin nx\right]_0^{\pi}=0$$

$$b_n=\frac{1}{\pi}\int_{-\pi}^{\pi}f(x)\sin nx\,dx \quad (n=1,2,\cdots)$$

$$=\frac{1}{\pi}\int_0^{\pi}\sin nx\,dx=\frac{1}{\pi}\left[-\frac{1}{n}\cos nx\right]_0^{\pi}=-\frac{1}{\pi n}(\cos n\pi-1)=\frac{1-(-1)^n}{\pi n}$$

よって，$f(x)$ のフーリエ級数は

$$f(x)\sim\frac{a_0}{2}+\sum_{n=1}^{\infty}(a_n\cos nx+b_n\sin nx)$$

$$=\frac{1}{2}+\sum_{n=1}^{\infty}\frac{1-(-1)^n}{\pi n}\sin nx$$

$$=\frac{1}{2}+\frac{2}{\pi}\sum_{m=1}^{\infty}\frac{1}{2m-1}\sin(2m-1)x$$

$$=\frac{1}{2}+\frac{2}{\pi}\left(\sin x+\frac{1}{3}\sin 3x+\frac{1}{5}\sin 5x+\cdots\right)$$

□

### （3）フーリエ級数の収束

フーリエ級数の収束について述べる前に一つだけ用語の確認をしておく。

**区分的に連続・区分的に滑らか**

（i）ある区間で定義された関数 $f(x)$ が有限個の点を除いて連続であり，かつ，$x=a$ が不連続点において

$$f(a+0)=\lim_{x\to a+0}f(x),\quad f(a-0)=\lim_{x\to a-0}f(x)$$

が存在するとき，$f(x)$ は**区分的に連続**であるという。

（ii）ある区間で定義された関数 $f(x)$ の導関数 $f'(x)$ が区分的に連続であるとき，$f(x)$ は**区分的に滑らか**であるという。

**［定理］（フーリエ級数の収束）**

周期 $2\pi$ の周期関数 $f(x)$ のフーリエ級数を

$$f(x) \sim \frac{a_0}{2} + \sum_{n=1}^{\infty} (a_n \cos nx + b_n \sin nx)$$

とする。

$f(x)$ が区分的に滑らかであるとき，次が成り立つ。

（i）$x$ が連続点のとき

$$f(x) = \frac{a_0}{2} + \sum_{n=1}^{\infty} (a_n \cos nx + b_n \sin nx)$$

（ii）$x$ が不連続点のとき

$$\frac{f(x+0)+f(x-0)}{2} = \frac{a_0}{2} + \sum_{n=1}^{\infty} (a_n \cos nx + b_n \sin nx)$$

**問 3**　周期 $2\pi$ の周期関数 $f(x)$ が，$f(x) = x \ (-\pi < x \leqq \pi)$ で定められているとき，以下の問いに答えよ。

(1)　$f(x)$ のフーリエ級数を求めよ。

(2)　$1 - \frac{1}{3} + \frac{1}{5} - \frac{1}{7} + \cdots + (-1)^{n-1}\frac{1}{2n-1} + \cdots = \frac{\pi}{4}$ であることを示せ。

**（解）** (1)　まず，フーリエ係数を求める。

$$a_n = \frac{1}{\pi}\int_{-\pi}^{\pi} x \cos nx \, dx = 0$$

$$b_n = \frac{1}{\pi}\int_{-\pi}^{\pi} x \sin nx \, dx = \frac{2}{\pi}\int_{0}^{\pi} x \sin nx \, dx$$

$$= \frac{2}{\pi}\left\{\left[x\left(-\frac{1}{n}\cos nx\right)\right]_0^{\pi} - \int_0^{\pi} 1\cdot\left(-\frac{1}{n}\cos nx\right)dx\right\} = (-1)^{n-1}\frac{2}{n}$$

よって，求めるフーリエ級数は

$$f(x) \sim \sum_{n=1}^{\infty} (-1)^{n-1}\frac{2}{n}\sin nx$$

(2)　$x = \frac{\pi}{2}$ は $f(x)$ の連続点であるから

$$\frac{\pi}{2} = \sum_{n=1}^{\infty} (-1)^{n-1}\frac{2}{n}\sin\frac{n\pi}{2} = \sum_{m=1}^{\infty} \frac{2}{2m-1}\sin\frac{2m-1}{2}\pi = \sum_{m=1}^{\infty} (-1)^{m-1}\frac{2}{2m-1}$$

$$\therefore \quad 1 - \frac{1}{3} + \frac{1}{5} - \frac{1}{7} + \cdots + (-1)^{n-1}\frac{1}{2n-1} + \cdots = \sum_{n=1}^{\infty} (-1)^{n-1}\frac{1}{2n-1} = \frac{\pi}{4}$$

□

### （4）一般周期のにフーリエ級数

これまで周期が $2\pi$ の周期関数のフーリエ級数を見てきたが，より一般に周期が $2L$ の周期関数についてもフーリエ級数を考えることができる。

$f(x)$ が周期 $2L$ の周期関数であれば，$f\left(\frac{L}{\pi}x\right)$ は周期 $2\pi$ の周期関数であるから，次が成り立つ。

$$f\left(\frac{L}{\pi}x\right) \sim \frac{a_0}{2} + \sum_{n=1}^{\infty}(a_n \cos nx + b_n \sin nx)$$

$$a_n = \frac{1}{\pi}\int_{-\pi}^{\pi} f\left(\frac{L}{\pi}x\right)\cos nx\, dx \quad (n = 0, 1, 2, \cdots)$$

$$b_n = \frac{1}{\pi}\int_{-\pi}^{\pi} f\left(\frac{L}{\pi}x\right)\sin nx\, dx \quad (n = 1, 2, \cdots)$$

そこで，$t = \frac{L}{\pi}x$ とおけば，置換積分に注意して

$$f(t) \sim \frac{a_0}{2} + \sum_{n=1}^{\infty}\left(a_n \cos\frac{n\pi}{L}t + b_n \sin\frac{n\pi}{L}t\right)$$

$$a_n = \frac{1}{L}\int_{-L}^{L} f(t)\cos\frac{n\pi}{L}t\, dt \quad (n = 0, 1, 2, \cdots)$$

$$b_n = \frac{1}{L}\int_{-L}^{L} f(t)\sin\frac{n\pi}{L}t\, dt \quad (n = 1, 2, \cdots)$$

となることがわかる。

よって，周期 $2L$ の周期関数のフーリエ級数は次のように定められる。

**一般周期のフーリエ級数**

周期 $2L$ の周期関数 $f(x)$ に対し

$$a_n = \frac{1}{L}\int_{-L}^{L} f(x)\cos\frac{n\pi}{L}x\, dx \quad (n = 0, 1, 2, \cdots)$$

$$b_n = \frac{1}{L}\int_{-L}^{L} f(x)\sin\frac{n\pi}{L}x\, dx \quad (n = 1, 2, \cdots)$$

で定まる $a_n, b_n$ を $f(x)$ の**フーリエ係数**といい，級数

$$\frac{a_0}{2} + \sum_{n=1}^{\infty}\left(a_n \cos\frac{n\pi}{L}x + b_n \sin\frac{n\pi}{L}x\right)$$

を $f(x)$ の**フーリエ級数**または**フーリエ展開**という。

これを次のように表すことがある。

$$f(x) \sim \frac{a_0}{2} + \sum_{n=1}^{\infty}\left(a_n \cos\frac{n\pi}{L}x + b_n \sin\frac{n\pi}{L}x\right)$$

**問 4**　周期 $2L$ の周期関数 $f(x)$ が次で定められているとき，$f(x)$ のフーリエ級数を求めよ。

$$f(x)=\begin{cases}-1 & (-L<x\leqq 0)\\ 1 & (0<x\leqq L)\end{cases}$$

（解）$a_n=\dfrac{1}{L}\displaystyle\int_{-L}^{L}f(x)\cos\frac{n\pi}{L}x\,dx=0 \quad (n=0,1,2,\cdots)$

$$b_n=\frac{1}{L}\int_{-L}^{L}f(x)\sin\frac{n\pi}{L}x\,dx \quad (n=1,2,\cdots)$$

$$=\frac{2}{L}\int_{0}^{L}f(x)\sin\frac{n\pi}{L}x\,dx=\frac{2}{L}\int_{0}^{L}\sin\frac{n\pi}{L}x\,dx$$

$$=\frac{2}{L}\left[-\frac{L}{n\pi}\cos\frac{n\pi}{L}x\right]_0^L=\frac{2}{n\pi}(1-\cos n\pi)=\frac{2}{n\pi}\{1-(-1)^n\}$$

よって，求めるフーリエ級数は

$$f(x)\sim\frac{a_0}{2}+\sum_{n=1}^{\infty}\left(a_n\cos\frac{n\pi}{L}x+b_n\sin\frac{n\pi}{L}x\right)$$

$$=\sum_{n=1}^{\infty}\frac{2}{n\pi}\{1-(-1)^n\}\sin\frac{n\pi}{L}x=\frac{4}{\pi}\sum_{m=1}^{\infty}\frac{1}{2m-1}\sin\frac{(2m-1)\pi}{L}x$$

$$=\frac{4}{\pi}\left(\sin\frac{\pi}{L}x+\frac{1}{3}\sin\frac{3\pi}{L}x+\cdots\right)$$

□

### （5）フーリエ余弦級数とフーリエ正弦級数

区間 $[0,L]$ において与えられた関数 $f(x)$ を拡張して周期 $2L$ の周期関数にするとき，偶関数として拡張する場合と奇関数として拡張する場合とで，フーリエ級数が次のようになることがわかる。

**フーリエ余弦級数・フーリエ正弦級数**

関数 $f(x)$ が区間 $[0,\ L]$ において与えられているとする。

（i）$f(x)$ を周期 $2L$ の偶関数として拡張した場合

$$f(x)\sim\frac{a_0}{2}+\sum_{n=1}^{\infty}a_n\cos\frac{n\pi}{L}x,\quad a_n=\frac{2}{L}\int_0^L f(x)\cos\frac{n\pi}{L}x\,dx$$

これを $f(x)$ の**フーリエ余弦級数**という。

（ii）$f(x)$ を周期 $2L$ の奇関数として拡張した場合

$$f(x)\sim\sum_{n=1}^{\infty}b_n\sin\frac{n\pi}{L}x,\quad b_n=\frac{2}{L}\int_0^L f(x)\sin\frac{n\pi}{L}x\,dx$$

これを $f(x)$ の**フーリエ正弦級数**という。

**問 5** 区間 $[0,1]$ で定義された関数 $f(x)=x$ （$0 \leqq x \leqq 1$）のフーリエ余弦級数とフーリエ正弦級数を求めよ。

（解）フーリエ係数を求めておけばよい。

$$a_0 = 2\int_0^1 f(x)dx = 2\int_0^1 x\,dx = \Big[ x^2 \Big]_0^1 = 1$$

$$a_n = 2\int_0^1 f(x)\cos n\pi x\,dx = 2\int_0^1 x\cos n\pi x\,dx \qquad (n=1,2,\cdots)$$

$$= 2\left\{\left[ x\cdot\frac{1}{n\pi}\sin n\pi x\right]_0^1 - \int_0^1 1\cdot\frac{1}{n\pi}\sin n\pi x\,dx\right\}$$

$$= 2\left[\frac{1}{n^2\pi^2}\cos n\pi x\right]_0^1$$

$$= \frac{2}{n^2\pi^2}(\cos n\pi - 1) = -\frac{2}{n^2\pi^2}\{1-(-1)^n\}$$

$$b_n = 2\int_0^1 f(x)\sin n\pi x\,dx = 2\int_0^1 x\sin n\pi x\,dx \qquad (n=1,2,\cdots)$$

$$= 2\left\{\left[ x\cdot\left(-\frac{1}{n\pi}\cos n\pi x\right)\right]_0^1 - \int_0^1 1\cdot\left(-\frac{1}{n\pi}\cos n\pi x\right)dx\right\}$$

$$= -\frac{2}{n\pi}\cos n\pi = (-1)^{n-1}\frac{2}{n\pi}$$

以上より

$f(x)$ のフーリエ余弦級数は

$$f(x) \sim \frac{a_0}{2} + \sum_{n=1}^{\infty} a_n \cos n\pi x$$

$$= \frac{1}{2} - \sum_{n=1}^{\infty}\frac{1-(-1)^n}{n^2\pi^2}\cos n\pi x$$

$$= \frac{1}{2} - \frac{2}{\pi^2}\sum_{m=1}^{\infty}\frac{1}{(2m-1)^2}\cos(2m-1)\pi x$$

$f(x)$ のフーリエ正弦級数は

$$f(x) \sim \sum_{n=1}^{\infty} b_n \sin n\pi x$$

$$= \sum_{n=1}^{\infty}(-1)^{n-1}\frac{2}{n\pi}\sin n\pi x$$

$$= \frac{2}{\pi}\sum_{n=1}^{\infty}(-1)^{n-1}\frac{1}{n}\sin n\pi x$$

□

**（6）パーセバルの等式**

最後に，フーリエ級数で特徴的な公式である重要公式：パーセバルの等式について確認しておこう。

**［公式］（パーセバルの等式）**

周期 $2\pi$ の関数 $f(x)$ が区分的に滑らかならば，

$$\frac{{a_0}^2}{2}+\sum_{n=1}^{\infty}({a_n}^2+{b_n}^2)=\frac{1}{\pi}\int_{-\pi}^{\pi}\{f(x)\}^2\,dx$$

が成り立つ。

**（証明）** ここではあまり厳密性にこだわらず形式的に計算してみる。

$$f(x)=\frac{a_0}{2}+\sum_{n=1}^{\infty}(a_n\cos nx+b_n\sin nx)$$

として

$$\int_{-\pi}^{\pi}\{f(x)\}^2\,dx=\int_{-\pi}^{\pi}\left\{\frac{a_0}{2}+\sum_{n=1}^{\infty}(a_n\cos nx+b_n\sin nx)\right\}^2 dx \quad \cdots\cdots（*）$$

ここで，自然数 $m, n$ に対して

$$\int_{-\pi}^{\pi}\sin mx\cos nx\,dx=0$$

$$\int_{-\pi}^{\pi}\cos mx\cos nx\,dx=\begin{cases}0 & (m\neq n)\\ \pi & (m=n)\end{cases}$$

$$\int_{-\pi}^{\pi}\sin mx\sin nx\,dx=\begin{cases}0 & (m\neq n)\\ \pi & (m=n)\end{cases}$$

が成り立つことと

$$\int_{-\pi}^{\pi}\cos nx\,dx=0\,,\quad \int_{-\pi}^{\pi}\sin nx\,dx=0$$

に注意すると

$$（*）=\int_{-\pi}^{\pi}\left\{\frac{{a_0}^2}{4}+\sum_{n=1}^{\infty}({a_n}^2\cos^2 nx+{b_n}^2\sin nx)\right\}dx$$

$$=\int_{-\pi}^{\pi}\frac{{a_0}^2}{4}\,dx+\sum_{n=1}^{\infty}\left({a_n}^2\int_{-\pi}^{\pi}\cos^2 nx\,dx+{b_n}^2\int_{-\pi}^{\pi}\sin^2 nx\,dx\right)$$

$$=2\pi\cdot\frac{{a_0}^2}{4}+\sum_{n=1}^{\infty}({a_n}^2\cdot\pi+{b_n}^2\cdot\pi)=\pi\left\{\frac{{a_0}^2}{2}+\sum_{n=1}^{\infty}({a_n}^2+{b_n}^2)\right\}$$

以上より

$$\frac{{a_0}^2}{2}+\sum_{n=1}^{\infty}({a_n}^2+{b_n}^2)=\frac{1}{\pi}\int_{-\pi}^{\pi}\{f(x)\}^2\,dx$$

□

**例題１（フーリエ級数）**

周期 2 の周期関数 $f(x)=x^2\ (0 \leqq x<2)$ のフーリエ級数を求めよ。

**【解説】** フーリエ級数を求めるにはフーリエ係数を計算すればよいが，本問では次のことに注意する。

一般に，関数 $f(x)$ の周期が $2L$ であれば，任意の $a$ に対して

$$\int_{-L}^{L} f(x)dx=\int_{a}^{a+2L} f(x)dx$$

が成り立つ。

特に，次が成り立つ。

$$\int_{-L}^{L} f(x)dx=\int_{0}^{2L} f(x)dx$$

**解答** まず，フーリエ係数を求める。

$$a_0=\int_0^2 f(x)dx=\int_0^2 x^2\,dx=\left[\frac{1}{3}x^3\right]_0^2=\frac{8}{3}$$

$$a_n=\int_0^2 f(x)\cos n\pi x\,dx=\int_0^2 x^2\cos n\pi x\,dx \qquad (n=1,2,\cdots)$$

$$=\left[x^2\cdot\frac{1}{n\pi}\sin n\pi\right]_0^2-\int_0^2 2x\cdot\frac{1}{n\pi}\sin n\pi x\,dx=-\frac{2}{n\pi}\int_0^2 x\sin n\pi x\,dx$$

$$=-\frac{2}{n\pi}\left\{\left[x\cdot\left(-\frac{1}{n\pi}\cos n\pi x\right)\right]_0^2-\int_0^2 1\cdot\left(-\frac{1}{n\pi}\cos n\pi x\right)dx\right\}=\frac{4}{n^2\pi^2}$$

$$b_n=\int_0^2 f(x)\sin n\pi x\,dx=\int_0^2 x^2\sin n\pi x\,dx \qquad (n=1,2,\cdots)$$

$$=\left[x^2\cdot\left(-\frac{1}{n\pi}\cos n\pi\right)\right]_0^2-\int_0^2 2x\cdot\left(-\frac{1}{n\pi}\cos n\pi\right)dx$$

$$=-\frac{4}{n\pi}+\frac{2}{n\pi}\int_0^2 x\cos n\pi x\,dx$$

$$=-\frac{4}{n\pi}+\frac{2}{n\pi}\left\{\left[x\cdot\frac{1}{n\pi}\sin n\pi x\right]_0^2-\int_0^2 1\cdot\frac{1}{n\pi}\sin n\pi x\,dx\right\}$$

$$=-\frac{4}{n\pi}+\frac{2}{n\pi}\left[\frac{1}{n^2\pi^2}\cos n\pi x\right]_0^2=-\frac{4}{n\pi}$$

よって，求めるフーリエ級数は

$$f(x)\sim\frac{a_0}{2}+\sum_{n=1}^{\infty}(a_n\cos n\pi x+b_n\sin n\pi x)$$

$$=\frac{4}{3}+\frac{4}{\pi^2}\sum_{n=1}^{\infty}\frac{1}{n^2}\cos n\pi x-\frac{4}{\pi}\sum_{n=1}^{\infty}\frac{1}{n}\sin n\pi x \quad \cdots\cdots〔答〕$$

**例題2（フーリエ級数の収束）**

(1) 周期 $2\pi$ の関数 $f(x)=x^2\ (-\pi<x\leqq\pi)$ のフーリエ級数を求めよ。

(2) $1+\dfrac{1}{2^2}+\dfrac{1}{3^2}+\cdots+\dfrac{1}{n^2}+\cdots=\dfrac{\pi^2}{6}$ であることを示せ。

**【解説】** 関数の $f(x)$ のフーリエ級数は $x$ が連続点ならば等号が成り立つ。このフーリエ級数の収束性を利用していろいろな興味深い級数の和を求めることができる。

**解答**　(1) $a_0=\dfrac{1}{\pi}\displaystyle\int_{-\pi}^{\pi}x^2\,dx=\dfrac{2}{\pi}\int_0^{\pi}x^2\,dx=\dfrac{2}{\pi}\left[\dfrac{1}{3}x^3\right]_0^{\pi}=\dfrac{2\pi^2}{3}$

$$a_n=\frac{1}{\pi}\int_{-\pi}^{\pi}x^2\cos nx\,dx=\frac{2}{\pi}\int_0^{\pi}x^2\cos nx\,dx\qquad(n=1,2,\cdots)$$

$$=\frac{2}{\pi}\left\{\left[x^2\cdot\frac{1}{n}\sin nx\right]_0^{\pi}-\int_0^{\pi}2x\cdot\frac{1}{n}\sin nx\,dx\right\}$$

$$=-\frac{4}{n\pi}\int_0^{\pi}x\sin nx\,dx$$

$$=-\frac{4}{n\pi}\left\{\left[x\cdot\left(-\frac{1}{n}\cos nx\right)\right]_0^{\pi}-\int_0^{\pi}1\cdot\left(-\frac{1}{n}\cos nx\right)dx\right\}$$

$$=\frac{4}{n^2}\cos n\pi$$

$$=(-1)^n\frac{4}{n^2}$$

$$b_n=\frac{1}{\pi}\int_{-\pi}^{\pi}x^2\sin nx\,dx=0\qquad(n=1,2,\cdots)$$

よって，求めるフーリエ級数は

$$f(x)\sim\frac{a_0}{2}+\sum_{n=1}^{\infty}(a_n\cos nx+b_n\sin nx)=\frac{\pi^2}{3}+\sum_{n=1}^{\infty}(-1)^n\frac{4}{n^2}\cos nx$$

$$=\frac{\pi^2}{3}+4\sum_{n=1}^{\infty}(-1)^n\frac{1}{n^2}\cos nx\quad\cdots\cdots〔答〕$$

(2) $x=\pi$ は $f(x)$ の連続点であるから

$$\pi^2=\frac{\pi^2}{3}+4\sum_{n=1}^{\infty}(-1)^n\frac{1}{n^2}\cos n\pi=\frac{\pi^2}{3}+4\sum_{n=1}^{\infty}(-1)^n\frac{1}{n^2}(-1)^n$$

$$=\frac{\pi^2}{3}+4\sum_{n=1}^{\infty}\frac{1}{n^2}\qquad\therefore\quad\sum_{n=1}^{\infty}\frac{1}{n^2}=\frac{\pi^2}{6}$$

すなわち，$1+\dfrac{1}{2^2}+\dfrac{1}{3^2}+\cdots+\dfrac{1}{n^2}+\cdots=\dfrac{\pi^2}{6}$

**例題３（フーリエ余弦級数・フーリエ正弦級数）**

区間 $[0, L]$ で定義された関数 $f(x)=x(L-x)$ $(0 \leqq x \leqq L)$ のフーリエ余弦級数とフーリエ正弦級数を求めよ。

**【解説】** 区間 $[0, L]$ で定義された関数を周期 $2L$ の偶関数に拡張した関数のフーリエ級数を**フーリエ余弦級数**といい，周期 $2L$ の奇関数に拡張した関数のフーリエ級数を**フーリエ正弦級数**という。もちろん，偶関数のフーリエ級数はフーリエ余弦級数であり，奇関数のフーリエ級数はフーリエ正弦級数である。

対応するフーリエ係数を求めておけばよい。

**解答** まず，フーリエ係数を計算する。

$$a_0=\frac{2}{L}\int_0^L f(x)dx=\frac{2}{L}\int_0^L x(L-x)dx=\frac{2}{L}\left[\frac{L}{2}x^2-\frac{1}{3}x^3\right]_0^L=\frac{1}{3}L^2$$

また

$$a_n=\frac{2}{L}\int_0^L f(x)\cos\frac{n\pi}{L}x\,dx=\frac{2}{L}\int_0^L x(L-x)\cos\frac{n\pi}{L}x\,dx$$

$$=\cdots=-\frac{2L^2}{n^2\pi^2}\{1+(-1)^n\}$$ ⬅ 部分積分法を繰り返し用いて計算

よって，フーリエ余弦級数は

$$f(x)\sim\frac{a_0}{2}+\sum_{n=1}^{\infty}a_n\cos n\pi x$$

$$=\frac{1}{6}L^3-\sum_{n=1}^{\infty}\frac{2L^2}{n^2\pi^2}\{1+(-1)^n\}\cos\frac{n\pi}{L}x$$

$$=\frac{1}{6}L^3-\frac{L^2}{\pi^2}\sum_{m=1}^{\infty}\frac{1}{m^2}\cos\frac{2m\pi}{L}x$$ ……〔答〕

次に，フーリエ正弦級数を求める。

$$b_n=\frac{2}{L}\int_0^L f(x)\sin\frac{n\pi}{L}x\,dx=\frac{2}{L}\int_0^L x(L-x)\sin\frac{n\pi}{L}x\,dx$$

$$=\cdots=\frac{4L^2}{n^3\pi^3}\{1-(-1)^n\}$$ ⬅ 部分積分法を繰り返し用いて計算

よって，フーリエ正弦級数は

$$f(x)\sim\sum_{n=1}^{\infty}b_n\sin\frac{n\pi}{L}x$$

$$=\sum_{n=1}^{\infty}\frac{4L^2}{n^3\pi^3}\{1-(-1)^n\}\sin\frac{n\pi}{L}x$$

$$=\frac{8L^2}{\pi^3}\sum_{m=1}^{\infty}\frac{1}{(2m-1)^3}\sin\frac{(2m-1)\pi}{L}x$$ ……〔答〕

**例題4（パーセバルの等式）**

周期 $2\pi$ の関数 $f(x)=|x|$ $(-\pi < x \leqq \pi)$ のフーリエ係数ににパーセバルの等式を適用することにより，次の級数の和を求めよ。

$$1+\frac{1}{3^4}+\frac{1}{5^4}+\cdots+\frac{1}{(2n-1)^4}+\cdots$$

**【解説】** フーリエ級数における重要公式**パーセバルの等式**：

$$\frac{{a_0}^2}{2}+\sum_{n=1}^{\infty}({a_n}^2+{b_n}^2)=\frac{1}{\pi}\int_{-\pi}^{\pi}\{f(x)\}^2\,dx$$

を用いることによって，いろいろな級数の和を求めることができる。

解答

$$a_0=\frac{1}{\pi}\int_{-\pi}^{\pi}f(x)dx=\frac{1}{\pi}\int_{-\pi}^{\pi}|x|\,dx=\frac{2}{\pi}\int_0^{\pi}x\,dx=\pi$$

$$\begin{aligned}a_n&=\frac{1}{\pi}\int_{-\pi}^{\pi}f(x)\cos nx\,dx \quad (n=1,2,\cdots)\\&=\frac{2}{\pi}\int_0^{\pi}x\cos nx\,dx\\&=\frac{2}{\pi}\left(\left[x\cdot\frac{1}{n}\sin nx\right]_0^{\pi}-\int_0^{\pi}1\cdot\frac{1}{n}\sin nx\,dx\right)\\&=\frac{2}{\pi}\left(0+\left[\frac{1}{n^2}\cos nx\right]_0^{\pi}\right)=\frac{2}{\pi}\cdot\frac{(-1)^n-1}{n^2}\\&=-\frac{2}{\pi}\cdot\frac{1-(-1)^n}{n^2}\end{aligned}$$

$$b_n=\frac{1}{\pi}\int_{-\pi}^{\pi}f(x)\sin nx\,dx=0 \quad (n=1,2,\cdots)$$

よって，パーセバルの等式より

$$\frac{\pi^2}{2}+\sum_{n=1}^{\infty}\left\{-\frac{2}{\pi}\cdot\frac{1-(-1)^n}{n^2}\right\}^2=\frac{1}{\pi}\int_{-\pi}^{\pi}x^2\,dx$$

$$\therefore\quad \frac{\pi^2}{2}+\frac{4}{\pi^2}\sum_{m=1}^{\infty}\left\{\frac{1-(-1)^{2m-1}}{(2m-1)^2}\right\}^2=\frac{1}{\pi}\left[\frac{1}{3}x^3\right]_{-\pi}^{\pi}$$

$$\frac{\pi^2}{2}+\frac{4}{\pi^2}\sum_{m=1}^{\infty}\frac{4}{(2m-1)^4}=\frac{1}{\pi}\cdot\frac{2}{3}\pi^3$$

$$\frac{16}{\pi^2}\sum_{m=1}^{\infty}\frac{1}{(2m-1)^4}=\frac{\pi^2}{2}-\frac{2\pi^2}{3}=\frac{\pi^2}{6}$$

よって

$$\sum_{m=1}^{\infty}\frac{1}{(2m-1)^4}=\frac{\pi^4}{96} \qquad \text{すなわち} \quad \sum_{n=1}^{\infty}\frac{1}{(2n-1)^4}=\frac{\pi^4}{96}$$

……〔答〕

## ■ 演習問題　3.1

解答はp. 276

**1** 次の周期 $2\pi$ の関数のフーリエ級数を求めよ。

(1) $f(x)=|x|\ (-\pi \leqq x \leqq \pi)$

(2) $f(x)=\begin{cases} 0 & (-\pi < x \leqq 0) \\ \pi - x & (0 < x \leqq \pi) \end{cases}$

**2** 次の周期 $2L$ の関数のフーリエ級数を求めよ。

(1) $f(x)=\begin{cases} 0 & (-L < x \leqq 0) \\ x & (0 < x \leqq L) \end{cases}$

(2) $f(x)=x\ (0 \leqq x < 2L)$

**3** (1) $f(x)=x\,(0 \leqq x \leqq \pi)$ のフーリエ余弦級数を求めよ。

(2) $1+\dfrac{1}{3^2}+\dfrac{1}{5^2}+\cdots+\dfrac{1}{(2n-1)^2}+\cdots=\dfrac{\pi^2}{8}$ であることを示せ。

**4** (1) $f(x)=x^2\,(0 \leqq x \leqq \pi)$ のフーリエ余弦級数を求めよ。

(2) (1)の結果とパーセバルの等式を用いて，次を示せ。

$$1+\frac{1}{2^4}+\frac{1}{3^4}+\cdots+\frac{1}{n^4}+\cdots=\frac{\pi^4}{90}$$

## 3．2　フーリエ積分

〔目標〕ここでは，フーリエ級数からフーリエ変換への移行として，複素フーリエ級数およびフーリエ積分について学習する。

### (1) 複素フーリエ級数

前の節で学習したフーリエ級数を複素数を用いた別の表現に書き直すことを考えよう。見やすさを考えて周期が $2\pi$ の場合で考える。

周期 $2\pi$ の関数 $f(x)$ のフーリエ級数は次のようであった。

$$f(x) \sim \frac{a_0}{2} + \sum_{n=1}^{\infty} (a_n \cos nx + b_n \sin nx)$$

ここで，フーリエ係数は次の通りである。

$$a_n = \frac{1}{\pi} \int_{-\pi}^{\pi} f(x) \cos nx \, dx \qquad (n = 0, 1, 2, \cdots)$$

$$b_n = \frac{1}{\pi} \int_{-\pi}^{\pi} f(x) \sin nx \, dx \qquad (n = 1, 2, \cdots)$$

さて，オイラーの公式：$e^{i\theta} = \cos\theta + i \sin\theta$ に注意すると

$$\cos nx = \frac{e^{inx} + e^{-inx}}{2}, \quad \sin nx = \frac{e^{inx} - e^{-inx}}{2i}$$

が成り立つから，$f(x)$ のフーリエ級数は次のようになる。

$$\begin{aligned} f(x) &\sim \frac{a_0}{2} + \sum_{n=1}^{\infty} \left( a_n \frac{e^{inx} + e^{-inx}}{2} + b_n \frac{e^{inx} - e^{-inx}}{2i} \right) \\ &= \frac{a_0}{2} + \sum_{n=1}^{\infty} \left( a_n \frac{e^{inx} + e^{-inx}}{2} - i b_n \frac{e^{inx} - e^{-inx}}{2} \right) \\ &= \frac{a_0}{2} + \sum_{n=1}^{\infty} \frac{a_n - i b_n}{2} e^{inx} + \sum_{n=1}^{\infty} \frac{a_n + i b_n}{2} e^{-inx} \end{aligned}$$

そこで

$$c_0 = \frac{a_0}{2}, \quad c_n = \frac{a_n - i b_n}{2}, \quad c_{-n} = \frac{a_n + i b_n}{2} \qquad (n = 1, 2, \cdots)$$

とおくと，$f(x)$ のフーリエ級数は次のようになる。

$$f(x) \sim c_0 + \sum_{n=1}^{\infty} c_n e^{inx} + \sum_{n=1}^{\infty} c_{-n} e^{-inx} = \sum_{n=-\infty}^{\infty} c_n e^{inx}$$

さらに

$$c_0 = \frac{a_0}{2} = \frac{1}{2\pi} \int_{-\pi}^{\pi} f(x) \, dx$$

であり，また，$n=1,2,\cdots$ に対して

$$a_n=\frac{1}{\pi}\int_{-\pi}^{\pi}f(x)\frac{e^{inx}+e^{-inx}}{2}dx,$$

$$b_n=\frac{1}{\pi}\int_{-\pi}^{\pi}f(x)\frac{e^{inx}-e^{-inx}}{2i}dx=\frac{1}{\pi}\int_{-\pi}^{\pi}f(x)\frac{-ie^{inx}+ie^{-inx}}{2}dx$$

であるから

$$c_n=\frac{a_n-ib_n}{2}=\frac{1}{2\pi}\int_{-\pi}^{\pi}f(x)e^{-inx}\,dx$$

$$c_{-n}=\frac{a_n+ib_n}{2}=\frac{1}{2\pi}\int_{-\pi}^{\pi}f(x)e^{inx}\,dx$$

となる。よって，次が成り立つ。

$$c_n=\frac{1}{2\pi}\int_{-\pi}^{\pi}f(x)e^{-inx}\,dx \qquad (n=0,\pm1,\pm2,\cdots)$$

以上より，複素フーリエ級数として，次のように定める。

**複素フーリエ級数**

周期 $2\pi$ の関数 $f(x)$ の**複素フーリエ級数**は次式で与えられる。

$$f(x)\sim\sum_{n=-\infty}^{\infty}c_ne^{inx}$$

ここで，複素フーリエ係数は

$$c_n=\frac{1}{2\pi}\int_{-\pi}^{\pi}f(x)e^{-inx}\,dx \qquad (n=0,\pm1,\pm2,\cdots)$$

**（注）** ここで，複素フーリエ級数に現れる $-\infty$ から $\infty$ までの無限級数は次の意味に理解しなければならないことに注意しよう。

複素フーリエ級数の上の導き方を見るとわかるように，$c_n$ と $c_{-n}$ はつねに対をなしていることから，無限級数は対称部分和の極限の意味である。

$$\sum_{n=-\infty}^{\infty}c_ne^{inx}=\lim_{M\to\infty}\sum_{n=-M}^{M}c_ne^{inx}$$ □

同様にして，一般周期の複素フーリエ級数は次のようになる。

**複素フーリエ級数**

周期 $2L$ の関数 $f(x)$ の**複素フーリエ級数**は次式で与えられる。

$$f(x)\sim\sum_{n=-\infty}^{\infty}c_ne^{i\frac{n\pi}{L}x}$$

ここで，複素フーリエ係数は

$$c_n=\frac{1}{2L}\int_{-L}^{L}f(x)e^{-i\frac{n\pi}{L}x}\,dx \qquad (n=0,\pm1,\pm2,\cdots)$$

**問 1**　周期 $2\pi$ の次の関数の複素フーリエ級数を求めよ。

$$f(x)=x\ \ (-\pi \leqq x<\pi)$$

**(解)** 複素フーリエ係数を求めればよい。

$$c_0=\frac{1}{2\pi}\int_{-\pi}^{\pi} f(x)dx=\frac{1}{2\pi}\int_{-\pi}^{\pi} x\,dx=0$$

$$\begin{aligned}
c_n&=\frac{1}{2\pi}\int_{-\pi}^{\pi} f(x)e^{-inx}\,dx \qquad (n=\pm 1,\pm 2,\cdots)\\
&=\frac{1}{2\pi}\int_{-\pi}^{\pi} xe^{-inx}\,dx\\
&=\frac{1}{2\pi}\int_{-\pi}^{\pi} x(\cos nx-i\sin nx)dx\\
&=-\frac{i}{2\pi}\int_{-\pi}^{\pi} x\sin nx\,dx\\
&=-\frac{i}{\pi}\int_{0}^{\pi} x\sin nx\,dx\\
&=-\frac{i}{\pi}\left\{\left[x\cdot\left(-\frac{1}{n}\cos nx\right)\right]_0^{\pi}-\int_0^{\pi}1\cdot\left(-\frac{1}{n}\cos nx\right)dx\right\}\\
&=\frac{i}{n}\cos n\pi=(-1)^n\frac{i}{n}
\end{aligned}$$

よって，求める複素フーリエ級数は

$$f(x)\sim\sum_{\substack{n=-\infty\\ n\neq 0}}^{\infty}(-1)^n\frac{i}{n}e^{inx}$$

□

### (2) フーリエ積分

フーリエ級数は周期関数を三角関数（あるいは複素指数関数）で表現する公式であった。では，周期をもたない関数についてはどうなるだろうか。一般周期 $2L$ で $L\to\infty$ とした極限について調べてみよう。

周期 $2L$ の関数 $f(x)$ の複素フーリエ級数は次のようであった。

$$f(x)\sim\sum_{n=-\infty}^{\infty}c_n e^{i\frac{n\pi}{L}x}$$

ここで，複素フーリエ係数は

$$c_n=\frac{1}{2L}\int_{-L}^{L} f(x)e^{-i\frac{n\pi}{L}x}\,dx=\frac{1}{2L}\int_{-L}^{L} f(t)e^{-i\frac{n\pi}{L}t}\,dt \quad (n=0,\pm 1,\pm 2,\cdots)$$

である。1つの式にまとめれば

$$f(x)\sim\frac{1}{2L}\sum_{n=-\infty}^{\infty}\left(\int_{-L}^{L} f(t)e^{-i\frac{n\pi}{L}t}\,dt\right)e^{i\frac{n\pi}{L}x}$$

この右辺は

$$u_n = \frac{n\pi}{L}, \quad \Delta u = u_{n+1} - u_n = \frac{\pi}{L}$$

とおくと，次のようになる。

$$\frac{1}{2L}\sum_{n=-\infty}^{\infty}\left(\int_{-L}^{L} f(t)e^{-i\frac{n\pi}{L}t}\,dt\right)e^{i\frac{n\pi}{L}x} = \frac{1}{2\pi}\Delta u\sum_{n=-\infty}^{\infty}\left(\int_{-L}^{L} f(t)e^{-iu_n t}\,dt\right)e^{iu_n x}$$

ここで，微分積分で学習した区分求積法を思い出すと，$L \to \infty$ とすることにより，形式的な計算ではあるが

$$\frac{1}{2\pi}\int_{-\infty}^{\infty}\left(\int_{-\infty}^{\infty} f(t)e^{-iut}\,dt\right)e^{iux}du$$

となることが期待できる。これを関数 $f(x)$ の**フーリエ積分**という。

**フーリエ積分**

関数 $f(x)$ の**フーリエ積分**を次で定める。

$$f(x) \sim \frac{1}{2\pi}\int_{-\infty}^{\infty}\left(\int_{-\infty}^{\infty} f(t)e^{-iut}\,dt\right)e^{iux}du$$

**(注)** 複素フーリエ級数のときに注意したように，ここに現れた $-\infty$ から $\infty$ までの範囲の広義積分は対称な範囲での定積分の極限である。

$$\int_{-\infty}^{\infty} f(x)dx = \lim_{M\to\infty}\int_{-M}^{M} f(x)dx$$

フーリエ積分の収束について述べるために，用語を一つ確認しておく。

**絶対可積分**

関数 $f(x)$ が

$$\int_{-\infty}^{\infty} |f(x)|\,dx < \infty$$

を満たすとき，$(-\infty, \infty)$ において**絶対可積分**であるという。

**(注)** この条件はなかなか厳しい条件であることに注意しよう。

**問 2** $\displaystyle\int_0^{\infty}\frac{\sin x}{x}dx = \frac{\pi}{2}$ であるが，$\dfrac{\sin x}{x}$ は絶対可積分ではないことを示せ。

**(解)** $\displaystyle\int_{(n-1)\pi}^{n\pi}\left|\frac{\sin x}{x}\right|dx \geqq \int_{(n-1)\pi}^{n\pi}\frac{|\sin x|}{n\pi}dx = \frac{1}{n\pi}\left|\int_{(n-1)\pi}^{n\pi}\sin x dx\right| = \frac{2}{n\pi}$

$$\therefore \quad \int_0^{\infty}\left|\frac{\sin x}{x}\right|dx = \sum_{n=1}^{\infty}\int_{(n-1)\pi}^{n\pi}\left|\frac{\sin x}{x}\right|dx \geqq \sum_{n=1}^{\infty}\frac{2}{n\pi} = \infty \quad \therefore \quad \int_0^{\infty}\left|\frac{\sin x}{x}\right|dx = \infty$$

よって，$\dfrac{\sin x}{x}$ は $(0, \infty)$ において絶対可積分ではない。 □

フーリエ積分の収束について次が成り立つ。

**［定理］（フーリエ積分の収束）**

$f(x)$ が区分的に滑らか，かつ，絶対可積分であるとき，次が成り立つ。

（i） $x$ が連続点のとき

$$f(x)=\frac{1}{2\pi}\int_{-\infty}^{\infty}\left(\int_{-\infty}^{\infty}f(t)e^{-iut}\,dt\right)e^{iux}du$$

（ii） $x$ が不連続点のとき

$$\frac{f(x+0)+f(x-0)}{2}=\frac{1}{2\pi}\int_{-\infty}^{\infty}\left(\int_{-\infty}^{\infty}f(t)e^{-iut}\,dt\right)e^{iux}du$$

### （3）フーリエ積分の三角関数による表し方

最後に，フーリエ積分を三角関数を用いて表すとどうなるか調べてみよう。ただし，ここでも計算は形式的なものであることを断っておく。

$$\begin{aligned}f(x)&\sim\frac{1}{2\pi}\int_{-\infty}^{\infty}\left(\int_{-\infty}^{\infty}f(t)e^{-iut}\,dt\right)e^{iux}du\\&=\frac{1}{2\pi}\int_{-\infty}^{0}\left(\int_{-\infty}^{\infty}f(t)e^{-iut}\,dt\right)e^{iux}du+\frac{1}{2\pi}\int_{0}^{\infty}\left(\int_{-\infty}^{\infty}f(t)e^{-iut}\,dt\right)e^{iux}du\\&=\frac{1}{2\pi}\int_{0}^{\infty}\left(\int_{-\infty}^{\infty}f(t)e^{iut}\,dt\right)e^{-iux}du+\frac{1}{2\pi}\int_{0}^{\infty}\left(\int_{-\infty}^{\infty}f(t)e^{-iut}\,dt\right)e^{iux}du\\&=\frac{1}{2\pi}\int_{0}^{\infty}\left(\int_{-\infty}^{\infty}f(t)(e^{i(t-x)u}+e^{-i(t-x)u})dt\right)du\\&=\frac{1}{2\pi}\int_{0}^{\infty}\left(\int_{-\infty}^{\infty}f(t)2\cos(t-x)u\,dt\right)du\\&=\frac{1}{\pi}\int_{0}^{\infty}\left(\int_{-\infty}^{\infty}f(t)\cos(t-x)u\,dt\right)du\\&=\frac{1}{\pi}\int_{0}^{\infty}\left(\cos xu\int_{-\infty}^{\infty}f(t)\cos tu\,dt+\sin xu\int_{-\infty}^{\infty}f(t)\sin tu\,dt\right)du\end{aligned}$$

以上より，周期関数とは限らない関数 $f(x)$ のフーリエ積分とその収束を次のように表すこともできる。

**フーリエ積分**

関数 $f(x)$ の**フーリエ積分**を次で定める。

$$f(x)\sim\int_{0}^{\infty}\{A(u)\cos xu+B(u)\sin xu\}du$$

ただし

$$A(u)=\frac{1}{\pi}\int_{-\infty}^{\infty}f(t)\cos tu\,dt\,,\quad B(u)=\frac{1}{\pi}\int_{-\infty}^{\infty}f(t)\sin tu\,dt$$

**(注)** この表し方は，周期 $2\pi$ の関数 $f(x)$ のフーリエ級数

$$f(x) \sim \frac{a_0}{2} + \sum_{n=1}^{\infty}(a_n \cos nx + b_n \sin nx)$$

ただし

$$a_n = \frac{1}{\pi}\int_{-\pi}^{\pi} f(x)\cos nx\,dx\,, \quad b_n = \frac{1}{\pi}\int_{-\pi}^{\pi} f(x)\sin nx\,dx$$

との対応が非常によくわかることに注意しよう。 □

また，フーリエ積分の収束については次のようになる。

**［定理］（フーリエ積分の収束）**

$f(x)$ が区分的に滑らか，かつ，絶対可積分であるとき，次が成り立つ。

（i） $x$ が連続点のとき

$$f(x) = \int_0^{\infty}\{A(u)\cos xu + B(u)\sin xu\}du$$

（ii） $x$ が不連続点のとき

$$\frac{f(x+0)+f(x-0)}{2} = \int_0^{\infty}\{A(u)\cos xu + B(u)\sin xu\}du$$

ただし

$$A(u) = \frac{1}{\pi}\int_{-\infty}^{\infty} f(t)\cos tu\,dt\,, \quad B(u) = \frac{1}{\pi}\int_{-\infty}^{\infty} f(t)\sin tu\,dt$$

### （4） フーリエ余弦積分とフーリエ正弦積分

フーリエ級数のときと同様，関数 $f(x)$ が偶関数あるいは奇関数のときのフーリエ積分は次のようになる。

**フーリエ余弦積分・フーリエ正弦積分**

関数 $f(x)$ に対して

（i） $f(x)$ が偶関数のとき

$$f(x) \sim \int_0^{\infty} A(u)\cos xu\,du \qquad \text{ただし，} \quad A(u) = \frac{2}{\pi}\int_0^{\infty} f(t)\cos tu\,dt$$

これを $f(x)$ の**フーリエ余弦積分**という。

（ii） $f(x)$ が奇関数のとき

$$f(x) \sim \int_0^{\infty} B(u)\sin xu\,du \qquad \text{ただし，} \quad B(u) = \frac{2}{\pi}\int_0^{\infty} f(t)\sin tu\,dt$$

これを $f(x)$ の**フーリエ正弦積分**という。

**(注)** これもフーリエ余弦級数，フーリエ正弦級数に対応する形である。

**例題１（複素フーリエ級数）**

周期 $2\pi$ の次の関数の複素フーリエ級数を求めよ。

$$f(x)=e^x \quad (-\pi \leqq x < \pi)$$

また，それを実数形に直せ。

**【解説】** 周期 $2\pi$ の関数 $f(x)$ の**複素フーリエ級数**は次式で与えられる。

$$f(x) \sim \sum_{n=-\infty}^{\infty} c_n e^{inx}$$

ここで，複素フーリエ係数は

$$c_n = \frac{1}{2\pi}\int_{-\pi}^{\pi} f(x)e^{-inx}\,dx \qquad (n=0,\pm 1,\pm 2,\cdots)$$

で定められる。

**解答**　複素フーリエ係数を求めればよい。

$$c_n = \frac{1}{2\pi}\int_{-\pi}^{\pi} f(x)e^{-inx}\,dx = \frac{1}{2\pi}\int_{-\pi}^{\pi} e^x e^{-inx}\,dx = \frac{1}{2\pi}\int_{-\pi}^{\pi} e^{(1-in)x}\,dx$$

$$= \frac{1}{2\pi}\left[\frac{1}{1-in}e^{(1-in)x}\right]_{-\pi}^{\pi} = \frac{1}{2\pi(1-in)}\left(e^{(1-in)\pi} - e^{-(1-in)\pi}\right)$$

$$= \frac{1}{2\pi(1-in)}\left(e^{\pi}e^{-in\pi} - e^{-\pi}e^{in\pi}\right)$$

$$= \frac{1}{2\pi(1-in)}(e^{\pi}-e^{-\pi})(-1)^n = (-1)^n\frac{1+in}{2\pi(1+n^2)}(e^{\pi}-e^{-\pi})$$

よって，求める複素フーリエ級数は

$$e^x \sim \sum_{n=-\infty}^{\infty}(-1)^n\frac{1+in}{2\pi(1+n^2)}(e^{\pi}-e^{-\pi})e^{inx}$$

$$= \frac{e^{\pi}-e^{-\pi}}{2\pi}\sum_{n=-\infty}^{\infty}(-1)^n\frac{1+in}{1+n^2}e^{inx} \qquad \cdots\cdots〔答〕$$

また，この実数形は

$$e^x \sim \frac{e^{\pi}-e^{-\pi}}{2\pi}\sum_{n=-\infty}^{\infty}(-1)^n\frac{1+in}{1+n^2}e^{inx}$$

$$= \frac{e^{\pi}-e^{-\pi}}{2\pi}\left\{1+\sum_{n=1}^{\infty}\frac{(-1)^n}{1+n^2}\{(1+in)e^{inx}+(1-in)e^{-inx}\}\right\}$$

$$= \frac{e^{\pi}-e^{-\pi}}{2\pi}\left\{1+\sum_{n=1}^{\infty}\frac{(-1)^n}{1+n^2}\{(e^{inx}+e^{-inx})+in(e^{inx}-e^{-inx})\}\right\}$$

$$= \frac{e^{\pi}-e^{-\pi}}{2\pi}\left\{1+2\sum_{n=1}^{\infty}\frac{(-1)^n}{1+n^2}(\cos nx - n\sin nx)\right\} \qquad \cdots\cdots〔答〕$$

**例題2（フーリエ積分①）**

(1) 次の関数 $f(x)$ のフーリエ積分を求めよ。

$$f(x)=\begin{cases}1 & (|x|\leqq 1)\\ 0 & (|x|>1)\end{cases}$$

(2) (1)の結果を利用して，次の積分の値を求めよ。

$$\int_0^\infty \frac{\sin x}{x}dx$$

**【解説】** 偶関数，奇関数に対して，フーリエ積分は次のようになる。

**フーリエ余弦積分**と**フーリエ正弦積分**；

（i） $f(x)$ が偶関数のとき（**フーリエ余弦積分**）

$$f(x)\sim\int_0^\infty A(u)\cos xu\,du \qquad \text{ただし，}\ A(u)=\frac{2}{\pi}\int_0^\infty f(t)\cos tu\,dt$$

（ii） $f(x)$ が奇関数のとき（**フーリエ正弦積分**）

$$f(x)\sim\int_0^\infty B(u)\sin xu\,du \qquad \text{ただし，}\ B(u)=\frac{2}{\pi}\int_0^\infty f(t)\sin tu\,dt$$

**解答** (1) $f(x)$ は偶関数であるから，フーリエ余弦積分を考える。

$$A(u)=\frac{2}{\pi}\int_0^\infty f(t)\cos tu\,dt$$

$$=\frac{2}{\pi}\int_0^1\cos tu\,dt=\frac{2}{\pi}\left[\frac{1}{u}\sin tu\right]_0^1=\frac{2}{\pi}\cdot\frac{\sin u}{u}$$

よって，求めるフーリエ積分は

$$f(x)\sim\int_0^\infty A(u)\cos xu\,du$$

$$=\int_0^\infty\frac{2}{\pi}\cdot\frac{\sin u}{u}\cos xu\,du=\frac{2}{\pi}\int_0^\infty\frac{\sin u\cos xu}{u}du \quad \cdots\cdots〔答〕$$

(2) $f(x)$ は絶対可積分であるから，フーリエ積分の収束より

$$\frac{f(x+0)+f(x-0)}{2}=\frac{2}{\pi}\int_0^\infty\frac{\sin u\cos xu}{u}du$$

そこで，$x=1$ とすると

$$\frac{f(1+0)+f(1-0)}{2}=\frac{2}{\pi}\int_0^\infty\frac{\sin u\cos u}{u}du$$

$$\therefore\quad \frac{0+1}{2}=\frac{1}{\pi}\int_0^\infty\frac{\sin 2u}{u}du \qquad \therefore\quad \int_0^\infty\frac{\sin 2u}{u}du=\frac{\pi}{2}$$

ここで，簡単な置換積分（$2u=x$ とおく）により

$$\int_0^\infty\frac{\sin x}{x}dx=\int_0^\infty\frac{\sin 2u}{u}du=\frac{\pi}{2} \quad \cdots\cdots〔答〕$$

**例題 3（フーリエ積分②）**

(1) 次の関数 $f(x)$ のフーリエ積分を求めよ。

$$f(x)=\begin{cases} e^{-x} & (x>0) \\ 0 & (x=0) \\ -e^{x} & (x<0) \end{cases}$$

(2) (1)の結果を利用して，次の積分の値を求めよ。

$$\int_0^{\infty} \frac{x\sin x}{1+x^2}dx$$

**【解説】** フーリエ積分とその応用について，もう少し練習してみよう。やはり，関数が偶関数であるか奇関数であるかに注意すること。

**解答**　(1) $f(x)$ は奇関数であるから，フーリエ正弦積分を考える。

$$B(u)=\frac{2}{\pi}\int_0^{\infty} f(t)\sin tu\,dt=\frac{2}{\pi}\int_0^{\infty} e^{-t}\sin tu\,dt$$

ここで，$t$ での微分を考えて

$$(e^{-t}\sin ut)'=-e^{-t}\cdot\sin ut+e^{-t}\cdot u\cos ut \quad \cdots\cdots①$$

$$(e^{-t}\cos ut)'=-e^{-t}\cdot\cos ut+e^{-t}\cdot(-u\sin ut) \quad \cdots\cdots②$$

①＋②×$u$ より

$$(e^{-t}\sin ut+ue^{-t}\cos ut)'=-(1+u^2)e^{-t}\sin ut$$

$$\therefore \quad \int e^{-t}\sin ut\,dt=-\frac{1}{1+u^2}e^{-t}(\sin ut+u\cos ut)+C \quad (C\text{ は積分定数})$$

よって

$$B(u)=\frac{2}{\pi}\int_0^{\infty} e^{-t}\sin tu\,dt=-\frac{2}{\pi}\cdot\frac{1}{1+u^2}\Big[e^{-t}(\sin ut+u\cos ut)\Big]_0^{\infty}$$

$$=-\frac{2}{\pi}\cdot\frac{1}{1+u^2}(0-u)=\frac{2}{\pi}\cdot\frac{u}{1+u^2}$$

よって，求めるフーリエ積分は

$$f(x)\sim\int_0^{\infty} B(u)\sin xu\,du=\frac{2}{\pi}\int_0^{\infty}\frac{u\sin xu}{1+u^2}du \quad \cdots\cdots〔答〕$$

(2) $f(x)$ は絶対可積分であるから，フーリエ積分の収束より

$$\frac{f(x+0)+f(x-0)}{2}=\frac{2}{\pi}\int_0^{\infty}\frac{u\sin xu}{1+u^2}du$$

そこで，$x=1$ とすると

$$\frac{e^{-1}+e^{-1}}{2}=\frac{2}{\pi}\int_0^{\infty}\frac{u\sin u}{1+u^2}du \qquad \therefore \quad \int_0^{\infty}\frac{u\sin u}{1+u^2}du=\frac{\pi}{2e}$$

すなわち，$\displaystyle\int_0^{\infty}\frac{x\sin x}{1+x^2}dx=\frac{\pi}{2e}$　……〔答〕

## ■ 演習問題　3.2

解答はp. 278

1　次の関数 $f(x)$ の複素フーリエ級数を求めよ。さらに，それを実数形に直せ。

(1) $f(x)=\begin{cases}0 & (-\pi < x \leqq 0)\\ 1 & (0 < x \leqq \pi)\end{cases}$

(2) $f(x)=|\sin x|\ \ (-\pi \leqq x \leqq \pi)$

2　(1) 関数 $f(x)=e^{-a|x|}\ (a>0)$ のフーリエ積分を求めよ。

(2) (1)の結果を利用して，次の積分の値を求めよ。

$$\int_0^\infty \frac{\cos x}{x^2+a^2}dx$$

3　(1) 次の関数のフーリエ積分を求めよ。

$$f(x)=\begin{cases}1-\dfrac{1}{2}|x| & (|x|\leqq 2)\\ 0 & (|x|>2)\end{cases}$$

(2) (1)の結果を利用して，次の積分の値を求めよ。

$$\int_0^\infty \left(\frac{\sin x}{x}\right)^2 dx$$

## 3．3　フーリエ変換

〔目標〕前の節で，関数のフーリエ積分とその収束を学んだ。ここでは，このフーリエ積分を基礎として，関数のフーリエ変換とその逆変換を学ぶ。

### （1）フーリエ変換

前の節で関数 $f(x)$ の**フーリエ積分**を

$$f(x) \sim \frac{1}{2\pi}\int_{-\infty}^{\infty}\left(\int_{-\infty}^{\infty} f(t)e^{-iut}\,dt\right)e^{iux}du$$

と定め，このフーリエ積分について，次の定理が成り立つことを述べた。

**［定理］（フーリエ積分の収束）**

$f(x)$ が区分的に滑らか，かつ，絶対可積分であるとき

$$\frac{f(x+0)+f(x-0)}{2} = \frac{1}{2\pi}\int_{-\infty}^{\infty}\left(\int_{-\infty}^{\infty} f(t)e^{-iut}\,dt\right)e^{iux}du$$

が成り立つ。

特に，$x$ が連続点のときは，左辺は $f(x)$ に等しい。

さて，関数のフーリエ変換を次のように定義する。

**フーリエ変換とフーリエ逆変換**

無限区間 $(-\infty, \infty)$ で定義された関数 $f(x)$ に対して

$$\mathcal{F}[f(x)](u) = F(u) = \frac{1}{\sqrt{2\pi}}\int_{-\infty}^{\infty} f(t)e^{-iut}\,dt$$

を $f(x)$ の**フーリエ変換**といい，

$$\mathcal{F}^{-1}[F(u)](x) = \frac{1}{\sqrt{2\pi}}\int_{-\infty}^{\infty} F(u)e^{iux}\,du$$

を**フーリエ逆変換**という。

したがって，フーリエ積分の収束定理は次のようにも表すことができる。

**［定理］（反転公式）**

$f(x)$ が区分的に滑らか，かつ，絶対可積分であるとき，$f(x)$ のフーリエ変換を $F(u)$ とすると

$$\frac{f(x+0)+f(x-0)}{2} = \mathcal{F}^{-1}[F(u)](x) = \frac{1}{\sqrt{2\pi}}\int_{-\infty}^{\infty} F(u)e^{iux}\,du$$

が成り立つ。

特に，$x$ が連続点のときは，左辺は $f(x)$ に等しい。

（注）フーリエ変換および逆変換の定義は書籍によって微妙に異なることがあるので注意を要する。その際，ポイントは，フーリエ積分の収束定理の右辺にある，関数 $f(x)$ のフーリエ積分

$$\frac{1}{2\pi}\int_{-\infty}^{\infty}\left(\int_{-\infty}^{\infty} f(t)e^{-iut}\,dt\right)e^{iux}du$$

に注意することである。

フーリエ変換とその逆変換は以下のようにいくつかの定義が可能であり，その理解は，フーリエ余弦変換や正弦変換を考えるときにも大切である。

(1) フーリエ変換とその逆変換を

$$\mathcal{F}[f(x)](u)=F(u)=\frac{1}{\sqrt{2\pi}}\int_{-\infty}^{\infty} f(t)e^{-iut}\,dt$$

$$\mathcal{F}^{-1}[F(u)](x)=\frac{1}{\sqrt{2\pi}}\int_{-\infty}^{\infty} F(u)e^{iux}\,du$$

と定めれば，次が成り立つ。

$$\frac{1}{2\pi}\int_{-\infty}^{\infty}\left(\int_{-\infty}^{\infty} f(t)e^{-iut}\,dt\right)e^{iux}du=\mathcal{F}^{-1}[F(u)](x)$$

(2) また，フーリエ変換とその逆変換を

$$\mathcal{F}[f(x)](u)=F(u)=\int_{-\infty}^{\infty} f(t)e^{-iut}\,dt$$

$$\mathcal{F}^{-1}[F(u)](x)=\frac{1}{2\pi}\int_{-\infty}^{\infty} F(u)e^{iux}\,du$$

と定めても，次が成り立つ。

$$\frac{1}{2\pi}\int_{-\infty}^{\infty}\left(\int_{-\infty}^{\infty} f(t)e^{-iut}\,dt\right)e^{iux}du=\mathcal{F}^{-1}[F(u)](x)$$

(3) さらに

$$\begin{aligned}\frac{1}{2\pi}\int_{-\infty}^{\infty}\left(\int_{-\infty}^{\infty} f(t)e^{-iut}\,dt\right)e^{iux}du&=\frac{1}{2\pi}\int_{-\infty}^{\infty} f(t)\left(\int_{-\infty}^{\infty} e^{i(x-t)u}\,du\right)dt\\&=\int_{-\infty}^{\infty} f(t)\left(\int_{-\infty}^{\infty} e^{2\pi i(x-t)v}\,dv\right)dt\\&=\int_{-\infty}^{\infty}\left(\int_{-\infty}^{\infty} f(t)e^{-2\pi itv}\,dt\right)e^{2\pi ivx}dv\end{aligned}$$

であることに注意して，フーリエ変換とその逆変換を

$$\mathcal{F}[f(x)](u)=F(u)=\int_{-\infty}^{\infty} f(t)e^{-2\pi iut}\,dt$$

$$\mathcal{F}^{-1}[F(u)](x)=\int_{-\infty}^{\infty} F(u)e^{2\pi iux}\,du$$

と定めても，次が成り立つ。

$$\frac{1}{2\pi}\int_{-\infty}^{\infty}\left(\int_{-\infty}^{\infty} f(t)e^{-iut}\,dt\right)e^{iux}du=\mathcal{F}^{-1}[F(u)](x)$$

次の問は前の節で考えた問題と実質的に同じものであるが，フーリエ変換という用語の確認のため，表現を少し変えて考えてみよう。

**問 1**　(1) 次の関数 $f(x)$

$$f(x)=\begin{cases}1 & (|x|\leqq 1)\\ 0 & (|x|>1)\end{cases}$$

のフーリエ変換

$$F(u)=\frac{1}{\sqrt{2\pi}}\int_{-\infty}^{\infty} f(t)e^{-iut}\,dt$$

を求めよ。

(2) (1)の結果を利用して，次の積分の値を求めよ。

$$\int_0^{\infty}\frac{\sin x}{x}dx$$

（解）(1)

$$\begin{aligned}F(u)&=\frac{1}{\sqrt{2\pi}}\int_{-\infty}^{\infty} f(t)e^{-iut}\,dt\\&=\frac{1}{\sqrt{2\pi}}\int_{-1}^{1} e^{-iut}\,dt\\&=\frac{1}{\sqrt{2\pi}}\left[-\frac{1}{iu}e^{-iut}\right]_{-1}^{1}=\frac{1}{\sqrt{2\pi}}\cdot\frac{1}{iu}(e^{iu}-e^{-iu})\\&=\frac{1}{\sqrt{2\pi}}\cdot\frac{1}{iu}\cdot 2i\sin u=\sqrt{\frac{2}{\pi}}\frac{\sin u}{u}\end{aligned}$$

(2) 反転公式により，$f(x)$ の連続点 $x$ において

$$f(x)=\frac{1}{\sqrt{2\pi}}\int_{-\infty}^{\infty} F(u)e^{iux}\,du$$

が成り立つ。

そこで，$f(x)$ の連続点 $x=0$ における値を考えると

$$f(0)=\frac{1}{\sqrt{2\pi}}\int_{-\infty}^{\infty} F(u)\,du$$

$$\therefore\quad 1=\frac{1}{\sqrt{2\pi}}\int_{-\infty}^{\infty}\sqrt{\frac{2}{\pi}}\frac{\sin u}{u}du=\frac{2}{\pi}\int_0^{\infty}\frac{\sin u}{u}du$$

$$\therefore\quad \int_0^{\infty}\frac{\sin u}{u}du=\frac{\pi}{2}$$

すなわち

$$\int_0^{\infty}\frac{\sin x}{x}dx=\frac{\pi}{2}$$

□

前の節のフーリエ積分において，$f(x)$ が特に偶関数あるいは奇関数の場合の形を調べたが，フーリエ変換においても同様のことを確認してみよう。

### （2）フーリエ余弦変換・正弦変換

（ｉ） $f(x)$ が偶関数の場合

フーリエ変換とその逆変換は

$$F(u)=\frac{1}{\sqrt{2\pi}}\int_{-\infty}^{\infty}f(t)e^{-iut}\,dt=\frac{1}{\sqrt{2\pi}}\int_{-\infty}^{\infty}f(t)(\cos ut-i\sin ut)dt$$

$$=\sqrt{\frac{2}{\pi}}\int_{0}^{\infty}f(t)\cos ut\,dt$$ （注）これも偶関数である。

$$\frac{1}{\sqrt{2\pi}}\int_{-\infty}^{\infty}F(u)e^{iux}\,du=\sqrt{\frac{2}{\pi}}\int_{0}^{\infty}F(u)\cos ux\,du$$

（ii） $f(x)$ が奇関数の場合

フーリエ変換とその逆変換は

$$F(u)=\frac{1}{\sqrt{2\pi}}\int_{-\infty}^{\infty}f(t)e^{-iut}\,dt=\frac{1}{\sqrt{2\pi}}\int_{-\infty}^{\infty}f(t)(\cos ut-i\sin ut)dt$$

$$=-i\sqrt{\frac{2}{\pi}}\int_{0}^{\infty}f(t)\sin ut\,dt$$ （注）これも奇関数である。

$$\frac{1}{\sqrt{2\pi}}\int_{-\infty}^{\infty}F(u)e^{iux}\,du=\frac{1}{\sqrt{2\pi}}\int_{-\infty}^{\infty}F(u)(\cos ux+i\sin ux)du$$

$$=i\sqrt{\frac{2}{\pi}}\int_{0}^{\infty}F(u)\sin ux\,du$$

となるが，フーリエ積分に注意すれば，次のようにと定めてもよい。

フーリエ変換： $F(u)=\sqrt{\frac{2}{\pi}}\int_{0}^{\infty}f(t)\sin ut\,dt$

その逆変換： $\sqrt{\frac{2}{\pi}}\int_{0}^{\infty}F(u)\sin ux\,du$

以上より，フーリエ余弦変換，正弦変換を次のように定義しよう。

**フーリエ余弦変換・正弦変換**

（ｉ） $f(x)$ が偶関数の場合

フーリエ余弦変換： $F(u)=\sqrt{\frac{2}{\pi}}\int_{0}^{\infty}f(t)\cos ut\,dt$

その逆変換： $\sqrt{\frac{2}{\pi}}\int_{0}^{\infty}F(u)\cos ux\,du$

（ii） $f(x)$ が奇関数の場合

フーリエ正弦変換： $F(u)=\sqrt{\frac{2}{\pi}}\int_{0}^{\infty}f(t)\sin ut\,dt$

その逆変換： $\sqrt{\frac{2}{\pi}}\int_{0}^{\infty}F(u)\sin ux\,du$

**問 2**　(1) 次の奇関数 $f(x)$

$$f(x)=\begin{cases} e^{-x} & (x>0) \\ 0 & (x=0) \\ -e^{x} & (x<0) \end{cases}$$

のフーリエ正弦変換

$$F(u)=\sqrt{\frac{2}{\pi}}\int_0^\infty f(t)\sin ut\,dt$$

を求めよ。

(2) (1)の結果を利用して，次の積分の値を求めよ。

$$\int_0^\infty \frac{x\sin x}{1+x^2}dx$$

**（解）**（1）$F(u)=\sqrt{\dfrac{2}{\pi}}\displaystyle\int_0^\infty f(t)\sin ut\,dt=\sqrt{\dfrac{2}{\pi}}\int_0^\infty e^{-t}\sin ut\,dt$

ここで，$t$ での微分を考えて

$$(e^{-t}\sin ut)'=-e^{-t}\cdot\sin ut+e^{-t}\cdot u\cos ut \quad \cdots\cdots①$$

$$(e^{-t}\cos ut)'=-e^{-t}\cdot\cos ut+e^{-t}\cdot(-u\sin ut) \quad \cdots\cdots②$$

①＋②×$u$ より

$$(e^{-t}\sin ut+ue^{-t}\cos ut)'=-(1+u^2)e^{-t}\sin ut$$

$$\therefore\quad \int e^{-t}\sin ut\,dt=-\frac{1}{1+u^2}e^{-t}(\sin ut+u\cos ut)+C \quad (C\ \text{は積分定数})$$

よって，求めるフーリエ正弦変換は

$$F(u)=\sqrt{\frac{2}{\pi}}\int_0^\infty e^{-t}\sin ut\,dt=-\sqrt{\frac{2}{\pi}}\cdot\frac{1}{1+u^2}\Big[e^{-t}(\sin ut+u\cos ut)\Big]_0^\infty$$

$$=-\sqrt{\frac{2}{\pi}}\cdot\frac{1}{1+u^2}(0-u)=\sqrt{\frac{2}{\pi}}\cdot\frac{u}{1+u^2}$$

(2) 反転公式により，$f(x)$ の連続点 $x$ において次が成り立つ。

$$f(x)=\sqrt{\frac{2}{\pi}}\int_0^\infty F(u)\sin ux\,du$$

そこで，$f(x)$ の連続点 $x=1$ における値を考えると

$$f(1)=\sqrt{\frac{2}{\pi}}\int_0^\infty F(u)\sin u\,du=\sqrt{\frac{2}{\pi}}\int_0^\infty\sqrt{\frac{2}{\pi}}\cdot\frac{u}{1+u^2}\sin u\,du$$

$$\therefore\quad e^{-1}=\frac{2}{\pi}\int_0^\infty\frac{u\sin u}{1+u^2}du$$

よって

$$\int_0^\infty\frac{x\sin x}{1+x^2}dx=\int_0^\infty\frac{u\sin u}{1+u^2}du=\frac{\pi}{2e}$$

□

### （3）合成積（たたみこみ）

フーリエ変換においてしばしば有用な道具となる**合成積（たたみこみ）**について確認しておこう。

**合成積（たたみこみ）**

2つの関数 $f, g$ に対して，**合成積（たたみこみ）** $f*g$ を

$$(f*g)(x)=\int_{-\infty}^{\infty} f(x-y)g(y)dy$$

で定義する。

**（注）** $f*g=g*f$ が成り立つ。

合成積のフーリエ変換について，以下に述べる重要な公式（フーリエ変換の積への分解公式）が成り立つが，フーリエ変換の定義の仕方によって公式の形が少し異なるので注意を要する。

**［公式］（合成積のフーリエ変換・その１）**

関数 $\varphi(x)$ のフーリエ変換を

$$\mathcal{F}[\varphi(x)](u)=\frac{1}{\sqrt{2\pi}}\int_{-\infty}^{\infty} \varphi(t)e^{-iut}\,dt$$

で定義するとき，次の公式が成り立つ。

$$\mathcal{F}[(f*g)(x)](u)=\sqrt{2\pi}\mathcal{F}[f(x)](u)\cdot\mathcal{F}[g(x)](u)$$

**（証明）**以下，積分の順序変更などを認めて証明する。

$$\mathcal{F}[(f*g)(x)](u)=\frac{1}{\sqrt{2\pi}}\int_{-\infty}^{\infty}(f*g)(t)e^{-iut}dt$$

$$=\frac{1}{\sqrt{2\pi}}\int_{-\infty}^{\infty}\left(\int_{-\infty}^{\infty} f(t-y)g(y)dy\right)e^{-iut}dt$$

$$=\int_{-\infty}^{\infty}\left(\frac{1}{\sqrt{2\pi}}\int_{-\infty}^{\infty} f(t-y)e^{-iu(t-y)}dt\right)g(y)e^{-iuy}dy$$

$$=\int_{-\infty}^{\infty}\left(\frac{1}{\sqrt{2\pi}}\int_{-\infty}^{\infty} f(s)e^{-ius}ds\right)g(y)e^{-iuy}dy \qquad (s=t-y \text{ と置換積分})$$

$$=\int_{-\infty}^{\infty}\mathcal{F}[f(x)](u)g(y)e^{-iu\tau}dy$$

$$=\sqrt{2\pi}\mathcal{F}[f(x)](u)\cdot\frac{1}{\sqrt{2\pi}}\int_{-\infty}^{\infty} g(y)e^{-iuy}dy$$

$$=\sqrt{2\pi}\mathcal{F}[f(x)](u)\cdot\mathcal{F}[g(x)](u)$$ □

**（注）**上の証明を見ると，合成積のフーリエ変換の分解公式がフーリエ変換の定義の仕方によってどのように変わるかは容易にわかる。

よって，次の公式（その２）が成り立つことがわかる。合成積のフーリエ変換の公式に関しては公式（その２）の方が形がいい。

**［公式］（合成積のフーリエ変換・その2）**

関数 $\varphi(x)$ のフーリエ変換を

$$\mathcal{F}[\varphi(x)](u)=\int_{-\infty}^{\infty}\varphi(t)e^{-iut}\,dt$$

で定義するとき，次の公式が成り立つ。

$$\mathcal{F}[(f*g)(x)](u)=\mathcal{F}[f(x)](u)\cdot\mathcal{F}[g(x)](u)$$

### （4）パーセバルの等式

フーリエ級数のときと同様，フーリエ変換においても以下に示す**パーセバルの等式**が成り立つ。ただし，フーリエ変換のパーセバルの等式もフーリエ変換の定義の仕方によって公式の形が少し異なるので注意を要する。

**［公式］（パーセバルの等式・その1）**

$f(t)$ のフーリエ変換を $F(x)$ を

$$F(x)=\frac{1}{\sqrt{2\pi}}\int_{-\infty}^{\infty}f(t)e^{-ixt}dt$$

で定義するとき，次の等式

$$\int_{-\infty}^{\infty}|F(x)|^2\,dx=\int_{-\infty}^{\infty}|f(t)|^2\,dt$$

が成り立つ。ただし，右辺の積分が有限確定とする。

この公式の証明は公式（その2）を見た方がわかり易いので省略する。

**［公式］（パーセバルの等式・その2）**

$f(t)$ のフーリエ変換を $F(x)$ を

$$F(x)=\int_{-\infty}^{\infty}f(t)e^{-ixt}dt$$

で定義するとき，次の等式

$$\int_{-\infty}^{\infty}|F(x)|^2\,dx=2\pi\int_{-\infty}^{\infty}|f(t)|^2\,dt$$

が成り立つ。ただし，右辺の積分が有限確定とする。

**（証明）** $\displaystyle\int_{-\infty}^{\infty}|F(x)|^2\,dx=\int_{-\infty}^{\infty}F(x)\overline{F(x)}dx$

$$=\int_{-\infty}^{\infty}F(x)\left(\int_{-\infty}^{\infty}f(t)e^{ixt}dt\right)dx=2\pi\int_{-\infty}^{\infty}f(t)\left(\frac{1}{2\pi}\int_{-\infty}^{\infty}F(x)e^{itx}dx\right)dt$$

$$=2\pi\int_{-\infty}^{\infty}f(t)f(t)dt=2\pi\int_{-\infty}^{\infty}\{f(t)\}^2dt=2\pi\int_{-\infty}^{\infty}|f(t)|^2\,dt$$

$$\therefore\quad\int_{-\infty}^{\infty}|F(x)|^2\,dx=2\pi\int_{-\infty}^{\infty}|f(t)|^2\,dt$$ □

**（注）** パーセバルの等式に関しては，対称形の定義の方が形がいい。

**例題１（フーリエ変換と反転公式）**

(1) 関数 $f(x)=e^{-a|x|}$ $(a>0)$ のフーリエ変換

$$F(u)=\frac{1}{\sqrt{2\pi}}\int_{-\infty}^{\infty} f(t)e^{-iut}\,dt$$

を求めよ。

(2) (1)の結果を利用して，次の積分の値を求めよ。

$$\int_0^{\infty}\frac{\cos x}{x^2+a^2}dx$$

**【解説】** 本質的にはフーリエ積分のところで扱った問題と同じであるが，重要な例でもあるから，関数のフーリエ変換という立場で再度取り上げてみよう。

**解答** (1) $F(u)=\dfrac{1}{\sqrt{2\pi}}\displaystyle\int_{-\infty}^{\infty} f(t)e^{-iut}\,dt=\dfrac{1}{\sqrt{2\pi}}\int_{-\infty}^{\infty} e^{-a|t|}e^{-iut}\,dt$

$$=\frac{1}{\sqrt{2\pi}}\int_{-\infty}^{\infty} e^{-a|t|}(\cos ut-i\sin ut)dt=\sqrt{\frac{2}{\pi}}\int_0^{\infty} e^{-at}\cos ut\,dt$$

ここで，$t$ での微分を考えて

$$(e^{-at}\sin ut)'=-ae^{-at}\cdot\sin ut+e^{-at}\cdot u\cos ut \quad \cdots\cdots①$$

$$(e^{-at}\cos ut)'=-ae^{-at}\cdot\cos ut+e^{-at}\cdot(-u\sin ut) \quad \cdots\cdots②$$

①×$u$ −②×$a$ より

$$(ue^{-at}\sin ut-ae^{-at}\cos ut)'=(u^2+a^2)e^{-at}\cos ut$$

$\therefore\ \displaystyle\int e^{-at}\cos ut\,dt=\frac{1}{u^2+a^2}e^{-at}(u\sin ut-a\cos ut)+C$ （$C$ は積分定数）

よって，求めるフーリエ変換は

$$F(u)=\sqrt{\frac{2}{\pi}}\int_0^{\infty} e^{-at}\cos ut\,dt=\sqrt{\frac{2}{\pi}}\cdot\frac{1}{u^2+a^2}\Big[e^{-at}(u\sin ut-a\cos ut)\Big]_0^{\infty}$$

$$=\sqrt{\frac{2}{\pi}}\cdot\frac{a}{u^2+a^2} \quad \cdots\cdots〔答〕$$

(2) 反転公式により，$f(x)$ の連続点 $x$ において

$$f(x)=\frac{1}{\sqrt{2\pi}}\int_{-\infty}^{\infty} F(u)e^{iux}\,du=\frac{1}{\sqrt{2\pi}}\int_{-\infty}^{\infty}\sqrt{\frac{2}{\pi}}\cdot\frac{a}{u^2+a^2}e^{iux}\,du$$

$$=\frac{a}{\pi}\int_{-\infty}^{\infty}\frac{1}{u^2+a^2}(\cos ux+i\sin ux)du=\frac{2a}{\pi}\int_0^{\infty}\frac{\cos ux}{u^2+a^2}du$$

そこで，$f(x)$ の連続点 $x=1$ における値を考えると

$$e^{-a}=\frac{2a}{\pi}\int_0^{\infty}\frac{\cos u}{u^2+a^2}du$$

よって，$\displaystyle\int_0^{\infty}\frac{\cos x}{x^2+a^2}dx=\int_0^{\infty}\frac{\cos u}{u^2+a^2}du=\frac{\pi}{2a}e^{-a}$ $\cdots\cdots$〔答〕

**例題2（フーリエ余弦変換・正弦変換）**

(1) 次の偶関数 $f(x)$

$$f(x)=\begin{cases}1 & (|x|\leqq 1)\\ 0 & (|x|>1)\end{cases}$$

のフーリエ余弦変換

$$F(u)=\sqrt{\frac{2}{\pi}}\int_0^\infty f(t)\cos ut\,dt$$

を求めよ。

(2) (1)の結果を利用して，次の積分の値を求めよ。

$$\int_0^\infty \frac{\sin x\cos x}{x}dx$$

**【解説】**フーリエ級数，フーリエ積分，フーリエ変換のいずれにおいても，その余弦版，正弦版を知っていなくても特に差支えはないが，この形式で出題されることもあるので一応練習しておこう。

**解答**　(1) 求めるフーリエ余弦変換

$$F(u)=\sqrt{\frac{2}{\pi}}\int_0^\infty f(t)\cos ut\,dt=\sqrt{\frac{2}{\pi}}\int_0^1 \cos ut\,dt$$

$$=\sqrt{\frac{2}{\pi}}\left[\frac{1}{u}\sin ut\right]_0^1=\sqrt{\frac{2}{\pi}}\cdot\frac{\sin u}{u}\qquad\cdots\cdots〔答〕$$

(2) 反転公式により

$$\frac{f(x+0)+f(x-0)}{2}=\sqrt{\frac{2}{\pi}}\int_0^\infty F(u)\cos ux\,du$$

が成り立つ。

そこで，$f(x)$ の不連続点 $x=1$ における値を考えると

$$\frac{f(1+0)+f(1-0)}{2}=\sqrt{\frac{2}{\pi}}\int_0^\infty F(u)\cos u\,du$$

$$\therefore\quad \frac{0+1}{2}=\sqrt{\frac{2}{\pi}}\int_0^\infty \sqrt{\frac{2}{\pi}}\cdot\frac{\sin u}{u}\cos u\,du\qquad \therefore\quad \frac{1}{2}=\frac{2}{\pi}\int_0^\infty \frac{\sin u\cos u}{u}du$$

よって

$$\int_0^\infty \frac{\sin x\cos x}{x}dx=\int_0^\infty \frac{\sin u\cos u}{u}du=\frac{\pi}{4}\qquad\cdots\cdots〔答〕$$

**（参考）**反転公式において，連続点 $x=0$ における値を考えると

$$f(0)=\sqrt{\frac{2}{\pi}}\int_0^\infty F(u)du\qquad \therefore\quad 1=\frac{2}{\pi}\int_0^\infty \frac{\sin u}{u}du$$

よって

$$\int_0^\infty \frac{\sin x}{x}dx=\int_0^\infty \frac{\sin u}{u}du=\frac{\pi}{2}$$

**例題３（合成積）**

フーリエ変換を用いて，次の積分方程式の解 $f(x)$ を求めよ。

$$\int_{-\infty}^{\infty} f(y)\exp\{-(x-y)^2\}dy = \exp\left(-\frac{x^2}{2}\right)$$

ただし，$a>0$ に対して次のフーリエ変換の結果を用いてよい。

$$\mathcal{F}\left[\exp\left(-\frac{x^2}{a^2}\right)\right](u) = \frac{1}{\sqrt{2\pi}}\int_{-\infty}^{\infty}\exp\left(-\frac{x^2}{a^2}\right)e^{-iux}\,dx = \frac{a}{\sqrt{2}}\exp\left(-\frac{a^2}{4}u^2\right)$$

**【解説】** フーリエ変換を利用して積分方程式を解く問題を練習してみよう。

与えられた積分方程式の左辺が $f(x)$ と $\exp(-x^2)$ の合成積

$$f(x)*\exp(-x^2)$$

であることに注意して，合成積のフーリエ変換に関する公式：

$$\mathcal{F}[(f*g)(x)](u) = \sqrt{2\pi}\mathcal{F}[f(x)](u)\cdot\mathcal{F}[g(x)](u)$$

を利用することを考える。

**解答** $\int_{-\infty}^{\infty} f(y)\exp\{-(x-y)^2\}dy = \exp\left(-\frac{x^2}{2}\right)$ より

$$f(x)*\exp(-x^2) = \exp\left(-\frac{x^2}{2}\right)$$

両辺のフーリエ変換を考えると

$$\mathcal{F}[f(x)*\exp(-x^2)](u) = \mathcal{F}\left[\exp\left(-\frac{x^2}{2}\right)\right](u)$$

$$\therefore\quad \sqrt{2\pi}\mathcal{F}[f(x)](u)\cdot\mathcal{F}[\exp(-x^2)](u) = \mathcal{F}\left[\exp\left(-\frac{x^2}{2}\right)\right](u)$$

ここで，問題文に与えられた公式：

$$\mathcal{F}\left[\exp\left(-\frac{x^2}{a^2}\right)\right](u) = \frac{a}{\sqrt{2}}\exp\left(-\frac{a^2}{4}u^2\right)\quad (a>0)$$

を用いると

$$\sqrt{2\pi}\mathcal{F}[f(x)](u)\cdot\frac{1}{\sqrt{2}}\exp\left(-\frac{1}{4}u^2\right) = \exp\left(-\frac{1}{2}u^2\right)$$

$$\therefore\quad \mathcal{F}[f(x)](u) = \frac{1}{\sqrt{\pi}}\frac{\exp\left(-\frac{1}{2}u^2\right)}{\exp\left(-\frac{1}{4}u^2\right)}$$

$$= \frac{1}{\sqrt{\pi}}\exp\left(-\frac{1}{4}u^2\right) = \sqrt{\frac{2}{\pi}}\cdot\frac{1}{\sqrt{2}}\exp\left(-\frac{1}{4}u^2\right)$$

よって，再び問題文に与えられた公式より

$$f(x) = \sqrt{\frac{2}{\pi}}\exp(-x^2)\quad \cdots\cdots〔答〕$$

**例題4（パーセバルの等式）**

(1) 関数 $f(x)=\begin{cases}1 & (|x|\leqq 1)\\ 0 & (|x|>1)\end{cases}$ のフーリエ変換にパーセバルの等式を適用して次の積分を求めよ。

$$\int_0^\infty \frac{\sin^2 x}{x^2}dx$$

(2) 関数 $f(x)=e^{-|x|}$ のフーリエ変換にパーセバルの等式を適用して次の積分を求めよ。

$$\int_0^\infty \frac{1}{(x^2+1)^2}dx$$

**【解説】** フーリエ級数のときと同様，フーリエ変換においても**パーセバルの等式**が成り立つが，フーリエ変換の定義の仕方によって公式の形が少し異なるので注意を要する。対称形のフーリエ変換の場合のパーセバルの等式は

$$\int_{-\infty}^\infty |F(x)|^2\,dx=\int_{-\infty}^\infty |f(t)|^2\,dt$$

である。

**解答** (1) $f(x)$ のフーリエ変換は**問1**の結果より

$$F(u)=\frac{1}{\sqrt{2\pi}}\int_{-\infty}^\infty f(t)e^{-iut}\,dt=\sqrt{\frac{2}{\pi}}\frac{\sin u}{u}$$

よって，パーセバルの等式（対称形のフーリエ変換の場合）より

$$\int_{-\infty}^\infty \frac{2}{\pi}\cdot\frac{\sin^2 x}{x^2}dx=\int_{-1}^1 1^2\,dt=2$$

$$\therefore\quad \int_{-\infty}^\infty \frac{\sin^2 x}{x^2}dx=\pi \qquad \text{よって}\quad \int_0^\infty \frac{\sin^2 x}{x^2}dx=\frac{\pi}{2}$$ ……〔答〕

(2) $f(x)=e^{-|x|}$ のフーリエ変換は**例題1**の結果より

$$F(u)=\frac{1}{\sqrt{2\pi}}\int_{-\infty}^\infty f(t)e^{-iut}\,dt=\sqrt{\frac{2}{\pi}}\cdot\frac{1}{u^2+1}$$

よって，パーセバルの等式（対称形のフーリエ変換の場合）より

$$\int_{-\infty}^\infty \frac{2}{\pi}\cdot\frac{1}{(x^2+1)^2}dx=\int_{-\infty}^\infty e^{-2|t|}dt=2\int_0^\infty e^{-2t}dt=\Big[-e^{-2t}\Big]_0^\infty=1$$

$$\therefore\quad \int_{-\infty}^\infty \frac{1}{(x^2+1)^2}dx=\frac{\pi}{2} \qquad \text{よって}\quad \int_0^\infty \frac{1}{(x^2+1)^2}dx=\frac{\pi}{4}$$ ……〔答〕

**(注)** フーリエ変換を $F(u)=\int_{-\infty}^\infty f(t)e^{-iut}\,dt$ で定義した場合は次の形である。

$$\int_{-\infty}^\infty |F(x)|^2\,dx=2\pi\int_{-\infty}^\infty |f(t)|^2\,dt$$

## ■ 演習問題　3.3

解答はp. 280

1　次の関数 $f(x)$

$$f(x)=\begin{cases}1-x^2 & (|x|\leqq 1)\\ 0 & (|x|>1)\end{cases}$$

のフーリエ変換

$$F(u)=\frac{1}{\sqrt{2\pi}}\int_{-\infty}^{\infty}f(t)e^{-iut}\,dt$$

を求めよ。

2　次の関数 $f_\varepsilon(x)$

$$f_\varepsilon(x)=\begin{cases}\dfrac{1}{2\varepsilon} & (|x|\leqq\varepsilon)\\ 0 & (|x|>\varepsilon)\end{cases}$$

のフーリエ変換

$$F_\varepsilon(u)=\frac{1}{\sqrt{2\pi}}\int_{-\infty}^{\infty}f_\varepsilon(t)e^{-iut}\,dt$$

を求めよ。さらに，次の極限を求めよ。

$$\lim_{\varepsilon\to+0}F_\varepsilon(u)$$

3　関数 $f(x)=e^{-\frac{x^2}{2}}$ のフーリエ変換を

$$F(u)=\frac{1}{\sqrt{2\pi}}\int_{-\infty}^{\infty}f(t)e^{-iut}\,dt$$

とするとき

$$F(u)=e^{-\frac{u^2}{2}}$$

であることを示せ。ただし，次の公式を用いてよい。

$$\int_0^{\infty}e^{-x^2}\cos\alpha x\,dx=\frac{\sqrt{\pi}}{2}e^{-\frac{\alpha^2}{4}}$$

**入試問題研究３－１（一般周期のフーリエ級数）**

$f(x)$ は周期 2 の関数で

$$f(x)=|\cos\pi x|-\cos\pi x \quad (-1\leqq x<1)$$

で定められている。次の問いに答えよ。

(1)　$f(x)$ のフーリエ級数を求めよ。

(2)　(1)の結果を用いて

$$\sum_{m=1}^{\infty}\frac{(-1)^m}{4m^2-1}$$

の値を求めよ。　　　　　　　　　　　＜金沢大学大学院＞

**【解説】**　一般の周期 $2L$ の関数 $f(x)$ のフーリエ級数は

$$f(x)\sim\frac{a_0}{2}+\sum_{n=1}^{\infty}\left(a_n\cos\frac{n\pi}{L}x+b_n\sin\frac{n\pi}{L}x\right)$$

で与えられる。ここで，フーリエ係数は

$$a_n=\frac{1}{L}\int_{-L}^{L}f(x)\cos\frac{n\pi}{L}x\,dx \qquad (n=0,1,2,\cdots)$$

$$b_n=\frac{1}{L}\int_{-L}^{L}f(x)\sin\frac{n\pi}{L}x\,dx \qquad (n=1,2,\cdots)$$

で定められる。

本問の関数 $f(x)$ は偶関数であるから，$b_n=0$ は明らかである。

**解答**　(1)　$a_0=\int_{-1}^{1}f(x)dx=\int_{-1}^{1}(|\cos\pi x|-\cos\pi x)dx$

$$=2\int_0^1(|\cos\pi x|-\cos\pi x)dx$$

$$=2\left(\int_0^{\frac{1}{2}}(|\cos\pi x|-\cos\pi x)dx+\int_{\frac{1}{2}}^{1}(|\cos\pi x|-\cos\pi x)dx\right)$$

$$=2\left(\int_0^{\frac{1}{2}}(\cos\pi x-\cos\pi x)dx+\int_{\frac{1}{2}}^{1}(-\cos\pi x-\cos\pi x)dx\right)$$

$$=-4\int_{\frac{1}{2}}^{1}\cos\pi x\,dx=-4\left[\frac{1}{\pi}\sin\pi x\right]_{\frac{1}{2}}^{1}=-\frac{4}{\pi}(0-1)=\frac{4}{\pi}$$

$$a_n=\int_{-1}^{1}f(x)\cos n\pi x\,dx \qquad (n=1,2,\cdots)$$

$$=2\int_0^1(|\cos\pi x|-\cos\pi x)\cos n\pi x\,dx$$

$$=-4\int_{\frac{1}{2}}^{1}\cos\pi x\cos n\pi x\,dx$$

$$=-2\int_{\frac{1}{2}}^{1}\{\cos(1+n)\pi x+\cos(1-n)\pi x\}dx \quad \cdots\cdots (*)$$

（i） $n=1$ のとき

$$(*) \ =-2\int_{\frac{1}{2}}^{1}(\cos 2\pi x+1)dx=-2\left[\frac{1}{2\pi}\sin 2\pi x+x\right]_{\frac{1}{2}}^{1}=-1$$

（ii） $n \geqq 2$ のとき

$$(*) \ =-2\left[\frac{1}{(1+n)\pi}\sin(1+n)\pi x+\frac{1}{(1-n)\pi}\sin(1-n)\pi x\right]_{\frac{1}{2}}^{1}$$

$$=2\left\{\frac{1}{(1+n)\pi}\sin\frac{1+n}{2}\pi+\frac{1}{(1-n)\pi}\sin\frac{1-n}{2}\pi\right\} \quad \cdots\cdots (**)$$

（ア） $n=2m+1$ （$m=1, 2, \cdots$）のとき

$(**) \ =0$

（イ） $n=2m$ （$m=1, 2, \cdots$）のとき

$$(**) \ =2\left\{\frac{1}{(1+2m)\pi}\sin\frac{1+2m}{2}\pi+\frac{1}{(1-2m)\pi}\sin\frac{1-2m}{2}\pi\right\}$$

$$=2\left\{\frac{1}{(1+2m)\pi}(-1)^m+\frac{1}{(1-2m)\pi}(-1)^m\right\}$$

$$=\frac{2(-1)^m}{\pi}\left(\frac{1}{2m+1}-\frac{1}{2m-1}\right)$$

$$=\frac{2(-1)^m}{\pi}\frac{-2}{4m^2-1}=-\frac{4}{\pi}\cdot\frac{(-1)^m}{4m^2-1}$$

以上より，$f(x)$ のフーリエ級数は

$$f(x)\sim\frac{2}{\pi}-\cos x-\frac{4}{\pi}\sum_{m=1}^{\infty}\frac{(-1)^m}{4m^2-1}\cos 2m\pi x \quad \cdots\cdots〔答〕$$

(2) 連続点 $x=0$ において

$$f(0)=\frac{2}{\pi}-1-\frac{4}{\pi}\sum_{m=1}^{\infty}\frac{(-1)^m}{4m^2-1}=0$$

$$\therefore \quad \frac{4}{\pi}\sum_{m=1}^{\infty}\frac{(-1)^m}{4m^2-1}=\frac{2}{\pi}-1=\frac{2-\pi}{\pi}$$

よって

$$\sum_{m=1}^{\infty}\frac{(-1)^m}{4m^2-1}=\frac{2-\pi}{4} \quad \cdots\cdots〔答〕$$

**入試問題研究3－2（フーリエ級数）**

以下の問いに答えよ。

(1) 次の周期 $2\pi$ の関数 $f(x)$ をフーリエ級数に展開せよ。

$$f(x)=x\sin x \quad (-\pi \leqq x<\pi)$$

(2) 次の周期 $2\pi$ の関数 $g(x)$ をフーリエ級数に展開せよ。

$$g(x)=x\cos x+x \quad (-\pi \leqq x<\pi)$$

(3) 問(2)の結果を用いて，次の無限級数の値を求めよ。

$$\frac{1}{2\cdot3\cdot4}-\frac{1}{4\cdot5\cdot6}+\frac{1}{6\cdot7\cdot8}-\cdots$$

＜東北大学大学院＞

**【解説】**　周期は $2\pi$ の関数 $f(x)$ のフーリエ級数展開は

$$f(x)\sim\frac{a_0}{2}+\sum_{n=1}^{\infty}(a_n\cos nx+b_n\sin nx)$$

である。ここで，フーリエ係数 $a_n, b_n$ は

$$a_n=\frac{1}{\pi}\int_{-\pi}^{\pi}f(x)\cos nx\,dx \quad (n=0,1,2,\cdots)$$

$$b_n=\frac{1}{\pi}\int_{-\pi}^{\pi}f(x)\sin nx\,dx \quad (n=1,2,\cdots)$$

で与えられる。

フーリエ係数を正確に求めることがポイントである。また，得られたフーリエ級数から興味深いさまざまな級数の和が求められる。

**解答**　(1) $a_0=\dfrac{1}{\pi}\displaystyle\int_{-\pi}^{\pi}f(x)dx=\dfrac{1}{\pi}\int_{-\pi}^{\pi}x\sin x\,dx=\dfrac{2}{\pi}\int_0^{\pi}x\sin x\,dx$

$$=\frac{2}{\pi}\left(\Big[x\cdot(-\cos x)\Big]_0^{\pi}-\int_0^{\pi}1\cdot(-\cos x)dx\right)=\frac{2}{\pi}\left(\pi+\Big[\sin x\Big]_0^{\pi}\right)=2$$

$$a_n=\frac{1}{\pi}\int_{-\pi}^{\pi}f(x)\cos nx\,dx \quad (n=1,2,\cdots)$$

$$=\frac{1}{\pi}\int_{-\pi}^{\pi}x\sin x\cos nx\,dx$$

$$=\frac{2}{\pi}\int_0^{\pi}x\sin x\cos nx\,dx=\frac{2}{\pi}\int_0^{\pi}x\cdot\frac{1}{2}\{\sin(1+n)x+\sin(1-n)x\}dx$$

(i) $n=1$ のとき

$$a_1=\frac{2}{\pi}\int_0^{\pi}x\cdot\frac{1}{2}\sin 2x\,dx=\frac{1}{\pi}\int_0^{\pi}x\cdot\sin 2x\,dx$$

$$=\frac{1}{\pi}\left(\left[x\left(-\frac{1}{2}\cos 2x\right)\right]_0^{\pi}-\int_0^{\pi}1\cdot\left(-\frac{1}{2}\cos 2x\right)dx\right)$$

$$=\frac{1}{\pi}\left(-\frac{1}{2}\pi+\left[\frac{1}{4}\sin 2x\right]_0^{\pi}\right)=-\frac{1}{2}$$

（ii） $n \geqq 2$ のとき

$$a_n=\frac{1}{\pi}\left(\left[x\cdot\left\{-\frac{1}{1+n}\cos(1+n)x-\frac{1}{1-n}\cos(1-n)x\right\}\right]_0^{\pi}\right.$$
$$\left.-\int_0^{\pi}1\cdot\left\{-\frac{1}{1+n}\cos(1+n)x-\frac{1}{1-n}\cos(1-n)x\right\}dx\right)$$

$$=-\frac{1}{1+n}\cos(1+n)\pi-\frac{1}{1-n}\cos(1-n)\pi$$

$$=-\frac{1}{1+n}(-1)^{1+n}-\frac{1}{1-n}(-1)^{1-n}$$

$$=\frac{1}{1+n}(-1)^n+\frac{1}{1-n}(-1)^n \qquad \text{（注）} (-1)^m=(-1)^{-m}$$

$$=(-1)^n\frac{2}{1-n^2}=(-1)^{n-1}\frac{2}{n^2-1}$$

また， $f(x)$ は偶関数であるから， $f(x)\sin nx$ は奇関数であり

$$b_n=\frac{1}{\pi}\int_{-\pi}^{\pi}f(x)\sin nx\,dx \quad (n=1, 2, \cdots)$$

$$=\frac{1}{\pi}\int_{-\pi}^{\pi}x\sin x\sin nx\,dx=0$$

以上より， $f(x)$ のフーリエ級数展開は

$$f(x)\sim\frac{a_0}{2}+\sum_{n=1}^{\infty}(a_n\cos nx+b_n\sin nx)$$

$$=\frac{a_0}{2}+a_1\cos x+\sum_{n=2}^{\infty}a_n\cos nx$$

$$=1-\frac{1}{2}\cos x+\sum_{n=2}^{\infty}(-1)^{n-1}\frac{2}{n^2-1}\cos nx \qquad \cdots\cdots\text{〔答〕}$$

(2) $g(x)=x\cos x+x$ のフーリエ係数を求める。

$$a_n=\frac{1}{\pi}\int_{-\pi}^{\pi}g(x)\cos nx\,dx$$

$$=\frac{1}{\pi}\int_{-\pi}^{\pi}(x\cos x+x)\cos nx\,dx=0 \quad (n=0, 1, 2, \cdots)$$

$$b_n=\frac{1}{\pi}\int_{-\pi}^{\pi}(x\cos x+x)\sin nx\,dx \quad (n=1, 2, \cdots)$$

$$=\frac{2}{\pi}\int_0^{\pi}(x\cos x+x)\sin nx\,dx$$

$$=\frac{2}{\pi}\int_0^{\pi} x(\sin nx\cos x+\sin nx)dx$$

$$=\frac{2}{\pi}\int_0^{\pi} (x\sin nx\cos x+x\sin nx)dx$$

ここで

（i） $n=1$ のとき

$$b_1=\frac{2}{\pi}\int_0^{\pi} x(\sin x\cos x+\sin x)dx$$

$$=\frac{1}{\pi}\int_0^{\pi} x(\sin 2x+2\sin x)dx$$

$$=\frac{1}{\pi}\left(\left[x\cdot\left(-\frac{1}{2}\cos 2x-2\cos x\right)\right]_0^{\pi}-\int_0^{\pi}1\cdot\left(-\frac{1}{2}\cos 2x-2\cos x\right)dx\right)$$

$$=-\frac{1}{2}\cos 2\pi-2\cos\pi$$

$$=-\frac{1}{2}+2=\frac{3}{2}$$

（ii） $n\geqq 2$ のとき

$$b_n=\frac{2}{\pi}\int_0^{\pi} (x\sin nx\cos x+x\sin nx)dx$$

を求める。

まず，$\int_0^{\pi} x\sin nx\cos x\,dx$ について：

$$\int_0^{\pi} x\sin nx\cos x\,dx$$

$$=\int_0^{\pi} x\cdot\frac{1}{2}\{\sin(n+1)x+\sin(n-1)x\}\,dx$$

$$=\left[x\cdot\frac{1}{2}\left(-\frac{1}{n+1}\cos(n+1)x-\frac{1}{n-1}\cos(n-1)x\right)\right]_0^{\pi}$$

$$-\int_0^{\pi}1\cdot\frac{1}{2}\left(-\frac{1}{n+1}\cos(n+1)x-\frac{1}{n-1}\cos(n-1)x\right)dx$$

$$=\frac{\pi}{2}\left(-\frac{1}{n+1}\cos(n+1)\pi-\frac{1}{n-1}\cos(n-1)\pi\right)-0$$

$$=\frac{\pi}{2}\left(-\frac{1}{n+1}(-1)^{n+1}-\frac{1}{n-1}(-1)^{n-1}\right)$$

$$=\frac{\pi}{2}(-1)^n\left(\frac{1}{n+1}+\frac{1}{n-1}\right)=(-1)^n\pi\frac{n}{n^2-1}$$

また

$$\int_0^{\pi} x\sin nx\,dx=\left[x\cdot\left(-\frac{1}{n}\cos nx\right)\right]_0^{\pi}-\int_0^{\pi}1\cdot\left(-\frac{1}{n}\cos nx\right)dx$$

$$= -\frac{\pi}{n}\cos n\pi = -\frac{\pi}{n}(-1)^n = \frac{\pi}{n}(-1)^{n-1}$$

よって

$$b_n = \frac{2}{\pi}\int_0^{\pi}(x\sin nx\cos x + x\sin nx)dx$$

$$= \frac{2}{\pi}\left\{(-1)^n\pi\frac{n}{n^2-1} + \frac{\pi}{n}(-1)^{n-1}\right\}$$

$$= (-1)^n\left(\frac{2n}{n^2-1} - \frac{2}{n}\right)$$

$$= (-1)^n\frac{2}{(n-1)n(n+1)}$$

以上より，$g(x)$ のフーリエ級数展開は

$$g(x) \sim \frac{a_0}{2} + \sum_{n=1}^{\infty}(a_n\cos nx + b_n\sin nx)$$

$$= \sum_{n=1}^{\infty}b_n\sin nx = b_1 + \sum_{n=2}^{\infty}b_n\sin nx$$

$$= \frac{3}{2}\sin x + \sum_{n=2}^{\infty}(-1)^n\frac{2}{(n-1)n(n+1)}\sin nx$$ ……〔答〕

(3)　$x = \frac{\pi}{2}$ は $g(x) = x\cos x + x$ の連続点であるから，(2)の結果で $x = \frac{\pi}{2}$ とすると等号が成立して

$$\frac{\pi}{2} = \frac{3}{2}\sin\frac{\pi}{2} + \sum_{n=2}^{\infty}(-1)^n\frac{2}{(n-1)n(n+1)}\sin\frac{n\pi}{2}$$

$$= \frac{3}{2} + \sum_{m=1}^{\infty}(-1)^{2m+1}\frac{2}{2m(2m+1)(2m+2)}\sin\frac{(2m+1)\pi}{2}$$

$$= \frac{3}{2} + \sum_{m=1}^{\infty}(-1)\frac{2}{2m(2m+1)(2m+2)}(-1)^m$$

$$= \frac{3}{2} + 2\sum_{m=1}^{\infty}(-1)^{m-1}\frac{1}{2m(2m+1)(2m+2)}$$

よって

$$\sum_{m=1}^{\infty}(-1)^{m-1}\frac{1}{2m(2m+1)(2m+2)} = \frac{\pi-3}{4}$$

すなわち

$$\frac{1}{2\cdot3\cdot4} - \frac{1}{4\cdot5\cdot6} + \frac{1}{6\cdot7\cdot8} - \cdots = \frac{\pi-3}{4}$$ ……〔答〕

**入試問題研究３－３（複素フーリエ級数）**

(1) 周期 $2\pi$ をもつ次の周期関数 $f(x)$ を複素型フーリエ級数で表すとき，その係数 $c_n$ （$n=0,\pm1,\pm2,\cdots$）を求めよ。

$$f(x)=\cosh x=\frac{e^x+e^{-x}}{2} \quad (-\pi \leqq x < \pi),\quad f(x+2\pi)=f(x)$$

ただし，関数 $f(x)$ の複素型フーリエ級数を次式で定義する。

$$f(x)\sim\sum_{n=-\infty}^{\infty}c_n e^{inx}$$

(2) $f(x)$ のフーリエ級数を

$$f(x)\sim\frac{a_0}{2}+\sum_{n=1}^{\infty}(a_n\cos nx+b_n\sin nx)$$

と表すとき，次のパーセバルの等式が成り立つ。

$$\frac{{a_0}^2}{2}+\sum_{n=1}^{\infty}({a_n}^2+{b_n}^2)=\frac{1}{\pi}\int_{-\pi}^{\pi}\{f(x)\}^2dx$$

これと等価な関係式として，複素型フーリエ級数型フーリエ級数の係数 $c_0$，$c_n$，$c_{-n}$ について，次式が成り立つことを示せ。

$$2{c_0}^2+4\sum_{n=1}^{\infty}c_n c_{-n}=\frac{1}{\pi}\int_{-\pi}^{\pi}\{f(x)\}^2dx$$

(3) (1)，(2)の結果を用いて，次の無限級数の和 $S$ の値を求めよ。

$$S=\sum_{n=1}^{\infty}\frac{1}{(1+n^2)^2}$$

必要ならば，次式で表される双曲線関数を用いよ。

$$\sinh x=\frac{e^x-e^{-x}}{2},\quad \tanh x=\frac{\sinh x}{\cosh x},\quad \coth x=\frac{1}{\tanh x}$$

＜大阪大学大学院＞

**【解説】**　周期 $2\pi$ の関数 $f(x)$ の複素フーリエ級数

$$f(x)\sim\sum_{n=-\infty}^{\infty}c_n e^{inx}$$

の複素フーリエ係数 $c_n$ （$n=0,\pm1,\pm2,\cdots$）は次式で与えられる。

$$c_n=\frac{1}{2\pi}\int_{-\pi}^{\pi}f(x)e^{-inx}dx$$

ところで，通常のフーリエ級数と複素フーリエ級数との関係は以下の解答で示すように非常に簡単なものである。このことを理解しておけば，複素フーリエ級数にまったく難しいところはない。

解答　(1)　$c_n = \dfrac{1}{2\pi}\displaystyle\int_{-\pi}^{\pi} f(x)e^{-inx}dx$

$$=\frac{1}{2\pi}\int_{-\pi}^{\pi}\frac{e^x+e^{-x}}{2}e^{-inx}dx$$

$$=\frac{1}{4\pi}\int_{-\pi}^{\pi}(e^{(1-in)x}+e^{-(1+in)x})dx$$

$$=\frac{1}{4\pi}\left[\frac{1}{1-in}e^{(1-in)x}-\frac{1}{1+in}e^{-(1+in)x}\right]_{-\pi}^{\pi}$$

$$=\frac{1}{4\pi}\left(\frac{1}{1-in}\{e^{(1-in)\pi}-e^{-(1-in)\pi}\}-\frac{1}{1+in}\{e^{-(1+in)\pi}-e^{(1+in)\pi}\}\right)$$

$$=\frac{1}{4\pi}\left(\frac{1}{1-in}\{e^{\pi-n\pi i}-e^{-\pi+n\pi i}\}-\frac{1}{1+in}\{e^{-\pi-n\pi i}-e^{\pi+n\pi i}\}\right)$$

$$=\frac{1}{4\pi}\left(\frac{1}{1-in}\{e^{\pi}\cos(-n\pi)-e^{-\pi}\cos n\pi\}-\frac{1}{1+in}\{e^{-\pi}\cos(-n\pi)-e^{\pi}\cos n\pi\}\right)$$

$$=\frac{1}{4\pi}\left(\frac{1}{1-in}\{e^{\pi}(-1)^n-e^{-\pi}(-1)^n\}-\frac{1}{1+in}\{e^{-\pi}(-1)^n-e^{\pi}(-1)^n\}\right)$$

$$=(-1)^n\frac{1}{4\pi}\left(\frac{1}{1-in}(e^{\pi}-e^{-\pi})-\frac{1}{1+in}(e^{-\pi}-e^{\pi})\right)$$

$$=(-1)^n\frac{1}{4\pi}\left\{\left(\frac{1}{1-in}+\frac{1}{1+in}\right)e^{\pi}-\left(\frac{1}{1-in}+\frac{1}{1+in}\right)e^{-\pi}\right\}$$

$$=(-1)^n\frac{1}{4\pi}\left\{\frac{2}{1+n^2}e^{\pi}-\frac{2}{1+n^2}e^{-\pi}\right\}$$

$$=(-1)^n\frac{1}{2\pi}\cdot\frac{1}{1+n^2}(e^{\pi}-e^{-\pi})$$ ……〔答〕

(2)　$f(x)\sim\dfrac{a_0}{2}+\displaystyle\sum_{n=1}^{\infty}(a_n\cos nx+b_n\sin nx)$

$$=\frac{a_0}{2}+\sum_{n=1}^{\infty}\left(a_n\frac{e^{inx}+e^{-inx}}{2}+b_n\frac{e^{inx}-e^{-inx}}{2i}\right)$$

$$=\frac{a_0}{2}+\sum_{n=1}^{\infty}\left(a_n\frac{e^{inx}+e^{-inx}}{2}-ib_n\frac{e^{inx}-e^{-inx}}{2}\right)$$

$$=\frac{a_0}{2}+\sum_{n=1}^{\infty}\left(\frac{a_n-ib_n}{2}e^{inx}+\frac{a_n+ib_n}{2}e^{-inx}\right)$$

$$=\frac{a_0}{2}+\sum_{n=1}^{\infty}\frac{a_n-ib_n}{2}e^{inx}+\sum_{n=1}^{\infty}\frac{a_n+ib_n}{2}e^{-inx}$$

$$=\frac{a_0}{2}+\sum_{n=1}^{\infty}\frac{a_n-ib_n}{2}e^{inx}+\sum_{n=-1}^{-\infty}\frac{a_{-n}+ib_{-n}}{2}e^{inx}$$

$$=\frac{a_0}{2}+\sum_{\substack{n=-\infty\\ n\neq 0}}^{\infty}\frac{a_n-ib_n}{2}e^{inx}$$

より

$$c_0=\frac{a_0}{2},\quad c_n=\frac{a_n-ib_n}{2},\quad c_{-n}=\frac{a_n+ib_n}{2}\qquad (n=1,2,\cdots)$$

であるから

$$a_0=2c_0,\quad a_n=c_n+c_{-n},\quad b_n=i(c_n-c_{-n})$$

よって

$$\frac{{a_0}^2}{2}+\sum_{n=1}^{\infty}({a_n}^2+{b_n}^2)=\frac{(2a_0)^2}{2}+\sum_{n=1}^{\infty}\{(c_n+c_{-n})-({c_n}^2-c_{-n})^2\}$$

$$=2{c_0}^2+4\sum_{n=1}^{\infty}c_nc_{-n}$$

よって，題意は示された。　(証明終)

(3)　(1)の結果より

$$c_n=(-1)^n\frac{1}{2\pi}\cdot\frac{1}{1+n^2}(e^{\pi}-e^{-\pi})\quad(n=0,\pm1,\pm2,\cdots)$$

であるから

$$c_0=\frac{1}{2\pi}(e^{\pi}-e^{-\pi}),$$

$$c_n=c_{-n}=(-1)^n\frac{1}{2\pi}\cdot\frac{1}{1+n^2}(e^{\pi}-e^{-\pi})\qquad(n=1,2,\cdots)$$

よって

$$2{c_0}^2+4\sum_{n=1}^{\infty}c_nc_{-n}$$

$$=2\left\{\frac{1}{2\pi}(e^{\pi}-e^{-\pi})\right\}^2+4\sum_{n=1}^{\infty}\left\{(-1)^n\frac{1}{2\pi}\cdot\frac{1}{1+n^2}(e^{\pi}-e^{-\pi})\right\}^2$$

$$=\frac{(e^{\pi}-e^{-\pi})^2}{2\pi^2}+\frac{(e^{\pi}-e^{-\pi})^2}{\pi^2}\sum_{n=1}^{\infty}\frac{1}{(1+n^2)^2}$$

一方

$$\frac{1}{\pi}\int_{-\pi}^{\pi}\{f(x)\}^2dx$$

$$=\frac{1}{\pi}\int_{-\pi}^{\pi}\left(\frac{e^x+e^{-x}}{2}\right)^2dx$$

$$=\frac{1}{4\pi}\int_{-\pi}^{\pi}(e^{2x}+2+e^{-2x})dx$$

$$=\frac{1}{4\pi}\left[\frac{1}{2}e^{2x}+2x-\frac{1}{2}e^{-2x}\right]_{-\pi}^{\pi}$$

$$=\frac{1}{4\pi}\left\{\frac{1}{2}(e^{2\pi}-e^{-2\pi})+4\pi-\frac{1}{2}(e^{-2\pi}-e^{2\pi})\right\}$$

$$=\frac{1}{4\pi}(e^{2\pi}-e^{-2\pi})+1$$

であるから，(2)の結果より

$$\frac{(e^{\pi}-e^{-\pi})^2}{2\pi^2}+\frac{(e^{\pi}-e^{-\pi})^2}{\pi^2}\sum_{n=1}^{\infty}\frac{1}{(1+n^2)^2}=\frac{1}{4\pi}(e^{2\pi}-e^{-2\pi})+1$$

$$\therefore\quad \frac{(e^{\pi}-e^{-\pi})^2}{\pi^2}\sum_{n=1}^{\infty}\frac{1}{(1+n^2)^2}=\frac{1}{4\pi}(e^{2\pi}-e^{-2\pi})+1-\frac{(e^{\pi}-e^{-\pi})^2}{2\pi^2}$$

よって

$$S=\sum_{n=1}^{\infty}\frac{1}{(1+n^2)^2}=\frac{\pi}{4}\cdot\frac{(e^{\pi}+e^{-\pi})(e^{\pi}-e^{-\pi})}{(e^{\pi}-e^{-\pi})^2}+\frac{\pi^2}{(e^{\pi}-e^{-\pi})^2}-\frac{1}{2}$$

$$=\frac{\pi}{4}\cdot\frac{e^{\pi}+e^{-\pi}}{e^{\pi}-e^{-\pi}}+\frac{\pi^2}{4}\left(\frac{2}{e^{\pi}-e^{-\pi}}\right)^2-\frac{1}{2}$$

$$=\frac{\pi}{4}\cdot\frac{\cosh\pi}{\sinh\pi}+\frac{\pi^2}{4}\cdot\frac{1}{\sinh^2\pi}-\frac{1}{2}$$

$$=\frac{\pi}{4}\cdot\frac{1}{\tanh\pi}+\frac{\pi^2}{4}\cdot\frac{1}{\sinh^2\pi}-\frac{1}{2}$$

$$=\frac{\pi}{4}\coth\pi+\frac{\pi^2}{4}\cdot\frac{1}{\sinh^2\pi}-\frac{1}{2}$$ ……〔答〕

**【参考】** 通常のフーリエ係数と複素フーリエ係数との関係も確認しておこう。

$$c_0=\frac{a_0}{2}=\frac{1}{2\pi}\int_{-\pi}^{\pi}f(x)dx$$

$$c_n=\frac{a_n-ib_n}{2}=\frac{1}{2}\left(\frac{1}{\pi}\int_{-\pi}^{\pi}f(x)\cos nx\,dx-i\frac{1}{\pi}\int_{-\pi}^{\pi}f(x)\sin nx\,dx\right)$$

$$=\frac{1}{2\pi}\int_{-\pi}^{\pi}f(x)(\cos nx-i\sin nx)dx$$

$$=\frac{1}{2\pi}\int_{-\pi}^{\pi}f(x)e^{-inx}dx\qquad(n=1,2,\cdots)$$

$$c_{-n}=\frac{a_n+ib_n}{2}=\frac{1}{2}\left(\frac{1}{\pi}\int_{-\pi}^{\pi}f(x)\cos nx\,dx+i\frac{1}{\pi}\int_{-\pi}^{\pi}f(x)\sin nx\,dx\right)$$

$$=\frac{1}{2\pi}\int_{-\pi}^{\pi}f(x)(\cos nx+i\sin nx)dx$$

$$=\frac{1}{2\pi}\int_{-\pi}^{\pi}f(x)e^{inx}dx\qquad(n=1,2,\cdots)$$

よって

$$c_n=\frac{1}{2\pi}\int_{-\pi}^{\pi}f(x)e^{-inx}dx\quad(n=0,\pm1,\pm2,\cdots)$$

**入試問題研究 3 − 4（フーリエ変換）**

関数

$$f(x)=\begin{cases}2+x, & -2\leqq x\leqq 0\\ 2-x, & 0<x\leqq 2\\ 0, & |x|>2\end{cases}$$

について，次の問いに答えよ。

(1)　$f(x)$ のフーリエ変換

$$\hat{f}(t)=\frac{1}{\sqrt{2\pi}}\int_{-\infty}^{\infty}f(x)e^{-itx}dx\,,\quad -\infty<t<\infty$$

を求めよ。

(2)　(1)で求めた $\hat{f}(t)$ のフーリエ逆変換

$$f(x)=\frac{1}{\sqrt{2\pi}}\int_{-\infty}^{\infty}\hat{f}(t)e^{ixt}dt$$

を利用して，定積分

$$\int_0^{\infty}\left(\frac{\sin t}{t}\right)^2dt$$

の値を求めよ。

(3)　(2)で求めた積分値と $f(2)=0$ となることを利用して，定積分

$$\int_0^{\infty}\left(\frac{\sin^2 t}{t}\right)^2dt$$

の値を求めよ。　　　　＜神戸大学大学院＞

**【解説】**　次のフーリエ積分の収束定理が基本となる。

**フーリエ積分の収束定理**：

$f(x)$ が区分的に滑らか，かつ，絶対可積分であるとき次が成り立つ。

$$\frac{f(x+0)+f(x-0)}{2}=\frac{1}{2\pi}\int_{-\infty}^{\infty}\left(\int_{-\infty}^{\infty}f(x)e^{-itx}dx\right)e^{ixt}dt$$

$x$ が連続点ならば，上の等式は次のようになる。

$$f(x)=\frac{1}{2\pi}\int_{-\infty}^{\infty}\left(\int_{-\infty}^{\infty}f(x)e^{-itx}dx\right)e^{ixt}dt$$

**解答**　(1)　$f(x)=\begin{cases}2+x, & -2\leqq x\leqq 0\\ 2-x, & 0<x\leqq 2\\ 0, & |x|>2\end{cases}=\begin{cases}2-|x|, & |x|\leqq 2\\ 0, & |x|>2\end{cases}$

より

$$\hat{f}(t)=\frac{1}{\sqrt{2\pi}}\int_{-\infty}^{\infty}f(x)e^{-itx}dx$$

$$=\frac{1}{\sqrt{2\pi}}\int_{-2}^{2}(2-|x|)e^{-itx}dx=\frac{1}{\sqrt{2\pi}}\int_{-2}^{2}(2-|x|)(\cos tx-i\sin tx)dx$$

$$=\frac{2}{\sqrt{2\pi}}\int_{0}^{2}(2-x)\cos tx\,dx$$

$$=\frac{2}{\sqrt{2\pi}}\left(\left[(2-x)\cdot\frac{1}{t}\sin tx\right]_0^2-\int_0^2(-1)\cdot\frac{1}{t}\sin tx\,dx\right)$$

$$=\frac{2}{\sqrt{2\pi}}\left(0-\left[\frac{1}{t^2}\cos tx\right]_0^2\right)=\frac{2}{\sqrt{2\pi}}\cdot\frac{1}{t^2}(1-\cos 2t)$$

$$=\frac{2}{\sqrt{2\pi}}\cdot\frac{1-\cos 2t}{t^2}$$ ……〔答〕

**（注）** $t=0$ のときの値は特に求めなくてもよい。

(2) $f(x)=\dfrac{1}{\sqrt{2\pi}}\displaystyle\int_{-\infty}^{\infty}\hat{f}(t)e^{ixt}dt$

$$=\frac{1}{\sqrt{2\pi}}\int_{-\infty}^{\infty}\frac{2}{\sqrt{2\pi}}\cdot\frac{1-\cos 2t}{t^2}(\cos xt+i\sin xt)dt$$

$$=\frac{1}{\sqrt{2\pi}}\cdot\frac{4}{\sqrt{2\pi}}\int_0^{\infty}\frac{1-\cos 2t}{t^2}\cos xt\,dt$$

$$=\frac{2}{\pi}\int_0^{\infty}\frac{1-(1-2\sin^2 t)}{t^2}\cos xt\,dt=\frac{4}{\pi}\int_0^{\infty}\left(\frac{\sin t}{t}\right)^2\cos xt\,dt$$

反転公式より，連続点 $x$ において

$$f(x)=\frac{4}{\pi}\int_0^{\infty}\left(\frac{\sin t}{t}\right)^2\cos xt\,dt$$

であるから，連続点 $x=0$ において

$$f(0)=\frac{4}{\pi}\int_0^{\infty}\left(\frac{\sin t}{t}\right)^2dt=2$$

よって，$\displaystyle\int_0^{\infty}\left(\frac{\sin t}{t}\right)^2dt=\frac{\pi}{2}$ ……〔答〕

(3) $f(x)=\dfrac{4}{\pi}\displaystyle\int_0^{\infty}\left(\frac{\sin t}{t}\right)^2\cos xt\,dt$ の連続点 $x=2$ において

$$f(2)=\frac{4}{\pi}\int_0^{\infty}\left(\frac{\sin t}{t}\right)^2\cos 2t\,dt=0$$

$\therefore\quad\displaystyle\int_0^{\infty}\left(\frac{\sin t}{t}\right)^2(1-2\sin^2 t)dt=0\qquad\therefore\quad\int_0^{\infty}\left\{\left(\frac{\sin t}{t}\right)^2-2\left(\frac{\sin^2 t}{t}\right)^2\right\}dt=0$

よって

$$\int_0^{\infty}\left(\frac{\sin^2 t}{t}\right)^2dt=\frac{1}{2}\int_0^{\infty}\left(\frac{\sin t}{t}\right)^2dt=\frac{\pi}{4}$$ ……〔答〕

**入試問題研究３－５（パーセバルの等式）**

関数 $f(t)$ は次式で与えられる。

$$f(t)=\begin{cases}-t, & -1\leqq t\leqq 1\\ 0, & t<-1,\ t>1\end{cases}$$

$f(t)$ のフーリエ変換を求め，パーシバル（Parseval）の等式を利用して，次の積分の値を計算せよ。

$$\int_{-\infty}^{\infty}\frac{(\sin x-x\cos x)^2}{x^4}dx$$

＜岡山大学大学院＞

**【解説】**　フーリエ級数のときと同様，フーリエ変換においても，次のパーセバルの等式が成り立つ。

**［公式］（フーリエ変換に関する）パーセバルの等式**：

$f(t)$ のフーリエ変換を $F(x)$ を

$$F(x)=\frac{1}{\sqrt{2\pi}}\int_{-\infty}^{\infty}f(t)e^{-ixt}dt$$

で定義するとき，次の等式

$$\int_{-\infty}^{\infty}|F(x)|^2\,dx=\int_{-\infty}^{\infty}|f(t)|^2\,dt$$

が成り立つ。ただし，右辺の積分が有限確定とする。

**解答**　$f(t)$ のフーリエ変換を

$$F(x)=\frac{1}{\sqrt{2\pi}}\int_{-\infty}^{\infty}f(t)e^{-ixt}dt$$

で定義すると

$$F(x)=\frac{1}{\sqrt{2\pi}}\int_{-\infty}^{\infty}f(t)e^{-ixt}dt=\frac{1}{\sqrt{2\pi}}\int_{-1}^{1}(-t)e^{-ixt}dt$$

$$=\frac{1}{\sqrt{2\pi}}\int_{-1}^{1}(-t)(\cos xt-i\sin xt)dt$$

$$=\frac{1}{\sqrt{2\pi}}\int_{-1}^{1}(-t\cos xt+it\sin xt)dt$$

$$=\frac{2i}{\sqrt{2\pi}}\int_{0}^{1}t\sin xt\,dt$$

$$=\frac{2i}{\sqrt{2\pi}}\left(\left[t\cdot\left(-\frac{1}{x}\cos xt\right)\right]_0^1-\int_0^1 1\cdot\left(-\frac{1}{x}\cos xt\right)dt\right)$$

$$=\frac{2i}{\sqrt{2\pi}}\left(-\frac{1}{x}\cos x+\left[\frac{1}{x^2}\sin xt\right]_0^1\right)$$

$$=\frac{2i}{\sqrt{2\pi}}\left(-\frac{1}{x}\cos x+\frac{1}{x^2}\sin x\right)=\frac{2i}{\sqrt{2\pi}}\cdot\frac{\sin x-x\cos x}{x^2}$$

（注：$x=0$ のときの値は特に求めなくてもよい。）

パーシバル（Parseval）の等式より

$$\int_{-\infty}^{\infty}|F(x)|^2\,dx=\int_{-\infty}^{\infty}|f(t)|^2\,dt$$

が成り立つから

$$\int_{-\infty}^{\infty}\left|\frac{2i}{\sqrt{2\pi}}\cdot\frac{\sin x-x\cos x}{x^2}\right|^2dx=\int_{-\infty}^{\infty}|f(t)|^2\,dt$$

$$\therefore\quad \int_{-\infty}^{\infty}\left(\frac{2}{\sqrt{2\pi}}\right)^2\frac{(\sin x-x\cos x)^2}{x^4}dx=\int_{-1}^{1}(-t)^2\,dt$$

$$\frac{2}{\pi}\int_{-\infty}^{\infty}\frac{(\sin x-x\cos x)^2}{x^4}dx=\left[\frac{1}{3}t^3\right]_{-1}^{1}=\frac{2}{3}$$

よって

$$\int_{-\infty}^{\infty}\frac{(\sin x-x\cos x)^2}{x^4}dx=\frac{\pi}{3}\quad\cdots\cdots〔答〕$$

**【参考】** フーリエ変換のパーセバルの等式は，フーリエ変換の定義の仕方によって形が異なるので注意が必要である。それを見るために以下に簡単な形式的な計算を書いておく。

（ｉ）フーリエ変換が $F(x)=\dfrac{1}{\sqrt{2\pi}}\displaystyle\int_{-\infty}^{\infty}f(t)e^{-ixt}dt$ と定義されている場合：

$$\int_{-\infty}^{\infty}|F(x)|^2\,dx=\int_{-\infty}^{\infty}F(x)\overline{F(x)}dx$$

$$=\int_{-\infty}^{\infty}F(x)\left(\frac{1}{\sqrt{2\pi}}\int_{-\infty}^{\infty}f(t)e^{ixt}dt\right)dx$$

$$=\int_{-\infty}^{\infty}f(t)\left(\frac{1}{\sqrt{2\pi}}\int_{-\infty}^{\infty}F(x)e^{itx}dx\right)dt=\int_{-\infty}^{\infty}f(t)f(t)\,dt=\int_{-\infty}^{\infty}|f(t)|^2\,dt$$

$$\therefore\quad \int_{-\infty}^{\infty}|F(x)|^2\,dx=\int_{-\infty}^{\infty}|f(t)|^2\,dt$$

（ii）フーリエ変換が $F(x)=\displaystyle\int_{-\infty}^{\infty}f(t)e^{-ixt}dt$ と定義されている場合：

$$\int_{-\infty}^{\infty}|F(x)|^2\,dx=\int_{-\infty}^{\infty}F(x)\overline{F(x)}dx$$

$$=\int_{-\infty}^{\infty}F(x)\left(\int_{-\infty}^{\infty}f(t)e^{ixt}dt\right)dx$$

$$=2\pi\int_{-\infty}^{\infty}f(t)\left(\frac{1}{2\pi}\int_{-\infty}^{\infty}F(x)e^{itx}dx\right)dt$$

$$=2\pi\int_{-\infty}^{\infty}f(t)f(t)\,dt=2\pi\int_{-\infty}^{\infty}|f(t)|^2\,dt$$

$$\therefore\quad \int_{-\infty}^{\infty}|F(x)|^2\,dx=2\pi\int_{-\infty}^{\infty}|f(t)|^2\,dt$$

よって，パーセバルの等式に関しては，（ｉ）の定義の方が形がいい。

**入試問題研究３－６（フーリエ変換とデルタ関数）**

関数 $f(t)$ のフーリエ変換 $F(\omega)$ およびその逆変換を次のように定義する。

$$\mathcal{F}[f(t)] = F(\omega) = \int_{-\infty}^{\infty} f(t)e^{-i\omega t}dt$$

$$f(t) = \frac{1}{2\pi}\int_{-\infty}^{\infty} F(\omega)e^{i\omega t}d\omega$$

以下の問いに答えよ。

(1) 次の関数 $f(t)$ のフーリエ変換を求めよ。

$$f(t) = \begin{cases} 1 & (|t|<1) \\ \dfrac{1}{2} & (|t|=1) \\ 0 & (|t|>1) \end{cases}$$

(2) 任意の連続関数 $\phi(t)$ に対して，デルタ関数 $\delta(t)$ は以下の式を満たす。

$$\int_{-\infty}^{\infty} \phi(t)\delta(t)dt = \phi(0)$$

次の関数 $g(t)$ のフーリエ変換を求めよ。

$$g(t) = \delta\left(t+\frac{1}{2}\right) + \delta\left(t-\frac{1}{2}\right)$$

(3) 問(2)の関数 $g(t)$ と実関数 $h(t)$ の合成積は，

$$(h*g)(t) = \frac{1}{2\pi}\int_{-\infty}^{\infty} h(\tau)g(t-\tau)d\tau$$

で与えられる。この合成積のフーリエ変換が，

$$\mathcal{F}[(h*g)(t)] = \frac{2\sin\omega}{\omega}$$

のとき，$h(t)$ を求めよ。　　＜東北大学大学院＞

**【解説】**　デルタ関数のフーリエ変換もデルタ関数の性質を使うだけであり，難しい計算にはならない。なお，合成積のフーリエ変換の分解公式を使う際はフーリエ変換の定義の仕方に注意が必要である。

**解答**　(1) $\mathcal{F}[f(t)] = F(\omega) = \int_{-\infty}^{\infty} f(t)e^{-i\omega t}dt$

$$= \int_{-1}^{1} 1\cdot e^{-i\omega t}dt$$

$$= \int_{-1}^{1} (\cos\omega t - i\sin\omega t)dt$$

$$= 2\int_{0}^{1} \cos\omega t\, dt$$

$$=2\left[\frac{1}{\omega}\sin\omega t\right]_0^1=\frac{2\sin\omega}{\omega}$$ ……〔答〕

（注） $\omega=0$ のときの値は特に求めなくてもよい。

(2) $\mathcal{F}[g(t)]=\int_{-\infty}^{\infty}g(t)e^{-i\omega t}dt$

$$=\int_{-\infty}^{\infty}\delta\left(t+\frac{1}{2}\right)e^{-i\omega t}dt+\int_{-\infty}^{\infty}\delta\left(t-\frac{1}{2}\right)e^{-i\omega t}dt$$

$$=\int_{-\infty}^{\infty}\delta(u)e^{-i\omega\left(u-\frac{1}{2}\right)}du+\int_{-\infty}^{\infty}\delta(u)e^{-i\omega\left(u+\frac{1}{2}\right)}du$$

$$=e^{-i\omega\left(0-\frac{1}{2}\right)}+e^{-i\omega\left(0+\frac{1}{2}\right)}$$

$$=e^{i\cdot\frac{1}{2}\omega}+e^{-i\cdot\frac{1}{2}\omega}$$

$$=\left(\cos\frac{\omega}{2}+i\sin\frac{\omega}{2}\right)+\left(\cos\frac{\omega}{2}-i\sin\frac{\omega}{2}\right)$$

$$=2\cos\frac{\omega}{2}$$ ……〔答〕

(3) 本問でのフーリエ変換の定義に注意すると

$$\mathcal{F}[(h*g)(t)]=\mathcal{F}[h(t)]\cdot\mathcal{F}[g(t)]=\frac{2\sin\omega}{\omega}$$

より

$$\mathcal{F}[h(t)]\cdot 2\cos\frac{\omega}{2}=\frac{2\sin\omega}{\omega}=\frac{1}{\omega}\cdot 4\sin\frac{\omega}{2}\cos\frac{\omega}{2}$$

$$\therefore\quad \mathcal{F}[h(t)]=\frac{2}{\omega}\sin\frac{\omega}{2}=\frac{\sin\frac{\omega}{2}}{\frac{\omega}{2}}$$

そこで

$$\int_{-\infty}^{\infty}f(2t)e^{-i\omega t}dt=\int_{-\infty}^{\infty}f(u)e^{-i\omega\frac{1}{2}u}\frac{1}{2}du$$

$$=\frac{1}{2}\int_{-\infty}^{\infty}f(u)e^{-i\frac{\omega}{2}u}du=\frac{\sin\frac{\omega}{2}}{\frac{\omega}{2}}$$

に注意すると

$$h(t)=f(2t)=\begin{cases}1 & (|t|<\frac{1}{2})\\ \frac{1}{2} & (|t|=\frac{1}{2})\\ 0 & (|t|>\frac{1}{2})\end{cases}$$ ……〔答〕

（注）フーリエ変換の定義によって，分解公式の形が異なる。

# 第4章

# ラ プ ラ ス 変 換

## 4．1　ラプラス変換

〔**目標**〕前の章では，$(-\infty, \infty)$ で絶対可積分な関数に対してフーリエ変換を考えた。しかし，この条件を満たさず，フーリエ変換を考えることができない基本的な関数もたくさんある。ここでは，フーリエ変換とはまた異なる変換であるラプラス変換を学習することにしよう。

### （1）ラプラス変換のアイデア

第 3 章で，無限区間 $(-\infty, \infty)$ で定義された関数 $f(x)$ に対して

フーリエ変換：$\dfrac{1}{\sqrt{2\pi}}\displaystyle\int_{-\infty}^{\infty} f(t)e^{-iut}dt$

その逆変換　：$\dfrac{1}{\sqrt{2\pi}}\displaystyle\int_{-\infty}^{\infty} F(u)e^{iux}du$

を考えた。そのとき，フーリエ積分の収束から

フーリエ変換：$\displaystyle\int_{-\infty}^{\infty} f(t)e^{-iut}dt$

その逆変換　：$\dfrac{1}{2\pi}\displaystyle\int_{-\infty}^{\infty} F(u)e^{iux}du$

と定義しても差し支えないことを注意した。

ここでは，あとに書いた方の定義でフーリエ変換を考えることにする。

さて，関数 $f(x)$ が区間 $(0, \infty)$ で定義され，定数 $\sigma > 0$ に対して，関数 $f(x)e^{-\sigma x}$ が $(0, \infty)$ で絶対可積分とする。

このとき，$x < 0$ に対して $f(x) = 0$ とすると，$f(x)e^{-\sigma x}$ のフーリエ変換は

$$\int_{-\infty}^{\infty} f(t)e^{-\sigma t}e^{-iut}\,dt = \int_{0}^{\infty} f(t)e^{-(\sigma+iu)t}dt$$

$$= \int_{0}^{\infty} f(t)e^{-st}dt \qquad (s = \sigma + iu \text{ とおいた})$$

となる。これは複素数 $s = \sigma + iu$ の関数であり，$F(s)$ で表すと

$$F(s) = \int_{0}^{\infty} f(t)e^{-st}dt$$

このようにして，実変数 $x$ の関数 $f(x)$ に複素変数 $s$ の関数 $F(s)$ を対応させる変換を**ラプラス変換**という。
ただし，本書では主に $s$ が実数の場合（$s=\sigma$）を扱う。

**ラプラス変換**

区間 $(0,\infty)$ で定義された関数 $f(x)$ に対して

$$L[f(x)](s)=F(s)=\int_0^{\infty} f(t)e^{-st}dt$$

を $f(x)$ の**ラプラス変換**という。

**（注）** ラプラス変換を $\mathcal{L}[f(x)](s)$ のように書くことも多いが，本書では見やすい表記の $L[f(x)](s)$ で統一する。

**［定理］（ラプラス変換の存在）**

区間 $(0,\infty)$ で定義された関数 $f(x)$ が，条件

$$|f(x)| \leqq Me^{cx} \quad (M, c \text{ は定数})$$

を満たすならば，$\sigma=\mathrm{Re}(s)>c$ のとき，ラプラス変換は存在する。

### （２）ラプラス逆変換

再び，次のフーリエ変換とその逆変換を思い出そう。

フーリエ変換：$\displaystyle\int_{-\infty}^{\infty} f(t)e^{-iut}dt$

その逆変換　：$\displaystyle\frac{1}{2\pi}\int_{-\infty}^{\infty} F(u)e^{iux}du$

$f(x)e^{-\sigma x}$ のフーリエ変換であるラプラス変換の逆変換は

$$\begin{aligned}\frac{1}{2\pi}\int_{-\infty}^{\infty} F(s)e^{iux}\,du &= \frac{1}{2\pi}\int_{\sigma-i\infty}^{\sigma+i\infty} F(s)e^{(s-\sigma)x}\frac{1}{i}ds \\ &= \frac{1}{2\pi i}e^{-\sigma x}\int_{\sigma-i\infty}^{\sigma+i\infty} F(s)e^{sx}ds \\ &= \lim_{M\to\infty}\frac{1}{2\pi i}e^{-\sigma x}\int_{\sigma-iM}^{\sigma+iM} F(s)e^{sx}ds\end{aligned}$$

となるから，フーリエ積分の収束定理より

$$\frac{f(x+0)+f(x-0)}{2}e^{-\sigma x}=\frac{1}{2\pi i}e^{-\sigma x}\int_{\sigma-i\infty}^{\sigma+i\infty} F(s)e^{sx}ds \quad (x>0)$$

すなわち

$$\frac{f(x+0)+f(x-0)}{2}=\frac{1}{2\pi i}\int_{\sigma-i\infty}^{\sigma+i\infty} F(s)e^{sx}ds \quad (x>0)$$

こうして，次のラプラス逆変換の定義を得る。

**ラプラス逆変換**

区間 $(0,\infty)$ で定義された関数 $f(x)$ に対して，そのラプラス変換を $F(s)$ とするとき

$$L^{-1}[F(s)](x)=\frac{1}{2\pi i}\int_{\alpha-i\infty}^{\sigma+i\infty}F(s)e^{sx}ds \quad (x>0)$$

を $F(s)$ の**ラプラス逆変換**という。

ただし，複素積分の積分路は直線 $s=\sigma+iu$ $(-\infty<u<\infty)$ である。

**（注）** ラプラス逆変換 $L^{-1}[F(s)](x)$ を $\mathcal{L}^{-1}[F(s)](x)$ と書くことも多い。

上の議論から次のことがわかる。

**［定理］（ラプラス逆変換の一意性）**

関数 $f(x), g(x)$ のラプラス変換が存在して

$$L[f(x)]=L[g(x)]$$

ならば，$f(x)$ と $g(x)$ は連続点において一致する。

**（注）** ラプラス逆変換を定義に従って計算するのは明らかに困難である。そこで，次の節で見るように，ラプラス逆変換の実際的計算においては，この一意性を基礎として，ラプラス変換の基本性質を利用して効率的に計算する。

### （３）ラプラス変換の計算

それでは，ラプラス変換の定義に従って，具体的な計算の練習をしてみよう。

**問 1**　次の関数 $f(x)$ のラプラス変換を求めよ。

(1)　$f(x)=1$　　　　(2)　$f(x)=x$

**（解）** (1)　$F(s)=\int_0^\infty f(t)e^{-st}dt$

$$=\int_0^\infty e^{-st}dt=\left[-\frac{1}{s}e^{-st}\right]_0^\infty=\frac{1}{s}$$

(2)　$F(s)=\int_0^\infty f(t)e^{-st}dt$

$$=\int_0^\infty te^{-st}dt$$

$$=\left[t\cdot\left(-\frac{1}{s}e^{-st}\right)\right]_0^\infty-\int_0^\infty 1\cdot\left(-\frac{1}{s}e^{-st}\right)dt$$

$$=\frac{1}{s}\int_0^\infty e^{-st}dt=\frac{1}{s}\left[-\frac{1}{s}e^{-st}\right]_0^\infty=\frac{1}{s^2}$$

□

基本的な関数のラプラス変換は次のようになる。

**［公式］（基本的な関数のラプラス変換）**

(1) $L[x^n](s)=\dfrac{n!}{s^{n+1}} \quad (n=0,1,2,\cdots)$

(2) $L[\sin\omega x](s)=\dfrac{\omega}{s^2+\omega^2}$

(3) $L[\cos\omega x](s)=\dfrac{s}{s^2+\omega^2}$

**（4）ラプラス変換の基本性質**

ラプラス変換の計算は基本的な関数のラプラス変換と以下に述べるような基本性質を組み合わせて実行する。

まず，次の性質は定義から明らかである。

**［公式］（ラプラス変換の線形性）**

$$L[af(x)+bg(x)]=aL[f(x)]+bL[g(x)] \quad (a,b \text{ は定数})$$

次に，ラプラス変換の計算で非常に重要な役割を果たす公式を述べる。

**［公式］（移動法則・微分法則・積分法則）**

(1) **移動法則**：$L[e^{ax}f(x)](s)=L[f(x)](s-a)$

(2) **微分法則**：$L[f'(x)](s)=sL[f(x)](s)-f(0)$

(3) **積分法則**：$L\left[\int_0^x f(u)du\right](s)=\dfrac{1}{s}L[f(x)](s)$

**（証明）** (1) $L[e^{ax}f(x)](s)=\int_0^\infty e^{at}f(t)e^{-st}dt=\int_0^\infty f(t)e^{-(s-a)t}dt$

$$=L[f(x)](s-a)$$

(2) $L[f'(x)](s)=\int_0^\infty f'(t)e^{-st}dt=\left[f(t)\cdot e^{-st}\right]_0^\infty-\int_0^\infty f(t)\cdot(-se^{-st})dt$

$$=-f(0)+s\int_0^\infty f(t)e^{-st}dt=sL[f(x)](s)-f(0)$$

(3) $L\left[\int_0^x f(u)du\right](s)=\int_0^\infty\left(\int_0^t f(u)du\right)e^{-st}dt$

$$=\left[\left(\int_0^t f(u)du\right)\cdot\left(-\frac{1}{s}e^{-st}\right)\right]_0^\infty-\int_0^\infty f(t)\cdot\left(-\frac{1}{s}e^{-st}\right)dt$$

$$=\frac{1}{s}\int_0^\infty f(t)e^{-st}dt=\frac{1}{s}L[f(x)](s)$$

□

**問 2**　次の関数 $f(x)$ のラプラス変換を求めよ。

(1)　$f(x)=e^{ax}$　　　　(2)　$f(x)=x^4$

（解）(1)　$L[e^{ax}](s)=L[1](s-a)$　⬅ **移動法則**

$$=\frac{1}{s-a}$$

(2)　$L[x^4](s)=\frac{1}{s}L[4x^3](s)$　⬅ **積分法則**

$$=\frac{4}{s}L[x^3](s)$$　⬅ **線形性**

$$=\frac{4}{s}\cdot\frac{1}{s}L[3x^2](s)=\frac{4}{s}\cdot\frac{3}{s}L[x^2](s)$$

$$=\frac{4}{s}\cdot\frac{3}{s}\cdot\frac{1}{s}L[2x](s)=\frac{4}{s}\cdot\frac{3}{s}\cdot\frac{2}{s}L[x](s)$$

$$=\frac{4}{s}\cdot\frac{3}{s}\cdot\frac{2}{s}\cdot\frac{1}{s}L[1](s)=\frac{4}{s}\cdot\frac{3}{s}\cdot\frac{2}{s}\cdot\frac{1}{s}\cdot\frac{1}{s}=\frac{4!}{s^5}=\frac{24}{s^5}$$ □

最後にもう少し練習しておこう。

**問 3**　次の関数 $f(x)$ のラプラス変換を求めよ。

(1)　$f(x)=\sin\omega x$　　　　(2)　$f(x)=e^{ax}\sin\omega x$

（解）(1)　$L[\sin\omega x](s)=\int_0^\infty f(t)e^{-st}dt=\int_0^\infty e^{-st}\sin\omega t\,dt$

であることに注意する。

$$(e^{-st}\sin\omega t)'=-se^{-st}\cdot\sin\omega t+e^{-st}\cdot\omega\cos\omega t \quad \cdots\cdots①$$

$$(e^{-st}\cos\omega t)'=-se^{-st}\cdot\cos\omega t+e^{-st}\cdot(-\omega\sin\omega t) \quad \cdots\cdots②$$

①× $s$ +②× $\omega$ より

$$(se^{-st}\sin\omega t+\omega e^{-st}\cos\omega t)'=-(s^2+\omega^2)e^{-st}\sin\omega t$$

$\therefore\quad \int e^{-st}\sin\omega t\,dt=-\frac{1}{s^2+\omega^2}e^{-st}(s\sin\omega t+\omega\cos\omega t)+C$（$C$ は積分定数）

よって

$$L[\sin\omega x](s)=\int_0^\infty e^{-st}\sin\omega t\,dt$$

$$=\left[-\frac{1}{s^2+\omega^2}e^{-st}(s\sin\omega t+\omega\cos\omega t)\right]_0^\infty=\frac{\omega}{s^2+\omega^2}$$

(2)　$L[e^{ax}\sin\omega x](s)=L[\sin\omega x](s-a)$　⬅ **移動法則**

$$=\frac{\omega}{(s-a)^2+\omega^2}$$ □

**例題１（ラプラス変換）**

次の関数のラプラス変換を求めよ。

(1) $\cos\omega x$　　(2) $e^{ax}\cos\omega x$　　(3) $\sinh\omega x$

**【解説】** ラプラス変換の計算はまずは定義に従って実行する。

さらに，基本的な関数のラプラス変換の公式とラプラス変換の基本性質（線形性，移動法則，微分法則，積分法則）を活用しながら計算する。特に，ラプラス変換の線形性と移動法則は重要である。

基本的な関数のラプラス変換として次の3つを覚えておけばよい。

（i） $L[x^n](s)=\dfrac{n!}{s^{n+1}}\quad (n=0,1,2,\cdots)$

（ii） $L[\sin\omega x](s)=\dfrac{\omega}{s^2+\omega^2}$　　（iii） $L[\cos\omega x](s)=\dfrac{s}{s^2+\omega^2}$

**解答** (1) $L[\cos\omega x](s)=\int_0^\infty e^{-st}\cos\omega t\,dt$　⬅ **ラプラス変換の定義**

ここで

$$(e^{-st}\sin\omega t)'=-se^{-st}\cdot\sin\omega t+e^{-st}\cdot\omega\cos\omega t \quad \cdots\cdots①$$

$$(e^{-st}\cos\omega t)'=-se^{-st}\cdot\cos\omega t+e^{-st}\cdot(-\omega\sin\omega t) \quad \cdots\cdots②$$

①×$\omega$ −②×$s$ より

$$(\omega e^{-st}\sin\omega t-se^{-st}\cos\omega t)'=(s^2+\omega^2)e^{-st}\cos\omega t$$

$$\therefore\quad \int e^{-st}\cos\omega t\,dt=\frac{1}{s^2+\omega^2}e^{-st}(\omega\sin\omega t-s\cos\omega t)+C$$

よって

$$L[\cos\omega x](s)=\int_0^\infty e^{-st}\cos\omega t\,dt=\left[\frac{1}{s^2+\omega^2}e^{-st}(\omega\sin\omega t-s\cos\omega t)\right]_0^\infty$$

$$=\frac{s}{s^2+\omega^2}\quad\cdots\cdots〔答〕$$

(2) $L[e^{ax}\cos\omega x](s)=L[\cos\omega x](s-a)$　⬅ **移動法則**

$$=\frac{s}{(s-a)^2+\omega^2}\quad\cdots\cdots〔答〕$$

(3) $L[\sinh\omega x](s)=L\left[\dfrac{e^{\omega x}-e^{-\omega x}}{2}\right](s)$

$=\dfrac{1}{2}\{L[e^{\omega x}](s)-L[e^{-\omega x}](s)\}$　⬅ **線形性**

$=\dfrac{1}{2}\{L[1](s-\omega)-L[1](s+\omega)\}$　⬅ **移動法則**

$=\dfrac{1}{2}\left(\dfrac{1}{s-\omega}-\dfrac{1}{s+\omega}\right)=\dfrac{\omega}{s^2-\omega^2}$　……〔答〕

**例題 2（いろいろな公式）**

［1］ 次の等式（公式）を証明せよ。

(1) $\dfrac{d}{ds}L[f(x)](s)=-L[x\,f(x)](s)$　　**（像関数の微分法則）**

(2) $\displaystyle\int_s^\infty L[f(x)](t)dt=L\left[\frac{f(x)}{x}\right](s)$　　**（像関数の積分法則）**

［2］ 次の関数のラプラス変換を求めよ。

(1) $x\sin x$　　(2) $\dfrac{\sin x}{x}$

**【解説】**ラプラス変換の公式にはいろいろなものがある。これらは，すでに述べた微分法則，積分法則を**原関数の微分法則**，**積分法則**というのに対して，**像関数の微分法則**，**積分法則**という。

**解答**　［1］ (1) $\displaystyle\frac{d}{ds}L[f(x)](s)=\frac{d}{ds}\int_0^\infty f(t)e^{-st}dt$

$$=\int_0^\infty \frac{\partial}{\partial s}f(t)e^{-st}dt \quad \Leftarrow \text{微分と積分の交換}$$

$$=-\int_0^\infty t\,f(t)e^{-st}dt=-L[x\,f(x)](s)$$

(2) $\displaystyle\int_s^\infty L[f(x)](t)dt=\int_s^\infty\left(\int_0^\infty f(u)e^{-tu}du\right)dt$

$$=\int_0^\infty\left(\int_s^\infty f(u)e^{-tu}dt\right)du \quad \Leftarrow \text{積分の順序交換}$$

$$=\int_0^\infty f(u)\left(\int_s^\infty e^{-tu}dt\right)du$$

$$=\int_0^\infty f(u)\left[-\frac{1}{u}e^{-tu}\right]_{t=s}^{t=\infty}du=\int_0^\infty f(u)\cdot\frac{1}{u}e^{-su}du$$

$$=\int_0^\infty \frac{f(u)}{u}e^{-su}du=L\left[\frac{f(x)}{x}\right](s)$$

［2］ (1) ［1］(1)で示した公式より

$$L[x\sin x](s)=-\frac{d}{ds}L[\sin x](s)$$

$$=-\frac{d}{ds}\left(\frac{1}{s^2+1}\right)=\frac{2s}{(s^2+1)^2} \quad \cdots\cdots〔答〕$$

(2) ［1］(2)で示した公式より

$$L\left[\frac{\sin x}{x}\right](s)=\int_s^\infty L[\sin x](t)dt$$

$$=\int_s^\infty\frac{1}{t^2+1}dt=\left[\tan^{-1}t\right]_s^\infty=\frac{\pi}{2}-\tan^{-1}s \quad \cdots\cdots〔答〕$$

## ■ 演習問題　4.1

解答はp. 282

**1** 次の関数のラプラス変換を求めよ。

(1) $x^n$ （$n$ は自然数）　　(2) $e^{-x}\sin x$　　(3) $x\cosh x$

**2** 以下の公式を証明せよ。ただし，$a>0$ とする。

(1) **相似法則**：$L[f(ax)](s)=\dfrac{1}{a}L[f(x)]\left(\dfrac{s}{a}\right)$

(2) **原関数の移動法則**：

（i） $L[f(x-a)](s)=e^{-as}L[f(x)](s)$

（ii） $L[f(x+a)](s)=e^{as}\left(L[f(x)](s)-\int_0^a f(u)e^{-su}du\right)$

### ＜参考＞ 原関数と像関数

ラプラス変換はある関数 $f(x)$ に別の関数 $L[f(x)](s)$ を対応させる写像である。元の関数 $f(x)$ を**原関数**，変換後の関数 $L[f(x)](s)$ を**像関数**という。よって，移動法則，微分法則，積分法則を整理すると以下のようになる。暗記するのは，いずれの場合も(1)の方だけでよい。

［1］移動法則

(1) **像関数**の移動法則：$L[f(x)](s-a)=L[e^{ax}f(x)](s)$

(2) **原関数**の移動法則：

（i） $L[f(x-a)](s)=e^{-as}L[f(x)](s)$

（ii） $L[f(x+a)](s)=e^{as}\left(L[f(x)](s)-\int_0^a f(u)e^{-su}du\right)$

［2］微分法則

(1) **原関数**の微分法則：$L[f'(x)](s)=sL[f(x)](s)-f(0)$

(2) **像関数**の微分法則：$\dfrac{d}{ds}L[f(x)](s)=-L[x\,f(x)](s)$

［3］積分法則

(1) **原関数**の積分法則：$L\left[\int_0^x f(u)du\right](s)=\dfrac{1}{s}L[f(x)](s)$

(2) **像関数**の積分法則：$\int_s^\infty L[f(x)](t)dt=L\left[\dfrac{f(x)}{x}\right](s)$

## 4．2　ラプラス逆変換

**〔目標〕** ここでは，前の節でも少し触れたラプラス逆変換について詳しく考察していく。

### （1）ラプラス変換とラプラス逆変換の復習

ここで，もう一度，ラプラス変換とその逆変換の導入について復習しておきたい。

ラプラス変換を考えるための基礎となったのは，次のフーリエ積分の収束に関する定理（**フーリエの積分定理**）であったことを思い出そう。

**［定理］（フーリエの積分定理）**

$f(x)$ が区分的に滑らか，かつ，絶対可積分であるとき

$$\frac{f(x+0)+f(x-0)}{2}=\frac{1}{2\pi}\int_{-\infty}^{\infty}\left(\int_{-\infty}^{\infty}f(t)e^{-iut}dt\right)e^{iux}du$$

が成り立つ。特に，$x$ が連続点のときは，左辺は $f(x)$ に等しい。

ラプラス変換を考えるとき，フーリエ変換を

$$\int_{-\infty}^{\infty}f(t)e^{-iut}dt$$

と定め，よって，その逆変換を

$$\frac{1}{2\pi}\int_{-\infty}^{\infty}\left(\int_{-\infty}^{\infty}f(t)e^{-iut}\,dt\right)e^{iux}du$$

と定めた。

そして，絶対可積分とは限らない $f(x)$ に対しても，$f(x)e^{-\sigma x}$ $(\sigma>0)$ が区間 $(0,\infty)$ で絶対可積分となる場合には，$x<0$ に対して $f(x)=0$ と約束することにより，$f(x)e^{-\sigma x}$ のフーリエ変換

$$\int_{-\infty}^{\infty}f(t)e^{-\sigma t}\cdot e^{-iut}dt=\int_{0}^{\infty}f(t)e^{-(\sigma+iu)t}dt=\int_{0}^{\infty}f(t)e^{-st}dt$$

を $f(x)$ のラプラス変換といい，$L[f(x)](s)$ $(=F(s))$ と表した。

このとき，フーリエ積分定理より，特に連続点 $x$ において

$$\begin{aligned}f(x)e^{-\sigma x}&=\frac{1}{2\pi}\int_{-\infty}^{\infty}F(s)e^{iux}du\\&=\frac{1}{2\pi}\int_{\sigma-i\infty}^{\sigma+i\infty}F(s)e^{(s-\sigma)x}\frac{1}{i}ds=e^{-\sigma x}\frac{1}{2\pi i}\int_{\sigma-i\infty}^{\sigma+i\infty}F(s)e^{sx}ds\end{aligned}$$

が成り立ち

$$f(x)=\frac{1}{2\pi i}\int_{\sigma-i\infty}^{\sigma+i\infty}F(s)e^{sx}ds\quad\left(=\lim_{M\to\infty}\frac{1}{2\pi i}\int_{\sigma-iM}^{\sigma+iM}F(s)e^{sx}ds\right)$$

が成り立つのであった。この右辺が $F(s)$ のラプラス逆変換である。

ここで，左辺に現れている $f(x)$ は，もちろん，$x<0$ に対して $f(x)=0$ と約束していたことに注意しよう。

したがって，$f(x)=1$ と言った場合，実は

$$f(x)=\begin{cases}1 & (x \geqq 0)\\ 0 & (x<0)\end{cases}$$

の意味である（$x=0$ における値はさほど重要ではないが）。

この関数をあらためて $H(x)$ と表し，**ヘビサイドの関数**という。この関数はラプラス変換において重要な役割を果たす関数で，次の節で詳しく調べる。

**ヘビサイドの関数**

区間 $(-\infty,\infty)$ で定義された関数

$$H(x)=\begin{cases}1 & (x \geqq 0)\\ 0 & (x<0)\end{cases}$$

を**ヘビサイドの関数**という（$x=0$ における値はどうでもよい）。

したがって，ラプラス変換を考える場合，次の関数

$1,\ x,\ e^x,\ \sin x,\ \cos x$

などはそれぞれ，正確には

$H(x),\ xH(x),\ e^xH(x),\ \sin x\cdot H(x),\ \cos x\cdot H(x)$

を意味していることに注意しよう。

さて，ラプラス逆変換の実際的な計算において重要となるのは，次のラプラス逆変換の一意性の定理である。

**［定理］（ラプラス逆変換の一意性）**

関数 $f(x)$，$g(x)$ のラプラス変換が存在して

$$L[f(x)]=L[g(x)]$$

ならば，$f(x)$ と $g(x)$ は連続点において一致する。

**問 1**　関数 $F(s)=\dfrac{s}{s^2+1}$ のラプラス逆変換 $L^{-1}\left[\dfrac{s}{s^2+1}\right](x)$ を求めよ。

（解）$L[\cos x](s)=\dfrac{s}{s^2+1}$ であるから，ラプラス逆変換の一意性より

$L^{-1}\left[\dfrac{s}{s^2+1}\right](x)=\cos x$　　（注）厳密には，$\cos x\cdot H(x)$　□

### （2）ラプラス逆変換の基本性質

ラプラス逆変換を効率的に計算するため，ラプラス逆変換の基本的な性質を調べていこう。

**［公式］（ラプラス逆変換の線形性）**

$$L^{-1}[aF(s)+bG(s)] = aL^{-1}[F(s)]+bL^{-1}[G(s)] \quad (a, b \text{ は定数})$$

**（証明）** 明らかに， $L[L^{-1}[aF(s)+bG(s)]] = aF(s)+bG(s)$ である。
一方，ラプラス変換の線形性より

$$\begin{aligned} L[aL^{-1}[F(s)]+bL^{-1}[G(s)]] &= aL[L^{-1}[F(s)]]+bL[L^{-1}[G(s)]] \\ &= aF(s)+bG(s) \end{aligned}$$

よって，ラプラス逆変換の一意性により

$$L^{-1}[aF(s)+bG(s)] = aL^{-1}[F(s)]+bL^{-1}[G(s)]$$

□

**問 2**　関数 $F(s)=\dfrac{1}{s^2-1}$ のラプラス逆変換を求めよ。

**（解）** $$\begin{aligned} L^{-1}\left[\frac{1}{s^2-1}\right](x) &= L^{-1}\left[\frac{1}{2}\left(\frac{1}{s-1}-\frac{1}{s+1}\right)\right](x) \\ &= \frac{1}{2}\left\{L^{-1}\left[\frac{1}{s-1}\right](x)-L^{-1}\left[\frac{1}{s+1}\right](x)\right\} \end{aligned}$$ ⬅ **線形性**

ここで

$$L[e^x](s) = L[1](s-1) = \frac{1}{s-1} \qquad \therefore \quad L^{-1}\left[\frac{1}{s-1}\right](x) = e^x$$

$$L[e^{-x}](s) = L[1](s+1) = \frac{1}{s+1} \qquad \therefore \quad L^{-1}\left[\frac{1}{s+1}\right](x) = e^{-x}$$

であるから

$$L^{-1}\left[\frac{1}{s^2-1}\right](x) = \frac{e^x-e^{-x}}{2} = \sinh x$$

□

次に，その他の性質を調べてみよう。
$F(s)=L[f(x)](s)$ とおくと，ラプラス変換の像関数の移動法則より

$$L[e^{ax}f(x)](s) = L[f(x)](s-a) = F(s-a)$$

$$\therefore \quad e^{ax}f(x) = L^{-1}[F(s-a)](x) \qquad \therefore \quad e^{ax}L^{-1}[F(s)](x) = L^{-1}[F(s-a)](x)$$

すなわち

$$L^{-1}[F(s-a)](x) = e^{ax}L^{-1}[F(s)](x)$$ ⬅ **逆変換の移動法則**

確かにこれも公式ではあるが，覚えたりするのではなく，必要なときに自分で導けるようにしておくことが大切である。

**問 3** 関数 $F(s)=\dfrac{1}{(s+1)^3}$ のラプラス逆変換を求めよ。

（解）$L^{-1}\left[\dfrac{1}{(s+1)^3}\right](x)=e^{-x}L^{-1}\left[\dfrac{1}{s^3}\right](x)$ ⬅ **移動法則**

$=e^{-x}\cdot\dfrac{1}{2!}L^{-1}\left[\dfrac{2!}{s^3}\right](x)$ ⬅ **線形性**

$=e^{-x}\cdot\dfrac{1}{2!}x^2$ ⬅ **基本の変換**：$L[x^n](s)=\dfrac{n!}{s^{n+1}}$

$=\dfrac{1}{2}x^2e^{-x}$ □

他にどのような公式ができるかもう少しだけ調べ見よう。

$F(s)=L[f(x)](s)$ とおく。

(1) 像関数の微分法則より

$$\frac{d}{ds}F(s)=-L[x\,f(x)](s)$$

$\therefore\quad L[x\,f(x)](s)=-\dfrac{d}{ds}F(s)\qquad\therefore\quad x\,f(x)=-L^{-1}\left[\dfrac{d}{ds}F(s)\right](x)$

すなわち，$L^{-1}\left[\dfrac{d}{ds}F(s)\right](x)=-xL^{-1}[F(s)](x)$ ⬅ **逆変換の微分法則**

(2) 像の積分法則より

$$\int_s^\infty F(t)dt=L\left[\frac{f(x)}{x}\right](s)\qquad\therefore\quad f(x)=xL^{-1}\left[\int_s^\infty F(t)dt\right](x)$$

すなわち，$L^{-1}\left[\displaystyle\int_s^\infty F(t)dt\right](x)=\dfrac{1}{x}L^{-1}[F(s)](x)$ ⬅ **逆変換の積分法則**

このように，ラプラス変換の基本性質を書き換えれば，当然ラプラス逆変換のいろいろな公式が導けるが，有用なものもあればそうでないものもある。

**問 4** 関数 $F(s)=\dfrac{s}{(s^2+1)^2}$ のラプラス逆変換を求めよ。

（解）$L^{-1}\left[\dfrac{s}{(s^2+1)^2}\right](x)=L^{-1}\left[-\dfrac{1}{2}\dfrac{d}{ds}\left(\dfrac{1}{s^2+1}\right)\right](x)$

$=-\dfrac{1}{2}L^{-1}\left[\dfrac{d}{ds}\left(\dfrac{1}{s^2+1}\right)\right](x)$ ⬅ **線形性**

$=-\dfrac{1}{2}\left\{-xL^{-1}\left[\dfrac{1}{s^2+1}\right](x)\right\}$ ⬅ **公式**：$L^{-1}\left[\dfrac{d}{ds}F(s)\right](x)=-xL^{-1}[F(s)](x)$

$=\dfrac{1}{2}xL^{-1}\left[\dfrac{1}{s^2+1}\right](x)=\dfrac{1}{2}x\sin x$ □

### （3）合成積（たたみこみ）

ラプラス逆変換の計算はラプラス変換の計算に還元されることがわかった。そこで，ラプラス逆変換の計算においても有用な**合成積（たたみこみ）**について確認しておこう。

**合成積（たたみこみ）**

2 つの関数 $f$，$g$ に対して，**合成積（たたみこみ）** $f*g$ を

$$(f*g)(x)=\int_0^x f(x-t)g(t)dt$$

で定義する。

（注）$f*g=g*f$ が成り立つ。

合成積について，次の公式が成り立つ。

**［公式］（合成積のラプラス変換）**

$$L[(f*g)(x)](s)=L[f(x)](s)\cdot L[g(x)](s)$$

それでは早速，この公式をラプラス逆変換の計算に利用してみよう。

**問 5**　関数 $F(s)=\dfrac{s^2}{(s^2+1)^2}$ のラプラス逆変換を求めよ。

（解）$L[\cos x](s)=\dfrac{s}{s^2+1}$ より

$$L[\cos x*\cos x](s)=L[\cos x](s)\cdot L[\cos x](s)$$
$$=\frac{s^2}{(s^2+1)^2}$$

よって

$$L^{-1}\left[\frac{s^2}{(s^2+1)^2}\right](x)=\cos x*\cos x$$
$$=\int_0^x\cos(x-t)\cos t\,dt \quad \text{⬅ 合成積の定義}$$
$$=\frac{1}{2}\int_0^x\{\cos x+\cos(x-2t)\}dt \quad \text{⬅ 三角関数の和積公式}$$
$$=\frac{1}{2}\left[t\cos x-\frac{1}{2}\sin(x-2t)\right]_0^x$$
$$=\frac{1}{2}\left\{\left(x\cos x+\frac{1}{2}\sin x\right)-\left(-\frac{1}{2}\sin x\right)\right\}$$
$$=\frac{1}{2}(x\cos x+\sin x)$$

□

**例題 1（合成積またはたたみこみ）**

次の 2 つの関数の合成積を求めよ。また，そのラプラス変換も求めよ。

(1) $\sin\omega x$, $\cos\omega x$　　　(2) $x$, $\cos\omega x$

**【解説】** 2 つの関数 $f$，$g$ に対して，**合成積**（たたみこみ）$f*g$ は

$$(f*g)(x)=\int_0^x f(x-t)g(t)dt$$

で定義される。

**解答** (1) $\sin\omega x*\cos\omega x=\int_0^x \sin\omega(x-t)\cos\omega t\,dt$

$$=\frac{1}{2}\int_0^x\{\sin\omega x+\sin\omega(x-2t)\}dt=\frac{1}{2}\left[t\sin\omega x+\frac{1}{2\omega}\cos\omega(x-2t)\right]_0^x$$

$$=\frac{1}{2}\left\{\left(x\sin\omega x+\frac{1}{2\omega}\cos\omega x\right)-\frac{1}{2\omega}\cos\omega x\right\}=\frac{1}{2}x\sin\omega x \quad \cdots\cdots〔答〕$$

また，そのラプラス変換は

$$L\left[\frac{1}{2}x\sin\omega x\right](s)=L[\sin\omega x*\cos\omega x](s)$$

$$=L[\sin\omega x](s)\cdot L[\cos\omega x](s)$$

$$=\frac{\omega}{s^2+\omega^2}\cdot\frac{s}{s^2+\omega^2}=\frac{\omega s}{(s^2+\omega^2)^2} \quad \cdots\cdots〔答〕$$

(2) $x*\cos\omega x=\int_0^x (x-t)\cos\omega t\,dt$

$$=\left[(x-t)\cdot\frac{1}{\omega}\sin\omega t\right]_0^x-\int_0^x(-1)\cdot\frac{1}{\omega}\sin\omega t\,dt$$

$$=0-\left[\frac{1}{\omega^2}\cos\omega t\right]_0^x=\frac{1-\cos\omega x}{\omega^2} \quad \cdots\cdots〔答〕$$

また，そのラプラス変換は

$$L\left[\frac{1-\cos\omega x}{\omega^2}\right](s)=L[x*\cos\omega x](s)=L[x](s)\cdot L[\cos\omega x](s)$$

$$=\frac{1}{s^2}\cdot\frac{s}{s^2+\omega^2}=\frac{1}{s(s^2+\omega^2)} \quad \cdots\cdots〔答〕$$

**［後半の別解］**

$$L\left[\frac{1-\cos\omega x}{\omega^2}\right](s)=\frac{1}{\omega^2}\{L[1](s)-L[\cos\omega x](s)\}$$

$$=\frac{1}{\omega^2}\left(\frac{1}{s}-\frac{s}{s^2+\omega^2}\right)$$

$$=\frac{1}{\omega^2}\cdot\frac{\omega^2}{s(s^2+\omega^2)}=\frac{1}{s(s^2+\omega^2)} \quad \cdots\cdots〔答〕$$

**例題２（ラプラス逆変換の計算）**

次の関数のラプラス逆変換を求めよ。

(1) $\dfrac{2s}{s^2+2s+5}$　　(2) $\dfrac{1}{(s^2+1)^2}$

**【解説】** ラプラス逆変換の計算には，ラプラス変換の基本公式からただちに導かれるラプラス逆変換の公式を利用して計算する。いくつか例をあげる。

**ラプラス変換の（像関数の）移動法則：**

$$L[e^{ax}f(x)](s)=L[f(x)](s-a)$$

において，$F(s)=L[f(x)](s)$ とおくと

$$L[e^{ax}f(x)](s)=F(s-a) \qquad \therefore \quad e^{ax}f(x)=L^{-1}[F(s-a)](x)$$

すなわち，$L^{-1}[F(s-a)](x)=e^{ax}L^{-1}[F(s)](x)$　⬅ **逆変換の移動法則**

**合成積のラプラス変換に関する公式：**

$$L[(f*g)(x)](s)=L[f(x)](s)\cdot L[g(x)](s)$$

において，$F(s)=L[f(x)](s)$，$G(s)=L[g(x)](s)$ とおくと

$$L[(f*g)(x)](s)=F(s)\cdot G(s)$$

$\therefore \quad L^{-1}[F(s)\cdot G(s)](x)=(f*g)(x)$　⬅ **合成積とラプラス逆変換**

このように，逆変換の公式は必要に応じて導いて利用すればよい。

**解答**　(1) $L^{-1}\left[\dfrac{2s}{s^2+2s+5}\right](x)=L^{-1}\left[\dfrac{2(s+1)-2}{(s+1)^2+4}\right](x)$

$$=e^{-x}L^{-1}\left[\frac{2s-2}{s^2+4}\right](x)=e^{-x}\left\{2L^{-1}\left[\frac{s}{s^2+4}\right](x)-L^{-1}\left[\frac{2}{s^2+4}\right](x)\right\}$$

$=e^{-x}(2\cos 2x-\sin 2x)$　……〔答〕

(2) $L^{-1}\left[\dfrac{1}{(s^2+1)^2}\right](x)=L^{-1}\left[\dfrac{1}{s^2+1}\cdot\dfrac{1}{s^2+1}\right](x)$

$$=L^{-1}\big[L[\sin x](s)\cdot L[\sin x](s)\big](x)=\sin x*\sin x$$

$$=\int_0^x \sin(x-t)\sin t\,dt$$

$$=-\frac{1}{2}\int_0^x\{\cos x-\cos(x-2t)\}dt$$

$$=-\frac{1}{2}\left[t\cos x+\frac{1}{2}\sin(x-2t)\right]_0^x$$

$$=-\frac{1}{2}\left\{\left(x\cos x-\frac{1}{2}\sin x\right)-\frac{1}{2}\sin x\right\}$$

$=\dfrac{1}{2}(\sin x-x\cos x)$　……〔答〕

## ■ 演習問題　4.2

解答はp. 282

**1** 次の 2 つの関数の合成積を求めよ。また，そのラプラス変換も求めよ。

(1) $x$, $e^{-x}$

(2) $e^{x}$, $\sin x$

**2** 次の関数のラプラス逆変換を求めよ。

(1) $\dfrac{1}{s^4-1}$

(2) $\dfrac{2s-3}{s^2-5s+6}$

**3** 次の関数のラプラス逆変換を求めよ。

(1) 像関数の微分法則：

$$\frac{d}{ds}L[f(x)](s)=-L[x\,f(x)](s)$$

を利用して，次の関数のラプラス逆変換を求めよ。

$$\frac{s}{(s^2+1)^2}$$

(2) 原関数の積分法則：

$$L\left[\int_0^x f(u)du\right](s)=\frac{1}{s}L[f(x)](s)$$

を利用して，次の関数のラプラス逆変換を求めよ。

$$\frac{1}{s(s^2+4)}$$

## 4．3　ラプラス変換の応用

〔目標〕これまでに準備したラプラス変換についての公式をいろいろな問題に応用することを考える。特に，微分方程式や積分方程式への応用が重要である。

### （1）ラプラス変換についての重要公式

まず，ラプラス変換についての基本公式を思い出しておこう。次の3つの公式が基本である。

**［公式］（基本的な関数のラプラス変換）**

(1) $L[x^n](s)=\dfrac{n!}{s^{n+1}}\quad (n=0,1,2,\cdots)$

(2) $L[\sin\omega x](s)=\dfrac{\omega}{s^2+\omega^2}$

(3) $L[\cos\omega x](s)=\dfrac{s}{s^2+\omega^2}$

**［公式］（ラプラス変換の線形性）**

$L[af(x)+bg(x)]=aL[f(x)]+bL[g(x)]$　（$a,b$ は定数）

**［公式］（移動法則・微分法則・積分法則）**

(1) **移動法則**：$L[e^{ax}f(x)](s)=L[f(x)](s-a)$

(2) **微分法則**：$L[f'(x)](s)=sL[f(x)](s)-f(0)$

(3) **積分法則**：$L\left[\int_0^x f(u)du\right](s)=\dfrac{1}{s}L[f(x)](s)$

そして，ラプラス変換のこれらの公式からただちに得られるラプラス逆変換の公式を活用しながら，様々な問題への応用を考えていく。

**問1**　次の等式を証明せよ。

$$L[f''(x)](s)=s^2L[f(x)](s)-sf(0)-f'(0)$$

**（解）**（原関数の）微分法則：$L[f'(x)](s)=sL[f(x)](s)-f(0)$
を繰り返し適用する。

$$\begin{aligned}L[f''(x)](s)&=sL[f'(x)](s)-f'(0)\\&=s\{sL[f(x)](s)-f(0)\}-f'(0)\\&=s^2L[f(x)](s)-sf(0)-f'(0)\end{aligned}$$

□

**（2）微分方程式への応用**

ラプラス変換を線形微分方程式の初期値問題に応用してみよう。

その前に，前の節でも行ったが

（像関数の）移動法則：$L[e^{ax}f(x)](s)=L[f(x)](s-a)$

をラプラス逆変換の形に書き直しておこう。

移動法則より

$$e^{ax}f(x)=L^{-1}[F(s-a)](x) \qquad （ここで，F(s)=L[f(x)](s) \text{ である。}）$$

すなわち

$$L^{-1}[F(s-a)](x)=e^{ax}L^{-1}[F(s)](x)$$ ⬅ **逆変換の移動法則**

**問 2** 次の微分方程式の初期値問題をラプラス変換を利用して解け。

$y''+2y'+y=\sin x$　　初期条件：$y(0)=0$，$y'(0)=1$

**（解）** $F(s)=L[y](s)$ とおく。

$y''+2y'+y=\sin x$ より

$$L[y''+2y'+y](s)=L[\sin x](s)$$

$$\therefore \quad L[y''](s)+2L[y'](s)+L[y](s)=L[\sin x](s)$$ ⬅ **線形性**

ここで

$$L[\sin x](s)=\frac{1}{s^2+1}$$

$$L[y'](s)=sL[y](s)-y(0)=sF(s) \qquad (\because \quad y(0)=0)$$

$$L[y''](s)=sL[y'](s)-y'(0)=s^2F(s)-1 \qquad (\because \quad y'(0)=1)$$

であるから，次が成り立つことがわかる。

$$s^2F(s)-1+2sF(s)+F(s)=\frac{1}{s^2+1} \qquad \therefore \quad F(s)=\frac{s^2+2}{(s^2+1)(s+1)^2}$$

これを部分分数分解すれば

$$F(s)=\frac{1}{2}\left(\frac{1}{s+1}+\frac{3}{(s+1)^2}-\frac{s}{s^2+1}\right)$$

となり，このラプラス逆変換を考えて

$$\begin{aligned}
y&=L^{-1}\left[\frac{1}{2}\left(\frac{1}{s+1}+\frac{3}{(s+1)^2}-\frac{s}{s^2+1}\right)\right](x)\\
&=\frac{1}{2}\left(L^{-1}\left[\frac{1}{s+1}\right](x)+3L^{-1}\left[\frac{1}{(s+1)^2}\right](x)-L^{-1}\left[\frac{s}{s^2+1}\right](x)\right)\\
&=\frac{1}{2}\left(e^{-x}L^{-1}\left[\frac{1}{s}\right](x)+3e^{-x}L^{-1}\left[\frac{1}{s^2}\right](x)-L^{-1}\left[\frac{s}{s^2+1}\right](x)\right)\\
&=\frac{1}{2}(e^{-x}\cdot 1+3e^{-x}\cdot x-\cos x)=\frac{1}{2}\{(3x+1)e^{-x}-\cos x\}
\end{aligned}$$

□

### （3）積分方程式への応用

今度は，ラプラス変換を積分方程式に応用してみよう。
そこで，合成積（たたみこみ）と関連する公式を思い出しておこう。

**合成積（たたみこみ）**

2 つの関数 $f$，$g$ に対して，**合成積（たたみこみ）** $f*g$ を

$$(f*g)(x)=\int_0^x f(x-t)g(t)dt$$

で定義する。

**［公式］（合成積のラプラス変換）**

$$L[(f*g)(x)](s)=L[f(x)](s)\cdot L[g(x)](s)$$

**問 3**　次の積分方程式をラプラス変換を利用して解け。

$$\int_0^x f(x-t)\cos t\,dt=e^x\sin x$$

**（解）** 与式の左辺は合成積：$f(x)*\cos x$ であるから，与式は

$$f(x)*\cos x=e^x\sin x$$

$$\therefore\quad L[f(x)*\cos x](s)=L[e^x\sin x](s)$$

$$\therefore\quad L[f(x)](s)\cdot L[\cos x](s)=L[\sin x](s-1)$$ ⬅ **合成積の公式**

$$\therefore\quad L[f(x)](s)\cdot\frac{s}{s^2+1}=\frac{1}{(s-1)^2+1}$$

よって

$$F(s)=L[f(x)](s)=\frac{s^2+1}{s\{(s-1)^2+1\}}$$

これを部分分数分解すれば

$$F(s)=\frac{1}{2}\left(\frac{1}{s}+\frac{s+2}{(s-1)^2+1}\right)=\frac{1}{2}\left(\frac{1}{s}+\frac{s-1}{(s-1)^2+1}+\frac{3}{(s-1)^2+1}\right)$$

を得るから，このラプラス逆変換を考えて

$$\begin{aligned}f(x)&=L^{-1}\left[\frac{1}{2}\left(\frac{1}{s}+\frac{s-1}{(s-1)^2+1}+\frac{3}{(s-1)^2+1}\right)\right](x)\\&=\frac{1}{2}\left(L^{-1}\left[\frac{1}{s}\right](x)+L^{-1}\left[\frac{s-1}{(s-1)^2+1}\right]+3L^{-1}\left[\frac{1}{(s-1)^2+1}\right]\right)\\&=\frac{1}{2}\left(L^{-1}\left[\frac{1}{s}\right](x)+e^xL^{-1}\left[\frac{s}{s^2+1}\right]+3e^xL^{-1}\left[\frac{1}{s^2+1}\right]\right)\\&=\frac{1}{2}(1+e^x\cos x+3e^x\sin x)\end{aligned}$$

□

### （4）ヘビサイドの関数

ヘビサイドの関数について前の節でも紹介したが，それは次の関数である。

**ヘビサイドの関数**

区間 $(-\infty, \infty)$ で定義された関数

$$H(x)=\begin{cases}1 & (x \geqq 0)\\ 0 & (x<0)\end{cases}$$

を**ヘビサイドの関数**という（$x=0$ における値はどうでもよい）。

それでは後の応用のためにヘビサイドの関数のラプラス変換を調べよう。

**［公式］（ヘビサイドの関数とラプラス変換）**

$a \geqq 0$ に対して

(1) $L[H(x-a)](s)=\dfrac{e^{-as}}{s}$

(2) $L[f(x-a)H(x-a)](s)=e^{-as}L[f(x)](s)$

**（証明）**(1) ヘビサイドの関数の定義より

$$H(x-a)=\begin{cases}1 & (x \geqq a)\\ 0 & (x<a)\end{cases}$$

であるから

$$L[H(x-a)](s)=\int_0^{\infty} H(t-a)e^{-st}dt=\int_a^{\infty} e^{-st}dt=\left[-\frac{1}{s}e^{-st}\right]_a^{\infty}=\frac{e^{-as}}{s}$$

(2) $$L[f(x-a)H(x-a)](s)=\int_a^{\infty} f(t-a)e^{-st}dt=\int_0^{\infty} f(u)e^{-s(a+u)}du$$

$$=e^{-as}\int_0^{\infty} f(u)e^{-su}du=e^{-as}L[f(x)](s)$$ □

この公式からただちに次のラプラス逆変換の公式が得られる。

**［公式］（ヘビサイドの関数とラプラス逆変換）**

$F(s)=L[f(x)](s)$ とおくとき，$a \geqq 0$ に対して

(1) $L^{-1}\left[\dfrac{e^{-as}}{s}\right](x)=H(x-a)$

(2) $L^{-1}[e^{-as}F(s)](x)=f(x-a)H(x-a)$

**【例】** $L\left[(x-1)^2H(x-1)\right](s)=e^{-s}L[x^2](s)=e^{-s}\dfrac{2!}{s^3}=\dfrac{2e^{-s}}{s^3}$ より

$$L^{-1}\left[\frac{e^{-s}}{s^3}\right](x)=\frac{1}{2}(x-1)^2H(x-1)$$ □

### （5）デルタ関数

最後に，いわゆるデルタ関数について少しだけ説明しておこう。これは厳密には関数の概念に当てはまるものではないが，応用上とても有用であるとともに，“超関数”として，数学的にも厳密に正当化される概念である。

ここでは，数学的に厳密な扱いではなく，直感的な方法による解説を行う。応用上はこれで十分である。

次の関数 $\varphi_\varepsilon(x)$ を考える。

$$\varphi_\varepsilon(x)=\begin{cases}\dfrac{1}{2\varepsilon} & (|x|\leqq\varepsilon)\\ 0 & (|x|>\varepsilon)\end{cases}$$

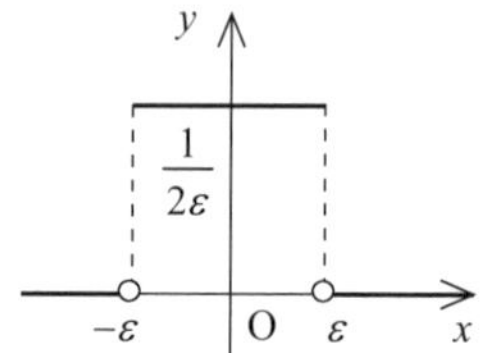


**デルタ関数**

デルタ関数 $\delta(x)$ を次で定める。

$$\delta(x)=\lim_{\varepsilon\to+0}\varphi_\varepsilon(x)$$

**（注）** 初めに述べたように，厳密に言えばこれでは $\delta(x)$ は定義できない。なぜならば，$\displaystyle\lim_{\varepsilon\to+0}\frac{1}{2\varepsilon}=\infty$ となってしまうからである。それにもかかわらず，このような関数 $\delta(x)$ が定義されたとみなすことにする。

**［公式］（デルタ関数の基本性質）**

任意の連続関数 $f(x)$ に対して

$$\int_{-\infty}^{\infty}\delta(x)f(x)dx=f(0)$$

**（証明）** $\displaystyle\int_{-\infty}^{\infty}\delta(x)f(x)dx=\int_{-\infty}^{\infty}\lim_{\varepsilon\to+0}\varphi_\varepsilon(x)f(x)dx=\lim_{\varepsilon\to+0}\int_{-\infty}^{\infty}\varphi_\varepsilon(x)f(x)dx$

$$=\lim_{\varepsilon\to+0}\int_{-\varepsilon}^{\varepsilon}\frac{1}{2\varepsilon}f(x)dx=\lim_{\varepsilon\to+0}\frac{1}{2\varepsilon}\int_{-\varepsilon}^{\varepsilon}f(x)dx$$

ここで，区間 $[-\varepsilon,\varepsilon]$ における $f(x)$ の最大値を $M$，最小値を $m$ とすると

$$\int_{-\varepsilon}^{\varepsilon}m\,dx\leqq\int_{-\varepsilon}^{\varepsilon}f(x)dx\leqq\int_{-\varepsilon}^{\varepsilon}M\,dx \qquad \therefore\ 2\varepsilon m\leqq\int_{-\varepsilon}^{\varepsilon}f(x)dx\leqq2\varepsilon M$$

$$\therefore\quad m\leqq\frac{1}{2\varepsilon}\int_{-\varepsilon}^{\varepsilon}f(x)dx\leqq M$$

ここで，$\displaystyle\lim_{\varepsilon\to+0}M=\lim_{\varepsilon\to+0}m=f(0)$ であるから，はさみうちの原理より

$$\int_{-\infty}^{\infty}\delta(x)f(x)dx=\lim_{\varepsilon\to+0}\frac{1}{2\varepsilon}\int_{-\varepsilon}^{\varepsilon}f(x)dx=f(0)$$

□

以上より，デルタ関数 $\delta(x)$ を次で定まる関数と考える。

**デルタ関数**

デルタ関数 $\delta(x)$ とは次の条件(ⅰ)，(ⅱ)を満たす関数である。

(ⅰ) $x \neq 0$ に対して，$\delta(x)=0$

(ⅱ) 任意の連続関数 $f(x)$ に対して，$\int_{-\infty}^{\infty}\delta(x)f(x)dx=f(0)$

**問 4** デルタ関数 $\delta(x)$ のラプラス変換を求めよ。

**(解)** $x \neq 0$ に対して，$\delta(x)=0$ であることに注意して

$$L[\delta(x)](s)=\int_{0}^{\infty}\delta(t)e^{-st}dt=\int_{-\infty}^{\infty}\delta(t)e^{-st}dt=(e^{-sx})_{x=0}=e^{0}=1$$ □

**問 5** $a>0$ に対して関数 $\delta_a(x)$ を

$$\delta_a(x)=\delta(x-a)$$

で定めるとき，$\delta_a(x)$ のラプラス変換を求めよ。

**(解)** $L[\delta_a(x)](s)=L[\delta(x-a)](s)$

$a>0$ の場合の像関数の移動法則より

$$L[\delta(x-a)](s)=e^{-as}L[\delta(x)](s)=e^{-as}\cdot 1=e^{-as}$$ □

上の結果を公式としてまとめると次のようになる。

**[公式]（デルタ関数のラプラス変換）**

(1) $L[\delta(x)](s)=1$　　(2) $L[\delta(x-a)](s)=e^{-as}$ （$a>0$）

**(注)** これからただちに次のラプラス逆変換が得られる。

$$L^{-1}[e^{-as}](x)=\delta(x-a) \quad (a \geqq 0)$$

**【参考】** ついでに，デルタ関数 $\delta(x)$ のフーリエ変換も求めておこう。

$$\mathcal{F}[\delta(x)](u)=\frac{1}{\sqrt{2\pi}}\int_{-\infty}^{\infty}\delta(t)e^{-iut}\,dt=\frac{1}{\sqrt{2\pi}}(e^{-iux})_{x=0}=\frac{1}{\sqrt{2\pi}}$$

したがって，フーリエ変換を

$$\mathcal{F}[f(x)](u)=\int_{-\infty}^{\infty}f(t)e^{-iut}\,dt$$

で定義している場合は，もちろん

$$\mathcal{F}[\delta(x)](u)=1$$

**例題１（微分方程式への応用）**

次の微分方程式の初期値問題をラプラス変換を利用して解け。

$$y''+3y'+2y=xe^{-x} \qquad \text{初期条件：}\ y(0)=2,\quad y'(0)=0$$

**【解説】**（像関数の）移動法則：$L[e^{ax}f(x)](s)=L[f(x)](s-a)$ からただちに得られる逆変換の移動法則：

$$L^{-1}[F(s-a)](x)=e^{ax}L^{-1}[F(s)](x)$$

に注意する。

**解答**　$F(s)=L[y](s)$ とおく。

$y''+3y'+2y=xe^{-x}$ より，$L[y''+3y'+2y](s)=L[xe^{-x}](s)$

$\therefore\quad L[y''](s)+3L[y'](s)+2L[y](s)=L[xe^{-x}](s)$　……（＊）

ここで

$$L[xe^{-x}](s)=L[x](s+1)=\frac{1}{(s+1)^2}$$　⬅ **移動法則と基本の変換**

$$L[y'](s)=sL[y](s)-y(0)=sF(s)-2$$　⬅ **微分法則**

$$L[y''](s)=sL[y'](s)-y'(0)$$　⬅ **微分法則**

$$=s\{sF(s)-2\}-0=s^2F(s)-2s$$

よって，（＊）は次のようになる。

$$(s^2F(s)-2s)+3(sF(s)-2)+2F(s)=\frac{1}{(s+1)^2}$$

$$\therefore\quad (s^2+3s+2)F(s)=\frac{1}{(s+1)^2}+2s+6$$

$$\therefore\quad F(s)=\frac{1}{(s+1)^3(s+2)}+\frac{2s+6}{(s+1)(s+2)}$$

これを部分分数分解することにより

$$F(s)=\frac{1}{(s+1)^3}-\frac{1}{(s+1)^2}+\frac{5}{s+1}-\frac{3}{s+2}$$　⬅ **未定係数法で計算**

を得るから，逆変換の線形性と移動法則に注意して

$$y(x)=L^{-1}\left[\frac{1}{(s+1)^3}-\frac{1}{(s+1)^2}+\frac{5}{s+1}-\frac{3}{s+2}\right](x)$$

$$=e^{-x}L^{-1}\left[\frac{1}{s^3}\right](x)-e^{-x}L^{-1}\left[\frac{1}{s^2}\right](x)+5e^{-x}L^{-1}\left[\frac{1}{s}\right](x)-3e^{-2x}L^{-1}\left[\frac{1}{s}\right](x)$$

$$=e^{-x}\cdot\frac{x^2}{2!}-e^{-x}\cdot x+5e^{-x}\cdot 1-3e^{-2x}\cdot 1$$

$$=\left(\frac{1}{2}x^2-x+5\right)e^{-x}-3e^{-2x}$$　……〔答〕

**例題２（積分方程式への応用）**

次の積分方程式をラプラス変換を利用して解け。

$$f(x)=\cos 2x+\int_0^x \sin(x-t)f(t)\,dt$$

**【解説】** ラプラス変換の積分方程式への応用では，しばしば合成積の公式：

$$L[(f*g)(x)](s)=L[f(x)](s)\cdot L[g(x)](s)$$

が重要な役割を果たす。

**解答** $\int_0^x \sin(x-t)f(t)\,dt=\sin x*f(x)$

であることに注意して，与式より

$$\begin{aligned}L[f(x)](s)&=L[\cos 2x+\sin x*f(x)](s)\\&=L[\cos 2x](s)+L[\sin x*f(x)](s)\\&=L[\cos 2x](s)+L[\sin x](s)\cdot L[f(x)](s)\end{aligned}$$

ここで，$F(s)=L[f(x)](s)$ とおくと

$$F(s)=L[\cos 2x](s)+L[\sin x](s)\cdot F(s)$$

$$\therefore\quad F(s)=\frac{s}{s^2+4}+\frac{1}{s^2+1}\cdot F(s)\qquad\therefore\quad \frac{s^2}{s^2+1}F(s)=\frac{s}{s^2+4}$$

$$\therefore\quad F(s)=\frac{s^2+1}{s(s^2+4)}=\frac{s}{s^2+4}+\frac{1}{s}\cdot\frac{1}{s^2+4}$$

よって

$$\begin{aligned}f(x)&=L^{-1}\left[\frac{s}{s^2+4}+\frac{1}{s}\cdot\frac{1}{s^2+4}\right](x)\\&=L^{-1}\left[\frac{s}{s^2+4}\right](x)+L^{-1}\left[\frac{1}{s}\cdot\frac{1}{s^2+4}\right](x)=\cos 2x+L^{-1}\left[\frac{1}{s}\cdot\frac{1}{s^2+4}\right](x)\end{aligned}$$

ここで

$$\begin{aligned}\frac{1}{s}\cdot\frac{1}{s^2+4}&=L[1](s)\cdot\frac{1}{2}L[\sin 2x](s)=\frac{1}{2}L[1](s)\cdot L[\sin 2x](s)\\&=\frac{1}{2}L[1*\sin 2x](s)=L\left[\frac{1}{2}*\sin 2x\right](s)\end{aligned}$$

より

$$\begin{aligned}L^{-1}\left[\frac{1}{s}\cdot\frac{1}{s^2+4}\right](x)&=\frac{1}{2}*\sin 2x=\int_0^x\frac{1}{2}\sin 2t\,dt\\&=\left[-\frac{1}{4}\cos 2t\right]_0^x=\frac{1}{4}(1-\cos 2x)\end{aligned}$$

以上より

$$f(x)=\cos 2x+\frac{1}{4}(1-\cos 2x)=\frac{1}{4}(3\cos 2x+1)$$ ……〔答〕

**例題３（ヘビサイドの関数とラプラス変換）**

次の関数のラプラス変換を求めよ。

(1)　$\sin x\cdot H(x-2\pi)$　　　(2)　$\cos x\cdot H(x-\pi)$

(3)　$(x-1)(x-2)\{H(x-2)-H(x-1)\}$

**【解説】**ヘビサイドの関数のラプラス変換も重要なものであるから，少し練習しておこう。ヘビサイドの関数に関するラプラス変換の公式の基本は

$$L[f(x-a)H(x-a)](s)=e^{-as}L[f(x)](s)$$

である。

なお，次の基本的な関数のラプラス変換は暗記事項である。

①　$L[\sin\omega x](s)=\dfrac{\omega}{s^2+\omega^2}$　　　②　$L[\cos\omega x](s)=\dfrac{s}{s^2+\omega^2}$

**解答**　(1)　$L[\sin x\cdot H(x-2\pi)\}(s)$

$=L[\sin\{(x+2\pi)-2\pi\}\cdot H(x-2\pi)\}(s)$

$=e^{-2\pi s}L[\sin(x+2\pi)](s)=e^{-2\pi s}L[\sin x](s)$

$=e^{-2\pi s}\dfrac{1}{s^2+1}$　……〔答〕

(2)　$L[\cos x\cdot H(x-\pi)](s)=L[\cos\{(x+\pi)-\pi\}\cdot H(x-\pi)](s)$

$=e^{-\pi s}L[\cos(x-\pi)](s)$

$=e^{-\pi s}L[-\cos x](s)$

$=-e^{-\pi s}L[\cos x](s)$

$=-e^{-\pi s}\dfrac{s}{s^2+1}$　……〔答〕

(3)　$L[(x-1)(x-2)\{H(x-2)-H(x-1)\}](s)$

$=L[(x-1)(x-2)H(x-2)](s)-L[(x-1)(x-2)H(x-1)](s)$

$=e^{-2s}L[(x+1)x](s)-e^{-s}L[x(x-1)](s)$

$=e^{-2s}L[x^2+x](s)-e^{-s}L[x^2-x](s)$

$=e^{-2s}\{L[x^2](s)+L[x](s)\}-e^{-s}\{L[x^2](s)-L[x](s)\}$

$=e^{-2s}\left(\dfrac{2!}{s^3}+\dfrac{1!}{s^2}\right)-e^{-s}\left(\dfrac{2!}{s^3}-\dfrac{1!}{s^2}\right)$

$=e^{-2s}\dfrac{2+s}{s^3}-e^{-s}\dfrac{2-s}{s^3}$

$=\dfrac{(2+s)e^{-2s}-(2-s)e^{-s}}{s^3}$　……〔答〕

**（参考）**ラプラス変換の公式がわかればただちに逆変換の公式もわかる。

## ■ 演習問題　4.3

解答はp. 284

**1** 次の微分方程式の初期値問題をラプラス変換を利用して解け。

(1) $y''+y=\cos x$　　初期条件：$y(0)=1$，$y'(0)=0$

(2) $y''-4y'+5y=2e^{3x}$　　初期条件：$y(0)=1$，$y'(0)=1$

**2** 次の積分方程式をラプラス変換を利用して解け。

(1) $\int_0^x \cos(x-t)f(t)\,dt=x^2-2x$　　(2) $f(x)-\int_0^x e^{x-t}f(t)\,dt=\cos x$

**＜参考＞ 部分分数分解の計算**

ラプラス逆変換の計算では部分分数分解の計算が頻出である。高校で学習する初等的な計算ではあるが，少し確認しておこう。

(ⅰ) 単純計算で分解する場合：

単純に分解できそうなら簡単に計算してしまえばよい。

**【例】** $\dfrac{2}{(s-3)(s^2-4s+5)}$

**(解)** $\dfrac{2}{(s-3)(s^2-4s+5)}=\dfrac{(s^2-4s+5)-(s-1)(s-3)}{(s-3)(s^2-4s+5)}$

$$=\frac{1}{s-3}-\frac{s-1}{s^2-4s+5}$$

(ⅱ) 未定計数法で分解する場合：

単純に分解できそうにないときは未定係数法で計算すればよい。

**【例】** $\dfrac{s^2-s}{(s^2+1)(s-2)}$

**(解)** $\dfrac{s(s-1)}{(s^2+1)(s-2)}=\dfrac{a}{s-2}+\dfrac{bs+c}{s^2+1}$ とおくと

$$s^2-s=a(s^2+1)+(bs+c)(s-2)=(a+b)s^2+(-2b+c)s+(a-2c)$$

$\therefore$　$a+b=1,\ -2b+c=-1,\ a-2c=0$

これを解くと　$a=\dfrac{2}{5}$，$b=\dfrac{3}{5}$，$c=\dfrac{1}{5}$

よって　$\dfrac{s^2-s}{(s^2+1)(s-2)}=\dfrac{1}{5}\left(\dfrac{2}{s-2}+\dfrac{3s+1}{s^2+1}\right)$

**入試問題研究 4－1（ラプラス変換の基本①）**

以下の問いに答えよ。

(1) 次のラプラス変換を求めよ。

$$(1+2t)e^{at} \qquad (t \geqq 0)$$

(2) 次のラプラス逆変換を求めよ。

$$\frac{s-1}{s(s+2)}$$

(3) ラプラス変換を使って次の微分方程式を解け。［　］は初期条件である。

$$f'(t)-2f(t)=e^{2t} \qquad [\,f(0)=0\,]$$

＜岡山大学大学院＞

**【解説】**　$x \geqq 0$ で定義された関数 $f(x)$ のラプラス変換は

$$L[f(x)](s)=F(s)=\int_0^\infty f(t)e^{-st}dt$$

で定義される。

まず計算の基本となるのは，以下のような公式である。

**［公式］（基本的な関数のラプラス変換）**

(1) $L[x^n](s)=\dfrac{n!}{s^{n+1}}$　$(n=0,1,2,\cdots)$　　（注）$0!=1$

(2) $L[\sin\omega x](s)=\dfrac{\omega}{s^2+\omega^2}$　　(3) $L[\cos\omega x](s)=\dfrac{s}{s^2+\omega^2}$

**［公式］（移動法則・微分法則・積分法則）**

(1) **移動法則**：$L[e^{ax}f(x)](s)=L[f(x)](s-a)$

(2) **微分法則**：$L[f'(x)](s)=sL[f(x)](s)-f(0)$

(3) **積分法則**：$L\left[\int_0^x f(u)du\right](s)=\dfrac{1}{s}L[f(x)](s)$

**（注）** ラプラス変換の公式からラプラス逆変換の公式が得られることも注意しよう。たとえば，$F(s)=L[f(x)](s)$ として

移動法則：$L[e^{ax}f(x)](s)=L[f(x)](s-a)=F(s-a)$ より

$$e^{ax}f(x)=L^{-1}[F(s-a)](x)$$

よって

$$L^{-1}[F(s-a)](x)=e^{ax}f(x)=e^{ax}L^{-1}[F(s)](x)$$

**解答**　(1) $L[(1+2t)e^{at}](s)=L[e^{at}(1+2t)](s)$

$=L[1+2t](s-a)$　（∵　移動法則より）

$=L[1](s-a)+2L[t](s-a)$

$$=\frac{1}{s-a}+2\cdot\frac{1!}{(s-a)^2}=\frac{s-a+2}{(s-a)^2}$$ ……〔答〕

(2) $\dfrac{s-1}{s(s+2)}=a\dfrac{1}{s}+b\dfrac{1}{s+2}$ とすると

$$s-1=a(s+2)+bs=(a+b)s+2a$$

よって

$$a+b=1,\quad 2a=-1$$

$$\therefore\quad a=-\frac{1}{2},\quad b=\frac{3}{2}$$

よって

$$\frac{s-1}{s(s+2)}=-\frac{1}{2}\cdot\frac{1}{s}+\frac{3}{2}\cdot\frac{1}{s+2}$$

したがって

$$L^{-1}\left[\frac{s-1}{s(s+2)}\right](t)=L^{-1}\left[-\frac{1}{2}\cdot\frac{1}{s}+\frac{3}{2}\cdot\frac{1}{s+2}\right](t)$$

$$=-\frac{1}{2}L^{-1}\left[\frac{1}{s}\right](t)+\frac{3}{2}L^{-1}\left[\frac{1}{s+2}\right](t)$$

$$=-\frac{1}{2}\cdot 1+\frac{3}{2}\cdot e^{-2t}L^{-1}\left[\frac{1}{s}\right](t)$$ （$\because\quad L^{-1}[F(s-a)](x)=e^{ax}L^{-1}[F(s)](x)$）

$$=-\frac{1}{2}\cdot 1+\frac{3}{2}\cdot e^{-2t}\cdot 1=\frac{1}{2}(3e^{-2t}-1)$$ ……〔答〕

(3) $f'(t)-2f(t)=e^{2t}$ の両辺のラプラス変換を考えると

$$L[f'(t)-2f(t)](s)=L[e^{2t}](s)$$

$$\therefore\quad L[f'(t)](s)-2L[f(t)](s)=L[1](s-2)$$

$$sL[f(t)](s)-0-2L[f(t)](s)=L[1](s-2)$$ （注：$f(0)=0$）

$$(s-2)L[f(t)](s)=\frac{1}{s-2}$$

よって

$$L[f(t)](s)=\frac{1}{(s-2)^2}$$

したがって

$$f(t)=L^{-1}\left[\frac{1}{(s-2)^2}\right](t)$$

$$=e^{2t}L^{-1}\left[\frac{1}{s^2}\right](t)$$ （$\because\quad L^{-1}[F(s-a)](x)=e^{ax}L^{-1}[F(s)](x)$）

$$=e^{2t}t=te^{2t}$$ ……〔答〕

**入試問題研究4－2（ラプラス変換の基本②）**

関数 $f(t)$ のラプラス変換を次のように定義する。

$$L[f(t)]=F(s)=\int_0^\infty f(t)e^{-st}dt$$

$a$ を正の定数とするとき，以下の問いに答えよ。

(1) $\dfrac{1}{s^2(s^2-a^2)}$ のラプラス逆変換を求めよ。

(2) $\dfrac{1}{s(s^2+a^2)}$ のラプラス逆変換を求めよ。

(3) 関数 $f(t)$ が

$$\lim_{t\to\infty}e^{-st}\int_0^t f(\tau)d\tau=0$$

を満たすとき，

$$L\left[\int_0^t f(\tau)d\tau\right]=\frac{1}{s}F(s)$$

を示せ。

(4) 問(3)の関係式を用いて，$\dfrac{1}{s^2(s-a)^2}$ のラプラス逆変換を求めよ。

＜東北大学大学院＞

**【解説】**　基本的な関数のラプラス変換の公式は以下の公式である。

**［公式］（基本的な関数のラプラス変換）**

(1) $L[x^n](s)=\dfrac{n!}{s^{n+1}}$ （$n=0,1,2,\cdots$）　　（注）$0!=1$

(2) $L[\sin\omega x](s)=\dfrac{\omega}{s^2+\omega^2}$　　(3) $L[\cos\omega x](s)=\dfrac{s}{s^2+\omega^2}$

また，前にラプラス逆変換の移動法則に注意した。すなわち

$$L^{-1}[F(s-a)](x)=e^{ax}L^{-1}[F(s)](x)$$

が成り立つ。

さらに，合成積に関する次の公式も逆変換の計算に重要である。

$$L[(f*g)(x)](s)=L[f(x)](s)\cdot L[g(x)](s)$$

**解答**　(1) $\dfrac{1}{s^2(s^2-a^2)}=\dfrac{1}{a^2}\left(\dfrac{1}{s^2-a^2}-\dfrac{1}{s^2}\right)$

$$=\frac{1}{a^2}\left\{\frac{1}{2a}\left(\frac{1}{s-a}-\frac{1}{s+a}\right)-\frac{1}{s^2}\right\}$$

よって

$$L^{-1}\left[\frac{1}{s^2(s^2-a^2)}\right](t)=L^{-1}\left[\frac{1}{a^2}\left\{\frac{1}{2a}\left(\frac{1}{s-a}-\frac{1}{s+a}\right)-\frac{1}{s^2}\right\}\right](t)$$

$$=\frac{1}{a^2}\left\{\frac{1}{2a}\left(L^{-1}\left[\frac{1}{s-a}\right](t)-L^{-1}\left[\frac{1}{s+a}\right](t)\right)-L^{-1}\left[\frac{1}{s^2}\right](t)\right\}$$

$$=\frac{1}{a^2}\left\{\frac{1}{2a}\left(e^{at}L^{-1}\left[\frac{1}{s}\right](t)-e^{-at}L^{-1}\left[\frac{1}{s}\right](t)\right)-L^{-1}\left[\frac{1}{s^2}\right](t)\right\}$$

$$=\frac{1}{a^2}\left\{\frac{1}{2a}(e^{at}-e^{-at})-t\right\}$$ ……〔答〕

(2) $$L^{-1}\left[\frac{1}{s(s^2+a^2)}\right](t)=L^{-1}\left[\frac{1}{a^2}\left(\frac{1}{s}-\frac{s}{s^2+a^2}\right)\right](t)$$

$$=\frac{1}{a^2}\left(L^{-1}\left[\frac{1}{s}\right](t)-L^{-1}\left[\frac{s}{s^2+a^2}\right](t)\right)$$

$$=\frac{1}{a^2}(1-\cos at)$$ ……〔答〕

(3) $$L\left[\int_0^t f(\tau)d\tau\right]=\int_0^\infty\left(\int_0^t f(\tau)d\tau\right)e^{-st}dt$$

$$=\lim_{T\to\infty}\int_0^T\left(\int_0^t f(\tau)d\tau\right)e^{-st}dt$$

$$=\lim_{T\to\infty}\left\{\left[\left(\int_0^t f(\tau)d\tau\right)\cdot\left(-\frac{1}{s}e^{-st}\right)\right]_0^T-\int_0^T f(t)\cdot\left(-\frac{1}{s}e^{-st}\right)dt\right\}$$

$$=\lim_{T\to\infty}\left\{-\frac{1}{s}e^{-sT}\int_0^T f(\tau)d\tau+\frac{1}{s}\int_0^T f(t)e^{-st}dt\right\}$$

$$=0+\frac{1}{s}\int_0^\infty f(t)e^{-st}dt \qquad \left(\because\ \lim_{T\to\infty}e^{-sT}\int_0^T f(\tau)d\tau=0\right)$$

$$=\frac{1}{s}F(s)$$ （証明終）

(4) $$\frac{1}{s^2(s-a)^2}=\frac{1}{s}\cdot\frac{1}{s(s-a)^2}$$ であり

$$\frac{1}{s(s-a)^2}=\frac{1}{s}\cdot\frac{1}{(s-a)^2}=L[1](s)\cdot L[e^{at}t](s)=L[1*e^{at}](s)$$

であるから

$$L^{-1}\left[\frac{1}{s(s-a)^2}\right](t)=1*e^{at}=\int_0^t 1\cdot e^{a\tau}d\tau=\left[\frac{1}{a}e^{a\tau}\right]_0^t=\frac{e^{at}-1}{a}$$

したがって，問(3)の関係式より

$$L^{-1}\left[\frac{1}{s^2(s-a)^2}\right](t)=L^{-1}\left[\frac{1}{s}\cdot\frac{1}{s(s-a)^2}\right]$$

$$=\int_0^t\frac{e^{a\tau}-1}{a}d\tau=\frac{1}{a}\left[\frac{1}{a}e^{a\tau}-\tau\right]_0^t$$

$$=\frac{1}{a}\left\{\frac{1}{a}(e^{at}-1)-t\right\}$$ ……〔答〕

**入試問題研究4－3（合成積とラプラス変換）**

(1) $t$ を実数とする。2つの関数 $f(t)$ と $g(t)$ の畳み込み積分は，

$$(f*g)(t)=\int_0^t f(\tau)g(t-\tau)d\tau$$

によって定義される。この定義に従って，$f(t)$，$g(t)$ が以下のように与えられたときの畳み込み積分を求めよ。ただし，$\omega$ は実数の定数である。

(a) $f(t)=\cos(\omega t)$，$g(t)=\sin(\omega t)$

(b) $f(t)=e^t$，$g(t)=e^{-t}$

(2) 次の積分方程式の解 $x(t)$ を求めよ。

$$x(t)+2e^t\int_0^t x(\tau)e^{-\tau}d\tau=te^t$$

＜東京大学大学院＞

**【解説】**　ラプラス変換における2つの関数 $f(t)$ と $g(t)$ の合成積

$$(f*g)(t)=\int_0^t f(\tau)g(t-\tau)d\tau$$

については，次の2つの公式が基本である。

$$\begin{cases}(\text{i})\ (f*g)(t)=(g*f)(t)\\(\text{ii})\ L[(f*g)(t)](s)=L[f(t)](s)\cdot L[g(t)](s)\end{cases}$$

ラプラス逆変換の移動法則も重要である。これはラプラス変換の移動法則から簡単に導くことができる。

移動法則：$L[e^{ax}f(x)](s)=L[f(x)](s-a)$ より，次が得られる。

$$L^{-1}[F(s-a)](x)=e^{ax}L^{-1}[F(s)](x)$$

ここで，$F(s)=L[f(x)](s)$ である。

**解答**　(1) (a) $f(t)=\cos(\omega t)$，$g(t)=\sin(\omega t)$ より

$$(f*g)(t)=\int_0^t\cos(\omega\tau)\sin(\omega(t-\tau))d\tau$$

$$=\int_0^t\cos(\omega\tau)\sin(\omega t-\omega\tau)d\tau$$

$$=\frac{1}{2}\int_0^t\{\sin(\omega\tau+(\omega t-\omega\tau))-\sin(\omega\tau-(\omega t-\omega\tau))\}d\tau$$

$$=\frac{1}{2}\int_0^t\{\sin(\omega t)-\sin(2\omega\tau-\omega t)\}d\tau$$

$$=\frac{1}{2}\left[\tau\sin(\omega t)+\frac{1}{2\omega}\cos(2\omega\tau-\omega t)\right]_0^t$$

$$=\frac{1}{2}\left(t\sin(\omega t)+\frac{1}{2\omega}\{\cos(\omega t)-\cos(-\omega t)\}\right)$$

$$=\frac{1}{2}t\sin(\omega t)$$ ……〔答〕

(b) $f(t)=e^t$, $g(t)=e^{-t}$ より

$$(f*g)(t)=\int_0^t e^{\tau}e^{-(t-\tau)}d\tau$$

$$=\int_0^t e^{2\tau-t}d\tau$$

$$=\left[\frac{1}{2}e^{2\tau-t}\right]_0^t=\frac{1}{2}(e^t-e^{-t})$$ ……〔答〕

(2) $x(t)+2e^t\int_0^t x(\tau)e^{-\tau}d\tau=te^t$ より

$$x(t)+2\int_0^t x(\tau)e^{t-\tau}d\tau=te^t$$

$$\therefore\quad x(t)+2x(t)*e^t=te^t$$

両辺のラプラス変換を考えると

$$L[x(t)+2x(t)*e^t](s)=L[te^t](s)$$

$$\therefore\quad L[x(t)](s)+2L[x(t)*e^t](s)=L[e^t t](s)$$

$$L[x(t)](s)+2L[x(t)](s)\cdot L[e^t](s)=L[e^t t](s)$$

$$L[x(t)](s)+2L[x(t)](s)\cdot L[1](s-1)=L[t](s-1)$$

$$L[x(t)](s)+2L[x(t)](s)\cdot\frac{1}{s-1}=\frac{1}{(s-1)^2}$$

$$\left(1+\frac{2}{s-1}\right)L[x(t)](s)=\frac{1}{(s-1)^2}$$

$$\frac{s+1}{s-1}L[x(t)](s)=\frac{1}{(s-1)^2}$$

$$\therefore\quad L[x(t)](s)=\frac{1}{(s-1)(s+1)}=\frac{1}{2}\left(\frac{1}{s-1}-\frac{1}{s+1}\right)$$

よって

$$x(t)=L^{-1}\left[\frac{1}{2}\left(\frac{1}{s-1}-\frac{1}{s+1}\right)\right](t)$$

$$=\frac{1}{2}\left(L^{-1}\left[\frac{1}{s-1}\right](t)-L^{-1}\left[\frac{1}{s+1}\right](t)\right)$$

$$=\frac{1}{2}\left(e^t L^{-1}\left[\frac{1}{s}\right](t)-e^{-t}L^{-1}\left[\frac{1}{s}\right](t)\right)$$

$$=\frac{1}{2}(e^t-e^{-t})$$ ……〔答〕

**（注）** 得られた結果は検算して間違いないかチェックすること。

**入試問題研究4－4（ヘビサイドの関数とラプラス変換）**

関数 $f(t)$ のラプラス変換を次のように定義する。

$$L[f(t)] = F(s) = \int_0^\infty f(t)e^{-st}dt$$

また，$F(s)$ のラプラス逆変換は $f(t)$ で与えられる。

以下の問いに答えよ。

(1) $f(t-a)H(t-a)$ のラプラス変換を $F(s)$ を用いて表せ。

ただし，$H(t) = \begin{cases} 0 & (t < 0) \\ 1 & (t \geqq 0) \end{cases}$ とする。

(2) $\dfrac{e^{-2s}(3s^2 + s - 11)}{s^3 + s^2 - 4s - 4}$ のラプラス逆変換を求めよ。

(3) 以下の関係式を導け。

$$L\left[\int_0^t f(u)g(t-u)du\right] = F(s)G(s)$$

(4) 以下の方程式を満たす関数 $h(t)$ を求めよ。

$$\frac{d}{dt}h(t) - \sin t + \int_0^t h(u)du = 0$$

ただし，$h(0) = 0$ とする。　　　＜東北大学大学院＞

**【解説】**　ヘビサイドの関数はラプラス変換において重要な関数である。

次の公式が基本である。

**［公式］（ヘビサイドの関数とラプラス変換）**

$a > 0$ に対して，次が成り立つ。

（ｉ）$L[H(x-a)](s) = \dfrac{e^{-as}}{s}$

（ii）$L[f(x-a)H(x-a)](s) = e^{-as}L[f(x)](s)$

また，ラプラス逆変換を使う場合，次の公式も大切である。

**［公式］（ラプラス逆変換の移動法則）**

$$L^{-1}[F(s-a)](x) = e^{ax}L^{-1}[F(s)](x)$$

さらに，次の公式は複雑な形のラプラス逆変換の計算で威力を発揮する。

**［公式］（合成積のラプラス変換）**

$$L[(f*g)(x)](s) = L[f(x)](s) \cdot L[g(x)](s)$$

**解答**　(1) $L[f(t-a)H(t-a)](s)$

$$= \int_a^\infty f(t-a)e^{-st}dt = \int_0^\infty f(u)e^{-s(a+u)}du$$

$$= e^{-as}\int_0^\infty f(u)e^{-su}du = e^{-as}F(s) \quad \cdots\cdots〔答〕$$

(2) (1)の結果より

$$L[f(t-a)H(t-a)](s)=e^{-as}F(s)$$

$$\therefore\quad f(t-a)H(t-a)=L^{-1}[e^{-as}F(s)](t)$$

$$L^{-1}[F(s)](t-a)H(t-a)=L^{-1}[e^{-as}F(s)](t)$$

すなわち

$$L^{-1}[e^{-as}F(s)](t)=L^{-1}[F(s)](t-a)H(t-a)$$

よって

$$L^{-1}\left[\frac{e^{-2s}(3s^2+s-11)}{s^3+s^2-4s-4}\right](t)=L^{-1}\left[\frac{3s^2+s-11}{s^3+s^2-4s-4}\right](t-2)H(t-2)$$

そこで

$$L^{-1}\left[\frac{3s^2+s-11}{s^3+s^2-4s-4}\right](t)$$

を求める。

$$\frac{3s^2+s-11}{s^3+s^2-4s-4}=\frac{3s^2+s-11}{s^2(s+1)-4(s+1)}=\frac{3s^2+s-11}{(s+2)(s-2)(s+1)}$$

$$=\frac{3(s^2-4)+s+1}{(s+2)(s-2)(s+1)}=\frac{3}{s+1}+\frac{1}{(s+2)(s-2)}$$

$$=\frac{3}{s+1}+\frac{1}{4}\left(\frac{1}{s-2}-\frac{1}{s+2}\right)$$

よって

$$L^{-1}\left[\frac{3s^2+s-11}{s^3+s^2-4s-4}\right](t)$$

$$=L^{-1}\left[\frac{3}{s+1}+\frac{1}{4}\left(\frac{1}{s-2}-\frac{1}{s+2}\right)\right](t)$$

$$=3L^{-1}\left[\frac{1}{s+1}\right](t)+\frac{1}{4}L^{-1}\left[\frac{1}{s-2}\right](t)-\frac{1}{4}L^{-1}\left[\frac{1}{s+2}\right](t)$$

$$=3e^{-t}L^{-1}\left[\frac{1}{s}\right](t)+\frac{1}{4}e^{2t}L^{-1}\left[\frac{1}{s}\right](t)-\frac{1}{4}e^{-2t}L^{-1}\left[\frac{1}{s}\right](t)$$

$$=3e^{-t}+\frac{1}{4}e^{2t}-\frac{1}{4}e^{-2t}$$

したがって

$$L^{-1}\left[\frac{e^{-2s}(3s^2+s-11)}{s^3+s^2-4s-4}\right](t)$$

$$=L^{-1}\left[\frac{3s^2+s-11}{s^3+s^2-4s-4}\right](t-2)H(t-2)$$

$$=\left\{3e^{-(t-2)}+\frac{1}{4}e^{2(t-2)}-\frac{1}{4}e^{-2(t-2)}\right\}H(t-2)\quad\cdots\cdots〔答〕$$

(3) $L\left[\int_0^t f(u)g(t-u)du\right](s)$

$$=\int_0^\infty\left(\int_0^t f(u)g(t-u)du\right)e^{-st}dt$$

$$=\int_0^t f(u)\left(\int_0^\infty g(t-u)e^{-st}dt\right)du$$

$$=\int_0^t f(u)\left(\int_{-u}^\infty g(\tau)e^{-s(u+\tau)}d\tau\right)du$$

$$=\int_0^t f(u)\left(\int_0^\infty g(\tau)e^{-s(u+\tau)}d\tau\right)du \qquad \text{（注）}\ \tau<0 \text{ のとき } g(\tau)=0$$

$$=\int_0^t f(u)e^{-su}\left(\int_0^\infty g(\tau)e^{-s\tau}d\tau\right)du$$

$$=\left(\int_0^t f(u)e^{-su}du\right)\left(\int_0^\infty g(\tau)e^{-s\tau}d\tau\right)=F(s)G(s)$$

（証明終）

(4) $\dfrac{d}{dt}h(t)-\sin t+\int_0^t h(u)du=0$

の両辺のラプラス変換を考えると

$$L\left[\frac{d}{dt}h(t)-\sin t+\int_0^t h(u)du\right](s)=0$$

$$\therefore\quad L\left[\frac{d}{dt}h(t)\right](s)-L[\sin t](s)+L\left[\int_0^t h(u)du\right](s)=0$$

$$\therefore\quad sL[h(t)](s)-0-\frac{1}{s^2+1}+\frac{1}{s}L[h(t)](s)=0 \qquad (\because\quad h(0)=0)$$

$$\left(s+\frac{1}{s}\right)L[h(t)](s)=\frac{1}{s^2+1}$$

$$\frac{s^2+1}{s}L[h(t)](s)=\frac{1}{s^2+1}$$

$$\therefore\quad L[h(t)](s)=\frac{s}{(s^2+1)^2}$$

よって

$$h(t)=L^{-1}\left[\frac{s}{(s^2+1)^2}\right](t)$$

ここで

$$\frac{s}{(s^2+1)^2}=\frac{1}{s^2+1}\cdot\frac{s}{s^2+1}$$

$$=L[\sin t](s)\cdot L[\cos t](s)$$

$$=L[\sin t*\cos t](s) \quad \text{（ここで，}(f*g)(t)=\int_0^t f(u)g(t-u)du\text{）}$$

であるから

$$h(t)=L^{-1}\left[\frac{s}{(s^2+1)^2}\right](t)$$

$$=\sin t*\cos t$$

$$=\int_0^t \sin u\cos(t-u)du$$

$$=\frac{1}{2}\int_0^t \{\sin t+\sin(2u-t)\}du$$

$$=\frac{1}{2}\left[u\sin t-\frac{1}{2}\cos(2u-t)\right]_0^t$$

$$=\frac{1}{2}\left\{t\sin t-\frac{1}{2}\cos t+\frac{1}{2}\cos(-t)\right\}$$

$$=\frac{1}{2}t\sin t$$ ……〔答〕

**[最後のラプラス逆変換の計算の別解]**

$$h(t)=L^{-1}\left[\frac{s}{(s^2+1)^2}\right](t)$$

$$=L^{-1}\left[-\frac{1}{2}\frac{d}{ds}\left(\frac{1}{s^2+1}\right)\right](t)$$

$$=-\frac{1}{2}L^{-1}\left[\frac{d}{ds}\left(\frac{1}{s^2+1}\right)\right](t)$$

$$=-\frac{1}{2}\left\{-tL^{-1}\left[\frac{1}{s^2+1}\right](t)\right\}$$ （∵　公式：$L^{-1}\left[\frac{d}{ds}F(s)\right](x)=-xL^{-1}[F(s)](x)$）

$$=-\frac{1}{2}(-t\sin t)=\frac{1}{2}t\sin t$$

**（参考）公式**：$L^{-1}\left[\frac{d}{ds}F(s)\right](x)=-xL^{-1}[F(s)](x)$ **の証明**：

$F(s)=L[f(x)](s)$ とおく。

$$\frac{d}{ds}F(s)=\frac{d}{ds}\int_0^\infty f(t)e^{-st}dt$$

$$=\int_0^\infty \frac{\partial}{\partial s}f(t)e^{-st}dt$$ （微分と積分の交換）

$$=\int_0^\infty f(t)(-te^{-st})dt$$

$$=\int_0^\infty \{-tf(t)\}e^{-st}dt$$

よって

$$L^{-1}\left[\frac{d}{ds}F(s)\right](x)=-xf(x)=-xL^{-1}[F(s)](x)$$ □

**入試問題研究 4－5（ラプラス変換の総合演習）**

次の微分積分方程式を解け。

$$y' + 3y + 2\int_0^x y\,dx = 2H(x-1) - 2H(x-2)$$

$x = 0$ のとき，$y = 1$ である。ここで，$y'$ は $y$ の1階微分であり，$H(x-a)$ はヘヴィサイド関数を表し，

$$H(x-a) = \begin{cases} 0, & x < a \\ 1, & x \geqq a \end{cases}$$

である。＜大阪大学大学院＞

**【解説】**　ラプラス変換の問題をもう少し練習しよう。基礎となる公式を使いこなせることが重要なポイントである。

**解答**　(1)　$y'(x) + 3y(x) + 2\int_0^x y(x)\,dx = 2H(x-1) - 2H(x-2)$

の両辺のラプラス変換を考えると

$$L\left[ y'(x) + 3y(x) + 2\int_0^x y(x)\,dx \right](s) = L[2H(x-1) - 2H(x-2)](s)$$

ここで

$$L[y'(x)](s) = sL[y(x)](s) - y(0) = sL[y(x)](s) - 1$$

$$L\left[ \int_0^x y(x)\,dx \right](s) = \frac{1}{s}L[y(x)](s)$$

$$L[H(x-1)](s) = \frac{e^{-s}}{s},\quad L[H(x-2)](s) = \frac{e^{-2s}}{s}$$

であるから，ラプラス変換の線形性に注意して

$$sL[y(x)](s) - 1 + 3L[y(x)](s) + 2\cdot\frac{1}{s}L[f(x)](s) = 2\frac{e^{-s}}{s} - 2\frac{e^{-2s}}{s}$$

$$\therefore\quad \left(s + 3 + \frac{2}{s}\right)L[y(x)](s) = 2\frac{e^{-s}}{s} - 2\frac{e^{-2s}}{s} + 1$$

$$(s^2 + 3s + 2)L[y(x)](s) = 2e^{-s} - 2e^{-2s} + s$$

$$\therefore\quad L[y(x)](s) = \frac{2e^{-s} - 2e^{-2s} + s}{s^2 + 3s + 2} = \frac{2e^{-s} - 2e^{-2s} + s}{(s+1)(s+2)}$$

よって

$$y(x) = L^{-1}\left[ \frac{2e^{-s} - 2e^{-2s} + s}{(s+1)(s+2)} \right](x)$$

$$= 2L^{-1}\left[ e^{-s}\frac{1}{(s+1)(s+2)} \right](x) - 2L^{-1}\left[ e^{-2s}\frac{1}{(s+1)(s+2)} \right](x) + L^{-1}\left[ \frac{s}{(s+1)(s+2)} \right](x)$$

ここで

公式：$L[f(x-a)H(x-a)](s)=e^{-as}L[f(x)](s)=e^{-as}F(s)$

より

$$f(x-a)H(x-a)=L^{-1}[e^{-as}F(s)](x)$$

$$\therefore\quad L^{-1}[e^{-as}F(s)](x)=f(x-a)H(x-a)=L^{-1}[F(s)](x-a)H(x-a)$$

よって

$$L^{-1}\left[e^{-s}\frac{1}{(s+1)(s+2)}\right](x)=L^{-1}\left[\frac{1}{(s+1)(s+2)}\right](x-1)H(x-1)$$

ここで

$$\begin{aligned}L^{-1}\left[\frac{1}{(s+1)(s+2)}\right](x)&=L^{-1}\left[\frac{1}{s+1}-\frac{1}{s+2}\right](x)\\&=L^{-1}\left[\frac{1}{s+1}\right](x)-L^{-1}\left[\frac{1}{s+2}\right](x)\\&=e^{-x}L^{-1}\left[\frac{1}{s}\right](x)-e^{-2x}L^{-1}\left[\frac{1}{s}\right](x)\\&=e^{-x}-e^{-2x}\end{aligned}$$

より

$$\begin{aligned}L^{-1}\left[e^{-s}\frac{1}{(s+1)(s+2)}\right](x)&=L^{-1}\left[\frac{1}{(s+1)(s+2)}\right](x-1)H(x-1)\\&=(e^{-(x-1)}-e^{-2(x-1)})H(x-1)\end{aligned}$$

次に

$$\begin{aligned}L^{-1}\left[e^{-2s}\frac{1}{(s+1)(s+2)}\right](x)&=L^{-1}\left[\frac{1}{(s+1)(s+2)}\right](x-2)H(x-2)\\&=(e^{-(x-2)}-e^{-2(x-2)})H(x-2)\end{aligned}$$

$$\begin{aligned}L^{-1}\left[\frac{s}{(s+1)(s+2)}\right](x)&=L^{-1}\left[\frac{2(s+1)-(s+2)}{(s+1)(s+2)}\right](x)\\&=2L^{-1}\left[\frac{1}{s+2}\right](x)-L^{-1}\left[\frac{1}{s+1}\right](x)\\&=2e^{-2x}L^{-1}\left[\frac{1}{s}\right](x)-e^{-x}L^{-1}\left[\frac{1}{s}\right](x)\\&=2e^{-2x}-e^{-x}\end{aligned}$$

以上より

$$y(x)=2(e^{-(x-1)}-e^{-2(x-1)})H(x-1)-2(e^{-(x-2)}-e^{-2(x-2)})H(x-2)+2e^{-2x}-e^{-x}$$

……〔答〕

**入試問題研究４－６（ラプラス変換の総合演習）**

次の微分方程式の $t \geqq 0$ における解 $x(t)$ をラプラス変換を用いて求める。以下の問いに答えよ。

$$\frac{dx(t)}{dt} + x(t) = f(t), \qquad x(0) = 0 \qquad ①$$

ここで，$f(t)$ は次式で定義される関数である。

$$f(t) = \begin{cases} 1 & (t > 1) \\ t & (0 \leqq t \leqq 1) \\ 0 & (t < 0) \end{cases}$$

(1) 次式で定義される関数 $g(t)$ のラプラス変換 $G(s)$ を求めよ。

$$g(t) = \begin{cases} t & (t \geqq 0) \\ 0 & (t < 0) \end{cases}$$

(2) $f(t) = g(t) - g(t-1)$ と表せることを用いて，$f(t)$ のラプラス変換 $F(s)$ を求めよ。

(3) 式①の $t \geqq 0$ における解をラプラス変換を用いて求めよ。

＜大阪大学大学院＞

**【解説】**　もう少しラプラス変換の問題を練習して終わりにしよう。とにかく基礎となる公式を使いこなせることが重要なポイントである。

**解答**　(1) $G(s) = \int_0^\infty g(t)e^{-st}dt = \int_0^\infty te^{-st}dt$

$$= \left[t \cdot \left(-\frac{1}{s}e^{-st}\right)\right]_0^\infty - \int_0^\infty 1 \cdot \left(-\frac{1}{s}e^{-st}\right)dt = 0 - \left[\frac{1}{s^2}e^{-st}\right]_0^\infty = \frac{1}{s^2} \quad \cdots\cdots〔答〕$$

(2) $F(s) = L[f(t)](s) = L[g(t) - g(t-1)](s)$

$= L[g(t)](s) - L[g(t-1)](s)$

$= L[g(t)](s) - e^{-s}L[g(t)](s)$　（∵ 公式：$L[f(x-a)](s) = e^{-as}L[f(x)](s)$）

$$= \frac{1}{s^2} - e^{-s}\frac{1}{s^2} = \frac{1-e^{-s}}{s^2} \quad \cdots\cdots〔答〕$$

(3) 式①のラプラス変換を考えると

$$L\left[\frac{dx(t)}{dt} + x(t)\right](s) = L[f(t)](s)$$

$$\therefore \quad L\left[\frac{dx(t)}{dt}\right](s) + L[x(t)](s) = L[f(t)](s)$$

ここで，右辺については，(2)の結果より

$$L[f(t)](s)=\frac{1-e^{-s}}{s^2}$$

また，左辺の最初の項については，微分法則により

$$L\left[\frac{dx(t)}{dt}\right](s)=sL[x(t)](s)-x(0)=sL[x(t)](s) \qquad (\because \quad x(0)=0)$$

以上より

$$sL[x(t)](s)+L[x(t)](s)=\frac{1-e^{-s}}{s^2} \qquad \therefore \quad (s+1)L[x(t)](s)=\frac{1-e^{-s}}{s^2}$$

$$\therefore \quad L[x(t)](s)=\frac{1-e^{-s}}{(s+1)s^2}$$

よって，両辺のラプラス逆変換を考えると

$$x(t)=L^{-1}\left[\frac{1-e^{-s}}{(s+1)s^2}\right](t)=L^{-1}\left[\frac{1}{(s+1)s^2}-e^{-s}\frac{1}{(s+1)s^2}\right](t)$$

$$=L^{-1}\left[\frac{1}{(s+1)s^2}\right](t)-L^{-1}\left[e^{-s}\frac{1}{(s+1)s^2}\right](t)$$

ここで

$$L^{-1}\left[\frac{1}{(s+1)s^2}\right](t)=L^{-1}\left[\frac{s^2-(s^2-1)}{(s+1)s^2}\right](t)$$

$$=L^{-1}\left[\frac{1}{s+1}-\frac{s-1}{s^2}\right](t)=L^{-1}\left[\frac{1}{s+1}-\frac{1}{s}+\frac{1}{s^2}\right](t)$$

$$=L^{-1}\left[\frac{1}{s+1}\right](t)-L^{-1}\left[\frac{1}{s}\right](t)+L^{-1}\left[\frac{1}{s^2}\right](t)$$

$$=e^{-t}L^{-1}\left[\frac{1}{s}\right](t)-L^{-1}\left[\frac{1}{s}\right](t)+L^{-1}\left[\frac{1}{s^2}\right](t)$$

$$=e^{-t}\cdot 1-1+t=e^{-t}+t-1$$

また，ヘビサイドの関数のラプラス変換の公式

$$L[f(x-a)H(x-a)](s)=e^{-as}L[f(x)](s)=e^{-as}F(s)$$

より

$$L^{-1}[e^{-as}F(s)](x)=f(x-a)H(x-a)=L^{-1}[F(s)](x-a)H(x-a)$$

であることに注意すると

$$L^{-1}\left[e^{-s}\frac{1}{(s+1)s^2}\right](t)=L^{-1}\left[\frac{1}{(s+1)s^2}\right](t-1)H(t-1)$$

$$=\{e^{-(t-1)}+(t-1)-1\}H(t-1)=(e^{-(t-1)}+t-2)H(t-1)$$

以上より

$$x(t)=L^{-1}\left[\frac{1}{(s+1)s^2}\right](t)-L^{-1}\left[e^{-s}\frac{1}{(s+1)s^2}\right](t)$$

$$=e^{-t}+t-1+(e^{-(t-1)}+t-2)H(t-1) \quad \cdots\cdots〔答〕$$

# 第5章

# ベクトル解析

## 5．1　勾配・発散・回転

〔目標〕この節ではベクトル解析における重要な微分演算である**勾配**，**発散**，**回転**を学習するのが主な目的である。

### （1）ベクトルの外積

ベクトル解析は空間が主な舞台となる。空間ベクトルについては，ベクトルの内積の他にベクトルの外積という演算が重要になる。

**空間ベクトルの外積**

2 つのベクトル $\mathbf{a}, \mathbf{b}$ に対して，次の条件（i），（ii）を満たすベクトルを $\mathbf{a}$ と $\mathbf{b}$ の**外積**または**ベクトル積**といい，

$\mathbf{a}\times\mathbf{b}$

で表す。

（i） $|\mathbf{a}\times\mathbf{b}|=|\mathbf{a}||\mathbf{b}|\sin\theta$

（ただし，$\theta$ は $\mathbf{a}$ と $\mathbf{b}$ のなす角）

（ii） $\mathbf{a}\times\mathbf{b}$ の向きは

$\mathbf{a}$ から $\mathbf{b}$ へ回転するとき，右ねじが進む向き

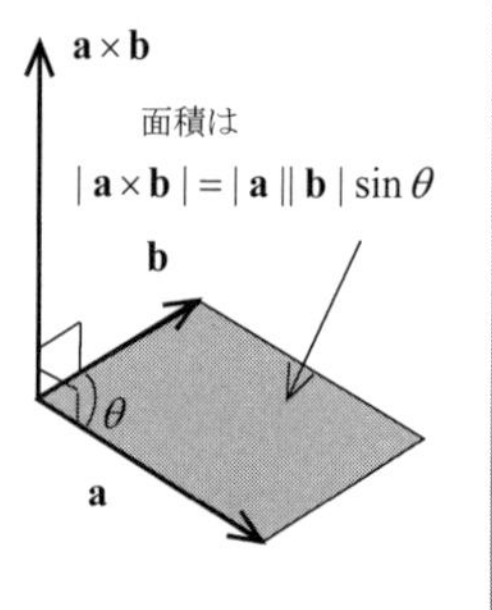


**（注）** $\mathbf{a}$ または $\mathbf{b}$ が零ベクトルのとき，あるいは $\mathbf{a}$ と $\mathbf{b}$ が平行なときは，$\mathbf{a}\times\mathbf{b}=\mathbf{0}$ と約束する。

外積の計算では次の成分表示が便利である。

**［公式］（外積の成分表示）**

$\mathbf{a}=(a_1, a_2, a_3)$，$\mathbf{b}=(b_1, b_2, b_3)$ のとき

$$\mathbf{a}\times\mathbf{b}=\begin{pmatrix} a_1 \\ a_2 \\ a_3 \end{pmatrix}\times\begin{pmatrix} b_1 \\ b_2 \\ b_3 \end{pmatrix}=\begin{pmatrix} a_2b_3-b_2a_3 \\ a_3b_1-b_3a_1 \\ a_1b_2-b_1a_2 \end{pmatrix}$$

（注）外積の成分表示の規則性は次のように理解すればよい。

$$\mathbf{a}\times\mathbf{b}=(a_2b_3-b_2a_3,\ a_3b_1-b_3a_1,\ a_1b_2-b_1a_2)$$

$$=\left(\begin{vmatrix}a_2 & b_2\\ a_3 & b_3\end{vmatrix},\begin{vmatrix}a_3 & b_3\\ a_1 & b_1\end{vmatrix},\begin{vmatrix}a_1 & b_1\\ a_2 & b_2\end{vmatrix}\right)$$

なお，ベクトル解析では普通，横ベクトルと縦ベクトルを同一視して扱う。

**［公式］（外積の基本性質）**

(1)　$\mathbf{a}\times\mathbf{b}=-\mathbf{b}\times\mathbf{a}$

(2)　$\mathbf{a}\times(\mathbf{b}+\mathbf{c})=\mathbf{a}\times\mathbf{b}+\mathbf{a}\times\mathbf{c}$，$(\mathbf{a}+\mathbf{b})\times\mathbf{c}=\mathbf{a}\times\mathbf{c}+\mathbf{b}\times\mathbf{c}$

(3)　$k(\mathbf{a}\times\mathbf{b})=(k\mathbf{a})\times\mathbf{b}=\mathbf{a}\times(k\mathbf{b})$　（$k$ はスカラー）

（注）証明は外積の成分表示を利用しての単純計算である。

**スカラー三重積**

$\mathbf{a}\cdot(\mathbf{b}\times\mathbf{c})$，$(\mathbf{a}\times\mathbf{b})\cdot\mathbf{c}$ を $\mathbf{a},\mathbf{b},\mathbf{c}$ の**スカラー三重積**という。

（注）スカラー三重積の絶対値は $\mathbf{a},\mathbf{b},\mathbf{c}$ がつくる平行六面体の体積に等しい。

（証明）$\mathbf{b},\mathbf{c}$ がつくる平行四辺形の面積は

$$|\mathbf{b}\times\mathbf{c}|$$

$\mathbf{a}$ と $\mathbf{b}\times\mathbf{c}$ のなす角を $\theta$ とするとき，

$\mathbf{b},\mathbf{c}$ がつくる平行四辺形を底面とする高さは

$$||\mathbf{a}|\cos\theta|$$

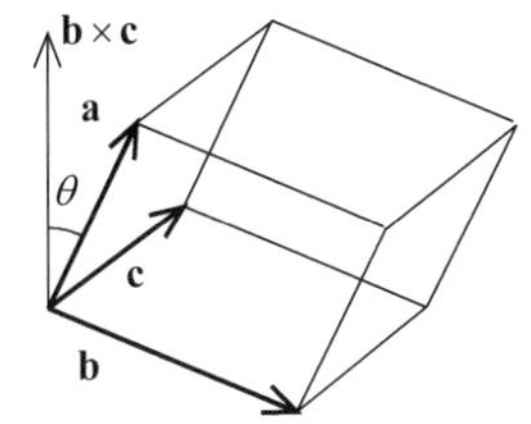


よって，$\mathbf{a},\mathbf{b},\mathbf{c}$ を3辺とする平行六面体の体積は

$$|\mathbf{b}\times\mathbf{c}|\cdot||\mathbf{a}|\cos\theta|=|\mathbf{a}||\mathbf{b}\times\mathbf{c}||\cos\theta|=||\mathbf{a}||\mathbf{b}\times\mathbf{c}|\cos\theta|=|\mathbf{a}\cdot(\mathbf{b}\times\mathbf{c})|$$

明らかに，$(\mathbf{a}\times\mathbf{b})\cdot\mathbf{c}$ についても同様。　□

**問 1**　次のベクトル $\mathbf{a},\mathbf{b},\mathbf{c}$ を3辺とする平行六面体の体積を求めよ。

$$\mathbf{a}=(1,-3,1),\ \mathbf{b}=(2,3,1),\ \mathbf{c}=(-1,1,-1)$$

（解）$\mathbf{a}\times\mathbf{b}=\begin{pmatrix}1\\-3\\1\end{pmatrix}\times\begin{pmatrix}2\\3\\1\end{pmatrix}=\begin{pmatrix}-3-3\\2-1\\3-(-6)\end{pmatrix}=\begin{pmatrix}-6\\1\\9\end{pmatrix}$

すなわち，$\mathbf{a}\times\mathbf{b}=(-6,1,9)$

$\therefore$　$(\mathbf{a}\times\mathbf{b})\cdot\mathbf{c}=(-6)\cdot(-1)+1\cdot1+9\cdot(-1)=-2$

よって，求める平行六面体の体積は，$|(\mathbf{a}\times\mathbf{b})\cdot\mathbf{c}|=2$　□

## （2）勾配（grad）・発散（div）・回転（rot）

ベクトル解析で重要となる微分演算を順に説明していく。

（i）勾配（grad）

スカラー場 $\varphi = \varphi(x, y, z)$ に対して

$$\operatorname{grad}\varphi = \left(\frac{\partial\varphi}{\partial x}, \frac{\partial\varphi}{\partial y}, \frac{\partial\varphi}{\partial z}\right) \quad \Leftarrow \text{ベクトル量}$$

をスカラー場 $\varphi$ の**勾配**という。

これを次のようにも表す。

$$\nabla\varphi = \left(\frac{\partial\varphi}{\partial x}, \frac{\partial\varphi}{\partial y}, \frac{\partial\varphi}{\partial z}\right)$$

この微分演算子 $\nabla$ は**ナブラ**と読む。

**問 2**　スカラー場 $\varphi(x, y, z) = x^3y^2 + xy^3z^2$ の勾配 $\nabla\varphi$ を求めよ。

**（解）** 勾配 $\nabla\varphi$ の各成分を計算すると

$$\frac{\partial\varphi}{\partial x} = 3x^2y^2 + y^3z^2,\quad \frac{\partial\varphi}{\partial y} = 2x^3y + 3xy^2z^2,\quad \frac{\partial\varphi}{\partial z} = 2xy^3z$$

であるから

$$\nabla\varphi = (3x^2y^2 + y^3z^2, 2x^3y + 3xy^2z^2, 2xy^3z)$$

□

● **勾配の図形的意味**：

勾配 $\nabla\varphi$ は曲面 $\varphi(x, y, z) = c$ （$c$ は定数）に各点で垂直である。

**（証明）** 曲面上の任意の曲線を

$$C : (x, y, z) = (x(t), y(y), z(t)) \quad (t \text{ はパラメータ})$$

とすると

$$\varphi(x(t), y(t), z(t)) = c$$

を満たすから，両辺を $t$ で微分すると

チェイン・ルールに注意して

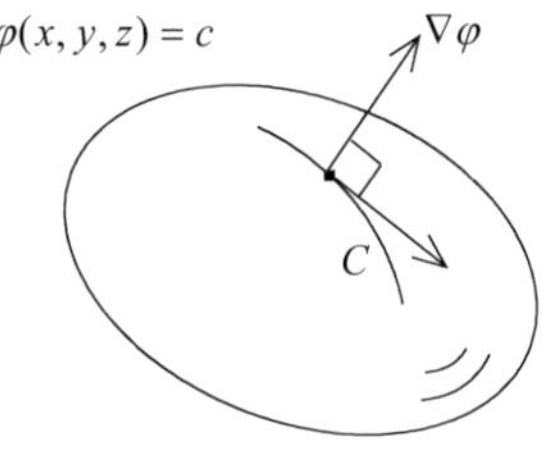


$$\frac{\partial\varphi}{\partial x}\cdot\frac{dx}{dt} + \frac{\partial\varphi}{\partial y}\cdot\frac{dy}{dt} + \frac{\partial\varphi}{\partial z}\cdot\frac{dz}{dt} = 0$$

$$\therefore\quad \left(\frac{\partial\varphi}{\partial x}, \frac{\partial\varphi}{\partial y}, \frac{\partial\varphi}{\partial z}\right)\cdot\left(\frac{dx}{dt}, \frac{dy}{dt}, \frac{dz}{dt}\right) = 0$$

すなわち，$\nabla\varphi\cdot\left(\dfrac{dx}{dt}, \dfrac{dy}{dt}, \dfrac{dz}{dt}\right) = 0$

ここで，$\left(\dfrac{dx}{dt}, \dfrac{dy}{dt}, \dfrac{dz}{dt}\right)$ は曲線 $C$ の接線ベクトルであるから，勾配 $\nabla\varphi$ は各点において曲面上の任意の曲線と垂直になることがわかった。　□

（ⅱ）発散（div）

ベクトル場 $\mathbf{A}=(A_1, A_2, A_3)$ に対して

$$\operatorname{div}\mathbf{A}=\frac{\partial A_1}{\partial x}+\frac{\partial A_2}{\partial y}+\frac{\partial A_3}{\partial z}$$　⬅ **スカラー量**

をベクトル場 $\mathbf{A}$ の**発散**という。

これを $\nabla$ との形式的な内積を考えて次のようにも表す。

$$\nabla\cdot\mathbf{A}=\frac{\partial A_1}{\partial x}+\frac{\partial A_2}{\partial y}+\frac{\partial A_3}{\partial z}$$

**【参考】** 微分演算子 $\nabla$ の形式的な内積を考えて，微分演算子

$$\nabla\cdot\nabla=\frac{\partial^2}{\partial x^2}+\frac{\partial^2}{\partial y^2}+\frac{\partial^2}{\partial z^2}$$

を**ラプラシアン**といい， $\Delta$ で表す（$\nabla^2$ とも表す）。すなわち

$$\Delta=\frac{\partial^2}{\partial x^2}+\frac{\partial^2}{\partial y^2}+\frac{\partial^2}{\partial z^2}\qquad \text{あるいは}\qquad \Delta\varphi=\frac{\partial^2\varphi}{\partial x^2}+\frac{\partial^2\varphi}{\partial y^2}+\frac{\partial^2\varphi}{\partial z^2}$$

**問 3**　ベクトル場 $\mathbf{A}=(3xyz^2, 2xy^2, -x^2yz)$ の発散 $\nabla\cdot\mathbf{A}$ を求めよ。

**（解）** $\nabla\cdot\mathbf{A}=\dfrac{\partial(3xyz^2)}{\partial x}+\dfrac{\partial(2xy^2)}{\partial y}+\dfrac{\partial(-x^2yz)}{\partial z}=3yz^2+4xy-x^2y$　□

● **発散の図形的意味**：

発散の図形的意味は最後の節で登場する積分定理の一つ**ガウスの発散定理**により明らかとなる（面積分を学習した後の話にはなるが）。

**ガウスの発散定理**：

$\mathbf{A}$ を閉曲面 $S$ で囲まれた領域 $V$ 上で定義されたベクトル場とし，$\mathbf{n}$ を $S$ 上の外側に向かう単位法線ベクトルとするとき，次が成り立つ。

$$\iiint_V \nabla\cdot\mathbf{A}\,dV=\iint_S \mathbf{A}\cdot\mathbf{n}\,dS$$

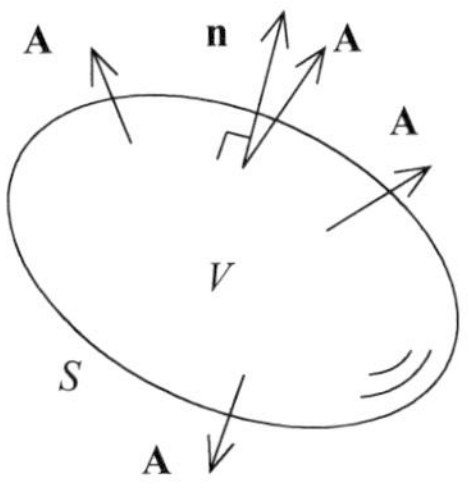


この定理において，$S$ を半径が十分小さな球面と考えると，$\nabla\cdot\mathbf{A}$ は一定とみなされ，領域 $V$ の体積も $V$ で表すと，近似として次が成り立つ。

$$(\nabla\cdot\mathbf{A})V=\iint_S \mathbf{A}\cdot\mathbf{n}\,dS\qquad\therefore\quad \nabla\cdot\mathbf{A}=\frac{1}{V}\iint_S \mathbf{A}\cdot\mathbf{n}\,dS$$

すなわち，$\nabla\cdot\mathbf{A}$ は $\mathbf{A}$ が表面から湧き出す量の単位体積当たりの量（湧き出す強さ）である。

（iii）回転（rot）

ベクトル場 $\mathbf{A}=(A_1, A_2, A_3)$ に対して

$$\mathrm{rot}\,\mathbf{A}=\left(\frac{\partial}{\partial y}A_3-\frac{\partial}{\partial z}A_2,\ \frac{\partial}{\partial z}A_1-\frac{\partial}{\partial x}A_3,\ \frac{\partial}{\partial x}A_2-\frac{\partial}{\partial y}A_1\right)$$ ⬅ ベクトル量

をベクトル場 $\mathbf{A}$ の**回転**という。

これを $\nabla$ との形式的な外積を考えて次のようにも表す。

$$\nabla\times\mathbf{A}=\left(\frac{\partial}{\partial y}A_3-\frac{\partial}{\partial z}A_2,\ \frac{\partial}{\partial z}A_1-\frac{\partial}{\partial x}A_3,\ \frac{\partial}{\partial x}A_2-\frac{\partial}{\partial y}A_1\right)$$

すなわち，見やすく $\nabla=(\partial_x, \partial_y, \partial_z)$ と書くと

$$\nabla\times\mathbf{A}=\begin{pmatrix}\partial_x\\ \partial_y\\ \partial_z\end{pmatrix}\times\begin{pmatrix}A_1\\ A_2\\ A_3\end{pmatrix}=\begin{pmatrix}\partial_y A_3-\partial_z A_2\\ \partial_z A_1-\partial_x A_3\\ \partial_x A_2-\partial_y A_1\end{pmatrix}=\mathrm{rot}\,\mathbf{A}$$

ただし，微分演算子を関数の前に書くこと。

**問 4**　ベクトル場 $\mathbf{A}=(xyz, -y^2z^3, 2x^2y)$ の回転 $\nabla\times\mathbf{A}$ を求めよ。

**（解）** 回転 $\nabla\times\mathbf{A}$ の各成分を求める。

$$\frac{\partial}{\partial y}(2x^2y)-\frac{\partial}{\partial z}(-y^2z^3)=2x^2+3y^2z^2$$

$$\frac{\partial}{\partial z}(xyz)-\frac{\partial}{\partial x}(2x^2y)=xy-4xy=-3xy$$

$$\frac{\partial}{\partial x}(-y^2z^3)-\frac{\partial}{\partial y}(xyz)=0-xz=-xz$$

よって　$\nabla\times\mathbf{A}=(2x^2+3y^2z^2, -3xy, -xz)$　□

● **回転の図形的意味**：

回転の図形的意味は最後の節で登場する積分定理の 1 つ**ストークスの定理**により明らかとなる（線積分，面積分を学習した後の話にはなるが）。

**ストークスの定理**：

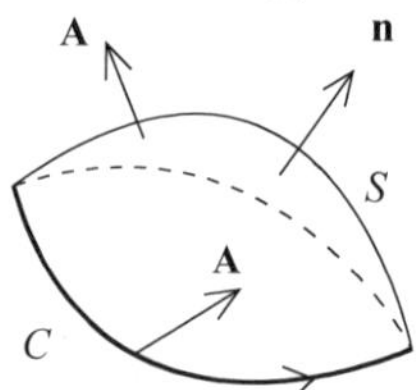


$\mathbf{A}$ を閉曲線 $C$ で囲まれた曲面 $S$ 上で定義されたベクトル場とし，$\mathbf{n}$ を図のような向きの $S$ 上の単位法線ベクトルとするとき，次が成り立つ。

$$\iint_S(\nabla\times\mathbf{A})\cdot\mathbf{n}\,dS=\oint_C\mathbf{A}\cdot d\mathbf{r}$$

この定理において，$C$ を半径が十分小さな円周と考えると，$\nabla\times\mathbf{A}$ は一定とみなされ，曲面 $S$ の

面積も $S$ で表すと，近似として次が成り立つ。

$$\{(\nabla\times\mathbf{A})\cdot\mathbf{n}\}S=\oint_C \mathbf{A}\cdot d\mathbf{r} \qquad \therefore \quad (\nabla\times\mathbf{A})\cdot\mathbf{n}=\frac{1}{S}\oint_C \mathbf{A}\cdot d\mathbf{r}$$

すなわち，$\nabla\times\mathbf{A}$ の大きさは $\mathbf{A}$ がつくる渦の単位面積当たりの量（渦の強さ）を表す。

### （3）スカラー場の方向微分

最後に，スカラー場の方向微分について説明しておく。

まず，1 変数関数 $f(x)$ の微分（導関数）の定義を思い出そう。あとの説明の都合で，通常 $h$ で表す部分を $t$ で表すと

$$\frac{df}{dx}=\lim_{t\to 0}\frac{f(x+t)-f(x)}{t}$$

さて，この定義は何を意味しているか。それは，$x$ 軸方向に $t$ だけ変化させたときの関数の値の変化率の極限である。

では，スカラー場 $\varphi(x,y,z)$ をベクトル $\mathbf{n}=(n_1,n_2,n_3)$ の方向に $t$ だけ変化させたときの関数の値の変化率の極限はどのように表されるだろうか。そこで，方向ベクトル $\mathbf{n}$ を単位ベクトルにしておけば，次のようになる。

**スカラー場の方向微分**

$$\frac{\partial\varphi}{\partial\mathbf{n}}=\lim_{t\to 0}\frac{\varphi(x+tn_1,\,y+tn_2,\,z+tn_3)-\varphi(x,y,z)}{t}$$

これをスカラー場 $\varphi(x,y,z)$ のベクトル $\mathbf{n}$ の方向への**方向微分**という。

**（注）** 偏微分 $\dfrac{\partial\varphi}{\partial x},\ \dfrac{\partial\varphi}{\partial y},\ \dfrac{\partial\varphi}{\partial z}$ はそれぞれ，$x$ 軸，$y$ 軸，$z$ 軸方向への方向微分であることに注意しよう。それぞれ，方向ベクトルが

$\mathbf{i}=(1,0,0)$，$\mathbf{j}=(0,1,0)$，$\mathbf{k}=(0,0,1)$

である次のような方向微分のことである。

$$\frac{\partial\varphi}{\partial x}=\frac{\partial\varphi}{\partial\mathbf{i}},\quad \frac{\partial\varphi}{\partial y}=\frac{\partial\varphi}{\partial\mathbf{j}},\quad \frac{\partial\varphi}{\partial z}=\frac{\partial\varphi}{\partial\mathbf{k}}$$ □

**［公式］（方向微分の計算公式）**

$$\frac{\partial\varphi}{\partial\mathbf{n}}=(\nabla\varphi)\cdot\mathbf{n}$$

**（証明）** 定義より，チェイン・ルールにも注意して

$$\frac{\partial\varphi}{\partial\mathbf{n}}=\frac{\partial\varphi}{\partial x}n_1+\frac{\partial\varphi}{\partial y}n_2+\frac{\partial\varphi}{\partial z}n_3=(\nabla\varphi)\cdot\mathbf{n}$$ □

**例題 1（ベクトルの外積）**

次の等式を証明せよ。

(1)　$\mathbf{a}\cdot(\mathbf{b}\times\mathbf{c})=\det(\mathbf{a}\ \mathbf{b}\ \mathbf{c})$

(2)　$\mathbf{a}\cdot(\mathbf{b}\times\mathbf{c})=\mathbf{b}\cdot(\mathbf{c}\times\mathbf{a})=\mathbf{c}\cdot(\mathbf{a}\times\mathbf{b})$

**【解説】**ベクトル解析は空間を主な舞台とし，内積の他に外積が重要になる。外積に関する計算では，定義の他に成分による計算が大切である。

**外積の成分表示**：

$\mathbf{a}=(a_1, a_2, a_3)$，$\mathbf{b}=(b_1, b_2, b_3)$ のとき

$$\mathbf{a}\times\mathbf{b}=\begin{pmatrix}a_1\\a_2\\a_3\end{pmatrix}\times\begin{pmatrix}b_1\\b_2\\b_3\end{pmatrix}=\begin{pmatrix}a_2b_3-b_2a_3\\a_3b_1-b_3a_1\\a_1b_2-b_1a_2\end{pmatrix}$$

**解答**　(1)　$\mathbf{a}=(a_1, a_2, a_3)$，$\mathbf{b}=(b_1, b_2, b_3)$，$\mathbf{c}=(c_1, c_2, c_3)$ とおく。

$$\mathbf{b}\times\mathbf{c}=\begin{pmatrix}b_2c_3-c_2b_3\\b_3c_1-c_3b_1\\b_1c_2-c_1b_2\end{pmatrix}=\left(\begin{vmatrix}b_2&c_2\\b_3&c_3\end{vmatrix},\begin{vmatrix}b_3&c_3\\b_1&c_1\end{vmatrix},\begin{vmatrix}b_1&c_1\\b_2&c_2\end{vmatrix}\right)$$

であり，行列式の性質にも注意すると

$$\begin{aligned}\mathbf{a}\cdot(\mathbf{b}\times\mathbf{c})&=a_1\begin{vmatrix}b_2&c_2\\b_3&c_3\end{vmatrix}+a_2\begin{vmatrix}b_3&c_3\\b_1&c_1\end{vmatrix}+a_3\begin{vmatrix}b_1&c_1\\b_2&c_2\end{vmatrix}\\&=a_1\begin{vmatrix}b_2&c_2\\b_3&c_3\end{vmatrix}+a_2\cdot(-1)\begin{vmatrix}b_1&c_1\\b_3&c_3\end{vmatrix}+a_3\begin{vmatrix}b_1&c_1\\b_2&c_2\end{vmatrix}\\&=\begin{vmatrix}a_1&b_1&c_1\\a_2&b_2&c_2\\a_3&b_3&c_3\end{vmatrix}\\&=\det(\mathbf{a}\ \mathbf{b}\ \mathbf{c})\end{aligned}$$

(2)　(1)および行列式の性質より

$$\mathbf{a}\cdot(\mathbf{b}\times\mathbf{c})=\det(\mathbf{a}\ \mathbf{b}\ \mathbf{c})$$

$$\mathbf{b}\cdot(\mathbf{c}\times\mathbf{a})=\det(\mathbf{b}\ \mathbf{c}\ \mathbf{a})=-\det(\mathbf{a}\ \mathbf{c}\ \mathbf{b})=\det(\mathbf{a}\ \mathbf{b}\ \mathbf{c})$$

$$\mathbf{c}\cdot(\mathbf{a}\times\mathbf{b})=\det(\mathbf{c}\ \mathbf{a}\ \mathbf{b})=-\det(\mathbf{a}\ \mathbf{c}\ \mathbf{b})=\det(\mathbf{a}\ \mathbf{b}\ \mathbf{c})$$

以上より

$$\mathbf{a}\cdot(\mathbf{b}\times\mathbf{c})=\mathbf{b}\cdot(\mathbf{c}\times\mathbf{a})=\mathbf{c}\cdot(\mathbf{a}\times\mathbf{b})\quad(=\det(\mathbf{a}\ \mathbf{b}\ \mathbf{c}))$$

**【参考】**スカラー三重積の絶対値は $\mathbf{a}, \mathbf{b}, \mathbf{c}$ を 3 辺とする平行六面体の体積に等しいから，$\mathbf{a}, \mathbf{b}, \mathbf{c}$ を 3 辺とする平行六面体の体積は $|\det(\mathbf{a}\ \mathbf{b}\ \mathbf{c})|$ によって表される。

**例題２（勾配・発散・回転　①）**

(1) スカラー場

$$\varphi(x, y, z) = 2xy^2 + x^3z^2$$

に対して，勾配 $\nabla\varphi$ を求めよ。

(2) ベクトル場

$$\mathbf{A} = (A_1, A_2, A_3) = (x^3y, -2xy^2z, 3yz^4)$$

に対して，次の発散と回転を求めよ。

（i）発散 $\nabla\cdot\mathbf{A}$　　　　（ii）回転 $\nabla\times\mathbf{A}$

**【解説】** スカラー場の勾配 $\nabla\varphi$（あるいは $\mathrm{grad}\,\varphi$）およびベクトル場 $\mathbf{A}$ の発散 $\nabla\cdot\mathbf{A}$（あるいは $\mathrm{div}\,\mathbf{A}$），回転 $\nabla\times\mathbf{A}$（あるいは $\mathrm{rot}\,\mathbf{A}$）の 3 つはベクトル解析における基本的な微分演算であり，非常に大切である。

**勾配**：スカラー場 $\varphi = \varphi(x, y, z)$ に対して

$$\nabla\varphi = \left(\frac{\partial\varphi}{\partial x}, \frac{\partial\varphi}{\partial y}, \frac{\partial\varphi}{\partial z}\right)$$ ⬅ **ベクトル量**

**発散**：ベクトル場 $\mathbf{A} = (A_1, A_2, A_3)$ に対して

$$\nabla\cdot\mathbf{A} = \frac{\partial A_1}{\partial x} + \frac{\partial A_2}{\partial y} + \frac{\partial A_3}{\partial z}$$ ⬅ **スカラー量**

**回転**：ベクトル場 $\mathbf{A} = (A_1, A_2, A_3)$ に対して

$$\nabla\times\mathbf{A} = \left(\frac{\partial}{\partial y}A_3 - \frac{\partial}{\partial z}A_2,\ \frac{\partial}{\partial z}A_1 - \frac{\partial}{\partial x}A_3,\ \frac{\partial}{\partial x}A_2 - \frac{\partial}{\partial y}A_1\right)$$ ⬅ **ベクトル量**

回転の式は次のように見ればわかりやすい。

$$\nabla\times\mathbf{A} = \begin{pmatrix} \partial_x \\ \partial_y \\ \partial_z \end{pmatrix} \times \begin{pmatrix} A_1 \\ A_2 \\ A_3 \end{pmatrix} = \begin{pmatrix} \partial_y A_3 - \partial_z A_2 \\ \partial_z A_1 - \partial_x A_3 \\ \partial_x A_2 - \partial_y A_1 \end{pmatrix}$$

**解答**　(1) $\varphi(x, y, z) = 2xy^2 + x^3z^2$ より

$$\nabla\varphi = \left(\frac{\partial\varphi}{\partial x}, \frac{\partial\varphi}{\partial y}, \frac{\partial\varphi}{\partial z}\right) = (2y^2 + 3x^2z^2, 4xy, 2x^3z)$$ ……〔答〕

(2) $\mathbf{A} = (A_1, A_2, A_3) = (x^3y, -2xy^2z, 3yz^4)$ より

（i）$$\nabla\cdot\mathbf{A} = \frac{\partial A_1}{\partial x} + \frac{\partial A_2}{\partial y} + \frac{\partial A_3}{\partial z} = 3x^2y - 4xyz + 12yz^3$$ ……〔答〕

（ii）$$\nabla\times\mathbf{A} = \left(\frac{\partial}{\partial y}A_3 - \frac{\partial}{\partial z}A_2,\ \frac{\partial}{\partial z}A_1 - \frac{\partial}{\partial x}A_3,\ \frac{\partial}{\partial x}A_2 - \frac{\partial}{\partial y}A_1\right)$$

$$= (3z^4 + 2xy^2, 0, -2y^2z - x^3)$$ ……〔答〕

**例題 3（勾配・発散・回転 ②）**

$\mathbf{r}=(x, y, z)$，$r=|\mathbf{r}|$ とするとき，次を計算せよ。

(1) $\nabla r$　　(2) $\nabla\cdot\mathbf{r}$　　(3) $\nabla\times\mathbf{r}$　　(4) $\nabla\cdot\dfrac{\mathbf{r}}{r}$　　(5) $\nabla\cdot\dfrac{\mathbf{r}}{r^3}$

**【解説】** 勾配，発散，回転の計算は重要であるから，もう少し練習しておこう。ここで練習する計算はよく出てくる重要な例である。

**解答**　(1) $r=|\mathbf{r}|=\sqrt{x^2+y^2+z^2}$ より

$$\frac{\partial r}{\partial x}=\frac{x}{\sqrt{x^2+y^2+z^2}}=\frac{x}{r}\qquad \text{同様に，}\ \frac{\partial r}{\partial y}=\frac{y}{r},\ \frac{\partial r}{\partial z}=\frac{z}{r}$$

$$\therefore\quad \nabla r=\left(\frac{\partial r}{\partial x},\frac{\partial r}{\partial y},\frac{\partial r}{\partial z}\right)=\left(\frac{x}{r},\frac{y}{r},\frac{z}{r}\right)=\frac{\mathbf{r}}{r}\quad \cdots\cdots〔答〕$$

(2) $\mathbf{r}=(x, y, z)$ より，$\nabla\cdot\mathbf{r}=\dfrac{\partial x}{\partial x}+\dfrac{\partial y}{\partial y}+\dfrac{\partial z}{\partial z}=1+1+1=3$　……〔答〕

(3) $\mathbf{r}=(x, y, z)$ より

$$\nabla\times\mathbf{r}=\left(\frac{\partial z}{\partial y}-\frac{\partial y}{\partial z},\ \frac{\partial x}{\partial z}-\frac{\partial z}{\partial x},\ \frac{\partial y}{\partial x}-\frac{\partial x}{\partial y}\right)=(0,0,0)=\mathbf{0}\quad \cdots\cdots〔答〕$$

(4) $\dfrac{\mathbf{r}}{r}=\left(\dfrac{x}{r},\dfrac{y}{r},\dfrac{z}{r}\right)$ より，$\nabla\cdot\dfrac{\mathbf{r}}{r}=\dfrac{\partial}{\partial x}\left(\dfrac{x}{r}\right)+\dfrac{\partial}{\partial y}\left(\dfrac{y}{r}\right)+\dfrac{\partial}{\partial z}\left(\dfrac{x}{r}\right)$

ここで，$\dfrac{\partial}{\partial x}\left(\dfrac{x}{r}\right)=\dfrac{1\cdot r-x\cdot\dfrac{x}{r}}{r^2}=\dfrac{r^2-x^2}{r^3}$

同様に，$\dfrac{\partial}{\partial y}\left(\dfrac{y}{r}\right)=\dfrac{r^2-y^2}{r^3}$，$\dfrac{\partial}{\partial z}\left(\dfrac{z}{r}\right)=\dfrac{r^2-z^2}{r^3}$

よって，$\nabla\cdot\dfrac{\mathbf{r}}{r}=\dfrac{3r^2-(x^2+y^2+z^2)}{r^3}=\dfrac{3r^2-r^2}{r^3}=\dfrac{2}{r}$　……〔答〕

(5) $\nabla\cdot\dfrac{\mathbf{r}}{r^3}=\dfrac{\partial}{\partial x}\left(\dfrac{x}{r^3}\right)+\dfrac{\partial}{\partial y}\left(\dfrac{y}{r^3}\right)+\dfrac{\partial}{\partial z}\left(\dfrac{x}{r^3}\right)$

ここで，$\dfrac{\partial}{\partial x}\left(\dfrac{x}{r^3}\right)=\dfrac{1\cdot r^3-x\cdot 3r^2\cdot\dfrac{x}{r}}{r^6}=\dfrac{r^2-3x^2}{r^5}$

同様に，$\dfrac{\partial}{\partial x}\left(\dfrac{y}{r^3}\right)=\dfrac{r^2-3y^2}{r^5}$，$\dfrac{\partial}{\partial x}\left(\dfrac{z}{r^3}\right)=\dfrac{r^2-3z^2}{r^5}$

よって

$$\nabla\cdot\frac{\mathbf{r}}{r^3}=\frac{3r^2-3(x^2+y^2+r^2)}{r^5}=\frac{3r^2-3r^2}{r^5}=0\quad \cdots\cdots〔答〕$$

## ■ 演習問題　5.1

解答はp. 286

**1**　次の等式を証明せよ。

(1)　$\mathbf{a}\times(\mathbf{b}\times\mathbf{c})=(\mathbf{a}\cdot\mathbf{c})\mathbf{b}-(\mathbf{a}\cdot\mathbf{b})\mathbf{c}$

(2)　$\mathbf{a}\times(\mathbf{b}\times\mathbf{c})+\mathbf{b}\times(\mathbf{c}\times\mathbf{a})+\mathbf{c}\times(\mathbf{a}\times\mathbf{b})=\mathbf{0}$　（ヤコビの恒等式）

**2**　次の問いに答えよ。

(1)　スカラー場

$$\varphi=x^2z+e^{\frac{y}{x}}$$

に対して，勾配 $\nabla\varphi$ を求めよ。

(2)　ベクトル場

$$\mathbf{A}=(xy^2,\log(y^2+z^2),\sin(xz))$$

に対して，発散 $\nabla\cdot\mathbf{A}$ を求めよ。

(3)　ベクトル場

$$\mathbf{A}=(e^x,e^{xy},e^{xyz})$$

に対して，回転 $\nabla\times\mathbf{A}$ を求めよ。

**3**　$\mathbf{r}=(x,y,z)$，$r=|\mathbf{r}|$ とするとき，次を計算せよ。

(1)　$\Delta\left(\dfrac{1}{r}\right)$　　　(2)　$\Delta\log r$

**4**　次の公式を証明せよ.

(1)　$\nabla\times(\nabla\varphi)=\mathbf{0}$　（$\mathrm{rot}\,(\mathrm{grad}\,\varphi)=\mathbf{0}$）

(2)　$\nabla\cdot(\nabla\times\mathbf{A})=0$　（$\mathrm{div}\,(\mathrm{rot}\,\mathbf{A})=0$）

(3)　$\nabla\times(\nabla\times\mathbf{A})=\nabla(\nabla\cdot\mathbf{A})-\nabla^2\mathbf{A}$

ただし，$\mathbf{A}=(A_1,A_2,A_3)$ に対して，$\nabla^2\mathbf{A}=(\nabla^2A_1,\nabla^2A_2,\nabla^2A_3)$

## 5．2　線積分

〔**目標**〕ここでは，定積分の自然な拡張として，線積分の概念を学習する。まず初めに平面曲線に沿った線積分を考え，次に空間曲線に沿った線積分を考える。

### （1）線積分のアイデア

線積分を定義する前に，通常の定積分について復習しておこう。定積分の厳密な定義を一応書いておくが，完全に理解できなくても差し支えない。

**定積分の定義**：

$f(x)$ は閉区間 $[a,b]=\{x \mid a \leqq x \leqq b\}$ で定義された関数とする。

閉区間 $[a,b]$ の任意の分割 $\Delta$ を考える。

分割 $\Delta$ ：$a = x_0 < x_1 < \cdots < x_{n-1} < x_n = b$

に対して，$x_{k-1} \leqq c_k \leqq x_k \ \ (k=1,2,\cdots,n)$

を満たす $c_k$ を任意に選び，次のような和

$$S(\Delta, c_k) = \sum_{k=1}^{n} f(c_k)\Delta x_k$$

をつくる。（ただし，$\Delta x_k = x_k - x_{k-1}$）

また，分割 $\Delta$ に対して

$$|\Delta| = \max\{\, |x_k - x_{k-1}|\,;\, k=1,2,\cdots,n\,\}$$

とおく。



そこで，定積分は以下のように定義される。

**定積分の定義**

$|\Delta| \to 0$ のとき，分割 $\Delta$ および $c_k$ の取り方によらず，和 $S(\Delta, c_k)$ がある一定値 $S$ に収束するならば，$f(x)$ は $[a,b]$ 上で**積分可能**であるという。また，この一定値 $S$ を $f(x)$ の**定積分**といい，次の記号で表す。

$$\int_a^b f(x)dx$$

これが高校で学んだ定積分の厳密な定義であるが，この定積分が何を表すかはやはり高校で学んだ通りである。

そして，連続関数の定積分について，次の定理が成り立つ。

**［定理］**

閉区間 $[a,b]$ で連続な関数 $f(x)$ は積分可能である。

および

**［定理］（微分積分学の基本定理）**

閉区間 $[a,b]$ で連続な関数 $f(x)$ に対して，次が成り立つ。

$$\frac{d}{dx}\int_a^x f(t)dt = f(x)$$

**平面曲線に沿った線積分の定義**：

さて，上で述べたのは $x$ 軸に沿っての定積分であるが，これを平面曲線に沿った定積分へと拡張することを考えよう。

まず，$x$ 軸の代わりとなる曲線を次のように定める。

$$C:\mathbf{r}(s)=(x(s),\ y(s))$$

ただし，$s$ は弧長パラメータで，$0 \leqq s \leqq L$ とする。

すなわち，任意の $l$ $(0 \leqq l \leqq L)$ に対して

$$\int_0^l \sqrt{\left(\frac{dx}{ds}\right)^2+\left(\frac{dy}{ds}\right)^2}\,ds = l$$

を満たすとする。

弧長パラメータ $s$ の範囲は，より一般に $\alpha \leqq s \leqq \beta$ としてよい。この場合，$\alpha \leqq l < m \leqq \beta$ に対して

$$\int_l^m \sqrt{\left(\frac{dx}{ds}\right)^2+\left(\frac{dy}{ds}\right)^2}\,ds = m-l$$

である。

2 変数関数 $f(x,y)$ は平面曲線

$$C:\mathbf{r}(s)=(x(s),\ y(s))\ \ (\alpha \leqq s \leqq \beta)$$

上で定義されているとする。

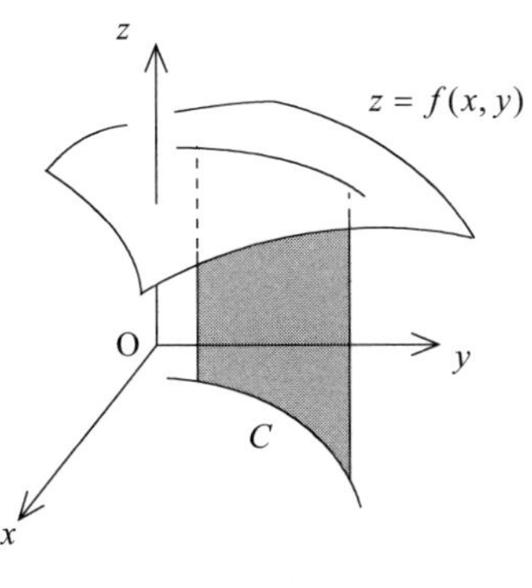


閉区間 $[\alpha,\beta]$ の任意の分割 $\Delta$ を考える。

分割 $\Delta$ ：$\alpha = s_0 < s_1 < \cdots < s_{n-1} < s_n = \beta$

に対して，$s_{k-1} \leqq c_k \leqq s_k$ $(k=1,2,\cdots,n)$

を満たす $c_k$ を任意に選び，次のような和

$$S(\Delta, c_k)=\sum_{k=1}^{n} f(x(c_k),\ y(c_k))\Delta s_k$$

をつくる。ただし，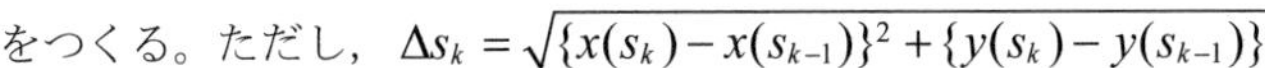 $\Delta s_k = \sqrt{\{x(s_k)-x(s_{k-1})\}^2+\{y(s_k)-y(s_{k-1})\}^2}$

また，分割 $\Delta$ に対して

$$|\Delta| = \max\{|s_k - s_{k-1}|;\, k = 1, 2, \cdots, n\}$$

とおく。

そこで，曲線 $C$ に沿った線積分は以下のように定義される。

**線積分の定義**

$|\Delta| \to 0$ のとき，分割 $\Delta$ および $c_k$ の取り方によらず，和 $S(\Delta, c_k)$ がある一定値 $S$ に収束するならば，$f(x, y)$ は $C$ に沿って**積分可能**であるという。また，この一定値 $S$ を $f(x, y)$ の $C$ に沿った**線積分**といい，次の記号で表す。

$$\int_C f(x, y)\, ds$$

線積分の計算は次の公式によって実行される。

**［公式］（線積分の計算）**

$$\int_C f(x, y)\, ds = \int_\alpha^\beta f(x(s), y(s))\, ds$$

### （2）平面曲線に沿った線積分

さて，今後は逆に，上の公式をスカラー場の線積分の定義とする。

**スカラー場の線積分**

平面曲線

$$C : \mathbf{r}(s) = (x(s), y(s)) \quad (\alpha \leqq s \leqq \beta) \qquad s \text{ は弧長パラメータ}$$

上で定義されたスカラー場 $\varphi = \varphi(x, y)$ に対して

$$\int_C \varphi\, ds = \int_\alpha^\beta \varphi(x(s), y(s))\, ds$$

を曲線 $C$ に沿ったスカラー場 $\varphi$ の**線積分**という。

さらに，曲線 $C$ が一般のパラメータによって与えられているとき，次の公式によって計算できる。

**［公式］（スカラー場の線積分の計算）**

平面曲線

$$C : \mathbf{r}(t) = (x(t), y(t)) \quad (a \leqq t \leqq b)$$

上で定義されたスカラー場 $\varphi = \varphi(x, y)$ に対して

$$\int_C \varphi\, ds = \int_a^b \varphi(x(t), y(t)) \frac{ds}{dt}\, dt \qquad \Leftarrow \frac{ds}{dt} = \sqrt{\left(\frac{dx}{dt}\right)^2 + \left(\frac{dy}{dt}\right)^2}$$

**問 1**　平面曲線

$$C:\mathbf{r}(t)=(2t,t^2)\quad(0\leqq t\leqq 1)$$

上で定義されたスカラー場 $\varphi(x,y)=x$ に対して

$$\int_C \varphi\,ds$$

を計算せよ。

（解）$\displaystyle\int_C \varphi\,ds=\int_0^1 \varphi(x(t),y(t))\frac{ds}{dt}dt=\int_0^1 2t\sqrt{2^2+(2t)^2}\,dt$

$$=\int_0^1 4t\sqrt{1+t^2}\,dt=\left[\frac{4}{3}(1+t^2)^{\frac{3}{2}}\right]_0^1=\frac{4}{3}(2\sqrt{2}-1)$$　□

さらに，次のような線積分（1 次微分形式の積分）も定義しよう。

**1 次微分形式の積分**

平面曲線

$$C:\mathbf{r}(t)=(x(t),y(t))\quad(a\leqq t\leqq b)$$

上で定義されたスカラー場 $\varphi=\varphi(x,y)$ に対して

$$\int_C \varphi\,dx=\int_a^b \varphi(x(t),y(t))\frac{dx}{dt}dt$$

$$\int_C \varphi\,dy=\int_a^b \varphi(x(t),y(t))\frac{dy}{dt}dt$$

（注）一般に，平面上の 1 次微分形式

$$\omega^1=f(x,y)\,dx+g(x,y)\,dy$$

に対して

$$\int_C \omega^1=\int_C (f\,dx+g\,dy)=\int_C f\,dx+\int_C g\,dy$$

と定める。

**問 2**　平面曲線

$$C:\mathbf{r}(t)=(2t,t^2)\quad(0\leqq t\leqq 1)$$

上で定義されたスカラー場 $\varphi(x,y)=x$ に対して

$$\int_C \varphi\,dx,\quad \int_C \varphi\,dy$$

を計算せよ。

（解）$\displaystyle\int_C \varphi\,dx=\int_0^1 2t\cdot 2\,dt=\Big[2t^2\Big]_0^1=2$

$$\int_C \varphi\,dy=\int_0^1 2t\cdot 2t\,dt=\left[\frac{4}{3}t^3\right]_0^1=\frac{4}{3}$$　□

ベクトル場の線積分を次で定義する。

**ベクトル場の線積分**

平面曲線

$$C : \mathbf{r}(s) = (x(s),\ y(s)) \quad (\alpha \leqq s \leqq \beta) \qquad s \text{ は弧長パラメータ}$$

上で定義されたベクトル場 $\mathbf{A} = \mathbf{A}(x, y)$ に対して，曲線 $C$ の単位接線ベクトル $\mathbf{t} = \mathbf{r}'(s)$ を考えて，内積（スカラー） $\mathbf{A} \cdot \mathbf{t}$ の線積分

$$\int_C \mathbf{A} \cdot \mathbf{t}\, ds = \int_\alpha^\beta \mathbf{A}(x(s),\ y(s)) \cdot \mathbf{t}\, ds$$

を曲線 $C$ に沿ったベクトル場 $\mathbf{A}$ の**線積分**という。

（注１） $\int_C \mathbf{A} \cdot \mathbf{t}\, ds$ を $\int_C \mathbf{A} \cdot d\mathbf{r}$ とも表す。

（注２）線積分と力学における“仕事”との関係について簡単に触れておく。

力 $\mathbf{F}$ が曲線 $C$ に沿ってする仕事を $W$ とすれば，$W = \int_C \mathbf{F} \cdot d\mathbf{r}$

ここで，次のことを思い出そう。

力 $\mathbf{F}$ で $\Delta\mathbf{r}$ だけ変位したときに $\mathbf{F}$ がした仕事を $\Delta W$ とすれば

$$\Delta W = |\mathbf{F}||\Delta\mathbf{r}|\cos\theta = \mathbf{F} \cdot \Delta\mathbf{r} \quad (\theta \text{ は } \mathbf{F} \text{ と } \Delta\mathbf{r} \text{ のなす角})$$

（注３） $\mathbf{A} = (A_1,\ A_2)$ とすると，$\mathbf{A} \cdot d\mathbf{r} = A_1 dx + A_2 dy$ であり

$$\int_C \mathbf{A} \cdot d\mathbf{r} = \int_C (A_1 dx + A_2 dy) \qquad \Leftarrow \text{ １次微分形式の積分}$$

スカラー場の線積分のときと同様，曲線 $C$ が一般のパラメータによって与えられているとき，次の公式によって計算できる。

**［公式］（ベクトル場の線積分の計算）**

平面曲線

$$C : \mathbf{r}(t) = (x(t),\ y(t)) \quad (a \leqq t \leqq b)$$

上で定義されたベクトル場 $\mathbf{A} = \mathbf{A}(x, y)$ に対して

$$\int_C \mathbf{A} \cdot d\mathbf{r} = \int_a^b \mathbf{A} \cdot \frac{d\mathbf{r}}{dt} dt \qquad \Leftarrow \ \mathbf{t}\, ds = \frac{d\mathbf{r}}{ds} \cdot \frac{ds}{dt} dt = \frac{d\mathbf{r}}{dt} dt$$

**問 3**　平面曲線

$$C : \mathbf{r}(t) = (\cos t,\ \sin t) \quad (0 \leqq t \leqq \pi)$$

上で定義されたベクトル場 $\mathbf{A}(x, y) = (-y,\ x)$ に対して

$$\int_C \mathbf{A} \cdot d\mathbf{r}$$

を計算せよ。

（解）$\int_C \mathbf{A}\cdot d\mathbf{r} = \int_0^\pi \mathbf{A}\cdot\dfrac{d\mathbf{r}}{dt}dt$

$$= \int_0^\pi (-\sin t, \cos t)\cdot(-\sin t, \cos t)\,dt$$

$$= \int_0^\pi (\sin^2 t + \cos^2 t)\,dt = \int_0^\pi dt = \pi$$ □

平面曲線に沿ったベクトル場の線積分の最後として，重要な定理である**平面におけるグリーンの定理**を確認しておこう。

**［定理］（平面におけるグリーンの定理）**

$xy$ 平面の領域 $D$ が単一閉曲線 $C$ を境界にもち，$f, g$ が $D$（境界を含む）で連続な偏導関数をもつとき，次が成り立つ。

$$\oint_C (f\,dx + g\,dy) = \iint_D \left(\frac{\partial g}{\partial x} - \frac{\partial f}{\partial y}\right)dxdy$$

ただし，$C$ は正の向き（$D$ の内部を進行方向左向きに見る向き）

**（注１）** 曲線 $C$ が単一閉曲線であるとき，$\int_C$ を $\oint_C$ とも表す。

**（注２）** $\dfrac{\partial g}{\partial x} = \dfrac{\partial f}{\partial y}$ のとき，１次微分形式 $\omega^1 = f\,dx + g\,dy$ は**完全微分**であるといい，次が成り立つ。

$$\oint_C (f\,dx + g\,dy) = 0$$

したがって，始点Aから終点Bまでの線積分の値はその経路によらず定まるので，始点Aと終点Bだけで定まる積分値

$$\int_A^B (f\,dx + g\,dy)$$

が定義できる。

**問 4** 単一閉曲線 $C$ で囲まれた領域の面積 $S$ は

$$S = \frac{1}{2}\oint_C (-y\,dx + x\,dy)$$

で与えられることを示せ。

（解）平面におけるグリーンの定理より

$$\oint_C (-y\,dx + x\,dy) = \iint_D \left(\frac{\partial x}{\partial x} - \frac{\partial(-y)}{\partial y}\right)dxdy = \iint_D 2dxdy = 2S$$

よって

$$S = \frac{1}{2}\oint_C (-y\,dx + x\,dy)$$

が成り立つ。 □

### （3）空間曲線に沿った線積分

空間曲線に沿った線積分についても平面曲線に沿った線積分と全く同様に定義できる。

**スカラー場の線積分**

空間曲線

$$C:\mathbf{r}(s)=(x(s),\,y(s),\,z(s))\ \ (\alpha \leqq s \leqq \beta)\qquad s\text{ は弧長パラメータ}$$

上で定義されたスカラー場 $\varphi=\varphi(x,y,z)$ に対して

$$\int_C \varphi\,ds=\int_\alpha^\beta \varphi(x(s),\,y(s),\,z(s))\,ds$$

を曲線 $C$ に沿ったスカラー場 $\varphi$ の**線積分**という。

さらに，曲線 $C$ が一般のパラメータによって与えられているとき，次の公式によって計算できる。

**［公式］（スカラー場の線積分の計算）**

空間曲線

$$C:\mathbf{r}(t)=(x(t),\,y(t),\,z(t))\ \ (a \leqq t \leqq b)$$

上で定義されたスカラー場 $\varphi=\varphi(x,y,z)$ に対して

$$\int_C \varphi\,ds=\int_a^b \varphi(x(t),\,y(t),\,z(t))\frac{ds}{dt}\,dt$$

さらに，次のような線積分（1次微分形式の積分）も定義する。

**1次微分形式の積分**

空間曲線

$$C:\mathbf{r}(t)=(x(t),\,y(t),\,z(t))\ \ (a \leqq t \leqq b)$$

上で定義されたスカラー場 $\varphi=\varphi(x,y,z)$ に対して

$$\int_C \varphi\,dx=\int_a^b \varphi(x(t),\,y(t),\,z(t))\frac{dx}{dt}\,dt$$

$$\int_C \varphi\,dy=\int_a^b \varphi(x(t),\,y(t),\,z(t))\frac{dy}{dt}\,dt$$

$$\int_C \varphi\,dz=\int_a^b \varphi(x(t),\,y(t),\,z(t))\frac{dz}{dt}\,dt$$

**（注）**空間上の1次微分形式

$$\omega^1=f(x,y,z)\,dx+g(x,y,z)\,dy+h(x,y,z)\,dz$$

に対して

$$\int_C \omega^1=\int_C (f\,dx+g\,dy+h\,dz)=\int_C f\,dx+\int_C g\,dy+\int_C h\,dz$$

と定める。

**問 5** 空間曲線 $C:\mathbf{r}(t)=(t,t,t^2)\ (0\leqq t\leqq 1)$

上で定義されたスカラー場 $\varphi(x,y,z)=x+2yz$ に対して

$$\int_C \varphi\, ds$$

を計算せよ。

（解）$\displaystyle\int_C \varphi\, ds=\int_0^1 \varphi(x(t),y(t),z(t))\frac{ds}{dt}dt=\int_0^1 (t+2t\cdot t^2)\sqrt{1^2+1^2+(2t)^2}\,dt$

$$=\int_0^1 \sqrt{2}t(1+2t^2)^{\frac{3}{2}}\,dt=\left[\frac{\sqrt{2}}{10}(1+2t^2)^{\frac{5}{2}}\right]_0^1=\frac{\sqrt{2}}{10}(9\sqrt{3}-1)\quad\square$$

空間におけるベクトル場の線積分も同様である。

**ベクトル場の線積分**

空間曲線

$C:\mathbf{r}(s)=(x(s),y(s),z(s))\ (\alpha\leqq s\leqq\beta)$　　$s$ は弧長パラメータ

上で定義されたベクトル場 $\mathbf{A}=\mathbf{A}(x,y,z)$ に対して，曲線 $C$ の単位接線ベクトル $\mathbf{t}=\mathbf{r}'(s)$ を考えて，内積 $\mathbf{A}\cdot\mathbf{t}$ の線積分

$$\int_C \mathbf{A}\cdot\mathbf{t}\, ds=\int_\alpha^\beta \mathbf{A}(x(s),y(s),z(s))\cdot\mathbf{t}\, ds$$

を曲線 $C$ に沿ったベクトル場 $\mathbf{A}$ の**線積分**という。

曲線 $C$ のパラメータが一般の場合の公式は次の通りである。

**［公式］（ベクトル場の線積分の計算）**

空間曲線

$C:\mathbf{r}(t)=(x(t),y(t),z(t))\ (a\leqq t\leqq b)$

上で定義されたベクトル場 $\mathbf{A}=\mathbf{A}(x,y,z)$ に対して

$$\int_C \mathbf{A}\cdot d\mathbf{r}=\int_a^b \mathbf{A}\cdot\frac{d\mathbf{r}}{dt}dt\qquad \Leftarrow\ \mathbf{t}\,ds=\frac{d\mathbf{r}}{ds}\cdot\frac{ds}{dt}dt=\frac{d\mathbf{r}}{dt}dt$$

**問 6** 空間曲線 $C:\mathbf{r}(t)=(t,2t,3t)\ (0\leqq t\leqq 1)$

上で定義されたベクトル場 $\mathbf{A}(x,y,z)=(z^2,x+z,y)$ に対して

$$\int_C \mathbf{A}\cdot d\mathbf{r}$$

を計算せよ。

（解）$\displaystyle\int_C \mathbf{A}\cdot d\mathbf{r}=\int_0^1 \mathbf{A}\cdot\frac{d\mathbf{r}}{dt}dt=\int_0^1 (9t^2,4t,2t)\cdot(1,2,3)\,dt$

$$=\int_0^1 (9t^2+14t)\,dt=\left[3t^3+7t^2\right]_0^1=10\qquad\square$$

**例題 1（線積分①）**

空間曲線 $C:\mathbf{r}(t)=(3t-t^3,\,3t^2,\,3t+t^3)$ $(0\leqq t\leqq 1)$
上で定義されたスカラー場 $\varphi(x,y,z)=x-2y+z$ に対して

$$\int_C \varphi\,ds\,,\quad \int_C \varphi\,dx\,,\quad \int_C \varphi\,dy\,,\quad \int_C \varphi\,dz$$

を計算せよ。

**【解説】**スカラー場の線積分は定義に従って計算するだけである。注意すべき点としては，スカラー場の線積分にはいくつかの形があるが，その違いは明瞭であるから戸惑うところはない。

**解答**　$\displaystyle\int_C \varphi\,ds=\int_0^1 \varphi(x(t),\,y(t),\,z(t))\frac{ds}{dt}dt$

$$=\int_0^1\{(3t-t^3)-2\cdot 3t^2+(3t+t^3)\}\sqrt{(3-3t^2)^2+(6t)^2+(3+3t^2)^2}\,dt$$

$$=\int_0^1(6t-6t^2)\sqrt{18+36t^2+18t^4}\,dt=\int_0^1(6t-6t^2)\cdot 3\sqrt{2}(1+t^2)\,dt$$

$$=18\sqrt{2}\int_0^1(-t^4+t^3-t^2+t)\,dt$$

$$=18\sqrt{2}\left(-\frac{1}{5}+\frac{1}{4}-\frac{1}{3}+\frac{1}{2}\right)=\frac{39\sqrt{2}}{10}\quad\cdots\cdots\text{〔答〕}$$

さらに

$$\int_C \varphi\,dx=\int_0^1 \varphi(x(t),\,y(t),\,z(t))\frac{dx}{dt}dt$$

$$=\int_0^1(6t-6t^2)\cdot(3-3t^2)\,dt$$

$$=18\int_0^1(t^4-t^3-t^2+t)\,dt=18\left(\frac{1}{5}-\frac{1}{4}-\frac{1}{3}+\frac{1}{2}\right)=\frac{21}{10}\quad\cdots\cdots\text{〔答〕}$$

$$\int_C \varphi\,dy=\int_0^1 \varphi(x(t),\,y(t),\,z(t))\frac{dy}{dt}dt$$

$$=\int_0^1(6t-6t^2)\cdot 6t\,dt$$

$$=36\int_0^1(-t^3+t^2)\,dt=36\left(-\frac{1}{4}+\frac{1}{3}\right)=3\quad\cdots\cdots\text{〔答〕}$$

$$\int_C \varphi\,dz=\int_0^1 \varphi(x(t),\,y(t),\,z(t))\frac{dz}{dt}dt$$

$$=\int_0^1(6t-6t^2)\cdot(3+3t^2)\,dt$$

$$=18\int_0^1(-t^4+t^3-t^2+t)\,dt=18\left(-\frac{1}{5}+\frac{1}{4}-\frac{1}{3}+\frac{1}{2}\right)=\frac{39}{10}\quad\cdots\cdots\text{〔答〕}$$

**例題２（線積分②）**

空間曲線 $C:\mathbf{r}(t)=(\cos t,\sin t,t)\ \ (0\leqq t\leqq\pi)$

上で定義されたベクトル場 $\mathbf{A}(x,y,z)=(x^2,y^2,z^2)$ に対して

$$\int_C \mathbf{A}\cdot d\mathbf{r}$$

を計算せよ。

**【解説】** 空間曲線

$$C:\mathbf{r}(t)=(x(t),y(t),z(t))\ \ (a\leqq t\leqq b)$$

に沿ったベクトル場の積分は

$$\int_C \mathbf{A}\cdot d\mathbf{r}=\int_a^b \mathbf{A}\cdot\frac{d\mathbf{r}}{dt}dt$$

によって計算される。

**解答** ベクトル場の線積分

$$\int_C \mathbf{A}\cdot d\mathbf{r}=\int_0^\pi \mathbf{A}\cdot\frac{d\mathbf{r}}{dt}dt$$

において

$$\begin{aligned}\mathbf{A}\cdot\frac{d\mathbf{r}}{dt}&=(x^2,y^2,z^2)\cdot(-\sin t,\cos t,1)\\&=(\cos^2 t,\sin^2 t,t^2)\cdot(-\sin t,\cos t,1)\\&=-\sin t\cos^2 t+\sin^2 t\cos t+t^2\end{aligned}$$

よって

$$\begin{aligned}\int_C \mathbf{A}\cdot d\mathbf{r}&=\int_0^\pi \mathbf{A}\cdot\frac{d\mathbf{r}}{dt}dt\\&=\int_0^\pi(-\sin t\cos^2 t+\sin^2 t\cos t+t^2)\,dt\\&=\left[\frac{1}{3}(\cos^3 t+\sin^3 t+t^3)\right]_0^\pi\\&=\frac{1}{3}\{(-1+\pi^3)-1\}=\frac{1}{3}(\pi^3-2)\end{aligned}$$

……〔答〕

（注） $\mathbf{A}=(A_1,A_2,A_3)$ とすると

$$\mathbf{A}\cdot d\mathbf{r}=A_1dx+A_2dy+A_3dz$$

⬅ １次微分形式

であり

$$\begin{aligned}\int_C \mathbf{A}\cdot d\mathbf{r}&=\int_C(A_1dx+A_2dy+A_3dz)\\&=\int_a^b\left(A_1\frac{dx}{dt}+A_2\frac{dy}{dt}+A_3\frac{dz}{dt}\right)dt\end{aligned}$$

⬅ １次微分形式の積分

である。

**例題3（平面におけるグリーンの定理）**

$C: x^2+y^2=1$ とするとき，次の線積分をグリーンの定理を用いて計算せよ。

$$\oint_C \{(x-y)dx+(x+y)dy\}$$

**【解説】**平面におけるグリーンの定理：$xy$ 平面の領域 $D$ が単一閉曲線 $C$ を境界にもち，$f, g$ が $D$（境界を含む）で連続な偏導関数をもつとき，

$$\oint_C (f\,dx+g\,dy)=\iint_D \left(\frac{\partial g}{\partial x}-\frac{\partial f}{\partial y}\right)dxdy$$

ただし，$C$ の向きは正の向き（$D$ の内部を進行方向左向きに見る向き）

**解答**　$D: x^2+y^2 \leqq 1$ として

$$\oint_C \{(x-y)dx+(x+y)dy\}$$
$$=\iint_D \left(\frac{\partial}{\partial x}(x+y)-\frac{\partial}{\partial y}(x-y)\right)dxdy=\iint_D 2\,dxdy=2\pi \quad \cdots\cdots \text{〔答〕}$$

**【参考】微分形式入門**

あくまで参考であるが，微分形式についてごく簡単に説明しておこう。$dx, dy$ を次の規則を満たす単なる記号と考える。

$$dx\wedge dy=-dy\wedge dx,\quad dx\wedge dx=0,\quad dy\wedge dy=0$$

そして，グリーンの定理は，実は**微分形式の理論**（一般化されたストークスの定理）から自然な形で導かれる。結論部分の計算だけを書くと

$$\oint_C f\,dx=\iint_D d(f\,dx) \quad \text{⬅ 一般化されたストークスの定理より}$$
$$=\iint_D df\wedge dx=\iint_D \left(\frac{\partial f}{\partial x}dx+\frac{\partial f}{\partial y}dy\right)\wedge dx$$
$$=\iint_D \frac{\partial f}{\partial y}dy\wedge dx=-\iint_D \frac{\partial f}{\partial y}dx\wedge dy=-\iint_D \frac{\partial f}{\partial y}dxdy \quad \cdots\cdots①$$

$$\oint_C g\,dy=\iint_D d(g\,dy) \quad \text{⬅ 一般化されたストークスの定理より}$$
$$=\iint_D dg\wedge dy=\iint_D \left(\frac{\partial g}{\partial x}dx+\frac{\partial g}{\partial y}dy\right)\wedge dy$$
$$=\iint_D \frac{\partial g}{\partial y}dx\wedge dy=\iint_D \frac{\partial g}{\partial y}dxdy \quad \cdots\cdots②$$

①＋②より，次が得られる。

$$\oint_C (f\,dx+g\,dy)=\iint_D \left(\frac{\partial g}{\partial x}-\frac{\partial f}{\partial y}\right)dxdy$$

## ■ 演習問題　5.2　　解答はp. 288

1　空間曲線 $C:\mathbf{r}(t)=(\cos t, \sin t, 2t)$ $(0 \leqq t \leqq \pi)$

上で定義されたスカラー場 $\varphi(x, y, z)=x-y+z$ に対して

$$\int_C \varphi\, ds, \ \int_C \varphi\, dx, \ \int_C \varphi\, dy, \ \int_C \varphi\, dz$$

を計算せよ。

2　空間曲線 $C:\mathbf{r}(t)=\left(t, t^2, \dfrac{2}{3}t^3\right)$ $(0 \leqq t \leqq 1)$

上で定義されたベクトル場 $\mathbf{A}(x, y, z)=(x^3, y^2, -z)$ に対して

$$\int_C \mathbf{A}\cdot d\mathbf{r}$$

を計算せよ。

3　平面におけるグリーンの定理を用いて，次の線積分を求めよ。

$$\oint_C \{(y-\sin x)dx+\cos x\, dy\}$$

ここで，曲線 $C$ は領域 $D=\left\{(x, y) \,\middle|\, 0 \leqq x \leqq \dfrac{\pi}{2}, 0 \leqq y \leqq \dfrac{2}{\pi}x\right\}$ の境界を正の向きにまわる閉曲線である。

4　領域 $D$ 上のスカラー場 $\varphi$ に対して，$D$ 内の 2 点 A，B を結ぶ任意の曲線 $C$ をとるとき

$$\int_C \nabla\varphi\cdot d\mathbf{r}=\varphi(\mathrm{B})-\varphi(\mathrm{A})$$

を満たすことを示せ。

**【参考】** 上の結果は，微分積分学の基本定理：

$$\int_a^b \frac{d}{dx}f(x)\,dx=f(b)-f(a)$$

に相当するものであることに注意しよう。

## 5．3　面積分

〔目標〕前の節の線積分に続いて，この節では面積分を学習する。線積分と面積分がベクトル解析の中心である。

### （1）曲面積（曲面の面積）

曲面 $S:\mathbf{r}(u,v)=(x(u,v),\ y(u,v),\ z(u,v))$ （$(u,v)\in D$）の面積を求める方法を考えよう。

4 点 $(u,v)$，$(u+\Delta u,v)$，$(u,v+\Delta v)$，$(u+\Delta u,v+\Delta v)$ を頂点とする $uv$ 平面の微小領域（微小長方形）の面積は $\Delta u\Delta v$ であるが，それに対応する $xyz$ 空間内の微小曲面の微小面積を考えよう。

対応する微小曲面を近似する平行四辺形は，2 つのベクトル

$$\frac{\partial\mathbf{r}}{\partial u}\Delta u,\quad \frac{\partial\mathbf{r}}{\partial v}\Delta v$$

でつくられる平行四辺形であるから，その面積は次で与えられる。

$$\left|\frac{\partial\mathbf{r}}{\partial u}\Delta u\times\frac{\partial\mathbf{r}}{\partial v}\Delta v\right|=\left|\frac{\partial\mathbf{r}}{\partial u}\times\frac{\partial\mathbf{r}}{\partial v}\right|\Delta u\Delta v$$

したがって，定積分の定義（区分求積法）で見たように，曲面 $S$ の面積は

$$\iint_D\left|\frac{\partial\mathbf{r}}{\partial u}\times\frac{\partial\mathbf{r}}{\partial v}\right|dudv$$

によって与えられることになる。

**［公式］（曲面積）**

曲面 $S:\mathbf{r}(u,v)=(x(u,v),\ y(u,v),\ z(u,v))$ （$(u,v)\in D$）の面積は

$$\iint_D\left|\frac{\partial\mathbf{r}}{\partial u}\times\frac{\partial\mathbf{r}}{\partial v}\right|dudv$$

**（注）** ここで，ベクトルの外積の絶対値は 2 つのベクトルが作る平行四辺形の面積に等しいから，次が成り立つ。

$$\left|\frac{\partial\mathbf{r}}{\partial u}\times\frac{\partial\mathbf{r}}{\partial v}\right|=\sqrt{\left|\frac{\partial\mathbf{r}}{\partial u}\right|^2\left|\frac{\partial\mathbf{r}}{\partial v}\right|^2-\left(\frac{\partial\mathbf{r}}{\partial u}\cdot\frac{\partial\mathbf{r}}{\partial v}\right)^2}$$

さらに

$$E=\frac{\partial\mathbf{r}}{\partial u}\cdot\frac{\partial\mathbf{r}}{\partial u}=\left|\frac{\partial\mathbf{r}}{\partial u}\right|^2,\quad F=\frac{\partial\mathbf{r}}{\partial u}\cdot\frac{\partial\mathbf{r}}{\partial v},\quad G=\frac{\partial\mathbf{r}}{\partial v}\cdot\frac{\partial\mathbf{r}}{\partial v}=\left|\frac{\partial\mathbf{r}}{\partial v}\right|^2$$

とおくと，次のように表される。

$$\left|\frac{\partial\mathbf{r}}{\partial u}\times\frac{\partial\mathbf{r}}{\partial v}\right|=\sqrt{EG-F^2}$$

ここで，$dS=\left|\frac{\partial\mathbf{r}}{\partial u}\times\frac{\partial\mathbf{r}}{\partial v}\right|dudv=\sqrt{EG-F^2}\,dudv$ を曲面の**面積素**という。

**問 1** 曲面 $S: z = f(x, y)$ （$(x, y) \in D$）の面積は

$$\iint_D \sqrt{(f_x)^2 + (f_y)^2 + 1}\, dxdy$$

であることを示せ。

（解） $S: \mathbf{r}(x, y) = (x, y, f(x, y))$ であるから

$$\frac{\partial \mathbf{r}}{\partial x} = (1, 0, f_x),\quad \frac{\partial \mathbf{r}}{\partial y} = (0, 1, f_y) \qquad \therefore \quad \left| \frac{\partial \mathbf{r}}{\partial x} \times \frac{\partial \mathbf{r}}{\partial y} \right| = \sqrt{(f_x)^2 + (f_y)^2 + 1}$$

したがって，曲面 $S: z = f(x, y)$ （$(x, y) \in D$）の面積は

$$\iint_D \sqrt{(f_x)^2 + (f_y)^2 + 1}\, dxdy$$ □

### （2）スカラー場の面積分

曲面の面積の考察から，曲面上のスカラー場の積分を次のように定義すればよいことがわかる。

**スカラー場の面積分**

曲面 $S: \mathbf{r}(u, v) = (x(u, v), y(u, v), z(u, v))$ （$(u, v) \in D$）上で定義されたスカラー場 $\varphi(x, y, z)$ に対して

$$\iint_S \varphi\, dS = \iint_D \varphi(x(u,v), y(u,v), z(u,v)) \left| \frac{\partial \mathbf{r}}{\partial u} \times \frac{\partial \mathbf{r}}{\partial v} \right| dudv$$

を曲面 $S$ 上の**スカラー場 $\varphi$ の面積分**という。

**問 2** 曲面 $S$ を三角形 $2x + 2y + z = 2$ （$x \geqq 0$，$y \geqq 0$，$z \geqq 0$）とし，スカラー場 $\varphi(x, y, z) = x + y + z$ が与えられているとする。

このとき，曲面 $S$ 上の面積分 $\iint_S \varphi\, dS$ を求めよ。

（解） $S: \mathbf{r}(x, y) = (x, y, 2 - 2x - 2y)$ （$x \geqq 0$，$y \geqq 0$，$x + y \leqq 1$）

であり

$$\frac{\partial \mathbf{r}}{\partial x} = (1, 0, -2),\quad \frac{\partial \mathbf{r}}{\partial y} = (0, 1, -2),\quad \frac{\partial \mathbf{r}}{\partial x} \times \frac{\partial \mathbf{r}}{\partial y} = (2, 2, 1)$$

よって，$D: x \geqq 0, y \geqq 0, y \leqq 1 - x$ として

$$\iint_S \varphi\, dS = \iint_D (-x - y + 2) \cdot 3\, dxdy = 3\int_0^1 \left( \int_0^{1-x} (2 - x - y) dy \right) dx$$

$$= 3\int_0^1 \left[ (2 - x)y - \frac{1}{2} y^2 \right]_{y=0}^{y=1-x} dx = 3\int_0^1 \left\{ (2 - x)(1 - x) - \frac{1}{2}(1 - x)^2 \right\} dx$$

$$= 3\int_0^1 \left( \frac{1}{2} x^2 - 2x + \frac{3}{2} \right) dx = \frac{1}{2} - 3 + \frac{9}{2} = 2$$ □

### （3）ベクトル場の面積分

スカラー場の面積分に続き，今度はベクトル場の面積分を定義する。

ここでは，$\dfrac{\partial \mathbf{r}}{\partial u}$，$\dfrac{\partial \mathbf{r}}{\partial v}$ を簡単に $\mathbf{r}_u, \mathbf{r}_v$ でも表すことにする。

曲面 $S : \mathbf{r}(u, v) = (x(u, v), y(u, v), z(u, v))$ （$(u, v) \in D$）の単位法線ベクトル $\mathbf{n}$ は次で与えられることに注意しよう。

$$\mathbf{n} = \frac{\mathbf{r}_u \times \mathbf{r}_v}{|\mathbf{r}_u \times \mathbf{r}_v|} \left( = \frac{\partial \mathbf{r}}{\partial u} \times \frac{\partial \mathbf{r}}{\partial v} \Big/ \left| \frac{\partial \mathbf{r}}{\partial u} \times \frac{\partial \mathbf{r}}{\partial v} \right| \right)$$

**ベクトル場の面積分**

曲面 $S : \mathbf{r}(u, v) = (x(u, v), y(u, v), z(u, v))$ （$(u, v) \in D$）上で定義されたベクトル場 $\mathbf{A}(x, y, z)$ に対して，内積 $\mathbf{A} \cdot \mathbf{n}$ の面積分

$$\iint_S \mathbf{A} \cdot \mathbf{n}\, dS$$

を曲面 $S$ 上の**ベクトル場 $\mathbf{A}$ の面積分**という。

（注１）$\iint_S \mathbf{A} \cdot \mathbf{n} dS$ を $\iint_S \mathbf{A} \cdot d\mathbf{S}$ とも書く。また，$\iint_S$ を $\int_S$ とも書く。

（注２）ベクトル場の面積分では，$\mathbf{n}$ の代わりにそれとは逆向きの $-\mathbf{n}$ を用いる場合がある。

ベクトル場の面積分の計算は次の公式に従って実行する。

**［公式］（ベクトル場の面積分の計算）**

$$\iint_S \mathbf{A} \cdot \mathbf{n}\, dS = \iint_D \mathbf{A} \cdot \left( \frac{\partial \mathbf{r}}{\partial u} \times \frac{\partial \mathbf{r}}{\partial v} \right) dudv$$

（証明）$\iint_S \mathbf{A} \cdot \mathbf{n}\, dS = \iint_D \mathbf{A} \cdot \mathbf{n}\, |\mathbf{r}_u \times \mathbf{r}_v|\, dudv$

$$= \iint_D \mathbf{A} \cdot \frac{\mathbf{r}_u \times \mathbf{r}_v}{|\mathbf{r}_u \times \mathbf{r}_v|} |\mathbf{r}_u \times \mathbf{r}_v|\, dudv = \iint_D \mathbf{A} \cdot (\mathbf{r}_u \times \mathbf{r}_v)\, dudv$$ □

**問 3**　曲面 $S$ を球面 $x^2 + y^2 + z^2 = a^2$ とするとき，位置ベクトル場 $\mathbf{r}$ に対して，次が成り立つことを示せ。

$$\iint_S \frac{\mathbf{r}}{r^3} \cdot \mathbf{n}\, dS = 4\pi \qquad \text{ただし，} r = |\mathbf{r}|$$

（解）$\displaystyle \iint_S \frac{\mathbf{r}}{r^3} \cdot \mathbf{n}\, dS = \iint_S \frac{\mathbf{r}}{r^3} \cdot \frac{\mathbf{r}}{r} dS = \iint_S \frac{|\mathbf{r}|^2}{r^4} dS = \iint_S \frac{1}{r^2} dS$

$$= \frac{1}{r^2} \iint_S dS = \frac{1}{r^2} \cdot 4\pi r^2 = 4\pi$$ □

**問 4** 曲面 $S$ を三角形 $x+y+z=1$（$x \geqq 0$，$y \geqq 0$，$z \geqq 0$）とし，ベクトル場 $\mathbf{A}(x, y, z)=(2x, -y, z)$ が与えられているとする。

このとき，曲面 $S$ 上の面積分 $\iint_S \mathbf{A}\cdot\mathbf{n}\,dS$ を求めよ。

（解）$S:\mathbf{r}(x, y)=(x, y, 1-x-y)$（$x \geqq 0$，$y \geqq 0$，$x+y \leqq 1$）であり

$$\frac{\partial \mathbf{r}}{\partial x}=(1, 0, -1),\quad \frac{\partial \mathbf{r}}{\partial y}=(0, 1, -1) \qquad \therefore\quad \frac{\partial \mathbf{r}}{\partial x}\times\frac{\partial \mathbf{r}}{\partial y}=(1, 1, 1)$$

よって，$D: x \geqq 0, y \geqq 0, y \leqq 1-x$ として

$$\begin{aligned}
\iint_S \mathbf{A}\cdot\mathbf{n}\,dS &= \iint_D \mathbf{A}\cdot\left(\frac{\partial \mathbf{r}}{\partial x}\times\frac{\partial \mathbf{r}}{\partial y}\right)dxdy \\
&= \iint_D (2x, -y, 1-x-y)\cdot(1, 1, 1)\,dxdy \\
&= \int_0^1\left(\int_0^{1-x}(x-2y+1)dy\right)dx \\
&= \int_0^1\left[(x+1)y-y^2\right]_{y=0}^{y=1-x}dx \\
&= \int_0^1\{(x+1)(1-x)-(1-x)^2\}dx \\
&= \int_0^1(2x-2x^2)dx=\left[x^2-\frac{2}{3}x^3\right]_0^1=\frac{1}{3}
\end{aligned}$$

□

**【参考】** 曲面がグラフによって

$$S:\mathbf{r}(x, y)=(x, y, f(x, y))$$

で与えられている場合

$$\frac{\partial \mathbf{r}}{\partial x}=(1, 0, f_x),\quad \frac{\partial \mathbf{r}}{\partial y}=(0, 1, f_y)$$

より

$$\frac{\partial \mathbf{r}}{\partial x}\times\frac{\partial \mathbf{r}}{\partial y}=(-f_x, -f_y, 1)$$

⬅ $z$ 成分が正になっていることに注意！

$$\therefore\quad \left|\frac{\partial \mathbf{r}}{\partial x}\times\frac{\partial \mathbf{r}}{\partial y}\right|=\sqrt{(f_x)^2+(f_y)^2+1}$$

ベクトル場 $\mathbf{A}=(A_1, A_2, A_3)$ の面積分は

$$\begin{aligned}
\iint_S \mathbf{A}\cdot\mathbf{n}\,dS &= \iint_D (A_1, A_2, A_3)\cdot(-f_x, -f_y, 1)\,dxdy \\
&= \iint_D (-A_1 f_x - A_2 f_y + A_3)\,dxdy
\end{aligned}$$

となる。

**例題1（曲面積）**

半径が $a$ の球面

$$S:\mathbf{r}=(a\sin u\cos v, a\sin u\sin v, a\cos u)\quad (0\leqq u\leqq\pi,\ 0\leqq v\leqq 2\pi)$$

の面積を次の公式に従って計算せよ。

$$\iint_D\left|\frac{\partial\mathbf{r}}{\partial u}\times\frac{\partial\mathbf{r}}{\partial v}\right|dudv\qquad \text{ただし，}\ D:0\leqq u\leqq\pi, 0\leqq v\leqq 2\pi$$

**【解説】**まずは曲面の面積（曲面積）の計算によって，面積素 $dS$ と曲面の単位法線ベクトル $\mathbf{n}$ を理解するようにしよう。

**解答**　$|\mathbf{r}_u\times\mathbf{r}_v|$ を計算すればよい。

$$\mathbf{r}_u=(a\cos u\cos v, a\cos u\sin v, -a\sin u)$$

$$\mathbf{r}_v=(-a\sin u\sin v, a\sin u\cos v, 0)$$

より

$$\mathbf{r}_u\times\mathbf{r}_v=(a^2\sin^2 u\cos v, a^2\sin^2 u\sin v, a^2\sin u\cos u)$$

$$=a^2\sin u(\sin u\cos v, \sin u\sin v, \cos u)$$ ⬅ $z$ 成分に注意！

$\therefore\quad |\mathbf{r}_u\times\mathbf{r}_v|=a^2\sin u$

よって，求める面積は

$$\iint_D\left|\frac{\partial\mathbf{r}}{\partial u}\times\frac{\partial\mathbf{r}}{\partial v}\right|dudv=\iint_D a^2\sin u\,dudv=\int_0^\pi\left(\int_0^{2\pi}a^2\sin u\,dv\right)du$$

$$=\int_0^\pi 2\pi a^2\sin u\,du=4\pi a^2$$ ……〔答〕

**【研究】**半径が $a$ の球面の北半球，南半球はそれぞれ

$$S_1:\mathbf{r}=(x, y, \sqrt{a^2-x^2-y^2}),\quad S_2:\mathbf{r}=(x, y, -\sqrt{a^2-x^2-y^2})$$

と表される。ただし，$(x, y)\in D:x^2+y^2\leqq a^2$ である。

このとき，$S_1$，$S_2$ の各々について，単位法線ベクトルを $\mathbf{n}=\dfrac{\mathbf{r}_x\times\mathbf{r}_y}{|\mathbf{r}_x\times\mathbf{r}_y|}$ について考えてみよう。

一般に，曲面が $S:\mathbf{r}(x, y)=(x, y, f(x, y))$ で与えられている場合

$$\mathbf{r}_x\times\mathbf{r}_y=(-f_x, -f_y, 1)$$ ⬅ $z$ 成分が正！

であるから，$S_1$ についても $S_2$ についても $\mathbf{n}$ の $z$ 成分は正，すなわち，この単位法線ベクトル $\mathbf{n}$ は北半球でも南半球でも $z$ 軸の正の向き，つまり上側を向いていることになる。したがって，この単位法線ベクトル $\mathbf{n}$ は $S_1$ と $S_2$ とをつなげてできる球面全体の単位法線ベクトルとしては決して自然なものとみなすわけにはいかないことがわかる。

**例題２（スカラー場の面積分）**

曲面 $S$ を

$$S:\mathbf{r}(u,v)=(u\cos v, u\sin v, v) \qquad (u,v)\in D: 0\leqq u\leqq 1, 0\leqq v\leqq \pi$$

とするとき，スカラー場 $\varphi(x,y,z)=y$ の $S$ 上の面積分を求めよ。

**【解説】** 曲面 $S:\mathbf{r}(u,v)=(x(u,v), y(u,v), z(u,v))$（$(u,v)\in D$）上で定義されたスカラー場 $\varphi(x,y,z)$ に対して，その $S$ 上の面積分は

$$\iint_S \varphi\, dS=\iint_D \varphi(x(u,v), y(u,v), z(u,v))\left|\frac{\partial \mathbf{r}}{\partial u}\times\frac{\partial \mathbf{r}}{\partial v}\right| dudv$$

で与えられる。

**解答** $S:\mathbf{r}(u,v)=(u\cos v, u\sin v, v)$ より

$$\mathbf{r}_u=(\cos v, \sin v, 0),\quad \mathbf{r}_v=(-u\sin v, u\cos v, 1)$$

であるから

$$\mathbf{r}_u\times\mathbf{r}_v=(\sin v, -\cos v, u) \qquad \therefore\quad |\mathbf{r}_u\times\mathbf{r}_v|=\sqrt{1+u^2}$$

よって，求める面積分は

$$\iint_S \varphi\, dS=\iint_D \varphi\,|\mathbf{r}_u\times\mathbf{r}_v|\, dudv=\iint_D u\sin v\sqrt{1+u^2}\, dudv$$

$$=\int_0^1\left(\int_0^\pi u\sin v\sqrt{1+u^2}\, dv\right)du=\int_0^1 u\sqrt{1+u^2}\,du\times\int_0^\pi \sin v\, dv$$

$$=\left[\frac{1}{3}(1+u^2)^{\frac{3}{2}}\right]_0^1\times\Big[-\cos v\Big]_0^\pi=\frac{2}{3}(2\sqrt{2}-1) \qquad \cdots\cdots〔答〕$$

**【積分計算の復習】** 定積分 $\int_0^1\sqrt{1+u^2}\,du$ なら，どうやって計算する？

$\sqrt{1+u^2}=t-u$ とおくと，$1+u^2=t^2-2tu+u^2$

$$\therefore\quad u=\frac{t^2-1}{2t} \qquad \therefore\quad du=\frac{1}{2}\cdot\frac{2t\cdot t-(t^2-1)\cdot 1}{t^2}dt=\frac{t^2+1}{2t^2}dt$$

また，$u:0\to 1$ のとき，$t:1\to\sqrt{2}+1$

よって

$$\int_0^1\sqrt{1+u^2}\,du=\int_1^{\sqrt{2}+1}\left(t-\frac{t^2-1}{2t}\right)\cdot\frac{t^2+1}{2t^2}dt=\int_1^{\sqrt{2}+1}\frac{t^2+1}{2t}\cdot\frac{t^2+1}{2t^2}dt$$

$$=\int_1^{\sqrt{2}+1}\frac{t^4+2t^2+1}{4t^3}dt=\frac{1}{4}\int_1^{\sqrt{2}+1}\left(t+\frac{2}{t}+\frac{1}{t^3}\right)dt=\frac{1}{4}\left[\frac{1}{2}t^2+2\log t-\frac{1}{2t^2}\right]_1^{\sqrt{2}+1}$$

$$=\frac{1}{8}\left\{(\sqrt{2}+1)^2-\frac{1}{(\sqrt{2}+1)^2}\right\}+\frac{1}{2}\log(\sqrt{2}+1)$$

$$=\frac{1}{2}\{\sqrt{2}+\log(\sqrt{2}+1)\}$$

□

**例題3（ベクトル場の面積分）**

球面 $S: x^2+y^2+z^2=1$ に対して，ベクトル場 $\mathbf{A}=(x, y, -z)$ の $S$ 上の面積分 $\iint_S \mathbf{A}\cdot\mathbf{n}\,dS$ を求めよ。

**【解説】** 曲面 $S: \mathbf{r}(u, v)=(x(u, v), y(u, v), z(u, v))$ （$(u, v)\in D$）上で定義されたベクトル場 $\mathbf{A}(x, y, z)$ に対して，面積分 $\iint_S \mathbf{A}\cdot\mathbf{n}\,dS$ は

$$\iint_S \mathbf{A}\cdot\mathbf{n}\,dS=\iint_D \mathbf{A}\cdot\left(\frac{\partial\mathbf{r}}{\partial u}\times\frac{\partial\mathbf{r}}{\partial v}\right)dudv$$

で計算される。

解答　$S: \mathbf{r}=(\sin u\cos v, \sin u\sin v, \cos u)$ とする。

ただし，$(u, v)\in D: 0\leqq u\leqq\pi, 0\leqq v\leqq 2\pi$ である。

このとき

$$\mathbf{r}_u=(\cos u\cos v, \cos u\sin v, -\sin u)$$

$$\mathbf{r}_v=(-\sin u\sin v, \sin u\cos v, 0)$$

より

$$\begin{aligned}\mathbf{r}_u\times\mathbf{r}_v&=(\sin^2 u\cos v, \sin^2 u\sin v, \sin u\cos u)\\&=\sin u(\sin u\cos v, \sin u\sin v, \cos u)\end{aligned}$$

であるから

$$\begin{aligned}&\mathrm{A}\cdot(\mathbf{r}_u\times\mathbf{r}_v)\\&=\sin u\cos v\cdot\sin^2 u\cos v+\sin u\sin v\cdot\sin^2 u\sin v-\cos u\cdot\sin u\cos u\\&=\sin^3 u\cos^2 v+\sin^3 u\sin^2 v-\sin u\cos^2 u=\sin^3 u-\sin u\cos^2 u\\&=\sin u(1-\cos^2 u)-\sin u\cos^2 u=\sin u-2\sin u\cos^2 u\end{aligned}$$

よって，求める面積分は

$$\begin{aligned}\iint_S \mathbf{A}\cdot\mathbf{n}\,dS&=\iint_D \mathbf{A}\cdot(\mathbf{r}_u\times\mathbf{r}_v)\,dudv\\&=\iint_D(\sin u-2\sin u\cos^2 u)\,dudv\\&=\int_0^\pi\left(\int_0^{2\pi}(\sin u-2\sin u\cos^2 u)\,dv\right)du\\&=\int_0^\pi 2\pi(\sin u-2\sin u\cos^2 u)\,du\\&=2\pi\left[-\cos u+\frac{2}{3}\cos^3 u\right]_0^\pi\\&=2\pi\left\{-(-1-1)+\frac{2}{3}(-1-1)\right\}=\frac{4\pi}{3}\end{aligned}$$

……〔答〕

## ■ 演習問題　5.3

解答はp. 289

1　次の円環面（トーラス）の表面積を求めよ。

$$S : \mathbf{r}(u, v) = ((R + r\cos u)\cos v, (R + r\cos u)\sin v, r\sin u)$$

ただし，

$(u, v) \in D : 0 \leqq u \leqq 2\pi, 0 \leqq v \leqq 2\pi$ であり，$R, r$ は定数で，$0 < r < R$

2　曲面 $S$ を三角形 $2x + y + z = 2$（$x \geqq 0$，$y \geqq 0$，$z \geqq 0$）とし，スカラー場 $\varphi(x, y, z) = x^2 + y - z$ が与えられているとする。

このとき，曲面 $S$ 上の面積分 $\iint_S \varphi\, dS$ を求めよ。

3　曲面 $S$ を円柱面 $x^2 + y^2 = 4$ の $x \geqq 0, y \geqq 0, 0 \leqq z \leqq 2$ を満たす部分とするとき，ベクトル場 $\mathbf{A} = (2y, 6xz, 3x)$ の $S$ 上の面積分 $\iint_S \mathbf{A} \cdot \mathbf{n}\, dS$ を求めよ。

## 5．4　積分定理

〔**目標**〕ベクトル解析の最後に，編入試験ではほとんど出題されることはないが，線積分や面積分と関連する重要な内容である積分定理についてまとめておく。編入試験対策としてはあくまで参考である。

### （1）積分定理

1 変数関数における微分積分学の基本定理：

$$\int_a^b \frac{d}{dx} f(x)dx = f(b) - f(a)$$

の多変数関数版とでも言うべきもの，それがベクトル解析における**積分定理**である。すでに学んだ**平面におけるグリーンの定理**，ここで学ぶ**ストークスの定理**，**ガウスの発散定理**といったものがそれである。すなわち，微分の積分が境界値によってどのように決定されるかを示す定理である。

ところで，面積分において，単位法線ベクトル $\mathbf{n}$ を曲面に対してどちら向きにとるべきかについて微妙な問題が潜んでいることを前の節で注意した。球面であれば外向きと決めることもできるが，一般にはどちらの向きとも言いにくい。また，球面のような曲面においても，だんだんと曲面が逆さまになっていく様子を想像すれば，その曲面上の積分というものに何か難しい問題が潜んでいることに気づくだろう。

線積分，面積分の定義において，曲線や曲面を初めからパラメータ付けされたものとして線積分や面積分の定義を与えた。しかし，積分定理はそれらの間の関係を示す定理であるから，“曲線の向き”と“曲面の向き”が整合的に定められている必要がある。

実は，ベクトル解析を数学的に厳密に展開するためには，多様体や微分形式に関する高度な数学的理論を必要とする。しかし，当然のことながら本書でそれを述べるわけにはいかない。とはいえ，幅広い応用をもつ定理であるから，積分定理についてもこれまで同様，直感的なスタイルで展開していく。

### （2）平面におけるグリーンの定理

線積分のところで学習した**平面におけるグリーンの定理**は次の定理である。ただし，これが 1 変数関数における微分積分学の基本定理とどこが似ているのかはすぐには理解できないだろう。

**［定理］（平面におけるグリーンの定理）**

$xy$ 平面の領域 $D$ が単一閉曲線 $C$ を境界にもち，$f, g$ が $D$（境界を含む）で連続な偏導関数をもつとき，次が成り立つ。

$$\oint_C (f\,dx + g\,dy) = \iint_D \left( \frac{\partial g}{\partial x} - \frac{\partial f}{\partial y} \right) dxdy$$

ただし，$C$ は正の向き（$D$ の内部を進行方向左向きに見る向き）

線積分の節で少しだけ述べたが，上の定理は次のようにも書ける。

$$\iint_D d(f\,dx+g\,dy)=\oint_C (f\,dx+g\,dy)$$

さらに，$\omega=f\,dx+g\,dy$ とおけば，次のようになる。

$$\iint_D d\omega=\oint_C \omega$$

これこそが積分定理の本当の姿なのであるが，本書では積分定理について理論的な説明を展開するのではないから，積分定理のそれぞれが一見，全く違った形に見えることだけ注意しておく。

### （3）ストークスの定理

ストークスの定理とは次のような内容である。

**［定理］（ストークスの定理）**

$\mathbf{A}$ を閉曲線 $C$ を境界にもつ曲面 $S$ 上で定義されたベクトル場とし，$\mathbf{n}$ を図のような向きの $S$ 上の単位法線ベクトルとするとき，次が成り立つ。

$$\iint_S (\nabla\times\mathbf{A})\cdot\mathbf{n}\,dS=\oint_C \mathbf{A}\cdot d\mathbf{r}$$

あるいは

$$\iint_S \mathrm{rot}\,\mathbf{A}\cdot\mathbf{n}\,dS=\oint_C \mathbf{A}\cdot d\mathbf{r}$$

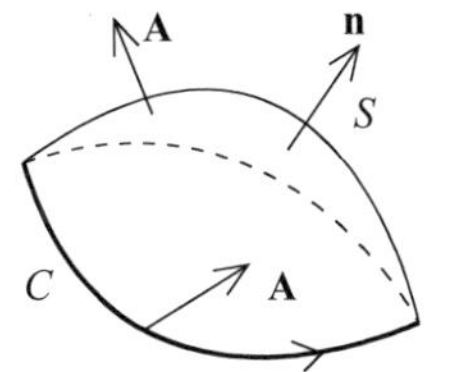


**問 1**　曲面 $S:\mathbf{r}=(\sin u\cos v,\sin u\sin v,\cos u)$ $\left(0\leqq u\leqq\dfrac{\pi}{2},\ 0\leqq v\leqq 2\pi\right)$ および，ベクトル場 $\mathbf{A}=(-y,0,x)$ に対して，$\iint_S (\nabla\times\mathbf{A})\cdot\mathbf{n}\,dS$ を求めよ。

（解）$C:\mathbf{r}=(\cos\theta,\sin\theta,0),\ 0\leqq\theta\leqq 2\pi$ とすると，ストークスの定理より

$$\iint_S (\nabla\times\mathbf{A})\cdot\mathbf{n}\,dS=\oint_C \mathbf{A}\cdot d\mathbf{r}=\int_0^{2\pi}\mathbf{A}\cdot\frac{d\mathbf{r}}{d\theta}d\theta$$

ここで

$$\mathbf{A}\cdot\frac{d\mathbf{r}}{d\theta}=(-\sin\theta,0,\cos\theta)\cdot(-\sin\theta,\cos\theta,0)=\sin^2\theta$$

であるから

$$\iint_S (\nabla\times\mathbf{A})\cdot\mathbf{n}\,dS=\int_0^{2\pi}\mathbf{A}\cdot\frac{d\mathbf{r}}{d\theta}d\theta=\int_0^{2\pi}\sin^2\theta\,d\theta$$

$$=\int_0^{2\pi}\frac{1}{2}(1-\cos 2\theta)\,d\theta=\left[\frac{1}{2}\left(\theta-\frac{1}{2}\sin 2\theta\right)\right]_0^{2\pi}=\pi \quad \square$$

**【参考】** 微分形式を用いてストークスの定理は次のようにも表される。

**［定理］（ストークスの定理の別表現）**

$$\iint_S \left\{ \left( \frac{\partial A_3}{\partial y} - \frac{\partial A_2}{\partial z} \right) dy \wedge dz + \left( \frac{\partial A_1}{\partial z} - \frac{\partial A_3}{\partial x} \right) dz \wedge dx + \left( \frac{\partial A_2}{\partial x} - \frac{\partial A_1}{\partial y} \right) dx \wedge dy \right\}$$
$$= \oint_C (A_1 dx + A_2 dy + A_3 dz)$$

**（注）** 左辺に現れた 2 次微分形式は実は次のようにして求まるものである。

$$d(A_1 dx + A_2 dy + A_3 dz) = dA_1 \wedge dx + dA_2 \wedge dy + dA_3 \wedge dz$$
$$= \left( \frac{\partial A_1}{\partial x} dx + \frac{\partial A_1}{\partial y} dy + \frac{\partial A_1}{\partial z} dz \right) \wedge dx + \left( \frac{\partial A_2}{\partial x} dx + \frac{\partial A_2}{\partial y} dy + \frac{\partial A_2}{\partial z} dz \right) \wedge dy$$
$$+ \left( \frac{\partial A_3}{\partial x} dx + \frac{\partial A_3}{\partial y} dy + \frac{\partial A_3}{\partial z} dz \right) \wedge dz$$
$$= \left( \frac{\partial A_1}{\partial y} dy \wedge dx + \frac{\partial A_1}{\partial z} dz \wedge dx \right) + \left( \frac{\partial A_2}{\partial x} dx \wedge dy + \frac{\partial A_2}{\partial z} dz \wedge dy \right)$$
$$+ \left( \frac{\partial A_3}{\partial x} dx \wedge dz + \frac{\partial A_3}{\partial y} dy \wedge dz \right)$$
$$= \left( \frac{\partial A_3}{\partial y} - \frac{\partial A_2}{\partial z} \right) dy \wedge dz + \left( \frac{\partial A_1}{\partial z} - \frac{\partial A_3}{\partial x} \right) dz \wedge dx + \left( \frac{\partial A_2}{\partial x} - \frac{\partial A_1}{\partial y} \right) dx \wedge dy$$

したがって

$$\omega = A_1 dx + A_2 dy + A_3 dz$$

とおくと，上のストークスの定理は次のように表される。

$$\iint_S d\omega = \oint_C \omega$$

□

### （4）ガウスの発散定理

ガウスの発散定理とは次のような内容である。

**［定理］（ガウスの発散定理）**

$\mathbf{A}$ を閉曲面 $S$ を境界にもつ領域 $V$ 上で定義されたベクトル場とし，$\mathbf{n}$ を $S$ 上の外側に向かう単位法線ベクトルとするとき，次が成り立つ。

$$\iiint_V \nabla \cdot \mathbf{A} \, dV = \iint_S \mathbf{A} \cdot \mathbf{n} \, dS$$

あるいは

$$\iiint_V \operatorname{div} \mathbf{A} \, dV = \iint_S \mathbf{A} \cdot \mathbf{n} \, dS$$

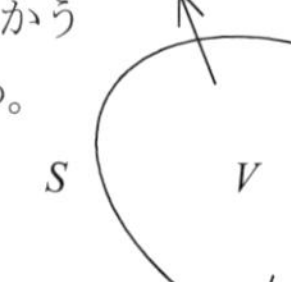

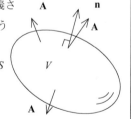

（注）3 重積分 $\iiint_V f(x, y, z)\, dxdydz$ を**体積分**ともいい，$\iiint_V f(x, y, z)\, dV$ と書くこともある。

**問 2**　$S:\mathbf{r}=(\sin u\cos v, \sin u\sin v, \cos u)$ とする。
ただし，$(u,v)\in D: 0\leqq u\leqq \pi, 0\leqq v\leqq 2\pi$ である。

このとき，ベクトル場 $\mathbf{A}=(x, y, -z)$ の $S$ 上の面積分を求めよ。

（解）ガウスの発散定理より

$$\iint_S \mathbf{A}\cdot\mathbf{n}\,dS=\iiint_V \nabla\cdot\mathbf{A}\,dV \qquad (V \text{ は閉曲面 } S \text{ で囲まれた領域})$$

$$=\iiint_V (1+1-1)dV=\iiint_V dV=\frac{4\pi}{3}$$ □

なお，前の節の**例題 3** の解答ではこの面積分の計算を直接実行した。

**【参考】** 微分形式を用いてガウスの発散定理は次のようにも表される。

**［定理］（ガウスの発散定理の別表現）**

$$\iiint_V\left(\frac{\partial A_1}{\partial x}+\frac{\partial A_2}{\partial y}+\frac{\partial A_3}{\partial z}\right)dV=\iint_S (A_1dy\wedge dz+A_2dz\wedge dx+A_3dx\wedge dy)$$

（注）左辺に現れた関数（0 次微分形式）は次のようにして求まるものである。
やはり理論的な説明なしで結論部分だけ書くと

$$d(A_1dy\wedge dz+A_2dz\wedge dx+A_3dx\wedge dy)$$
$$=dA_1\wedge dy\wedge dz+dA_2\wedge dz\wedge dx+dA_3\wedge dx\wedge dy$$
$$=\left(\frac{\partial A_1}{\partial x}dx+\frac{\partial A_1}{\partial y}dy+\frac{\partial A_1}{\partial z}dz\right)\wedge dy\wedge dz+\left(\frac{\partial A_2}{\partial x}dx+\frac{\partial A_2}{\partial y}dy+\frac{\partial A_2}{\partial z}dz\right)\wedge dz\wedge dx$$
$$+\left(\frac{\partial A_3}{\partial x}dx+\frac{\partial A_3}{\partial y}dy+\frac{\partial A_3}{\partial z}dz\right)\wedge dx\wedge dy$$
$$=\frac{\partial A_1}{\partial x}dx\wedge dy\wedge dz+\frac{\partial A_2}{\partial y}dy\wedge dz\wedge dx+\frac{\partial A_3}{\partial z}dz\wedge dx\wedge dy$$
$$=\frac{\partial A_1}{\partial x}dx\wedge dy\wedge dz+\frac{\partial A_2}{\partial y}dx\wedge dy\wedge dz+\frac{\partial A_3}{\partial z}dx\wedge dy\wedge dz$$
$$=\left(\frac{\partial A_1}{\partial x}+\frac{\partial A_2}{\partial y}+\frac{\partial A_3}{\partial z}\right)dx\wedge dy\wedge dz$$

したがって

$$\omega=A_1\,dy\wedge dz+A_2\,dz\wedge dx+A_3\,dx\wedge dy$$

とおくと，上のガウスの発散定理は次のように表される。

$$\iiint_V d\omega=\iint_S \omega$$ □

一般に，領域 $V$ が境界 $\partial V$ によって囲まれているとき次が成り立つ。

$$\int_V d\omega=\int_{\partial V}\omega$$

これが積分定理（**一般化されたストークスの定理**）の真の姿である。

## <研究>　マクスウェル方程式と積分定理

マクスウェル方程式と積分定理の関係について少し考察してみよう。

### ◆　マクスウェル方程式

$\mathbf{E}$ を電場，$\mathbf{D}$ を電束密度（$\mathbf{D}=\varepsilon_0\mathbf{E}$，$\varepsilon_0$ は誘電率），$\mathbf{H}$ を磁場，$\mathbf{B}$ を磁束密度（$\mathbf{B}=\mu_0\mathbf{H}$，$\mu_0$ は真空の透磁率）とし，$\rho$ を電荷密度，$\mathbf{i}$ を電流密度とするとき，以下の 4 つの方程式が成り立つ.

（ⅰ）$\mathrm{div}\,\mathbf{D}=\rho$　（$\nabla\cdot\mathbf{D}=\rho$）　⬅ **電場に関するガウスの法則**

（ⅱ）$\mathrm{div}\,\mathbf{B}=0$　（$\nabla\cdot\mathbf{B}=0$）　⬅ **磁場に関するガウスの法則**

（ⅲ）$\mathrm{rot}\ \mathbf{H}=\mathbf{i}+\dfrac{\partial\mathbf{D}}{\partial t}$　（$\nabla\times\mathbf{H}=\mathbf{i}+\dfrac{\partial\mathbf{D}}{\partial t}$）　⬅ **拡張されたアンペールの法則**

（ⅳ）$\mathrm{rot}\ \mathbf{E}=-\dfrac{\partial\mathbf{B}}{\partial t}$　（$\nabla\times\mathbf{E}=-\dfrac{\partial\mathbf{B}}{\partial t}$）　⬅ **ファラデーの電磁誘導の法則**

### ◆　積分形から微分形の導出

（ⅰ）電場に関するガウスの法則：$\mathrm{div}\,\mathbf{D}=\rho$　$(\nabla\cdot\mathbf{D}=\rho)$

**電場に関するガウスの法則**は次のように積分形で表される。

$$\iint_S \mathbf{D}\cdot\mathbf{n}\,dS=\iiint_V \rho\,dV$$

一方，**ガウスの発散定理**より

$$\iint_S \mathbf{D}\cdot\mathbf{n}\,dS=\iiint_V \mathrm{div}\ \mathbf{D}\,dV$$

であるから

$$\iiint_V \mathrm{div}\ \mathbf{D}\,dV=\iiint_V \rho\,dV$$

ここで，$V$ は任意であるから，次の微分形を得る。

$$\mathrm{div}\,\mathbf{D}=\rho$$

（ⅱ）磁場に関するガウスの法則：$\mathrm{div}\,\mathbf{B}=0$　$(\nabla\cdot\mathbf{B}=0)$

**磁場に関するガウスの法則**の次のように積分形で表される。

$$\iint_S \mathbf{B}\cdot\mathbf{n}\,dS=0$$

一方，**ガウスの発散定理**より

$$\iint_S \mathbf{B}\cdot\mathbf{n}\,dS=\iiint_V \mathrm{div}\ \mathbf{B}\,dV$$

であるから

$$\iiint_V \mathrm{div}\ \mathbf{B}\,dV=0$$

ここで，$V$ は任意であるから，次の微分形を得る。

$$\mathrm{div}\,\mathbf{B}=0$$

（iii）拡張されたアンペールの法則：rot $\mathbf{H}=\mathbf{i}+\dfrac{\partial \mathbf{D}}{\partial t}$ $\left(\nabla\times\mathbf{H}=\mathbf{i}+\dfrac{\partial \mathbf{D}}{\partial t}\right)$

**拡張されたアンペールの法則**は次のように積分形で表される。

$$\oint_C \mathbf{H}\cdot d\mathbf{r}=\iint_S (\mathbf{i}+\frac{\partial \mathbf{D}}{\partial t})\cdot \mathbf{n}\,dS$$

一方，**ストークスの定理**より

$$\oint_C \mathbf{H}\cdot d\mathbf{r}=\iint_S \mathrm{rot}\,\mathbf{H}\cdot \mathbf{n}\,dS$$

であるから

$$\iint_S \mathrm{rot}\,\mathbf{H}\cdot \mathbf{n}\,dS=\iint_S (\mathbf{i}+\frac{\partial \mathbf{D}}{\partial t})\cdot \mathbf{n}\,dS$$

ここで，$S$ は任意であるから，次の微分形を得る。

$$\mathrm{rot}\ \mathbf{H}=\mathbf{i}+\frac{\partial \mathbf{D}}{\partial t}$$

（iv）ファラデーの電磁誘導の法則：rot $\mathbf{E}=-\dfrac{\partial \mathbf{B}}{\partial t}$ $\left(\nabla\times\mathbf{E}=-\dfrac{\partial \mathbf{B}}{\partial t}\right)$

**ファラデーの電磁誘導の法則**は次のように積分形で表される。

$$\oint_C \mathbf{E}\cdot d\mathbf{r}=-\frac{d}{dt}\iint_S \mathbf{B}\cdot \mathbf{n}\,dS=\iint_S \left(-\frac{\partial \mathbf{B}}{\partial t}\right)\cdot \mathbf{n}\,dS$$

一方，**ストークスの定理**より

$$\oint_C \mathbf{E}\cdot d\mathbf{r}=\iint_S \mathrm{rot}\,\mathbf{E}\cdot \mathbf{n}\,dS$$

であるから

$$\iint_S \mathrm{rot}\,\mathbf{E}\cdot \mathbf{n}\,dS=\iint_S \left(-\frac{\partial \mathbf{B}}{\partial t}\right)\cdot \mathbf{n}\,dS$$

ここで，$S$ は任意であるから，次の微分形を得る。

$$\mathrm{rot}\ \mathbf{E}=-\frac{\partial \mathbf{B}}{\partial t}$$

以上により，電磁気現象の法則は美しい 4 つの偏微分方程式系（連立偏微分方程式）にまとめられた。これが電磁気学の基本法則である。

なお，（iii）の $\dfrac{\partial \mathbf{D}}{\partial t}$ は**変位電流**と呼ばれるもので，マクスウェルによって初めて導入されたものである。実は，この変位電流がないと電磁場に関する波動方程式は導かれず，したがって電磁波の存在も導かれない。ちなみに，電磁波の速さは $c=\dfrac{1}{\sqrt{\varepsilon_0\mu_0}}$ で，光速に一致する。

ところでこの光速 $c$ はどの座標系に対する速さであろうか？その答えはアインシュタインの特殊相対性理論によって与えられる。

**例題 1（ストークスの定理）**

曲面 $S: z=4-x^2-y^2,\ z \geqq 0$ およびベクトル場 $\mathbf{A}=(-y, -xz, 1)$ に対して，$\iint_S (\nabla\times\mathbf{A})\cdot\mathbf{n}\,dS$ を求めよ。ただし，曲面 $S$ の単位法線ベクトル $\mathbf{n}$ は上向きとする。

**【解説】** 積分定理の一つであるストークスの定理は次の内容である。

**ストークスの定理**：$\mathbf{A}$ を閉曲線 $C$ を境界にもつ曲面 $S$ 上で定義されたベクトル場とし，$\mathbf{n}$ を図のような向きの $S$ 上の単位法線ベクトルとするとき，次が成り立つ。

$$\iint_S (\nabla\times\mathbf{A})\cdot\mathbf{n}\,dS = \oint_C \mathbf{A}\cdot d\mathbf{r}$$

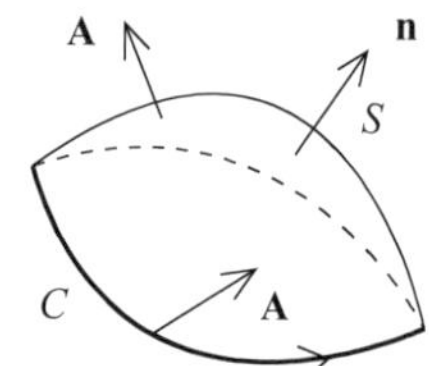


**解答**　曲面 $S$ の境界は

$$C: \mathbf{r}(\theta)=(2\cos\theta, 2\sin\theta, 0)\ \ (0\leqq\theta\leqq 2\pi)$$

であり，ストークスの定理より

$$\iint_S (\nabla\times\mathbf{A})\cdot\mathbf{n}\,dS = \int_C \mathbf{A}\cdot d\mathbf{r} = \int_0^{2\pi}(-2\sin\theta, 0, 1)\cdot(-2\sin\theta, 2\cos\theta, 0)d\theta$$

$$=\int_0^{2\pi} 4\sin^2\theta\,d\theta = \int_0^{2\pi} 2(1-\cos 2\theta)\,d\theta$$

$$=\Big[2\theta-\sin 2\theta\Big]_0^{2\pi} = 4\pi \quad \cdots\cdots〔答〕$$

**【参考】** 面積分を直線計算すると以下のようになる。

$$\iint_S (\nabla\times\mathbf{A})\cdot\mathbf{n}\,dS = \iint_D (\nabla\times\mathbf{A})\cdot(\mathbf{r}_x\times\mathbf{r}_y)\,dxdy \qquad \left(D: x^2+y^2\leqq 4\right)$$

$S: \mathbf{r}(x, y)=(x, y, 4-x^2-y^2),\ x^2+y^2\leqq 4$ より

$$\mathbf{r}_x=(1, 0, -2x),\quad \mathbf{r}_y=(0, 1, -2y) \qquad \therefore\quad \mathbf{r}_x\times\mathbf{r}_y=(2x, 2y, 1)$$

また，$\mathbf{A}=(-y, -xz, 1)$ より

$$\nabla\times\mathbf{A}=\big(0-(-x), 0-0, -z-(-1)\big)=(x, 0, x^2+y^2-3)$$

$$\therefore\quad (\nabla\times\mathbf{A})\cdot(\mathbf{r}_x\times\mathbf{r}_y)=2x^2+(x^2+y^2-3)=3x^2+y^2-3$$

よって

$$\iint_S (\nabla\times\mathbf{A})\cdot\mathbf{n}\,dS = \iint_D (\nabla\times\mathbf{A})\cdot(\mathbf{r}_x\times\mathbf{r}_y)\,dxdy \qquad (D: x^2+y^2\leqq 4)$$

$$=\iint_D (3x^2+y^2-3)dxdy = \int_0^{2\pi}\left(\int_0^2 (3r^2\cos^2\theta + r^2\sin^2\theta - 3)r\,dr\right)d\theta$$

$$=\int_0^{2\pi}\left(\int_0^2 (2r^3\cos^2\theta + r^3 - 3r)\,dr\right)d\theta = \int_0^{2\pi}(8\cos^2\theta-2)\,d\theta$$

$$=\int_0^{2\pi}\{4(1+\cos 2\theta)-2\}\,d\theta = \int_0^{2\pi}(2+4\cos 2\theta)\,d\theta = 4\pi \quad \cdots\cdots〔答〕$$

**例題２（ガウスの発散定理）**

閉曲面 $S$ は原点を頂点とし，$\mathbf{i}=(1,0,0)$，$\mathbf{j}=(0,1,0)$，$\mathbf{k}=(0,0,1)$ を３辺とする立方体の表面とする。

このとき，ベクトル場 $\mathbf{A}=(4xz,-y^2,yz)$ に対して，面積分

$$\iint_S \mathbf{A}\cdot\mathbf{n}\,dS$$

を求めよ。ただし，閉曲面 $S$ の単位法線ベクトル $\mathbf{n}$ は $S$ の外側に向かうものとする。

**【解説】**積分定理の１つであるガウスの発散定理は次の内容である。

**ガウスの発散定理**：$\mathbf{A}$ を閉曲面 $S$ を境界にもつ領域 $V$ 上で定義されたベクトル場とし，$\mathbf{n}$ を $S$ の外側に向かう単位法線ベクトルとするとき

$$\iiint_V \nabla\cdot\mathbf{A}\,dV=\iint_S \mathbf{A}\cdot\mathbf{n}\,dS$$

が成り立つ。

**解答**　曲面 $S$ で囲まれる領域を $V$ とすると，ガウスの発散定理より

$$\iint_S \mathbf{A}\cdot\mathbf{n}\,dS=\iiint_V \nabla\cdot\mathbf{A}\,dV=\iiint_V (4z-y)\,dxdydz$$

$$=\int_0^1\left(\int_0^1\left(\int_0^1(4z-y)dz\right)dy\right)dx=\int_0^1\left(\int_0^1\Big[2z^2-yz\Big]_{z=0}^{z=1}dy\right)dx$$

$$=\int_0^1\left(\int_0^1(2-y)dy\right)dx=\int_0^1\left[2y-\frac{1}{2}y^2\right]_{y=0}^{y=1}dx=\int_0^1\frac{3}{2}dx=\frac{3}{2}\quad\cdots\cdots〔答〕$$

**【参考】**面積分を直線計算すると以下のようになる。

立方体の６つの面を以下のように定める。

$S_1$：平面 $x=0$ に含まれるもの，$S_2$：平面 $x=1$ に含まれるもの

$S_3$：平面 $y=0$ に含まれるもの，$S_4$：平面 $y=1$ に含まれるもの

$S_5$：平面 $z=0$ に含まれるもの，$S_6$：平面 $z=1$ に含まれるもの

このとき，各面上の面積分を法線ベクトルの向きに注意して求めると

$$\iint_{S_1}\mathbf{A}\cdot\mathbf{n}\,dS=\int_0^1\left(\int_0^1 0\,dz\right)dy=0,\quad \iint_{S_2}\mathbf{A}\cdot\mathbf{n}\,dS=\int_0^1\left(\int_0^1 4z\,dz\right)dy=2$$

$$\iint_{S_3}\mathbf{A}\cdot\mathbf{n}\,dS=\int_0^1\left(\int_0^1 0\,dx\right)dz=0,\quad \iint_{S_4}\mathbf{A}\cdot\mathbf{n}\,dS=\int_0^1\left(\int_0^1 (-1)\,dx\right)dz=-1$$

$$\iint_{S_5}\mathbf{A}\cdot\mathbf{n}\,dS=\int_0^1\left(\int_0^1 0\,dy\right)dx=0,\quad \iint_{S_6}\mathbf{A}\cdot\mathbf{n}\,dS=\int_0^1\left(\int_0^1 y\,dy\right)dx=\frac{1}{2}$$

以上より，求める面積分は

$$\iint_S \mathbf{A}\cdot\mathbf{n}\,dS=0+2+0+(-1)+0+\frac{1}{2}=\frac{3}{2}\quad\cdots\cdots〔答〕$$

**例題3（いろいろな公式）**

閉曲面 $S$ を境界とする領域 $V$ におけるスカラー場 $\varphi$ について，次の等式が成り立つことを示せ。ただし，$\mathbf{n}$ は $S$ の外向き単位法線ベクトルであり，$\dfrac{\partial \varphi}{\partial \mathbf{n}}$ は $S$ の $\mathbf{n}$ 方向への方向微分である。

(1) $\iiint_V \Delta\varphi\, dV = \iint_S \dfrac{\partial \varphi}{\partial \mathbf{n}} dS$　　　(2) $\iiint_V \nabla\varphi\, dV = \iint_S \varphi\mathbf{n}\, dS$

**【解説】**ストークスの定理やガウスの定理といった積分定理からいろいろな重要公式を導くことができる。ここではガウスの発散定理から簡単に導かれる公式を考えてみよう。(2)はスカラー場の積分からなるベクトルの等式を表す。

**解答**　(1) 発散定理：$\iiint_V \nabla\cdot\mathbf{A}\, dV = \iint_S \mathbf{A}\cdot\mathbf{n}\, dS$

において，$\mathbf{A} = \nabla\varphi$ とおくと

$$\nabla\cdot\mathbf{A} = \nabla\cdot(\nabla\varphi) = \Delta\varphi$$

$$\mathbf{A}\cdot\mathbf{n} = (\nabla\varphi)\cdot\mathbf{n} = \frac{\partial \varphi}{\partial \mathbf{n}}$$

であるから

$$\iiint_V \Delta\varphi\, dV = \iint_S \frac{\partial \varphi}{\partial \mathbf{n}} dS$$

(2) 発散定理：$\iiint_V \nabla\cdot\mathbf{A}\, dV = \iint_S \mathbf{A}\cdot\mathbf{n}\, dS$

において，$\mathbf{A} = (\varphi, 0, 0)$ とおくと

$$\nabla\cdot\mathbf{A} = \nabla\cdot(\varphi, 0, 0) = \frac{\partial \varphi}{\partial x}$$

$$\mathbf{A}\cdot\mathbf{n} = \varphi n_1 \qquad \text{ただし，} \mathbf{n} = (n_1, n_2, n_3)$$

であるから

$$\iiint_V \frac{\partial \varphi}{\partial x} dV = \iint_S \varphi n_1\, dS$$

同様にして

$$\iiint_V \frac{\partial \varphi}{\partial y} dV = \iint_S \varphi n_2\, dS, \qquad \iiint_V \frac{\partial \varphi}{\partial z} dV = \iint_S \varphi n_3\, dS$$

が成り立つから

$$\iiint_V \left(\frac{\partial \varphi}{\partial x}, \frac{\partial \varphi}{\partial y}, \frac{\partial \varphi}{\partial z}\right) dV = \iint_S (\varphi n_1, \varphi n_2, \varphi n_3)\, dS$$

すなわち

$$\iiint_V \nabla\varphi\, dV = \iint_S \varphi\mathbf{n}\, dS$$

⬅ スカラー場の積分からなるベクトルの等式

## ■ 演習問題　5.4

解答はp. 290

1　円周 $C: x^2+y^2=4,\ z=0$ に沿っての $\mathbf{A}=(x^2+y, x^2+2z, 2y)$ の線積分 $\oint_C \mathbf{A}\cdot d\mathbf{r}$ をストークスの定理を利用して求めよ。

2　閉曲面 $S$ は次の領域 $V$ の境界とする。

$$V: x^2+y^2 \leqq 9,\ x \geqq 0,\ y \geqq 0,\ 0 \leqq z \leqq 2$$

このとき，$\mathbf{A}=(-x^2, 4y^2z, 2xz^2)$ の面積分 $\iint_S \mathbf{A}\cdot\mathbf{n}\,dS$ をガウスの発散定理を利用して求めよ。ただし，閉曲面 $S$ の単位法線ベクトル $\mathbf{n}$ は $S$ の外側に向かうものとする。

3　閉曲面 $S$ を境界とする領域 $V$ におけるスカラー場 $\varphi, \psi$ について，次の等式が成り立つことを示せ。ただし，$\mathbf{n}$ は $S$ の外向き単位法線ベクトルであり，$\dfrac{\partial\varphi}{\partial\mathbf{n}}$ は $S$ の $\mathbf{n}$ 方向への方向微分である。

(1)　$\iiint_V \{\varphi\Delta\psi+(\nabla\varphi)\cdot(\nabla\psi)\}\,dV=\iint_S \varphi\dfrac{\partial\psi}{\partial\mathbf{n}}\,dS$

(2)　$\iiint_V \{\varphi\Delta\psi-\psi\Delta\varphi\}\,dV=\iint_S \left(\varphi\dfrac{\partial\psi}{\partial\mathbf{n}}-\psi\dfrac{\partial\varphi}{\partial\mathbf{n}}\right)dS$　　（グリーンの公式）

**入試問題研究５－１（線積分）**

直交座標系において，$x, y, z$ 軸方向の単位ベクトルをそれぞれ $\mathbf{i}, \mathbf{j}, \mathbf{k}$ とする。次の各問いに答えよ。

(1) 点 $(1,0,1)$ から点 $(0,1,1)$ にいたる曲線 $C$ に沿って，次の線積分を計算せよ。

$$\int_C \frac{x^2dx+dy+zdz}{x^2+y^2+z^2}, \qquad C: x^2+y^2=1\,(x \geqq 0,\ y \geqq 0),\ z=1$$

(2) ベクトル場を $\mathbf{F} = ze^{2xy}\mathbf{i} + 2xy\cos y\mathbf{j} + (x+2y)\mathbf{k}$ とする。

点 $(2,0,3)$ における $\nabla\times\mathbf{F}$，および $\nabla\times(\nabla\times\mathbf{F})$ を計算せよ。

＜九州大学大学院＞

**【解説】**　空間曲線 $C: \mathbf{r}(t) = (x(t),\ y(t),\ z(t))$　（$a \leqq t \leqq b$）に沿ったスカラー場 $\varphi$ の線積分は次の公式によって計算される。

$$\int_C \varphi ds = \int_a^b \varphi(x(t),\ y(t),\ z(t))\frac{ds}{dt}dt \qquad (s\text{ は弧長パラメータ})$$

$$\int_C \varphi dx = \int_a^b \varphi(x(t),\ y(t),\ z(t))\frac{dx}{dt}dt$$

$$\int_C \varphi dy = \int_a^b \varphi(x(t),\ y(t),\ z(t))\frac{dy}{dt}dt$$

$$\int_C \varphi dz = \int_a^b \varphi(x(t),\ y(t),\ z(t))\frac{dz}{dt}dt$$

また，ベクトル場 $\mathbf{A}$ の回転 $\nabla\times\mathbf{A}$ は次のように理解するとよい。

$$\nabla = \left(\frac{\partial}{\partial x}, \frac{\partial}{\partial y}, \frac{\partial}{\partial z}\right) = (\partial_x, \partial_y, \partial_z), \quad \mathbf{A} = (A_1,\ A_2,\ A_3)$$

として，$\nabla\times\mathbf{A}$ を形式的な外積とみなし計算する。

$$\nabla\times\mathbf{A} = \begin{pmatrix}\partial_x\\ \partial_y\\ \partial_z\end{pmatrix}\times\begin{pmatrix}A_1\\ A_2\\ A_3\end{pmatrix} = \begin{pmatrix}\partial_y A_3 - \partial_z A_2\\ \partial_z A_1 - \partial_x A_3\\ \partial_x A_2 - \partial_y A_1\end{pmatrix}$$

**解答**　(1) 曲線 $C$ は次のようにパラメータ表示される。

$$C: \mathbf{r}(\theta) = (\cos\theta, \sin\theta, 1), \qquad 0 \leqq \theta \leqq \frac{\pi}{2}$$

よって

$$\int_C \frac{x^2dx+dy+zdz}{x^2+y^2+z^2}$$

$$= \int_0^{\frac{\pi}{2}} \frac{1}{x^2+y^2+z^2}\left(x^2\frac{dx}{d\theta} + \frac{dy}{d\theta} + z\frac{dz}{d\theta}\right)d\theta \qquad (x=\cos\theta,\ y=\sin\theta,\ z=1)$$

$$=\int_0^{\frac{\pi}{2}}\frac{1}{2}\left(\cos^2\theta\cdot(-\sin\theta)+\cos\theta+0\right)d\theta$$

$$=\frac{1}{2}\int_0^{\frac{\pi}{2}}(-\cos^2\theta\sin\theta+\cos\theta)d\theta$$

$$=\frac{1}{2}\left[\frac{1}{3}\cos^3\theta+\sin\theta\right]_0^{\frac{\pi}{2}}=\frac{1}{2}\left\{\frac{1}{3}(0-1)+(1-0)\right\}=\frac{1}{3}$$ ……〔答〕

(2) ベクトルは成分で表すことにする。すなわち

$$\mathbf{F}=(ze^{2xy},2xy\cos y,x+2y)$$

また，以下の計算では行ベクトル表示と列ベクトル表示を同一視する。

微分演算子 $\nabla$ とベクトル場 $\mathbf{F}$ を

$$\nabla=\left(\frac{\partial}{\partial x},\frac{\partial}{\partial y},\frac{\partial}{\partial z}\right)=(\partial_x,\partial_y,\partial_z),\quad \mathbf{F}=(F_1,F_2,F_3)$$

と表すと

$$\nabla\times\mathbf{F}=\begin{pmatrix}\partial_x\\ \partial_y\\ \partial_z\end{pmatrix}\times\begin{pmatrix}F_1\\ F_2\\ F_3\end{pmatrix}=\begin{pmatrix}\partial_yF_3-\partial_zF_2\\ \partial_zF_1-\partial_xF_3\\ \partial_xF_2-\partial_yF_1\end{pmatrix}$$

$$=\begin{pmatrix}\partial_y(x+2y)-\partial_z(2xy\cos y)\\ \partial_z(ze^{2xy})-\partial_x(x+2y)\\ \partial_x(2xy\cos y)-\partial_y(ze^{2xy})\end{pmatrix}=\begin{pmatrix}2\\ e^{2xy}-1\\ 2y\cos y-2xze^{2xy}\end{pmatrix}$$

すなわち

$$\nabla\times\mathbf{F}=(2,\ e^{2xy}-1,\ 2y\cos y-2xze^{2xy})$$

よって，点 (2, 0, 3) において

$$\nabla\times\mathbf{F}=(2,0,-12)=2\mathbf{i}-12\mathbf{k}$$ ……〔答〕

同様にして

$$\nabla\times(\nabla\times\mathbf{F})=\begin{pmatrix}\partial_y(2y\cos y-2xze^{2xy})-\partial_z(e^{2xy}-1)\\ \partial_z(2)-\partial_x(2y\cos y-2xze^{2xy})\\ \partial_x(e^{2xy}-1)-\partial_y(2)\end{pmatrix}$$

$$=\begin{pmatrix}2\cdot\cos y+2y\cdot(-\sin y)-2xz\cdot2xe^{2xy}\\ 2z\cdot e^{2xy}+2xz\cdot2ye^{2xy}\\ 2ye^{2xy}\end{pmatrix}$$

$$=\begin{pmatrix}2\cos y-2y\sin y-4x^2ze^{2xy}\\ 2ze^{2xy}+4xyze^{2xy}\\ 2ye^{2xy}\end{pmatrix}$$

よって，点 (2, 0, 3) において

$$\nabla\times(\nabla\times\mathbf{F})=(-46,6,0)=-46\mathbf{i}+6\mathbf{j}$$ ……〔答〕

**入試問題研究５－２（面積分）**

直交座標系において，$x, y, z$ 軸方向の単位ベクトルをそれぞれ $\mathbf{i}, \mathbf{j}, \mathbf{k}$ とする。次の各問いに答えよ。

(1) ベクトル場を

$\mathbf{F} = 3u\mathbf{i} + u^2\mathbf{j} + (u+2)\mathbf{k}$，および $\mathbf{V} = 2u\mathbf{i} - 3u\mathbf{j} + (u-2)\mathbf{k}$

とする。

$\int_0^2 (\mathbf{F} \times \mathbf{V})du$ を計算せよ。

(2) ベクトル場を $\mathbf{A} = 18z\mathbf{i} - 12\mathbf{j} + 3y\mathbf{k}$ について，次の面 $S$ に対する $\mathbf{A}$ の面積分を計算せよ。

$S : 2x + 3y + 6z = 12$ （$x \geqq 0, y \geqq 0, z \geqq 0$）　<九州大学大学院>

**【解説】**　スカラー場の面積分，ベクトル場の面積分は以下の公式に従って計算する。

曲面 $S : \mathbf{r}(u, v) = (x(u, v), y(u, v), z(u, v))$，$(u, v) \in D$

上で定義されたスカラー場 $\varphi$ に対して

$$\iint_S \varphi\, dS = \iint_D \varphi(x(u, v), y(u, v), z(u, v)) \left| \frac{\partial \mathbf{r}}{\partial u} \times \frac{\partial \mathbf{r}}{\partial v} \right| dudv$$

また，ベクトル場 $\mathbf{A}$ に対して

$$\iint_S \mathbf{A} \cdot d\mathbf{S} = \iint_S \mathbf{A}(x(u, v), y(u, v), z(u, v)) \cdot \left( \frac{\partial \mathbf{r}}{\partial u} \times \frac{\partial \mathbf{r}}{\partial v} \right) dudv$$

**（注）** $\mathbf{n} = \left( \frac{\partial \mathbf{r}}{\partial u} \times \frac{\partial \mathbf{r}}{\partial v} \right) \Big/ \left| \frac{\partial \mathbf{r}}{\partial u} \times \frac{\partial \mathbf{r}}{\partial v} \right|$ とおくと，$\mathbf{n}$ は曲面 $S$ の単位法線ベクトルであり

$$d\mathbf{S} = \mathbf{n}dS = \frac{\frac{\partial \mathbf{r}}{\partial u} \times \frac{\partial \mathbf{r}}{\partial v}}{\left| \frac{\partial \mathbf{r}}{\partial u} \times \frac{\partial \mathbf{r}}{\partial v} \right|} \left| \frac{\partial \mathbf{r}}{\partial u} \times \frac{\partial \mathbf{r}}{\partial v} \right| dudv = \left( \frac{\partial \mathbf{r}}{\partial u} \times \frac{\partial \mathbf{r}}{\partial v} \right) dudv$$

**解答**　(1) ベクトルは成分で表すことにする。

$\mathbf{F} = (3u, u^2, u+2)$，$\mathbf{V} = (2u, -3u, u-2)$

より

$$\mathbf{F} \times \mathbf{V} = \begin{pmatrix} 3u \\ u^2 \\ u+2 \end{pmatrix} \times \begin{pmatrix} 2u \\ -3u \\ u-2 \end{pmatrix} = \begin{pmatrix} u^2(u-2) - (-3u)(u+2) \\ (u+2) \cdot 2u - (u-2) \cdot 3u \\ 3u(-3u) - 2u \cdot u^2 \end{pmatrix} = \begin{pmatrix} u^3 + u^2 + 6u \\ -u^2 + 10u \\ -2u^3 - 9u^2 \end{pmatrix}$$

よって

$$\int_0^2 (\mathbf{F} \times \mathbf{V})du$$

$$=\left(\int_0^2 (u^3+u^2+6u)du,\ \int_0^2 (-u^2+10u)du,\ \int_0^2 (-2u^3-9u^2)du\right)$$

$$=\left(\ \left[\frac{1}{4}u^4+\frac{1}{3}u^3+3u^2\right]_0^2,\ \left[-\frac{1}{3}u^3+5u^2\right]_0^2,\ \left[-\frac{1}{2}u^4-3u^3\right]_0^2\ \right)$$

$$=\left(4+\frac{8}{3}+12,\ -\frac{8}{3}+20,\ -8-24\right)=\left(\frac{56}{3},\ \frac{52}{3},\ -32\right)$$ ……〔答〕

(2) $S:2x+3y+6z=12$ （$x \geqq 0, y \geqq 0, z \geqq 0$）より

$$\frac{x}{6}+\frac{y}{4}+\frac{z}{2}=1$$

そこで

$$\frac{x}{6}=u,\quad \frac{y}{4}=v,\quad \frac{z}{2}=1-u-v \qquad (u \geqq 0, v \geqq 0, u+v \leqq 1)$$

とおくと，面 $S$ のパラメータ表示として次を得る。

$$S:\mathbf{r}(u,v)=(6u,4v,2(1-u-v)),\quad (u,v)\in D: u \geqq 0, v \geqq 0, u+v \leqq 1$$

このとき

$$\frac{\partial \mathbf{r}}{\partial u}=(6,0,-2),\quad \frac{\partial \mathbf{r}}{\partial v}=(0,4,-2)$$

であるから

$$\frac{\partial \mathbf{r}}{\partial u}\times\frac{\partial \mathbf{r}}{\partial v}=(8,12,24)=4(2,3,6)$$

よって

$$\mathbf{A}\cdot\left(\frac{\partial \mathbf{r}}{\partial u}\times\frac{\partial \mathbf{r}}{\partial v}\right)=(18z,-12,3y)\cdot(8,12,24)$$

$$=12(6z,-4,y)\cdot(2,3,6)=12(12z-12+6y)=72(2z-2+y)$$

$$=72\{2\cdot 2(1-u-v)-2+4v\}=72(-4u+2)=144(-2u+1)$$

以上より，求める面積分は

$$\iint_S \mathbf{A}\cdot d\mathbf{S}=\iint_D \mathbf{A}\cdot\left(\frac{\partial \mathbf{r}}{\partial u}\times\frac{\partial \mathbf{r}}{\partial v}\right)dudv,\qquad D: u \geqq 0, v \geqq 0, u+v \leqq 1$$

$$=\iint_D 144(-2u+1)dudv=144\int_0^1\left(\int_0^{1-u}(-2u+1)dv\right)du$$

$$=144\int_0^1\left[-2uv+v\right]_{v=0}^{v=1-u}du=144\int_0^1\{-2u(1-u)+(1-u)\}du$$

$$=144\int_0^1(2u^2-3u+1)du$$

$$=144\left[\frac{2}{3}u^3-\frac{3}{2}u^2+u\right]_0^1$$

$$=144\left(\frac{2}{3}-\frac{3}{2}+1\right)=144\times\frac{1}{6}=24$$ ……〔答〕

**入試問題研究５－３（体積積分と面積分）**

3 次元直交座標系 O$-xyz$ における 6 点 O，A，B，C，D，E の座標 $(x, y, z)$ をそれぞれ，$(0,0,0)$，$(1,0,0)$，$(0,1,0)$，$(1,0,1)$，$(0,1,1)$，$(0,0,1)$ とし，これら 6 点を頂点とする三角柱を考える。三角柱の表面を $S$ とし，$S$ で囲まれた空間領域を $V$ とする。以下の問いに答えよ。

(1) ベクトル関数 $\mathbf{u} = 2x\mathbf{i} + y^2\mathbf{j} + yz\mathbf{k}$ を定義する。このとき，$\nabla\cdot\mathbf{u}$ を $x, y, z$ を用いて表せ。なお $\mathbf{i}, \mathbf{j}, \mathbf{k}$ は $x, y, z$ 軸方向の単位ベクトルであり，$\nabla$ は $\nabla = \dfrac{\partial}{\partial x}\mathbf{i} + \dfrac{\partial}{\partial y}\mathbf{j} + \dfrac{\partial}{\partial z}\mathbf{k}$ と定義される。

(2) $V$ についての体積積分 $\iiint_V \nabla\cdot\mathbf{u}\,dV$ を求めよ。

(3) $S$ 上の外向き単位法線ベクトルを $\mathbf{n}$ とする。面 OACE，OBDE，ABO，CDE，ABDC をそれぞれ $S1, S2, S3, S4, S5$ とするとき，$S1, S2, S3, S4$ についての面積分は，

$$\iint_{S1} \mathbf{u}\cdot\mathbf{n}\,dS = \iint_{S2} \mathbf{u}\cdot\mathbf{n}\,dS = \iint_{S3} \mathbf{u}\cdot\mathbf{n}\,dS = 0\text{，}\quad \iint_{S4} \mathbf{u}\cdot\mathbf{n}\,dS = \frac{1}{6}$$

となる。$S5$ について，$\mathbf{n}$ を求め，$\iint_{S5} \mathbf{u}\cdot\mathbf{n}\,dS$ を求めよ。

(4) (3) より $\iint_S \mathbf{u}\cdot\mathbf{n}\,dS$ を求めよ。　　　＜東京工業大学大学院＞

**【解説】**　スカラー場の面積分は次で定義される。

曲面 $S : \mathbf{r}(u, v) = (x(u, v), y(u, v), z(u, v))$，$(u, v) \in D$

上で定義されたスカラー場 $\varphi(x, y, z)$ に対して

$$\iint_S \varphi\,dS = \iint_D \varphi(x(u, v), y(u, v), z(u, v))\left|\frac{\partial\mathbf{r}}{\partial u}\times\frac{\partial\mathbf{r}}{\partial v}\right|dudv$$

また，ベクトル場 $\mathbf{A}(x, y, z)$ に対しては，$S$ 上の単位法線ベクトル $\mathbf{n}$ に対して，ベクトル場の面積分を次で定義する。

$$\iint_S \mathbf{A}\cdot\mathbf{n}\,dS$$

解答　(1) ベクトルは成分で表すことにする。すなわち

$$\mathbf{u} = (2x, y^2, yz), \qquad \nabla = \left(\frac{\partial}{\partial x}, \frac{\partial}{\partial y}, \frac{\partial}{\partial z}\right)$$

このとき

$$\nabla\cdot\mathbf{u} = \frac{\partial}{\partial x}(2x) + \frac{\partial}{\partial y}(y^2) + \frac{\partial}{\partial z}(yz)$$
$$= 2 + 2y + y = 3y + 2 \quad \cdots\cdots〔答〕$$

(2) $V=\{(x,y,z)\mid x\geqq 0,\ y\geqq 0,\ x+y\leqq 1,\ 0\leqq z\leqq 1\}$ であるから

$$\iiint_V \nabla\cdot\mathbf{u}\,dV=\int_0^1\left(\int_0^1\left(\int_0^{1-x}(3y+2)dy\right)dx\right)dz$$

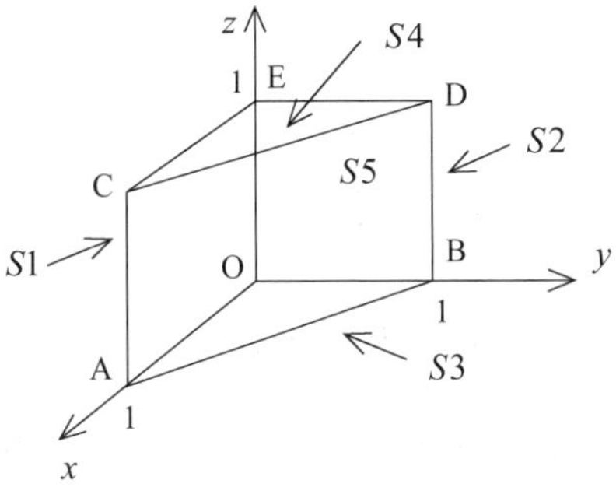

$$=\int_0^1\left(\int_0^{1-x}(3y+2)dy\right)dx$$

$$=\int_0^1\left[\frac{3}{2}y^2+2y\right]_{y=0}^{y=1-x}dx$$

$$=\int_0^1\left\{\frac{3}{2}(1-x)^2+2(1-x)\right\}dx$$

$$=\int_0^1\left\{\frac{3}{2}(x-1)^2-2(x-1)\right\}dx$$

$$=\left[\frac{1}{2}(x-1)^3-(x-1)^2\right]_0^1$$

$$=\frac{1}{2}\{0-(-1)\}-(0-1)=\frac{3}{2}$$ ……〔答〕

(3) 面 $S5$ について，明らかに

$$\mathbf{n}=\frac{1}{\sqrt{2}}(1,1,0)$$ ……〔答〕

面 $S5$ 上の点の位置ベクトルは次のようにパラメータ表示できる。

$$\mathbf{r}(u,v)=(u,1-u,v),\quad 0\leqq u\leqq 1,\quad 0\leqq v\leqq 1$$

このとき

$$\frac{\partial\mathbf{r}}{\partial u}=(1,-1,0),\quad \frac{\partial\mathbf{r}}{\partial v}=(0,0,1)$$

より

$$\frac{\partial\mathbf{r}}{\partial u}\times\frac{\partial\mathbf{r}}{\partial v}=(-1,-1,0)\qquad \therefore\ \left|\frac{\partial\mathbf{r}}{\partial u}\times\frac{\partial\mathbf{r}}{\partial v}\right|=\sqrt{2}$$

また

$$\mathbf{u}\cdot\mathbf{n}=(2x,y^2,yz)\cdot\frac{1}{\sqrt{2}}(1,1,0)=\frac{1}{\sqrt{2}}(2x+y^2)$$

よって

$$\iint_{S5}\mathbf{u}\cdot\mathbf{n}\,dS$$

$$=\iint_D\frac{1}{\sqrt{2}}\{2u+(1-u)^2\}\cdot\sqrt{2}dudv,\qquad D:0\leqq u\leqq 1,0\leqq v\leqq 1$$

$$=\int_0^1\left(\int_0^1(u^2+1)du\right)dv$$

$$=\int_0^1(u^2+1)du=\left[\frac{1}{3}u^3+u\right]_0^1=\frac{1}{3}+1=\frac{4}{3}$$ ……〔答〕

(4)　(3) より

$$\iint_S \mathbf{u}\cdot\mathbf{n}\,dS = \sum_{k=1}^{5}\iint_{Sk}\mathbf{u}\cdot\mathbf{n}\,dS$$

$$= 0+0+0+\frac{1}{6}+\frac{4}{3}=\frac{9}{6}=\frac{3}{2}$$ ……〔答〕

**＜研究＞**　本問で次の関係が成り立っていることに注意しよう。

$$\iiint_V \nabla\cdot\mathbf{u}\,dV = \iint_S \mathbf{u}\cdot\mathbf{n}\,dS \quad \left(=\frac{3}{2}\right)$$

これは偶然ではなく，一般に次のガウスの発散定理が成り立つ。

**［定理］（ガウスの発散定理）**

$\mathbf{A}$ を閉曲面 $S$ で囲まれた領域 $V$ 上で定義されたベクトル場とし, $\mathbf{n}$ を $S$ 上の外向き単位法線ベクトルとするとき，次が成り立つ。

$$\iiint_V \nabla\cdot\mathbf{A}\,dV = \iint_S \mathbf{A}\cdot\mathbf{n}\,dS$$

**（注）** この等式は次のようにも表せる。

$$\iiint_V \operatorname{div}\mathbf{A}\,dV = \iint_S \mathbf{A}\cdot\mathbf{n}\,dS$$

**（参考）** 問題文の中にある

$$\iint_{S1}\mathbf{u}\cdot\mathbf{n}\,dS = \iint_{S2}\mathbf{u}\cdot\mathbf{n}\,dS = \iint_{S3}\mathbf{u}\cdot\mathbf{n}\,dS = 0,$$

$$\iint_{S4}\mathbf{u}\cdot\mathbf{n}\,dS = \frac{1}{6}$$

も確認しておこう。

（i）面 $S1$ について

$$\mathbf{n} = (0, -1, 0)$$

$$\therefore \quad \mathbf{u}\cdot\mathbf{n} = (2x, y^2, yz)\cdot(0,-1,0) = -y^2$$

面 $S1$ 上の点の位置ベクトルは次のようにパラメータ表示できる。

$$\mathbf{r}(u,v) = (u, 0, v), \quad (u,v)\in D1: 0 \leqq u \leqq 1,\ 0 \leqq v \leqq 1$$

よって

$$\iint_{S1}\mathbf{u}\cdot\mathbf{n}\,dS = \iint_{D1} 0\cdot\left|\frac{\partial\mathbf{r}}{\partial u}\times\frac{\partial\mathbf{r}}{\partial v}\right| dudv = 0$$

（ii）面 $S2$ について

$$\mathbf{n} = (-1, 0, 0)$$

$$\therefore \quad \mathbf{u}\cdot\mathbf{n} = (2x, y^2, yz)\cdot(-1,0,0) = -2x$$

面 $S2$ 上の点の位置ベクトルは次のようにパラメータ表示できる。

$$\mathbf{r}(u,v)=(0,u,v),\quad (u,v)\in D2:0\leqq u\leqq 0,\ 0\leqq v\leqq 1$$

よって

$$\iint_{S2}\mathbf{u}\cdot\mathbf{n}\,dS=\iint_{D2}0\cdot\left|\frac{\partial\mathbf{r}}{\partial u}\times\frac{\partial\mathbf{r}}{\partial v}\right|dudv=0$$

（iii）面 $S3$ について

$$\mathbf{n}=(0,0,-1)$$

$$\therefore\quad \mathbf{u}\cdot\mathbf{n}=(2x,\ y^2,\ yz)\cdot(0,0,-1)=-yz$$

面 $S3$ 上の点の位置ベクトルは次のようにパラメータ表示できる。

$$\mathbf{r}(u,v)=(u,v,0),\quad (u,v)\in D3:u\geqq 0,\ v\geqq 0,\ u+v\leqq 1$$

よって

$$\iint_{S3}\mathbf{u}\cdot\mathbf{n}\,dS=\iint_{D3}0\cdot\left|\frac{\partial\mathbf{r}}{\partial u}\times\frac{\partial\mathbf{r}}{\partial v}\right|dudv=0$$

（iv）面　$S4$ について

$$\mathbf{n}=(0,0,1)$$

$$\therefore\quad \mathbf{u}\cdot\mathbf{n}=(2x,\ y^2,\ yz)\cdot(0,0,1)=yz$$

面 $S4$ 上の点の位置ベクトルは次のようにパラメータ表示できる。

$$\mathbf{r}(u,v)=(u,v,1),\quad 0\leqq u\leqq 1,\quad 0\leqq v\leqq 1,\quad u+v\leqq 1$$

このとき

$$\frac{\partial\mathbf{r}}{\partial u}=(1,0,0),\quad \frac{\partial\mathbf{r}}{\partial v}=(0,1,0)$$

より

$$\frac{\partial\mathbf{r}}{\partial u}\times\frac{\partial\mathbf{r}}{\partial v}=(0,0,1)\qquad\therefore\quad\left|\frac{\partial\mathbf{r}}{\partial u}\times\frac{\partial\mathbf{r}}{\partial v}\right|=1$$

よって

$$\iint_{S5}\mathbf{u}\cdot\mathbf{n}\,dS$$

$$=\iint_{E}v\,dudv,\qquad E:u\geqq 0,\ v\geqq 0,\ u+v\leqq 1$$

$$=\int_0^1\left(\int_0^{1-u}v\,dv\right)du$$

$$=\int_0^1\left[\frac{1}{2}v^2\right]_{v=0}^{v=1-u}du$$

$$=\int_0^1\frac{1}{2}(1-u)^2\,du$$

$$=\int_0^1\frac{1}{2}(u-1)^2\,du=\left[\frac{1}{6}(u-1)^3\right]_0^1=\frac{1}{6}$$

**入試問題研究５－４（積分定理）**

ベクトル場 $\mathbf{A}=(x(y-z)+z^2, y(z-x)+x^2, z(x-y)+y^2)$ と 2 つの曲面 $S: x^2+y^2+z^2=1, z \geqq 0$ と $D: x^2+y^2 \leqq 1, z=0$ を考える。次の問いに答えよ。

(1) $\operatorname{div}\mathbf{A}$ と $\operatorname{rot}\mathbf{A}$ を求めよ。

(2) $S$ と $D$，それぞれの単位法線ベクトルで $z$ 成分が正であるものを求めよ。

(3) 面積分 $\iint_S \mathbf{A}\cdot\mathbf{n}\,dS$ の値を求めよ。ただし，$\mathbf{n}$ は(2)で求めた $S$ 上の単位法線ベクトルとする。　　＜金沢大学大学院＞

**【解説】**　ベクトル解析における積分定理は応用上も非常に重要なものである。中でもガウスの発散定理は頻出である。

**［定理］（ガウスの発散定理）**

$\mathbf{A}$ を閉曲面 $S$ を境界にもつ領域 $V$ 上で定義されたベクトル場とするとき，次が成り立つ。

$$\iint_S \mathbf{A}\cdot\mathbf{n}\,dS=\iiint_V \nabla\cdot\mathbf{A}\,dV$$

ただし，$\mathbf{n}$ は $S$ の外向き単位法線ベクトルである。

**（注）** 左辺の曲面 $S$ が閉曲面であること，および，$\mathbf{n}$ が $S$ の外向き単位法線ベクトルであるに注意。

**解答**　(1)　$\mathbf{A}=(x(y-z)+z^2, y(z-x)+x^2, z(x-y)+y^2)$

$\mathbf{A}=(A_1, A_2, A_3)$ とおく。

$$\operatorname{div}\mathbf{A}=\nabla\cdot\mathbf{A}=\frac{\partial A_1}{\partial x}+\frac{\partial A_2}{\partial y}+\frac{\partial A_3}{\partial z}$$

$$=(y-z)+(z-x)+(x-y)=0 \quad \cdots\cdots〔答〕$$

また

$$\operatorname{rot}\mathbf{A}=\nabla\times\mathbf{A}=\left(\frac{\partial A_3}{\partial y}-\frac{\partial A_2}{\partial z}, \frac{\partial A_1}{\partial z}-\frac{\partial A_3}{\partial x}, \frac{\partial A_2}{\partial x}-\frac{\partial A_1}{\partial y}\right)$$

$$=((2y-z)-y, (2z-x)-z, (2x-y)-x)$$

$$=(y-z, z-x, x-y) \quad \cdots\cdots〔答〕$$

(2)　$S: x^2+y^2+z^2=1, z \geqq 0$ より，　$z=\sqrt{1-x^2-y^2}$

よって，曲面 $S$ は次のようにパラメータ表示できる。

$$S: \mathbf{r}(x, y)=(x, y, \sqrt{1-x^2-y^2}), x^2+y^2 \leqq 1$$

このとき

$$\frac{\partial \mathbf{r}}{\partial x} = \left(1, 0, -\frac{x}{\sqrt{1-x^2-y^2}}\right),\ \ \frac{\partial \mathbf{r}}{\partial y} = \left(0, 1, -\frac{y}{\sqrt{1-x^2-y^2}}\right)$$

より

$$\frac{\partial \mathbf{r}}{\partial x} \times \frac{\partial \mathbf{r}}{\partial y} = \left(\frac{x}{\sqrt{1-x^2-y^2}}, \frac{y}{\sqrt{1-x^2-y^2}}, 1\right)$$

$$\left|\frac{\partial \mathbf{r}}{\partial x} \times \frac{\partial \mathbf{r}}{\partial y}\right| = \frac{1}{\sqrt{1-x^2-y^2}}$$

よって，$S$ の単位法線ベクトルで $z$ 成分が正であるもの $\mathbf{n}$ は

$$\mathbf{n}_S = \left(\frac{\partial \mathbf{r}}{\partial x} \times \frac{\partial \mathbf{r}}{\partial y}\right) \Big/ \left|\frac{\partial \mathbf{r}}{\partial x} \times \frac{\partial \mathbf{r}}{\partial y}\right| = (x, y, \sqrt{1-x^2-y^2})$$ ……〔答〕

また，$D: x^2 + y^2 \leqq 1, z = 0$ の単位法線ベクトルで $z$ 成分が正であるもの $\mathbf{n}$ は，明らかに

$$\mathbf{n}_D = (0, 0, 1)$$ ……〔答〕

(3) $S$ と $D$ で囲まれる領域を $V$ とすると，ガウスの発散定理より

$$\iint_{S \cup D} \mathbf{A} \cdot \mathbf{n}\, dS = \iiint_V \nabla \cdot \mathbf{A}\, dV = \iiint_V 0\, dV = 0$$

$$\therefore \quad \iint_S \mathbf{A} \cdot \mathbf{n}\, dS + \iint_D \mathbf{A} \cdot \mathbf{n}\, dS = 0$$

ここで

$$\iint_S \mathbf{A} \cdot \mathbf{n}\, dS = \iint_S \mathbf{A} \cdot \mathbf{n}_S\, dS,$$

$$\iint_D \mathbf{A} \cdot \mathbf{n}\, dS = \iint_D \mathbf{A} \cdot (-\mathbf{n}_D)\, dS = -\iint_D \mathbf{A} \cdot \mathbf{n}_D\, dS$$

であることに注意すると

$$\iint_S \mathbf{A} \cdot \mathbf{n}\, dS - \iint_D \mathbf{A} \cdot \mathbf{n}_D\, dS = 0$$

したがって

$$\iint_S \mathbf{A} \cdot \mathbf{n}\, dS = \iint_D \mathbf{A} \cdot \mathbf{n}_D\, dS$$

$$= \iint_{D'} y^2\, dxdy,\quad D': x^2 + y^2 \leqq 1$$

$$= \int_0^{2\pi} \left( \int_0^1 (r \sin\theta)^2 \cdot r\, dr \right) d\theta$$

$$= \int_0^1 r^3\, dr \cdot \int_0^{2\pi} \sin^2\theta d\theta$$

$$= \left[\frac{1}{4} r^4\right]_0^1 \cdot \int_0^{2\pi} \frac{1-\cos 2\theta}{2} d\theta$$

$$= \frac{1}{4} \cdot \frac{1}{2} \left[\theta - \frac{1}{2}\sin 2\theta\right]_0^{2\pi} = \frac{\pi}{4}$$ ……〔答〕

**入試問題研究５－５（積分定理）**

［1］　3次元直交座標系の点 $(a, 0, 0)$ を除く領域で定義されるスカラー関数 $\phi(x, y, z)$ とベクトル関数 $\mathbf{f}$ を

$$\phi(x, y, z) = \frac{1}{\sqrt{(x-a)^2 + y^2 + z^2}}, \quad (a > 1) \qquad \mathbf{f} = -\nabla\phi$$

とする。ここで $\nabla$ はベクトル微分演算子で，

$$\nabla = \frac{\partial}{\partial x}\mathbf{i} + \frac{\partial}{\partial y}\mathbf{j} + \frac{\partial}{\partial z}\mathbf{k}$$

である。また，$\mathbf{i}, \mathbf{j}, \mathbf{k}$ はそれぞれ $x$ 軸，$y$ 軸，$z$ 軸にそった正方向の単位ベクトルである。

(1)　$\mathbf{f}$ を計算せよ。

(2)　$\nabla\cdot\mathbf{f}$ を計算せよ。

(3)　原点を中心とする半径1の球の表面を $\omega$ とするとき，

$$\oiint_{\omega} \mathbf{f}\cdot d\mathbf{S}$$

を求めよ。ここで $d\mathbf{S}$ は面積分の微分要素で，$\omega$ に垂直なベクトルである。

［2］　3次元直交座標系で定義されるベクトル関数 $\mathbf{g}$ を

$$\mathbf{g} = -(x^2 + y^2)y\mathbf{i} + (x^2 + y^2)x\mathbf{j} + (b^3 + z^3)\mathbf{k}$$

とする。原点を中心として半径 $b$ の球の $z \geqq 0$ の半球面を $\omega'$ とするとき，

$$\iint_{\omega'} \nabla\times\mathbf{g}\cdot d\mathbf{S}$$

を求めよ。　　　　＜京都大学大学院＞

**【解説】**　ベクトル解析における積分定理は応用上も非常に重要なものである。以下の2つの定理が基本である。

**[定理]（ストークスの定理）**

$\mathbf{A}$ を閉曲線 $C$ を境界にもつ曲面 $S$ 上で定義されたベクトル場とするとき，次が成り立つ。

$$\iint_S (\nabla\times\mathbf{A})\cdot d\mathbf{S} = \oint_C \mathbf{A}\cdot d\mathbf{r}$$

**[定理]（ガウスの発散定理）**

$\mathbf{A}$ を閉曲面 $S$ を境界にもつ領域 $V$ 上で定義されたベクトル場とするとき，次が成り立つ。

$$\iiint_V \nabla\cdot\mathbf{A}\,dV = \oiint_S \mathbf{A}\cdot d\mathbf{S}$$

**（注）**いずれの定理も右辺の境界が閉曲線あるいは閉曲面であることに注意。

**解答**　［１］　(1)　ベクトルは成分で表すことにする。

$r=\sqrt{(x-a)^2+y^2+z^2}=\{(x-a)^2+y^2+z^2\}^{\frac{1}{2}}$ とおくと

$$\frac{\partial r}{\partial x}=\frac{1}{2}\{(x-a)^2+y^2+z^2\}^{-\frac{1}{2}}\cdot 2(x-a)=\frac{x-a}{r}$$

$$\frac{\partial r}{\partial y}=\frac{1}{2}\{(x-a)^2+y^2+z^2\}^{-\frac{1}{2}}\cdot 2y=\frac{y}{r}$$

$$\frac{\partial r}{\partial z}=\frac{1}{2}\{(x-a)^2+y^2+z^2\}^{-\frac{1}{2}}\cdot 2z=\frac{z}{r}$$

$\phi(x,y,z)=\dfrac{1}{\sqrt{(x-a)^2+y^2+z^2}}=r^{-1}$ より

$$\frac{\partial \phi}{\partial x}=-r^{-2}\cdot\frac{\partial r}{\partial x}=-r^{-2}\cdot\frac{x-a}{r}=-\frac{x-a}{r^3}$$

$$\frac{\partial \phi}{\partial y}=-r^{-2}\cdot\frac{\partial r}{\partial y}=-r^{-2}\cdot\frac{y}{r}=-\frac{y}{r^3}$$

$$\frac{\partial \phi}{\partial z}=-r^{-2}\cdot\frac{\partial r}{\partial z}=-r^{-2}\cdot\frac{z}{r}=-\frac{z}{r^3}$$

であるから

$$\mathbf{f}=-\nabla\phi=\frac{(x-a,\ y,\ z)}{r^3}=\frac{(x-a,\ y,\ z)}{(\sqrt{(x-a)^2+y^2+z^2})^3}\quad\cdots\cdots〔答〕$$

(2)　$\nabla\cdot\mathbf{f}$ の各成分を計算する。

$$\frac{\partial}{\partial x}\left(\frac{x-a}{r^3}\right)=\frac{1\cdot r^3-(x-a)\cdot 3r^2\dfrac{\partial r}{\partial x}}{r^6}=\frac{1\cdot r^3-(x-a)\cdot 3r^2\cdot\dfrac{x-a}{r}}{r^6}$$

$$=\frac{r^2-3(x-a)^2}{r^5}$$

$$\frac{\partial}{\partial y}\left(\frac{y}{r^3}\right)=\frac{1\cdot r^3-y\cdot 3r^2\dfrac{\partial r}{\partial y}}{r^6}=\frac{1\cdot r^3-y\cdot 3r^2\cdot\dfrac{y}{r}}{r^6}=\frac{r^2-3y^2}{r^5}$$

$$\frac{\partial}{\partial y}\left(\frac{z}{r^3}\right)=\frac{1\cdot r^3-z\cdot 3r^2\dfrac{\partial r}{\partial z}}{r^6}=\frac{1\cdot r^3-z\cdot 3r^2\cdot\dfrac{z}{r}}{r^6}=\frac{r^2-3z^2}{r^5}$$

よって

$$\nabla\cdot\mathbf{f}=\frac{r^2-3(x-a)^2}{r^5}+\frac{r^2-3y^2}{r^5}+\frac{r^2-3z^2}{r^5}=\frac{3r^2-3\{(x-a)^2+y^2+z^2\}}{r^5}$$

$$=\frac{3r^2-3r^2}{r^5}=0\quad\cdots\cdots〔答〕$$

(3) 閉曲面 $\omega$ で囲まれる領域を $V$ とすると，ガウスの発散定理より

$$\oiint_{\omega} \mathbf{f}\cdot d\mathbf{S} = \iiint_V \nabla\cdot\mathbf{f}\,dV$$

ここで，(2)の結果より $\nabla\cdot\mathbf{f}=0$ であるから（注：$a>1$）

$$\oiint_{\omega} \mathbf{f}\cdot d\mathbf{S} = \iiint_V \nabla\cdot\mathbf{f}\,dV = 0 \quad \cdots\cdots〔答〕$$

［2］　曲面 $\omega'$ の境界は円周で，そのパラメータ表示は

$$C:\mathbf{r}(\theta)=(b\cos\theta, b\sin\theta, 0),\quad 0\leqq\theta\leqq 2\pi$$

である。

ストークスの定理より

$$\iint_{\omega'} \nabla\times\mathbf{g}\cdot d\mathbf{S} = \oint_C \mathbf{g}\cdot d\mathbf{r} = \int_0^{2\pi} \mathbf{g}\cdot\frac{d\mathbf{r}}{d\theta}d\theta$$

ここで

$$\mathbf{g}\cdot\frac{d\mathbf{r}}{d\theta} = (-b^3\sin\theta, b^3\cos\theta, b^3)\cdot(-b\sin\theta, b\cos\theta, 0) = b^4$$

であるから

$$\iint_{\omega'} \nabla\times\mathbf{g}\cdot d\mathbf{S} = \oint_C \mathbf{g}\cdot d\mathbf{r} = \int_0^{2\pi} b^4 d\theta = 2\pi b^4 \quad \cdots\cdots〔答〕$$

［別解］　面積分を直接計算すると以下のようになる。

$$\mathbf{g} = (-(x^2+y^2)y, (x^2+y^2)x, b^3+z^3) = (-x^2y-y^3, x^3+xy^2, b^3+z^3)$$

より

$$\nabla\times\mathbf{g} = (0, 0, 4(x^2+y^2))$$

曲面 $\omega'$ は

$$\omega':\mathbf{r}(x,y)=(x, y, \sqrt{b^2-x^2-y^2}),\quad (x,y)\in D: x^2+y^2\leqq b^2$$

のようにパラメータ表示できて

$$\frac{\partial\mathbf{r}}{\partial x}\times\frac{\partial\mathbf{r}}{\partial y} = \left(\frac{x}{\sqrt{b^2-x^2-y^2}}, \frac{y}{\sqrt{b^2-x^2-y^2}}, 1\right)$$

と求められるから

$$\iint_{\omega'} \nabla\times\mathbf{g}\cdot d\mathbf{S}$$

$$= \iint_D (\nabla\times\mathbf{g})\cdot\left(\frac{\partial\mathbf{r}}{\partial x}\times\frac{\partial\mathbf{r}}{\partial y}\right)dxdy$$

$$= \iint_D 4(x^2+y^2)dxdy$$

$$= \iint_E 4r^2\cdot r\,drd\theta,\quad E: 0\leqq r\leqq b, 0\leqq\theta\leqq 2\pi$$

$$= \int_0^{2\pi}\left(\int_0^b 4r^3dr\right)d\theta = 2\pi\int_0^b 4r^3dr = 2\pi b^4 \quad \cdots\cdots〔答〕$$

**＜研究＞**　［１］(3)についても，ガウスの発散定理を用いずに面積分を直接計算するとどうなるか調べてみよう。この場合，計算はやや面倒になる。

$\omega : x^2 + y^2 + z^2 = 1$ より，　$z = \pm\sqrt{1 - x^2 - y^2}$

そこで，上半球面 $\omega_+$ と下半球面 $\omega_-$ を次のように定める。

$$\omega_+ : \mathbf{r}(x, y) = (x, y, \sqrt{1 - x^2 - y^2}),\ x^2 + y^2 \leqq 1$$

$$\omega_- : \mathbf{r}(x, y) = (x, y, -\sqrt{1 - x^2 - y^2}),\ x^2 + y^2 \leqq 1$$

上半球面 $\omega_+$ 上では

$$\frac{\partial \mathbf{r}}{\partial x} = \left(1, 0, -\frac{x}{\sqrt{1 - x^2 - y^2}}\right),\quad \frac{\partial \mathbf{r}}{\partial y} = \left(0, 1, -\frac{y}{\sqrt{1 - x^2 - y^2}}\right)$$

より

$$\frac{\partial \mathbf{r}}{\partial x} \times \frac{\partial \mathbf{r}}{\partial y} = \left(\frac{x}{\sqrt{1 - x^2 - y^2}}, \frac{y}{\sqrt{1 - x^2 - y^2}}, 1\right) = \frac{(x, y, \sqrt{1 - x^2 - y^2})}{\sqrt{1 - x^2 - y^2}}$$

したがって

$$\mathbf{f} = \frac{(x - a, y, z)}{(\sqrt{(x - a)^2 + y^2 + z^2})^3} = \frac{(x - a, y, \sqrt{1 - x^2 - y^2})}{(\sqrt{1 + a^2 - 2ax})^3}$$

との内積は

$$\mathbf{f} \cdot \left(\frac{\partial \mathbf{r}}{\partial x} \times \frac{\partial \mathbf{r}}{\partial y}\right) = \frac{(x - a)x + y^2 + z^2}{(\sqrt{1 + a^2 - 2ax})^3 \sqrt{1 - x^2 - y^2})}$$

$$= \frac{1 - ax}{(\sqrt{1 + a^2 - 2ax})^3 \sqrt{1 - x^2 - y^2}}$$

よって，$D : x^2 + y^2 \leqq 1$ として

$$\iint_{\omega_+} \mathbf{f} \cdot \mathbf{n}\, dS = \iint_D \frac{1 - ax}{(\sqrt{1 + a^2 - 2ax})^3 \sqrt{1 - x^2 - y^2}}\, dxdy$$

また，曲面 $\omega_-$ では単位法線ベクトルが“下向き”になることに注意すると

$$\iint_{\omega_-} \mathbf{f} \cdot \mathbf{n}\, dS = \iint_{\omega_+} \mathbf{f} \cdot \mathbf{n}\, dS$$

となることが確かめられるから（各自でチェックすること）

$$\oiint_{\omega} \mathbf{f} \cdot \mathbf{n}\, dS = 2\iint_{\omega_+} \mathbf{f} \cdot \mathbf{n}\, dS = 2\iint_D \frac{1 - ax}{(\sqrt{1 + a^2 - 2ax})^3 \sqrt{1 - x^2 - y^2}}\, dxdy$$

$$= 2\int_{-1}^{1} \left(\int_{-\sqrt{1 - x^2}}^{\sqrt{1 - x^2}} \frac{1 - ax}{(\sqrt{1 + a^2 - 2ax})^3 \sqrt{1 - x^2 - y^2}}\, dy\right) dx$$

$$= 2\int_{-1}^{1} \left(\frac{1 - ax}{(\sqrt{1 + a^2 - 2ax})^3} \int_{-\sqrt{1 - x^2}}^{\sqrt{1 - x^2}} \frac{1}{\sqrt{1 - x^2 - y^2}}\, dy\right) dx$$

$= \cdots = 0$　……**〔答〕**

　最後の積分の計算は自分で確かめてみよう（解答編 p.291 に計算あり）。

**入試問題研究５－６（ガウスの発散定理）**

$S$ を3次元空間中のなめらかな閉曲面，$\mathbf{n}$ を $S$ 上の外向き単位法線ベクトル，$r$ を原点と点 $(x, y, z)$ の間の距離とする。以下の問いに答えよ。

(1) $r \neq 0$ のとき，$\nabla\left(\dfrac{1}{r}\right)$ を求めよ。

(2) $r \neq 0$ のとき，$\nabla^2\left(\dfrac{1}{r}\right)$ を求めよ。

(3) 原点が $S$ の外部にあるとき，次の積分

$$\int_S \nabla\left(\frac{1}{r}\right)\cdot\mathbf{n}\,dS$$

を求めよ。

(4) 原点が $S$ の内部にあるとき，次の積分

$$\int_S \nabla\left(\frac{1}{r}\right)\cdot\mathbf{n}\,dS$$

を求めよ。　　　　＜東北大学大学院＞

**【解説】**　次のガウスの発散定理は非常に重要な定理である。しっかりと使いこなせるように練習しよう。

**［定理］（ガウスの発散定理）**

$\mathbf{A}$ を閉曲面 $S$ で囲まれた領域 $V$ 上で定義されたベクトル場とし，$\mathbf{n}$ を $S$ 上の外向き単位法線ベクトルとするとき，次が成り立つ。

$$\iiint_V \nabla\cdot\mathbf{A}\,dV = \iint_S \mathbf{A}\cdot\mathbf{n}\,dS$$

**（注）** 単位法線ベクトルが外向きであることに十分注意すること。

**解答**　(1) $\nabla\left(\dfrac{1}{r}\right) = \left(\dfrac{\partial}{\partial x}\dfrac{1}{r},\ \dfrac{\partial}{\partial y}\dfrac{1}{r},\ \dfrac{\partial}{\partial z}\dfrac{1}{r}\right)$

であり

$$\frac{\partial r}{\partial x} = \frac{\partial}{\partial x}(x^2+y^2+z^2)^{\frac{1}{2}} = \frac{x}{\sqrt{x^2+y^2+z^2}} = \frac{x}{r}$$

よって

$$\frac{\partial}{\partial x}\frac{1}{r} = -\frac{1}{r^2}\cdot\frac{\partial r}{\partial x} = -\frac{1}{r^2}\cdot\frac{x}{r} = -\frac{x}{r^3}$$

全く同様にして

$$\frac{\partial}{\partial y}\frac{1}{r} = -\frac{y}{r^3},\quad \frac{\partial}{\partial z}\frac{1}{r} = -\frac{z}{r^3}$$

以上より

$$\nabla\left(\frac{1}{r}\right) = \left(-\frac{x}{r^3},\ -\frac{y}{r^3},\ -\frac{z}{r^3}\right) = -\frac{(x, y, z)}{r^3}$$ ……〔答〕

(2) $\nabla^2\left(\dfrac{1}{r}\right)=\Delta\left(\dfrac{1}{r}\right)=\left(\dfrac{\partial^2}{\partial x^2}+\dfrac{\partial^2}{\partial y^2}+\dfrac{\partial^2}{\partial z^2}\right)\dfrac{1}{r}$

ここで

$$\frac{\partial^2}{\partial x^2}\frac{1}{r}=-\frac{\partial}{\partial x}\frac{x}{r^3}$$

$$=-\frac{1\cdot r^3-x\cdot 3r^2\dfrac{\partial r}{\partial x}}{r^6}=\frac{r^3-x\cdot 3r^2\cdot\dfrac{x}{r}}{r^6}=\frac{r^2-3x^2}{r^5}$$

全く同様にして

$$\frac{\partial^2}{\partial y^2}\frac{1}{r}=\frac{r^2-3y^2}{r^5},\quad \frac{\partial^2}{\partial z^2}\frac{1}{r}=\frac{r^2-3z^2}{r^5}$$

以上より

$$\nabla^2\left(\frac{1}{r}\right)=\frac{r^2-3x^2}{r^5}+\frac{r^2-3y^2}{r^5}+\frac{r^2-3z^2}{r^5}=\frac{3r^2-3(x^2+y^2+z^2)}{r^5}$$

$$=\frac{3r^2-3r^2}{r^5}=0 \quad \cdots\cdots〔答〕$$

(3) 閉曲面 $S$ で囲まれる領域を $V$ とする。

ガウスの発散定理より，(2)の結果に注意して

$$\int_S \nabla\left(\frac{1}{r}\right)\cdot\mathbf{n}\,dS=\int_V \nabla\cdot\nabla\left(\frac{1}{r}\right)dV=\int_V \nabla^2\left(\frac{1}{r}\right)dV=0 \quad \cdots\cdots〔答〕$$

(4) 正の数 $a$ を十分小さくとり，閉曲面 $S$ の内部に，原点を中心とする半径 $a$ の球面 $S_a$ を考える。そして，閉曲面 $S$ と球面 $S_a$ で囲まれる領域を $W$ とすると，(3)の結果と単位法線ベクトルの向きに注意すると

$$0=\int_W \nabla^2\left(\frac{1}{r}\right)dV=\int_S \nabla\left(\frac{1}{r}\right)\cdot\mathbf{n}\,dS+\int_{S_a}\nabla\left(\frac{1}{r}\right)\cdot(-\mathbf{n})\,dS$$

であるから，次が成り立つ。

$$\int_S \nabla\left(\frac{1}{r}\right)\cdot\mathbf{n}\,dS=\int_{S_a}\nabla\left(\frac{1}{r}\right)\cdot\mathbf{n}\,dS$$

ここで，(1)の結果より

$$\int_{S_a}\nabla\left(\frac{1}{r}\right)\cdot\mathbf{n}\,dS=-\int_{S_a}\frac{(x,y,z)}{r^3}\cdot\mathbf{n}\,dS=-\int_{S_a}\frac{(x,y,z)}{a^3}\cdot\mathbf{n}\,dS$$

$$=-\frac{1}{a^2}\int_{S_a}\frac{(x,y,z)}{a}\cdot\mathbf{n}\,dS=-\frac{1}{a^2}\int_{S_a}\mathbf{n}\cdot\mathbf{n}\,dS$$

$$=-\frac{1}{a^2}\int_{S_a}1\,dS=-\frac{1}{a^2}\cdot 4\pi a^2=-4\pi$$

以上より

$$\int_S \nabla\left(\frac{1}{r}\right)\cdot\mathbf{n}\,dS=\int_{S_a}\nabla\left(\frac{1}{r}\right)\cdot\mathbf{n}\,dS=-4\pi \quad \cdots\cdots〔答〕$$

# 第6章

# 偏 微 分 方 程 式

## 6．1　偏微分方程式

〔目標〕偏微分方程式は極めて興味深い内容であり，応用上も極めて重要な内容であるが，ここでは偏微分方程式の基本事項を中心に解説する。また，常微分方程式と同様，自然科学との関係，特に物理学との関係に注意して学習することは非常に重要であり，電磁気学などとの関係ついても簡単に触れる。

### （1）偏微分方程式

独立変数 $x, y, \cdots$ とそれらの未知関数 $u(x, y, \cdots)$ およびその偏導関数

$$u_x = \frac{\partial u}{\partial x},\quad u_y = \frac{\partial u}{\partial y},\quad u_{xx} = \frac{\partial^2 u}{\partial x^2},\quad u_{xy} = \frac{\partial^2 u}{\partial y \partial x},\quad \cdots\cdots$$

を含む方程式を，関数 $u$ に関する**偏微分方程式**といい，含まれる偏導関数の最大階数を偏微分方程式の**階数**という。

偏微分方程式を満たす関数 $u$ を求めることを，偏微分方程式を**解く**といい，その $u$ を偏微分方程式の**解**という。$n$ 階常微分方程式の一般解が $n$ 個の任意定数を含むのに対し，$n$ 階偏微分方程式の解が $n$ 個の任意関数を含むとき，その解を**一般解**という。

偏微分方程式において，与えられた**境界条件**を満たす解を求める問題を**境界値問題**（または**ディリクレ問題**），与えられた**初期条件**を満たす解を求める問題を**初期値問題**（または**コーシー問題**）という。また，境界条件と初期条件の両方を満たす解を求める問題を**混合問題**という。ただし，初期条件も境界条件と呼び，境界条件が与えられた問題をすべて境界値問題と呼ぶこともある。

### （2）２階線形偏微分方程式

ここでは主に，偏微分方程式のうち最も基本的で重要である，関数 $u(x, y)$ を未知関数とする 2 階線形偏微分方程式

$$Au_{xx} + Bu_{xy} + Cu_{yy} + Du_x + Eu_y + Fu = G$$

を考察する。$G = 0$ のときを**斉次**（**同次**），$G \neq 0$ のときを**非斉次**（**非同次**）という。

本書で扱うのは主に斉次の場合である。また，ここで扱う線形偏微分方程式は解の一意性が保証されているものであることを注意しておく。

**2階線形偏微分方程式の分類**

2階線形偏微分方程式は，判別式：$B^2-4AC$ の符号によって，以下の3つのタイプに分類される。

（i）$B^2-4AC>0$ のとき，**双曲型**

（ii）$B^2-4AC=0$ のとき，**放物型**

（iii）$B^2-4AC<0$ のとき，**楕円型**

**（注）** 定数係数の場合は定義域全体でタイプは不変である。

**問 1** 以下の2階線形微分方程式かどのタイプか答えよ。

(1) $u_{xx}+u_{xy}+u_{yy}-u=0$

(2) $u_{xx}-5u_{xy}+u_{yy}+u_x-u_y=0$

(3) $u_{xx}+4u_{xy}+4u_{yy}+u_x=0$

**（解）** 判別式：$B^2-4AC$ の符号を調べる。

(1) $B^2-4AC=1^2-4\cdot1\cdot1=-3<0$ 　よって，楕円型

(2) $B^2-4AC=(-5)^2-4\cdot1\cdot1=21>0$ 　よって，双曲型

(3) $B^2-4AC=4^2-4\cdot1\cdot4=0$ 　よって，放物型 □

### （3）重ね合わせの原理と変数分離法

**重ね合わせの原理**

2階・線形・斉次の偏微分方程式

$$Au_{xx}+Bu_{xy}+Cu_{yy}+Du_x+Eu_y+Fu=0$$

は**重ね合わせの原理**を満たすという重要な性質をもつ。

すなわち，$u, v$ が解ならば，その線形結合もまた解となる。

**変数分離法**

偏微分方程式の未知関数 $u(x, y)$ を

$$u(x, y)=X(x)Y(y)$$

という形だと仮定して，この形の解を求める方法を**変数分離法**という。

**（注）** こうして，無数の解 $u_n(x, y)$ $(n=1, 2, 3, \cdots)$ が求まったならば，重ね合わせの原理により

$$u(x, y)=\sum_{n=1}^{\infty}a_nu_n(x, y)=a_1u_1(x, y)+a_2u_2(x, y)+\cdots \quad (a_n \text{ は任意定数})$$

も解であることが分かる。

**（4）波動方程式**

弦の振動，膜の振動，電磁波の伝播などの波動現象は次のような**双曲型偏微分方程式**で表される。ここで，$c$ は正の定数である。

$$\frac{\partial^2 u}{\partial t^2}=c^2\frac{\partial^2 u}{\partial x^2},\quad \frac{\partial^2 u}{\partial t^2}=c^2\left(\frac{\partial^2 u}{\partial x^2}+\frac{\partial^2 u}{\partial y^2}\right),\quad \frac{\partial^2 u}{\partial t^2}=c^2\left(\frac{\partial^2 u}{\partial x^2}+\frac{\partial^2 u}{\partial y^2}+\frac{\partial^2 u}{\partial z^2}\right)$$

これらの方程式をラプラシアン $\Delta$ を用いて書けば次のようになる。

$$\frac{\partial^2 u}{\partial t^2}=c^2\Delta u \qquad \left(\frac{\partial^2 u}{\partial t^2}-c^2\Delta u=0 \text{ または } \Delta u=\frac{1}{c^2}\frac{\partial^2 u}{\partial t^2}\right)$$

これらの方程式は**波動方程式**と呼ばれる。

**問 2**　波動方程式の境界値問題

$$u_{tt}=c^2u_{xx}\ \ (0<x<L,\ t>0) \qquad \text{境界条件：} u(0,t)=u(L,t)=0$$

の解で，$u(x,t)=X(x)T(t)$ という形のものを求めよ。

**（解）** $u(x,t)=X(x)T(t)$ より

$$u_{xx}=X''(x)T(t),\quad u_{tt}=X(x)T''(t)$$

これらを与式に代入すると

$$X(x)T''(t)=c^2X''(x)T(t) \qquad \therefore\quad \frac{X''(x)}{X(x)}=\frac{1}{c^2}\frac{T''(t)}{T(t)}$$

この両辺が定数であることがわかるから，その値を $\lambda$ とおくと

$$X''(x)-\lambda X(x)=0 \quad \cdots\cdots① \qquad T''(t)-\lambda c^2T(t)=0 \quad \cdots\cdots②$$

また，境界条件より　　$X(0)=0,\ X(L)=0 \quad \cdots\cdots③$

これらは基本的な 2 階線形（常）微分方程式の問題であり，①と③より

$$\lambda=-\left(\frac{n\pi}{L}\right)^2<0,\quad X(x)=X_n(x)=A_n\sin\frac{n\pi}{L}x \quad (n=1,2,\cdots)$$

このとき，②の解は

$$T(t)=T_n(t)=B_n\cos\frac{cn\pi}{L}t+C_n\sin\frac{cn\pi}{L}t$$

よって，$a_n=A_nB_n$，$b_n=A_nC_n$ とおくと，求める解は

$$\begin{aligned}u(x,t)&=u_n(x,t)=X_n(x)T_n(t)\\&=\sin\frac{n\pi}{L}x\left(a_n\cos\frac{cn\pi}{L}t+b_n\sin\frac{cn\pi}{L}t\right) \quad (a_n, b_n \text{ は定数})\end{aligned}$$ □

**（注）** 重ね合わせの原理により，与えられた境界値問題の一般的な解として次を得る。これは重要公式で，上で示したように，導けることも大切である。

$$u(x,t)=\sum_{n=1}^{\infty}\sin\frac{n\pi}{L}x\left(a_n\cos\frac{cn\pi}{L}t+b_n\sin\frac{cn\pi}{L}t\right)$$

以下は１次元波動方程式に関する基本公式である。証明が大切である。

**［定理］（ダランベールの解）**

波動方程式：$\dfrac{\partial^2 u}{\partial t^2} = c^2 \dfrac{\partial^2 u}{\partial x^2} \quad (-\infty < x < \infty)$

の一般解 $u(x,t)$ は次で与えられる。

$$u(x,t) = f(x+ct) + g(x-ct) \qquad (f, g \text{ は任意関数})$$

**問 3** 上の定理を証明せよ。

**（解）** $z = x + ct$，　$w = x - ct$ とおくと

$$u_x = u_z \cdot 1 + u_w \cdot 1 = u_z + u_w$$

$$u_{xx} = u_{zz} + z_{zw} + u_{wz} + u_{ww} = u_{zz} + 2z_{zw} + u_{ww}$$

また

$$u_t = u_z \cdot c + u_w \cdot (-c) = c(u_z - u_w)$$

$$u_{tt} = c\{cu_{zz} - cu_{zw} - (cu_{wz} - cu_{ww})\} = c^2(u_{zz} - 2u_{zw} + u_{ww})$$

これらを波動方程式に代入すると

$$c^2(u_{zz} - 2u_{zw} + u_{ww}) = c^2(u_{zz} + 2u_{zw} + u_{ww}) \qquad \therefore \quad u_{zw} = (u_z)_w = 0$$

よって

$$u_z = C(z) \qquad (C(z) \text{ は } w \text{ に関して定数})$$

さらに $z$ で積分すると

$$u = \int C(z)dz + D(w) \qquad (D(w) \text{ は } z \text{ に関して定数})$$

そこで，あらためて

$$f(z) = \int C(z)dz,\quad g(w) = D(w)$$

とおくと

$$u(x,t) = f(z) + g(w)$$
$$= f(x+ct) + g(x-ct)$$

□

**［定理］（ストークスの公式）**

波動方程式：$\dfrac{\partial^2 u}{\partial t^2} = c^2 \dfrac{\partial^2 u}{\partial x^2} \quad (-\infty < x < \infty)$

の解 $u(x,t)$ で

初期条件：$u(x,0) = \varphi(x)$，$\dfrac{\partial u}{\partial t}(x,0) = \psi(x)$

を満たすもの（**初期値問題**）は次で与えられる。

$$u(x,t) = \frac{\varphi(x+ct) + \varphi(x-ct)}{2} + \frac{1}{2c}\int_{x-ct}^{x+ct} \psi(s)ds$$

**問 4**　ストークスの公式を証明せよ。

**（解）**　$u(x,t)=f(x+ct)+g(x-ct)$

より

$$u_t(x,t)=c\{f'(x+ct)-g'(x-ct)\}$$

ここで，$t=0$ とすると，初期条件より

$$u(x,0)=f(x)+g(x)=\varphi(x) \quad \cdots\cdots ①$$

$$u_t(x,0)=c\{f'(x)-g'(x)\}=\psi(x) \quad \cdots\cdots ②$$

②より

$$f(x)-g(x)=\frac{1}{c}\int_0^x \psi(s)ds+C \quad \cdots\cdots ③ \quad (C \text{ は定数})$$

①，③より

$$f(x)=\frac{1}{2}\left(\varphi(x)+\frac{1}{c}\int_0^x \psi(s)ds+C\right), \quad g(x)=\frac{1}{2}\left(\varphi(x)-\frac{1}{c}\int_0^x \psi(s)ds-C\right)$$

以上より

$$\begin{aligned} u(x,t) &= f(x+ct)+g(x-ct) \\ &= \frac{\varphi(x+ct)+\varphi(x-ct)}{2}+\frac{1}{2c}\left(\int_0^{x+ct}\psi(s)ds-\int_0^{x-ct}\psi(s)ds\right) \\ &= \frac{\varphi(x+ct)+\varphi(x-ct)}{2}+\frac{1}{2c}\int_{x-ct}^{x+ct}\psi(s)ds \end{aligned}$$

□

**［定理］（フーリエの方法）**

波動方程式：$\dfrac{\partial^2 u}{\partial t^2}=c^2\dfrac{\partial^2 u}{\partial x^2}$ $(0<x<L)$ の解 $u(x,t)$ で

初期条件：$u(x,0)=f(x)$，$\dfrac{\partial u}{\partial t}(x,0)=g(x)$

境界条件：$u(0,t)=u(L,t)=0$

を満たすもの（**混合問題**）は，変数分離法と重ね合わせの原理により

$$u(x,t)=\sum_{n=1}^{\infty}\sin\frac{n\pi}{L}x\left(a_n\cos\frac{cn\pi}{L}t+b_n\sin\frac{cn\pi}{L}t\right)$$

と表される。

ただし，定数係数 $a_n, b_n$ は次のように定められる。

$$a_n=\frac{2}{L}\int_0^L f(x)\sin\frac{n\pi}{L}x\,dx, \qquad b_n=\frac{2}{cn\pi}\int_0^L g(x)\sin\frac{n\pi}{L}x\,dx$$

**（注）** 係数 $a_n, b_n$ は**問 2** の考察に，次の初期条件を加えて求めただけ。

初期条件：$u(x,0)=f(x)$，$\dfrac{\partial u}{\partial t}(x,0)=g(x)$

### （5）熱方程式

熱や電気の伝導，物質の拡散などの拡散現象は次のような**放物型偏微分方程式**で表される。ここで，$c$ は正の定数である。

$$\frac{\partial u}{\partial t}=c^2\frac{\partial^2 u}{\partial x^2},\qquad \frac{\partial u}{\partial t}=c^2\left(\frac{\partial^2 u}{\partial x^2}+\frac{\partial^2 u}{\partial y^2}\right),\qquad \frac{\partial u}{\partial t}=c^2\left(\frac{\partial^2 u}{\partial x^2}+\frac{\partial^2 u}{\partial y^2}+\frac{\partial^2 u}{\partial z^2}\right)$$

これらの方程式をラプラシアン $\Delta$ を用いて書けば次のようになる。

$$\frac{\partial u}{\partial t}=c^2\Delta u\quad\left(\frac{\partial u}{\partial t}-c^2\Delta u=0 \text{ または } \Delta u=\frac{1}{c^2}\frac{\partial u}{\partial t}\right)$$

これらの方程式は**熱方程式**（**熱伝導方程式**），**拡散方程式**などと呼ばれる。

以下は1次元熱方程式に関する重要公式である。覚える必要はない。

**［定理］（無限区間の場合の境界値問題）**

熱方程式：$\dfrac{\partial u}{\partial t}=c^2\dfrac{\partial^2 u}{\partial x^2}$ $(-\infty<x<\infty)$ の解 $u(x,t)$ で

初期条件：$u(x,0)=f(x)$

を満たすものは

$$u(x,t)=\frac{1}{2c\sqrt{\pi t}}\int_{-\infty}^{\infty}e^{-\frac{(x-\xi)^2}{4c^2t}}f(\xi)d\xi$$

で表される。

**（注）** $E(x,t)=\dfrac{1}{2c\sqrt{\pi t}}e^{-\frac{x^2}{4c^2t}}$ とおくと，これは上の熱方程式の解であり，

$$u(x,t)=\frac{1}{2c\sqrt{\pi t}}\int_{-\infty}^{\infty}f(\xi)e^{-\frac{(x-\xi)^2}{4c^2t}}d\xi=\int_{-\infty}^{\infty}f(\xi)E(x-\xi,t)\,d\xi$$

を満たす。この $E(x,t)$ を熱方程式の**基本解**という。

**［定理］（有限区間の場合の境界値問題）**

熱方程式：$\dfrac{\partial u}{\partial t}=c^2\dfrac{\partial^2 u}{\partial x^2}$ $(0<x<L)$ の解 $u(x,t)$ で

初期条件：$u(x,0)=f(x)$，　境界条件：$u(0,t)=u(L,t)=0$

を満たすものは，変数分離法と重ね合わせの原理により

$$u(x,t)=\sum_{n=1}^{\infty}a_n\sin\frac{n\pi}{L}x\cdot e^{-\left(\frac{cn\pi}{L}\right)^2 t}$$

と表される。ただし，定数係数 $a_n$ は次のように定められる。

$$a_n=\frac{2}{L}\int_0^L f(x)\sin\frac{n\pi}{L}x\,dx$$

### （6）ラプラス方程式

拡散現象において状態が時間の経過によらない（定常状態）場合，次の**楕円型偏微分方程式**で表される。

$$\frac{\partial^2 u}{\partial x^2}=0, \qquad \frac{\partial^2 u}{\partial x^2}+\frac{\partial^2 u}{\partial y^2}=0, \qquad \frac{\partial^2 u}{\partial x^2}+\frac{\partial^2 u}{\partial y^2}+\frac{\partial^2 u}{\partial z^2}=0$$

これらの方程式をラプラシアン $\Delta$ を用いて書けば次のようになる。

$$\Delta u = 0$$

この方程式は**ラプラス方程式**と呼ばれる。また，ラプラス方程式を満たす関数 $u$ を**調和関数**という。

ラプラス方程式に時間的変化はないので，**境界値問題**が重要となる。定義域の境界上で関数値が指定された境界値問題を**ディリクレ問題**という。

ラプラス方程式では2次元ラプラス方程式

$$\frac{\partial^2 u}{\partial x^2}+\frac{\partial^2 u}{\partial y^2}=0$$

が特に重要である。

**（注）** 微分積分で学習したように，$x=r\cos\theta$，$y=r\sin\theta$ とするとき，

$$\frac{\partial^2 u}{\partial x^2}+\frac{\partial^2 u}{\partial y^2}=\frac{\partial^2 u}{\partial r^2}+\frac{1}{r}\frac{\partial u}{\partial r}+\frac{1}{r^2}\frac{\partial^2 u}{\partial \theta^2}$$

が成り立つ。　□

次はラプラス方程式に関する重要公式であるが，覚える必要はない。

**［定理］（円でのディリクレ問題）**

ラプラス方程式

$$\Delta u=\frac{\partial^2 u}{\partial r^2}+\frac{1}{r}\frac{\partial u}{\partial r}+\frac{1}{r^2}\frac{\partial^2 u}{\partial \theta^2}=0 \qquad \left(0 \leqq r < a,\ 0 \leqq \theta \leqq 2\pi\right)$$

の解 $u(r,\theta)$ で

境界条件：$u(a,\theta)=f(\theta)$

を満たすものは，変数分離法と重ね合わせの原理により

$$u(r,\theta)=\frac{a_0}{2}+\sum_{n=1}^{\infty} r^n (a_n \cos n\theta + b_n \sin n\theta)$$

と表される。ただし，定数係数 $a_n, b_n$ は次のように定められる。

$$a_n=\frac{1}{\pi a^n}\int_0^{2\pi} f(\theta)\cos n\theta\, d\theta, \quad b_n=\frac{1}{\pi a^n}\int_0^{2\pi} f(\theta)\sin n\theta\, d\theta$$

**（注）** ラプラス方程式において右辺が0でないもの（非同次）

$$\Delta u = f$$

は**ポアソン方程式**と呼ばれる。

**例題 1（波動方程式（有限区間））**

波動方程式の境界値問題

$$u_{tt} = c^2 u_{xx} \quad (0 < x < L,\ t > 0) \qquad \text{境界条件：} u(0, t) = u(L, t) = 0$$

の一般解が

$$u(x, t) = \sum_{n=1}^{\infty} \sin\frac{n\pi}{L}x\left(a_n \cos\frac{cn\pi}{L}t + b_n \sin\frac{cn\pi}{L}t\right)$$

で与えられ，さらに，初期条件：$u(x, 0) = f(x)$，$u_t(x, 0) = g(x)$ を満たせば，定数係数 $a_n, b_n$ は次のように定められることを示せ。

$$a_n = \frac{2}{L}\int_0^L f(x)\sin\frac{n\pi}{L}x\,dx, \qquad b_n = \frac{2}{cn\pi}\int_0^L g(x)\sin\frac{n\pi}{L}x\,dx$$

**【解説】**波動方程式の混合問題の解を求める方法を確認しておこう。まず初めに境界条件に注意して一般解を求める。そのときのポイントは**変数分離法**と**重ね合わせの原理**である。そのあと，初期条件から定数係数を決定する。

**解答**　$u(x, 0) = f(x)$ より，$f(x) = u(x, 0) = \displaystyle\sum_{n=1}^{\infty} a_n \sin\frac{n\pi}{L}x$

よって

$$\int_0^L f(x)\sin\frac{m\pi}{L}x\,dx = \sum_{n=1}^{\infty} a_n \int_0^L \sin\frac{n\pi}{L}x \sin\frac{m\pi}{L}x\,dx$$

$$= \frac{L}{\pi}\sum_{n=1}^{\infty} a_n \int_0^{\pi} \sin nu \sin mu\,du = \frac{L}{\pi}\cdot\frac{\pi}{2}a_m = \frac{L}{2}a_m$$

したがって，$a_m = \dfrac{2}{L}\displaystyle\int_0^L f(x)\sin\frac{m\pi}{L}x\,dx$

また

$$u_t(x, t) = \frac{cn\pi}{L}\sum_{n=1}^{\infty} \sin\frac{n\pi}{L}x\left(-a_n \sin\frac{cn\pi}{L}t + b_n \cos\frac{cn\pi}{L}t\right)$$

より

$$g(x) = u_t(x, 0) = \frac{cn\pi}{L}\sum_{n=1}^{\infty} b_n \sin\frac{n\pi}{L}x$$

よって，最初の計算と同様にして

$$\int_0^L g(x)\sin\frac{m\pi}{L}x\,dx = \sum_{n=1}^{\infty} \frac{cn\pi}{L} b_n \int_0^L g(x)\sin\frac{n\pi}{L}x \sin\frac{m\pi}{L}x\,dx$$

$$= \frac{cm\pi}{L}\cdot\frac{L}{\pi}\cdot\frac{\pi}{2}b_m = \frac{cm\pi}{2}b_m$$

したがって，$b_m = \dfrac{2}{cm\pi}\displaystyle\int_0^L g(x)\sin\frac{m\pi}{L}x\,dx$　（証明終）

**例題 2（熱方程式（有限区間））**

熱方程式の境界値問題

$$u_t = c^2 u_{xx} \quad (0 < x < L,\ t > 0) \qquad \text{境界条件：} u(0, t) = u(L, t) = 0$$

の解で，$u(x, t) = X(x)T(t)$ という形のものを求めよ。

**【解説】**熱方程式の境界値問題においても，変数分離法と重ね合わせの原理が威力を発揮する。そのとき，最初の仕事は変数分離解を求めることである。

**解答**　$u(x, t) = X(x)T(t)$ より

$$u_{xx} = X''(x)T(t), \quad u_t = X(x)T'(t)$$

これらを与式に代入すると

$$X(x)T'(t) = c^2 X''(x)T(t) \qquad \therefore \quad \frac{X''(x)}{X(x)} = \frac{1}{c^2}\frac{T'(t)}{T(t)}$$

この両辺が定数であることがわかるから，その値を $\lambda$ とおくと

$$X''(x) - \lambda X(x) = 0 \quad \cdots\cdots①$$

$$T'(t) - \lambda c^2 T(t) = 0 \quad \cdots\cdots②$$

また，境界条件より

$$X(0) = 0, \quad X(L) = 0 \quad \cdots\cdots③$$

これらは基本的な線形（常）微分方程式の問題であり，①と③は容易に解けて

$$\lambda = -\left(\frac{n\pi}{L}\right)^2 < 0, \quad X(x) = X_n(x) = A_n \sin\frac{n\pi}{L}x \quad (n = 1, 2, \cdots)$$

このとき，②の解は

$$T(t) = T_n(t) = B_n e^{-\left(\frac{cn\pi}{L}\right)^2 t}$$

よって，$a_n = A_n B_n$ とおくと，求める解は

$$u(x, t) = u_n(x, t) = X_n(x)T_n(t)$$

$$= a_n \sin\frac{n\pi}{L}x \cdot e^{-\left(\frac{cn\pi}{L}\right)^2 t} \qquad (a_n \text{ は定数}) \quad \cdots\cdots〔答〕$$

**（注）**重ね合わせの原理により，与えられた境界値問題の一般的な解として次を得る。これは重要公式ではあるが,，導けることが大切である。

$$u(x, t) = \sum_{n=1}^{\infty} a_n \sin\frac{n\pi}{L}x \cdot e^{-\left(\frac{cn\pi}{L}\right)^2 t}$$

さらに，初期条件：$u(x, 0) = f(x)$ を満たすとすると，定数係数 $a_n$ は

$$a_n = \frac{2}{L}\int_0^L f(x)\sin\frac{n\pi}{L}x\,dx$$

と求まる。

**例題３（熱方程式（無限区間））**

熱方程式

$$u_t = c^2 u_{xx} \quad (-\infty < x < \infty,\ t > 0)$$

の解で，$u(x,t) = X(x)T(t)$ という形のものを求めよ。

ただし，$u(x,t)$ は有界とする。

**【解説】** 無限区間の熱方程式の場合は，変数分離解は整数 $n$ のような不連続なパラメータをもつのではなく，連続なパラメータをもつことになる。したがって，重ね合わせの原理は積分によって実行される。

**解答** $u(x,t) = X(x)T(t)$ より

**例題２**で計算したように，$\lambda$ を定数として

$$X''(x) - \lambda X(x) = 0 \quad \cdots\cdots①$$

$$T'(t) - \lambda c^2 T(t) = 0 \quad \cdots\cdots②$$

これらは基本的な線形（常）微分方程式の問題である。

ここで，$u(x,t)$ は有界（これは $u(x,t)$ が温度を表すというような物理的意味からの要請）であるから，$X(x)$ も有界である。よって，$\lambda < 0$ であるから $\lambda = -\xi^2$ とおくと

$$X(x) = A(\xi)\cos\xi x + B(\xi)\sin\xi x$$

また，このとき，②を解くと

$$T(t) = C(\xi)e^{-\xi^2 c^2 t}$$

よって，$a(\xi) = A(\xi)C(\xi)$，$b(\xi) = B(\xi)C(\xi)$ とおくと

$$u(x,t) = u(x,t\,;\xi) = \{a(\xi)\cos\xi x + b(\xi)\sin\xi x\}e^{-\xi^2 c^2 t} \quad \cdots\cdots〔答〕$$

**【参考】** 変数分離解 $u(x,t\,;\xi)$ が連続なパラメータ $\xi$ をもつから，重ね合わせの原理は積分によって実行され

$$u(x,t) = \int_{-\infty}^{\infty} u(x,t\,;\xi)\,d\xi = \int_{-\infty}^{\infty} \{a(\xi)\cos\xi x + b(\xi)\sin\xi x\}e^{-\xi^2 c^2 t}\,d\xi$$

ここで，初期条件：$u(x,0) = f(x)$ を加えれば

$$f(x) = \int_{-\infty}^{\infty} \{a(\xi)\cos\xi x + b(\xi)\sin\xi x\}\,d\xi$$

一方，$f(x)$ のフーリエ積分を思い出せば，係数は次で与えられる。

$$a(\xi) = \frac{1}{2\pi}\int_{-\infty}^{\infty} f(\tau)\cos\xi\tau\,d\tau\,,\quad b(\xi) = \frac{1}{2\pi}\int_{-\infty}^{\infty} f(\tau)\sin\xi\tau\,d\tau$$

以上で求めた解を変形すると次の公式が得られる（次ページ参照）。

$$u(x,t) = \frac{1}{2c\sqrt{\pi t}}\int_{-\infty}^{\infty} f(\xi)e^{-\frac{(x-\xi)^2}{4c^2 t}}\,d\xi$$

**≪研究≫**　前ページの最後の公式は直接フーリエ変換を利用して導くこともできるが，ここでは**【参考】**で述べたように，変数分離解から重ね合わせの原理によって導いてみよう。

変数分離解

$$u(x,t)=u(x,t\,;\xi)=\{a(\xi)\cos\xi x+b(\xi)\sin\xi x\}e^{-\xi^2c^2t}$$

のパラメータ $\xi$ に関する重ね合わせにより，初期条件も考えて

$$u(x,t)=\int_{-\infty}^{\infty}u(x,t\,;\xi)\,d\xi=\int_{-\infty}^{\infty}\{a(\xi)\cos\xi x+b(\xi)\sin\xi x\}e^{-\xi^2c^2t}\,d\xi$$

ただし，$a(\xi)=\dfrac{1}{2\pi}\displaystyle\int_{-\infty}^{\infty}f(\tau)\cos\xi\tau\,d\tau$，$b(\xi)=\dfrac{1}{2\pi}\displaystyle\int_{-\infty}^{\infty}f(\tau)\sin\xi\tau\,d\tau$

であった。

$$u(x,t)=\int_{-\infty}^{\infty}\{a(\xi)\cos\xi x+b(\xi)\sin\xi x\}e^{-\xi^2c^2t}\,d\xi$$

$$=\frac{1}{2\pi}\int_{-\infty}^{\infty}\left(\int_{-\infty}^{\infty}f(\tau)\{\cos\xi\tau\cos\xi x+\sin\xi\tau\sin\xi x\}e^{-\xi^2c^2t}d\tau\right)d\xi$$

$$=\frac{1}{2\pi}\int_{-\infty}^{\infty}\left(\int_{-\infty}^{\infty}f(\tau)\cos(x-\tau)\xi\cdot e^{-\xi^2c^2t}d\tau\right)d\xi$$

$$=\frac{1}{2\pi}\int_{-\infty}^{\infty}\left(\int_{-\infty}^{\infty}f(\xi)\cos(x-\xi)\tau\cdot e^{-\tau^2c^2t}d\xi\right)d\tau \qquad \text{（単に }\xi\text{ と }\tau\text{ の書き換え）}$$

$$=\frac{1}{2\pi}\int_{-\infty}^{\infty}\left(\int_{-\infty}^{\infty}f(\xi)\cos(x-\xi)\tau\cdot e^{-\tau^2c^2t}d\tau\right)d\xi \qquad \text{（積分の順序交換）}$$

$$=\frac{1}{\pi}\int_{-\infty}^{\infty}f(\xi)\left(\int_{0}^{\infty}e^{-\tau^2c^2t}\cos(x-\xi)\tau\,d\tau\right)d\xi$$

ここで

$$\int_{0}^{\infty}e^{-\tau^2c^2t}\cos(x-\xi)\tau\,d\tau=\int_{0}^{\infty}e^{-(c\sqrt{t}\tau)^2}\cos(x-\xi)\tau\,d\tau$$

$$=\int_{0}^{\infty}e^{-y^2}\cos\left\{(x-\xi)\frac{y}{c\sqrt{t}}\right\}\cdot\frac{1}{c\sqrt{t}}dy$$

$$=\frac{1}{c\sqrt{t}}\int_{0}^{\infty}e^{-y^2}\cos\frac{x-\xi}{c\sqrt{t}}y\,dy$$

$$=\frac{1}{c\sqrt{t}}\cdot\frac{\sqrt{\pi}}{2}\exp\left\{-\frac{1}{4}\frac{(x-\xi)^2}{c^2t}\right\} \qquad \Leftarrow \text{公式：}\int_{0}^{\infty}e^{-x^2}\cos\alpha x\,dx=\frac{\sqrt{\pi}}{2}e^{-\frac{\alpha^2}{4}}$$

$$=\frac{\sqrt{\pi}}{2c\sqrt{t}}\exp\left\{-\frac{(x-\xi)^2}{4c^2t}\right\}$$

以上より

$$u(x,t)=\frac{1}{\pi}\int_{-\infty}^{\infty}f(\xi)\left(\int_{0}^{\infty}e^{-\tau^2c^2t}\cos(x-\xi)\tau\,d\tau\right)d\xi$$

$$=\frac{1}{2c\sqrt{\pi t}}\int_{-\infty}^{\infty}f(\xi)\exp\left\{-\frac{(x-\xi)^2}{4c^2t}\right\}d\xi$$

□

**例題４（ラプラス方程式）**

ラプラス方程式

$$\Delta u = \frac{\partial^2 u}{\partial r^2} + \frac{1}{r}\frac{\partial u}{\partial r} + \frac{1}{r^2}\frac{\partial^2 u}{\partial \theta^2} = 0 \quad \left(0 \leqq r < a,\ 0 \leqq \theta \leqq 2\pi\right)$$

の定数でない解 $u(r,\theta)$ で，$u(r,\theta) = R(r)\Theta(\theta)$ の形のものを求めよ。

**【解説】** ラプラス方程式についても変数分離解を求めてみよう。変数分離解が求まればもちろんそれらの重ね合わせによる解が得られる。

**解答** $\dfrac{\partial^2 u}{\partial r^2} + \dfrac{1}{r}\dfrac{\partial u}{\partial r} + \dfrac{1}{r^2}\dfrac{\partial^2 u}{\partial \theta^2} = 0$ より

$$R''\Theta + \frac{1}{r}R'\Theta + \frac{1}{r^2}R\Theta'' = 0$$

$$\therefore \quad r^2R''\Theta + rR'\Theta = -R\Theta''$$

$$\therefore \quad \frac{r^2R'' + rR'}{R} = -\frac{\Theta''}{\Theta}$$

この両辺が定数であることがわかるから，その値を $\lambda$ とおくと

$$r^2R'' + rR' - \lambda R = 0 \quad \cdots\cdots① \qquad \Theta'' + \lambda\Theta = 0 \quad \cdots\cdots②$$

これらは基本的な（常）微分方程式の問題である。

ここで，$\Theta(\theta)$ が周期 $2\pi$ の周期関数であることに注意すると，②より

$$\lambda = n^2,\ \Theta(\theta) = \Theta_n(\theta) = A_n \cos n\theta + B_n \sin n\theta \quad (n = 0, 1, 2, \cdots)$$

このとき，①は

$$r^2R'' + rR' - n^2R = 0$$

となるが，これも基本的な微分方程式（**オイラーの微分方程式**）であり

$$R(r) = R_n(r) = C_n + D_n \log r \qquad (n = 0 \text{ のとき})$$

$$R(r) = R_n(r) = C_n r^n + D_n r^{-n} \qquad (n = 1, 2, \cdots \text{ のとき})$$

ところで，$R(r)$ は $r = 0$ で連続なので，$D_n = 0$

よって，$n = 0$ とすると $u(r,\theta) = R_n(r)\Theta_n(\theta) = C_nA_n$（定数）となり不適。

以上より

$$u(r,\theta) = R_n(r)\Theta_n(\theta)$$
$$= C_n r^n (A_n \cos n\theta + B_n \sin n\theta) \quad (n = 1, 2, \cdots)$$

よって，$a_n = C_nA_n$，$b_n = C_nB_n$ とおくと，求める解は

$$u(r,\theta) = r^n(a_n \cos n\theta + b_n \sin n\theta) \quad (n = 1, 2, \cdots) \quad \cdots\cdots〔答〕$$

**【参考】** 重ね合わせの原理により，定数解も含めて一般的な解として次を得る。

$$u(r,\theta) = \frac{a_0}{2} + \sum_{n=1}^{\infty} r^n(a_n \cos n\theta + b_n \sin n\theta)$$

**例題5（電磁波の方程式）**

電場 $\mathbf{E}=\mathbf{E}(t,x,y,z)$ と磁場 $\mathbf{H}=\mathbf{H}(t,x,y,z)$ が真空におけるマクスウェルの方程式（電荷密度 $\rho=0$，電流密度 $\mathbf{i}=0$）

（i） $\nabla\cdot\mathbf{E}=0$　　（ii） $\nabla\cdot\mathbf{H}=0$

（iii） $\nabla\times\mathbf{H}-\varepsilon_0\dfrac{\partial\mathbf{E}}{\partial t}=\mathbf{0}$　　（iv） $\nabla\times\mathbf{E}+\mu_0\dfrac{\partial\mathbf{H}}{\partial t}=\mathbf{0}$

（$\varepsilon_0$ は真空の誘電率，$\mu_0$ は真空の透磁率）

を満たすならば，$\mathbf{E}$ と $\mathbf{H}$ は次の波動方程式を満たすことを示せ。

$$\frac{1}{c^2}\frac{\partial^2\mathbf{E}}{\partial t^2}=\Delta\mathbf{E},\quad \frac{1}{c^2}\frac{\partial^2\mathbf{H}}{\partial t^2}=\Delta\mathbf{H}\quad\left(\text{ただし，}c=\frac{1}{\sqrt{\varepsilon_0\mu_0}}\right)$$

**【解説】**偏微分方程式の学習の最後として，マクスウェルの方程式から電磁場に関する波動方程式を導いてみよう。この方程式の解こそ，**電磁波**である。

**解答**　（iii）より

$$\nabla\times(\nabla\times\mathbf{H})=\varepsilon_0\nabla\times\frac{\partial\mathbf{E}}{\partial t}=\varepsilon_0\frac{\partial}{\partial t}(\nabla\times\mathbf{E})$$

一方，（iv）より

$\nabla\times\mathbf{E}=-\mu_0\dfrac{\partial\mathbf{H}}{\partial t}$ であるから

$$\nabla\times(\nabla\times\mathbf{H})=-\varepsilon_0\mu_0\frac{\partial^2\mathbf{H}}{\partial t^2}$$

ここで，（ii）および微分の演算公式（最初の等号）に注意して

$$\nabla\times(\nabla\times\mathbf{H})=\nabla(\nabla\cdot\mathbf{H})-\Delta\mathbf{H}=-\Delta\mathbf{H}$$

となるから

$$-\Delta\mathbf{H}=-\varepsilon_0\mu_0\frac{\partial^2\mathbf{H}}{\partial t^2}\qquad\text{すなわち，}\ \frac{1}{c^2}\frac{\partial^2\mathbf{H}}{\partial t^2}=\Delta\mathbf{H}$$

同様に，（iv）より

$$\nabla\times(\nabla\times\mathbf{E})=-\mu_0\nabla\times\frac{\partial\mathbf{H}}{\partial t}=-\mu_0\frac{\partial}{\partial t}(\nabla\times\mathbf{H})$$

一方，（iii）より，$\nabla\times\mathbf{H}=\varepsilon_0\dfrac{\partial\mathbf{E}}{\partial t}$ であるから

$$\nabla\times(\nabla\times\mathbf{E})=-\varepsilon_0\mu_0\frac{\partial^2\mathbf{E}}{\partial t^2}$$

ここで，（i）および微分の演算公式（次式の最初の等号）に注意して

$$\nabla\times(\nabla\times\mathbf{E})=\nabla(\nabla\cdot\mathbf{E})-\Delta\mathbf{E}=-\Delta\mathbf{E}$$

となるから

$$-\Delta\mathbf{E}=-\varepsilon_0\mu_0\frac{\partial^2\mathbf{E}}{\partial t^2}\qquad\text{すなわち，}\ \frac{1}{c^2}\frac{\partial^2\mathbf{E}}{\partial t^2}=\Delta\mathbf{E}$$

（証明終）

## ■ 演習問題　6.1

解答はp. 292

**1** ストークスの公式を利用して，次の波動方程式の初期値問題を解け。

(1) $\dfrac{\partial^2 u}{\partial t^2}=\dfrac{\partial^2 u}{\partial x^2}$　　初期条件：$u(x,0)=e^{-x^2}$，$\dfrac{\partial u}{\partial t}(x,0)=0$

(2) $\dfrac{\partial^2 u}{\partial t^2}=4\dfrac{\partial^2 u}{\partial x^2}$　　初期条件：$u(x,0)=x^2$，$\dfrac{\partial u}{\partial t}(x,0)=4x$

**2** 次の波動方程式の境界値問題を解け。

$$\frac{\partial^2 u}{\partial t^2}=\frac{\partial^2 u}{\partial x^2}\quad (0<x<\pi)$$

初期条件：$u(x,0)=0$，$\dfrac{\partial u}{\partial t}(x,0)=\sin 2x$

境界条件：$u(0,t)=u(\pi,t)=0$

ただし，波動方程式の境界値問題の解を与える定理を利用してよい。

**3** 次の熱方程式の境界値問題を解け。

$$\frac{\partial u}{\partial t}=2\frac{\partial^2 u}{\partial x^2}\quad (0<x<1)$$

初期条件：$u(x,0)=\sin \pi x$

境界条件：$u(0,t)=u(1,t)=0$

ただし，熱方程式の境界値問題の解を与える定理を利用してよい。

**4** 次のディリクレ問題を解け。

$$\Delta u=0\quad (0<x<\pi,\ 0<y<\infty)$$

境界条件：

$u(0,y)=u(\pi,y)=0$，$u(x,0)=\sin 2x$，$\displaystyle\lim_{y\to\infty}u(x,y)=0$

### ≪研究≫　万有引力の法則とポアソン方程式

最後に，ポアソン方程式 $\Delta u = f$ の興味深い例として，ニュートンの重力理論を紹介しておく。

ニュートンの重力ポテンシャルを $\varphi = \varphi(\mathbf{x})$ とするとき，次が成り立つ。

$$\Delta\varphi = 4\pi G\rho$$

ここで，$\rho$ は物質の分布密度，$G$ は万有引力定数である。

#### （1）万有引力の法則

質量 $M$ の質点（質点 $M$ ）から質量 $m$ の質点（質点 $m$ ）に向かうベクトルを $\mathbf{x}$ とするとき，質点 $m$ が質点 $M$ から受ける万有引力 $\mathbf{F}$ は

$$\mathbf{F} = -G\frac{mM}{|\mathbf{x}|^2}\cdot\frac{\mathbf{x}}{|\mathbf{x}|} = -GmM\frac{\mathbf{x}}{|\mathbf{x}|^3}$$

である。

したがって，質点 $m$ の位置ベクトルを $\mathbf{x}$，質点 $M$ の位置ベクトルを $\mathbf{y}$ とすれば，質点 $m$ が質点 $M$ から受ける万有引力 $\mathbf{F}$ は

$$\mathbf{F} = -GmM\frac{\mathbf{x}-\mathbf{y}}{|\mathbf{x}-\mathbf{y}|^3}$$

であり，質点系 $M_k$ （$k = 1, 2, \cdots, N$ ）から受ける万有引力であれば

$$\mathbf{F} = -Gm\sum_{k=1}^{N} M_k\frac{\mathbf{x}-\mathbf{y}_k}{|\mathbf{x}-\mathbf{y}_k|^3}$$

である。さらに，物質が質量密度 $\rho = \rho(\mathbf{y})$ で連続的に分布しているとき

$$\mathbf{F} = -Gm\int_{\mathbf{R}^3}\rho(\mathbf{y})\frac{\mathbf{x}-\mathbf{y}}{|\mathbf{x}-\mathbf{y}|^3}d^3y \qquad \text{（積分は座標 } \mathbf{y} \text{ での 3 重積分を表す）}$$

となる。

#### （2）重力ポテンシャル

重力 $\mathbf{F} = \mathbf{F}(\mathbf{x})$ に対して

$$\mathbf{F} = -m\nabla\varphi$$

を満たすスカラー場 $\varphi = \varphi(\mathbf{x})$ を**重力ポテンシャル**という。

ここで

$$\varphi(\mathbf{x}) = -G\int_{\mathbf{R}^3}\rho(\mathbf{y})\frac{1}{|\mathbf{x}-\mathbf{y}|}d^3y$$

とおくと

$$\nabla\varphi(\mathbf{x}) = -G\int_{\mathbf{R}^3}\rho(\mathbf{y})\nabla\left(\frac{1}{|\mathbf{x}-\mathbf{y}|}\right)d^3y$$

$$=G\int_{\mathbf{R}^3}\rho(\mathbf{y})\frac{\mathbf{x}-\mathbf{y}}{|\mathbf{x}-\mathbf{y}|^3}d^3y \qquad \Leftarrow \textbf{公式}：\nabla\left(\frac{1}{|\mathbf{x}|}\right)=-\frac{\mathbf{x}}{|\mathbf{x}|^3}$$

より

$$-m\nabla\varphi(\mathbf{x})=-mG\int_{\mathbf{R}^3}\rho(\mathbf{y})\frac{\mathbf{x}-\mathbf{y}}{|\mathbf{x}-\mathbf{y}|^3}d^3y=\mathbf{F}$$

よって，この $\varphi=\varphi(\mathbf{x})$ が重力ポテンシャルである。

それでは，$\Delta\varphi(\mathbf{x})$ を計算してみよう。

3 次元空間においてもデルタ関数 $\delta(\mathbf{x})$ を以下のように考える。

（ｉ） $\mathbf{x}\neq\mathbf{0}$ において，$\delta(\mathbf{x})=0$

（ⅱ） 任意の関数 $f(\mathbf{x})$ と原点を含む任意の領域 $V$ に対して次を満たす。

$$\int_V f(\mathbf{x})\delta(\mathbf{x})d^3x=f(\mathbf{0})$$

このとき，次の公式が成り立つ。

**［公式］** $\Delta\left(\dfrac{1}{|\mathbf{x}|}\right)=-4\pi\delta(\mathbf{x})$

**（証明）** $\mathbf{x}\neq\mathbf{0}$ のとき $\Delta\left(\dfrac{1}{|\mathbf{x}|}\right)=0$ であることはすでに示した（**演習5.1**）。

そこで，$\Delta\left(\dfrac{1}{|\mathbf{x}|}\right)=k\delta(\mathbf{x})$ とおき，原点を中心とする半径 $a$ の球面で囲まれた領域を $V$ とすると，ガウスの発散定理より

$$k=\int_V k\delta(\mathbf{x})dV=\int_V\Delta\left(\frac{1}{|\mathbf{x}|}\right)dV=\int_V\nabla\cdot\nabla\left(\frac{1}{|\mathbf{x}|}\right)dV$$

$$=\oint_S\nabla\left(\frac{1}{|\mathbf{x}|}\right)\cdot\mathbf{n}\,dS=\oint_S\left(-\frac{\mathbf{x}}{|\mathbf{x}|^3}\right)\cdot\frac{\mathbf{x}}{|\mathbf{x}|}dS=-\oint_S\frac{|\mathbf{x}|^2}{|\mathbf{x}|^4}dS$$

$$=-\frac{1}{a^2}\oint_S dS=-\frac{1}{a^2}\cdot4\pi a^2=-4\pi$$ □

よって

$$\Delta\varphi(\mathbf{x})=-G\int_{\mathbf{R}^3}\rho(\mathbf{y})\Delta\left(\frac{\mathbf{x}-\mathbf{y}}{|\mathbf{x}-\mathbf{y}|}\right)d^3y$$

$$=-G\int_{\mathbf{R}^3}\rho(\mathbf{y})\{-4\pi\delta(\mathbf{x}-\mathbf{y})\}d^3y$$

$$=4\pi G\int_{\mathbf{R}^3}\rho(\mathbf{y})\delta(\mathbf{x}-\mathbf{y})d^3y$$

$$=4\pi G\rho(\mathbf{x})$$

以上より，重力ポテンシャル $\varphi$ は次のポアソン方程式を満たす。

$$\Delta\varphi=4\pi G\rho$$

**入試問題研究 6－1（偏微分方程式）**

非線形偏微分方程式

$$\frac{\partial u}{\partial t}+u\frac{\partial u}{\partial x}=\frac{\partial^2 u}{\partial x^2}\qquad(-\infty<x<+\infty)\qquad(*)$$

の解で

$$u(x,t)=f(\xi(x,t)),\qquad \xi(x,t)=x-st$$

（ただし $s$ は定数）の形で表されるものを考える。以下の問いに答えよ。

(1)　$f(\xi)$ に対する方程式を導け。

(2)　$f(\xi)$ に対する方程式は

$$\frac{d}{d\xi}F(\xi)=0$$

の形で表される。$F(\xi)$ を $f(\xi)$ を用いて表せ。

(3)　$f(\xi)$ をある関数 $g(\xi)$ を用いて

$$f(\xi)=-\frac{2g'(\xi)}{g(\xi)}$$

と表すとき（$g'(\xi)$ は $g(\xi)$ の導関数），$F(\xi)$ を $g(\xi)$ を用いて表せ。

(4)　$g(\xi)$ に対する微分方程式の特性方程式が実根をもつ条件を示し，その場合の $g(\xi)$ を求めよ。

(5)　問 (4) で求めた $g(\xi)$ を利用して，境界条件

$$\lim_{x\to+\infty}u(x,t)=0,\qquad \lim_{x\to-\infty}u(x,t)=2$$

を満たす方程式（$*$）の有界な解を実関数の範囲で求めよ。

＜京都大学大学院＞

**【解説】**　偏微分方程式の入試問題はさほど難しいところはない。本問は非線形の偏微分方程式であるが，誘導に従って丁寧に計算していけばよい。ただし，（常）微分方程式の基本的な理解が不可欠であることは言うまでもない。また，場合分けなどの初等的な数学の力も問題を解くためには重要である。

**解答**　(1)　$u(x,t)=f(\xi(x,t))$，$\xi(x,t)=x-st$

より

$$\frac{\partial u}{\partial t}=f'(\xi)\frac{\partial \xi}{\partial t}=f'(\xi)\cdot(-s)=-sf'(\xi)$$

$$\frac{\partial u}{\partial x}=f'(\xi)\frac{\partial \xi}{\partial x}=f'(\xi)\cdot 1=f'(\xi),\quad \frac{\partial^2 u}{\partial x^2}=f''(\xi)\frac{\partial \xi}{\partial x}=f''(\xi)$$

これらを（$*$）に代入すると

$$-sf'(\xi)+f(\xi)f'(\xi)=f''(\xi)\quad\cdots\cdots〔答〕$$

(2) $-sf'(\xi)+f(\xi)f'(\xi)=f''(\xi)$ より

$$\frac{d}{d\xi}\left(-sf(\xi)+\frac{1}{2}\{f(\xi)\}^2-f'(\xi)\right)=0$$

よって

$$F(\xi)=-sf(\xi)+\frac{1}{2}\{f(\xi)\}^2-f'(\xi)$$ ……〔答〕

(3) $f(\xi)=-\dfrac{2g'(\xi)}{g(\xi)}$ より

$$f'(\xi)=-2\frac{g''(\xi)\cdot g(\xi)-g'(\xi)\cdot g'(\xi)}{\{g(\xi)\}^2}=-2\frac{g''(\xi)g(\xi)-\{g'(\xi)\}^2}{\{g(\xi)\}^2}$$

よって

$$F(\xi)=-sf(\xi)+\frac{1}{2}\{f(\xi)\}^2-f'(\xi)$$

$$=-s\left\{-\frac{2g'(\xi)}{g(\xi)}\right\}+\frac{1}{2}\left\{-\frac{2g'(\xi)}{g(\xi)}\right\}^2-\left\{-2\frac{g''(\xi)g(\xi)-\{g'(\xi)\}^2}{\{g(\xi)\}^2}\right\}$$

$$=2s\frac{g'(\xi)}{g(\xi)}+2\frac{\{g'(\xi)\}^2}{\{g(\xi)\}^2}+2\frac{g''(\xi)g(\xi)-\{g'(\xi)\}^2}{\{g(\xi)\}^2}$$

$$=2s\frac{g'(\xi)}{g(\xi)}+2\frac{g''(\xi)g(\xi)}{\{g(\xi)\}^2}=\frac{2}{g(\xi)}\{g''(\xi)+sg'(\xi)\}$$ ……〔答〕

(4) $\dfrac{d}{d\xi}F(\xi)=0$ より，$F(\xi)=C$（$C$ は定数）

$$\therefore\quad \frac{2}{g(\xi)}\{g''(\xi)+sg'(\xi)\}=C \qquad \therefore\quad g''(\xi)+sg'(\xi)-\frac{C}{2}g(\xi)=0$$

この特性方程式は

$$\lambda^2+s\lambda-\frac{C}{2}=0$$

これが実根をもつ条件は，判別式：$s^2+2C\geqq 0$ ……〔答〕

このとき，$\lambda=\dfrac{-s\pm\sqrt{s^2+2C}}{2}$ であるから

（i） $s^2+2C>0$ のとき

$$g(\xi)=Ae^{\alpha\xi}+Be^{\beta\xi}$$ （$A, B$ は任意定数） ……〔答〕

ただし，$\alpha=\dfrac{-s-\sqrt{s^2+2C}}{2}$，$\beta=\dfrac{-s+\sqrt{s^2+2C}}{2}$

（ii） $s^2+2C=0$ のとき

$$g(\xi)=Ae^{-\frac{s}{2}\xi}+B\xi e^{-\frac{s}{2}\xi}$$ （$A, B$ は任意定数） ……〔答〕

(5) $\lim_{x\to\pm\infty} u(x,t) = \lim_{\xi\to\pm\infty} f(\xi)$（複号同順）に注意する。

（i） $s^2+2C>0$ のとき

$g(\xi)=Ae^{\alpha\xi}+Be^{\beta\xi}$ より，$g'(\xi)=A\alpha e^{\alpha\xi}+B\beta e^{\beta\xi}$

よって

$$f(\xi)=-\frac{2g'(\xi)}{g(\xi)}$$
$$=-2\frac{A\alpha e^{\alpha\xi}+B\beta e^{\beta\xi}}{Ae^{\alpha\xi}+Be^{\beta\xi}}$$

ここで,「$A=0$ または $B=0$」($A=B=0$ は論外）とすると，$f(\xi)$ は定数となり不適。よって,「$A\neq 0$ かつ $B\neq 0$」である。

このとき

$$\lim_{\xi\to+\infty} f(\xi)=-2\lim_{\xi\to+\infty}\frac{A\alpha e^{\alpha\xi}+B\beta e^{\beta\xi}}{Ae^{\alpha\xi}+Be^{\beta\xi}}$$
$$=-2\lim_{\xi\to+\infty}\frac{A\alpha e^{(\alpha-\beta)\xi}+B\beta}{Ae^{(\alpha-\beta)\xi}+B}=-2\beta=0 \text{ より，} \beta=0$$

$$\lim_{\xi\to-\infty} f(\xi)=-2\lim_{\xi\to-\infty}\frac{A\alpha e^{\alpha\xi}+B\beta e^{\beta\xi}}{Ae^{\alpha\xi}+Be^{\beta\xi}}$$
$$=-2\lim_{\xi\to-\infty}\frac{A\alpha+B\beta e^{(\beta-\alpha)\xi}}{A+Be^{(\beta-\alpha)\xi}}=-2\alpha=2 \text{ より，} \alpha=-1$$

よって

$$\alpha=\frac{-s-\sqrt{s^2+2C}}{2}=-1,\quad \beta=\frac{-s+\sqrt{s^2+2C}}{2}=0$$

であり

$\alpha+\beta=-s=-1$ より，$s=1$

$\beta-\alpha=\sqrt{s^2+2C}=\sqrt{1+2C}=1$ より，$C=0$

したがって

$$u(x,t)=f(\xi)=-2\frac{A\alpha e^{\alpha\xi}+B\beta e^{\beta\xi}}{Ae^{\alpha\xi}+Be^{\beta\xi}}$$
$$=-2\frac{-Ae^{-\xi}}{Ae^{-\xi}+B}=\frac{2A}{A+Be^{\xi}}=\frac{2A}{A+Be^{x-t}}$$

（ii） $s^2+2C=0$ のとき

$g(\xi)=Ae^{-\frac{s}{2}\xi}+B\xi e^{-\frac{s}{2}\xi}$ より

$$g'(\xi)=-\frac{s}{2}Ae^{-\frac{s}{2}\xi}+\left(1-\frac{s}{2}\xi\right)Be^{-\frac{s}{2}\xi}$$

よって

$$f(\xi)=-\frac{2g'(\xi)}{g(\xi)}=-2\frac{-\frac{s}{2}Ae^{-\frac{s}{2}\xi}+\left(1-\frac{s}{2}\xi\right)Be^{-\frac{s}{2}\xi}}{Ae^{-\frac{s}{2}\xi}+B\xi e^{-\frac{s}{2}\xi}}$$

$$=\frac{sA+(s\xi-2)B}{A+B\xi}=\frac{s(A+B\xi)-2B}{A+B\xi}=s-\frac{2B}{A+B\xi}$$

であり

$\lim_{\xi\to\pm\infty}f(\xi)=s$ （$\xi\to\pm\infty$ で同じ極限値）となり不適。

以上より

$u(x,t)=\dfrac{2A}{A+Be^{x-t}}$ （$A\neq 0$ かつ $B\neq 0$） ……〔答〕

**（参考）** 上で求めた解 $u(x,t)$ が条件を満たしていることを確認しておこう。

$u(x,t)=\dfrac{2A}{A+Be^{x-t}}=2A(A+Be^{x-t})^{-1}$ より

$$\frac{\partial u}{\partial t}=-2A(A+Be^{x-t})^{-2}(-Be^{x-t})=2AB(A+Be^{x-t})^{-2}e^{x-t}$$

$$\frac{\partial u}{\partial x}=-2A(A+Be^{x-t})^{-2}\cdot Be^{x-t}=-2AB(A+Be^{x-t})^{-2}e^{x-t}$$

$$\therefore\quad \frac{\partial u}{\partial t}+u\frac{\partial u}{\partial x}=2AB(A+Be^{x-t})^{-2}e^{x-t}-4A^2B(A+Be^{x-t})^{-3}e^{x-t}$$

$$=2AB(A+Be^{x-t})^{-3}\{(A+Be^{x-t})-2A\}e^{x-t}$$

$$=2AB(A+Be^{x-t})^{-3}(-A+Be^{x-t})e^{x-t} \quad \cdots\cdots①$$

また

$$\frac{\partial^2 u}{\partial x^2}=4AB(A+Be^{x-t})^{-3}Be^{x-t}\cdot e^{x-t}-2AB(A+Be^{x-t})^{-2}\cdot e^{x-t}$$

$$=2AB(A+Be^{x-t})^{-3}\{2Be^{x-t}-(A+Be^{x-t})\}e^{x-t}$$

$$=2AB(A+Be^{x-t})^{-3}(-A+Be^{x-t})e^{x-t} \quad \cdots\cdots②$$

①，②より

$$\frac{\partial u}{\partial t}+u\frac{\partial u}{\partial x}=\frac{\partial^2 u}{\partial x^2}$$

さらに

$\lim_{x\to+\infty}u(x,t)=\lim_{x\to+\infty}\dfrac{2A}{A+Be^{x-t}}=0$ （注）$B\neq 0$

$\lim_{x\to-\infty}u(x,t)=\lim_{x\to+\infty}\dfrac{2A}{A+Be^{x-t}}=2$ （注）$A\neq 0$

**入試問題研究6－2（波動方程式（有限区間））**

関数 $u(x,t)$ は次の偏微分方程式

$$\frac{\partial^2 u}{\partial t^2}=\frac{\partial^2 u}{\partial x^2} \qquad (0<x<1,\ t>0)$$

および境界条件

$$u(0,t)=u(1,t)=\left.\frac{\partial}{\partial t}u(x,t)\right|_{t=0}=0$$

を満足する。以下の問いに答えよ。

(1) $u(x,t)$ が一般に次式で与えられることを示せ。

$$u(x,t)=\sum_{n=1}^{\infty}a_n\sin(n\pi x)\cos(n\pi t)$$

ただし，$a_n$ は定数である。

(2) $u(x,t)$ が境界条件 $u(x,0)=f(x)$ を満足するとき，関数 $f(x)$ を用いて問(1)の $a_n$ を表せ。

(3) $u(x,t)$ が境界条件

$$u(x,0)=\begin{cases} x & \left(0\leqq x\leqq\dfrac{1}{2}\right)\\ 1-x & \left(\dfrac{1}{2}<x\leqq 1\right)\end{cases}$$

を満足するとき，問(1)の $a_n$ を求めよ。　＜東北大学大学院＞

**【解説】**　次の偏微分方程式

$$\frac{\partial^2 u}{\partial t^2}=c^2\frac{\partial^2 u}{\partial x^2} \qquad (c \text{ は正の定数})$$

は**波動方程式**と呼ばれる重要な双曲型偏微分方程式である。

有限区間の波動方程式の境界値問題

$$\frac{\partial^2 u}{\partial t^2}=c^2\frac{\partial^2 u}{\partial x^2} \quad (0<x<L,\ t>0)$$

境界条件：$u(0,t)=u(L,t)=0$

の一般解 $u(x,t)$ は

$$u(x,t)=\sum_{n=1}^{\infty}\sin\frac{n\pi}{L}x\left(a_n\cos\frac{cn\pi}{L}t+b_n\sin\frac{cn\pi}{L}t\right)$$

で与えられる（**問2**参照）。覚える必要はない。

この式の導出は，**2階・線形・定数係数の（常）微分方程式**の基本問題である。**変数分離法**と**重ね合わせの原理**が一般解導出のポイントであることに注意しよう。導出そのものが大切である。

**解答** (1) まず変数分離解を求める。

$$u(x,t)=X(x)T(t)$$

とおく。ただし，$X(x)$ は $x$ のみの関数，$T(t)$ は $t$ のみの関数である。

このとき，与えられた波動方程式より

$$X(x)T''(t)=X''(x)T(t)$$

$$\therefore\quad \frac{X''(x)}{X(x)}=\frac{T''(t)}{T(t)}$$

左辺は $t$ によらず，右辺は $x$ によらないから，これは定数である。

そこで

$$\frac{X''(x)}{X(x)}=\frac{T'(t)}{T(t)}=k \qquad (k\text{ は定数})$$

このとき

$$X''(x)-kX(x)=0 \quad \cdots\cdots① \qquad T''(t)-kT(t)=0 \quad \cdots\cdots②$$

ここで，$k \geqq 0$ とすると②の解 $u(x,t)$ は有界とならないから，$k<0$ である。

そこで，$k=-\lambda^2$ （$\lambda>0$）とおけて，①，②をあらためて

$$X''(x)+\lambda^2X(x)=0 \quad \cdots\cdots① \qquad T''(t)+\lambda^2T(t)=0 \quad \cdots\cdots②$$

と表す。

①，②の一般解は

$$X(x)=A\cos\lambda x+B\sin\lambda x$$

$$T(t)=C\cos\lambda t+D\sin\lambda t \qquad \therefore\quad T'(t)=-\lambda C\sin\lambda t+\lambda D\cos\lambda t$$

ここで

境界条件：$u(0,t)=X(0)T(t)=0$ より

$$X(0)=A=0$$

境界条件：$u(1,t)=X(1)T(t)=0$ より

$$X(1)=0+B\sin\lambda=0 \qquad \therefore\quad \lambda=n\pi \quad (n\text{ は正の整数})$$

境界条件：$\left.\dfrac{\partial}{\partial t}u(x,t)\right|_{t=0}=X(x)T'(0)=0$ より

$$T'(0)=\lambda D=0 \qquad \therefore\quad D=0$$

以上より

$$u(x,t)=X(x)T(t)=B\sin(n\pi x)\cdot C\cos(n\pi t)$$

$$=a_n\sin(n\pi x)\cos(n\pi t) \qquad (BC\text{ を }a_n\text{ とおいた。})$$

重ね合わせの原理より，$u(x,t)$ は一般に次式で与えられる。

$$u(x,t)=\sum_{n=1}^{\infty}a_n\sin(n\pi x)\cos(n\pi t) \qquad \text{（証明終）}$$

(2)　$u(x,0)=\sum_{n=1}^{\infty}a_n\sin(n\pi x)=f(x)$

より，任意の自然数 $m$ に対して

$$\int_0^1\left(\sum_{n=1}^{\infty}a_n\sin(n\pi x)\right)\sin(m\pi x)dx=\int_0^1 f(x)\sin(m\pi x)dx$$

$$\therefore\quad \sum_{n=1}^{\infty}a_n\int_0^1\sin(n\pi x)\sin(m\pi x)dx=\int_0^1 f(x)\sin(m\pi x)dx$$

ここで，頻出の簡単な計算により

$$\int_0^1\sin(n\pi x)\sin(m\pi x)dx=\begin{cases}0 & (n\neq m)\\ \dfrac{1}{2} & (n=m)\end{cases}$$

と求まるから

$$\sum_{n=1}^{\infty}a_n\int_0^1\sin(n\pi x)\sin(m\pi x)dx=\int_0^1 f(x)\sin(m\pi x)dx$$

より

$$\frac{1}{2}a_m=\int_0^1 f(x)\sin(m\pi x)dx\qquad\therefore\quad a_m=2\int_0^1 f(x)\sin(m\pi x)dx$$

すなわち

$$a_n=2\int_0^1 f(x)\sin(n\pi x)dx$$ ……〔答〕

(3)　(2)の結果で，

$$f(x)=\begin{cases}x & \left(0\leqq x\leqq\dfrac{1}{2}\right)\\ 1-x & \left(\dfrac{1}{2}<x\leqq 1\right)\end{cases}$$

とすればよいから

$$\begin{aligned}a_n&=2\int_0^1 f(x)\sin(n\pi x)dx\\&=2\left(\int_0^{\frac{1}{2}}x\sin(n\pi x)dx+\int_{\frac{1}{2}}^1(1-x)\sin(n\pi x)dx\right)\end{aligned}$$

ここで

$$\int_{\frac{1}{2}}^1(1-x)\sin(n\pi x)dx=\int_{\frac{1}{2}}^0 y\sin(n\pi(1-y))(-1)dy$$

$$=-\int_0^{\frac{1}{2}}y\sin(n\pi y-n\pi)dy=-\int_0^{\frac{1}{2}}y(-1)^n\sin(n\pi y)dy$$

$$=(-1)^{n-1}\int_0^{\frac{1}{2}}y\sin(n\pi y)dy=(-1)^{n-1}\int_0^{\frac{1}{2}}x\sin(n\pi x)dx$$

より

$$a_n = 2\left( \int_0^{\frac{1}{2}} x\sin(n\pi x)dx + (-1)^{n-1}\int_0^{\frac{1}{2}} x\sin(n\pi x)dx \right)$$

（ i ） $n=2k$ のとき

$$a_{2k} = 2\left( \int_0^{\frac{1}{2}} x\sin(2k\pi x)dx - \int_0^{\frac{1}{2}} x\sin(2k\pi x)dx \right) = 0$$

（ ii ） $n=2k-1$

$$\begin{aligned}
a_{2k-1} &= 2\left( \int_0^{\frac{1}{2}} x\sin((2k-1)\pi x)dx + \int_0^{\frac{1}{2}} x\sin((2k-1)\pi x)dx \right) \\
&= 4\int_0^{\frac{1}{2}} x\sin((2k-1)\pi x)dx \\
&= 4\left[ x\cdot\left( -\frac{1}{(2k-1)\pi}\cos((2k-1)\pi x) \right) \right]_0^{\frac{1}{2}} \\
&\qquad -4\int_0^{\frac{1}{2}} 1\cdot\left( -\frac{1}{(2k-1)\pi}\cos((2k-1)\pi x) \right)dx \\
&= \frac{4}{(2k-1)\pi}\int_0^{\frac{1}{2}} \cos((2k-1)\pi x)dx \\
&= \frac{4}{(2k-1)\pi}\left[ \frac{1}{(2k-1)\pi}\sin((2k-1)\pi x) \right]_0^{\frac{1}{2}} \\
&= \frac{4}{(2k-1)^2\pi^2}\sin\left( \frac{2k-1}{2}\pi \right) \\
&= \frac{4}{(2k-1)^2\pi^2}(-1)^{k-1} = (-1)^{k-1}\frac{4}{(2k-1)^2\pi^2}
\end{aligned}$$

以上より

$$a_n = \begin{cases} 0 & (n=2k) \\ (-1)^{k-1}\dfrac{4}{(2k-1)^2\pi^2} & (n=2k-1) \end{cases} \quad \cdots\cdots〔答〕$$

**（参考）** 問(4)において，解 $u(x,t)$ は次のようになる。

$$\begin{aligned}
u(x,t) &= \sum_{n=1}^{\infty} a_n \sin(n\pi x)\cos(n\pi t) \\
&= \sum_{k=1}^{\infty} a_{2k-1}\sin((2k-1)\pi x)\cos((2k-1)\pi t) \\
&= \sum_{k=1}^{\infty} (-1)^{k-1}\frac{4}{(2k-1)^2\pi^2}\sin((2k-1)\pi x)\cos((2k-1)\pi t)
\end{aligned}$$

**入試問題研究６－３（熱方程式（無限区間））**

次の偏微分方程式(1)を満たす関数 $u(x,t)$ を式(2)，(3)，(4)の条件下で求めよ。ただし，$x \geqq 0$，$t \geqq 0$ とする。

$$\frac{\partial u}{\partial t}=\frac{\partial^2 u}{\partial x^2} \tag{1}$$

$$u(0,t)=0 \tag{2}$$

$$u(x,0)=e^{-ax} \qquad (a>0) \tag{3}$$

$u(x,t)$ は $x \geqq 0$，$t \geqq 0$ で有界（有限の値をとる）　(4)

＜北海道大学大学院＞

**【解説】**　次の偏微分方程式

$$\frac{\partial u}{\partial t}=c^2\frac{\partial^2 u}{\partial x^2} \qquad (c \text{ は正の定数})$$

は**熱方程式**または**拡散方程式**と呼ばれる重要な放物型偏微分方程式である。

本問に関連する重要公式は次の公式である。覚える必要はない。

**[公式]（無限区間の熱方程式）**

熱方程式：$\dfrac{\partial u}{\partial t}=c^2\dfrac{\partial^2 u}{\partial x^2}$　$(-\infty<x<\infty)$ の解 $u(x,t)$ で

初期条件：$u(x,0)=f(x)$

を満たすものは

$$u(x,t)=\frac{1}{2c\sqrt{\pi t}}\int_{-\infty}^{\infty}e^{-\frac{(x-\xi)^2}{4c^2t}}f(\xi)d\xi$$

で与えられる。

**（注）** この公式以上に重要なことは変数分離解の導出である（**例題３**参照）。

**解答**　まず変数分離解を求める。

$$u(x,t)=X(x)T(t)$$

とおく。ただし，$X(x)$ は $x$ のみの関数，$T(t)$ は $t$ のみの関数である。

このとき，熱方程式(1)より

$$X(x)T'(t)=X''(x)T(t) \qquad \therefore \quad \frac{X''(x)}{X(x)}=\frac{T'(t)}{T(t)}$$

左辺は $t$ によらず，右辺は $x$ によらないから，これは定数である。

そこで

$$\frac{X''(x)}{X(x)}=\frac{T'(t)}{T(t)}=k \qquad (k \text{ は定数})$$

このとき

$$X''(x)-kX(x)=0 \quad \cdots\cdots① \qquad T'(t)-kT(t)=0 \quad \cdots\cdots②$$

ここで，$k \geqq 0$ とすると②の解 $T(t)$ は $t \geqq 0$ で有界とならないから，$k<0$ である。そこで，$k=-\lambda^2$（$\lambda>0$）とおけて，①，②をあらためて

$$X''(x)+\lambda^2 X(x)=0 \quad \cdots\cdots① \qquad T'(t)+\lambda^2 T(t)=0 \quad \cdots\cdots②$$

と表す。

②より

$$T(t)=Ae^{-\lambda^2 t}$$

また，境界条件(2)：

$$u(0,t)=X(0)T(t)=X(0)\cdot Ae^{-\lambda^2 t}=0$$

より，$X(0)=0$

よって，①より

$$X(x)=B\sin\lambda x$$

したがって，境界条件(2)：$u(0,t)=0$ を満たす変数分離解は

$$u(x,t)=B\sin\lambda x\cdot Ae^{-\lambda^2 t}=Ce^{-\lambda^2 t}\sin\lambda x \text{（}C\text{ は任意定数）}$$

そこで，$\lambda$ の関数 $C(\lambda)$ を考えて，重ね合わせの原理に注意して

$$u(x,t)=\int_0^\infty C(\lambda)e^{-\lambda^2 t}\sin\lambda x\,d\lambda$$

とおくと，これは境界条件 $u(0,t)=0$ を満たす解である。

これが，初期条件(3)：$u(x,0)=e^{-ax}$ を満たすとすれば

$$u(x,0)=\int_0^\infty C(\lambda)\sin\lambda x\,d\lambda=e^{-ax}$$

一方，$e^{-ax}$（$x\geqq 0$）のフーリエ正弦積分より

$$e^{-ax}=\int_0^\infty D(\lambda)\sin\lambda x\,d\lambda, \qquad D(\lambda)=\frac{2}{\pi}\int_0^\infty e^{-at}\sin\lambda t\,dt$$

であるから

$$C(\lambda)=D(\lambda)=\frac{2}{\pi}\int_0^\infty e^{-at}\sin\lambda t\,dt$$

$$=\cdots=\frac{2}{\pi}\frac{\lambda}{a^2+\lambda^2} \qquad \text{（微分積分の基本的な計算より）}$$

以上より

$$u(x,t)=\int_0^\infty C(\lambda)e^{-\lambda^2 t}\sin\lambda x\,d\lambda$$

$$=\int_0^\infty \frac{2}{\pi}\frac{\lambda}{a^2+\lambda^2}e^{-\lambda^2 t}\sin\lambda x\,d\lambda$$

$$=\frac{2}{\pi}\int_0^\infty \frac{\lambda}{a^2+\lambda^2}e^{-\lambda^2 t}\sin\lambda x\,d\lambda \quad \cdots\cdots\text{〔答〕}$$

**入試問題研究6－4（熱方程式（有限区間））**

関数 $u(x,t)$ は次の偏微分方程式

$$\frac{\partial u}{\partial t}=\frac{\partial^2 u}{\partial x^2} \qquad (0<x<1,\ t>0)$$

および境界条件

$$u(0,t)=0,\ \frac{\partial u}{\partial x}(1,t)=0 \qquad (t>0)$$

を満足する。以下の問いに答えよ。

(1) $u(x,t)$ の一般解を求めよ。

(2) 境界条件 $u(x,0)=\sin\left(\frac{5}{2}\pi x\right)$ を満足する $u(x,t)$ を求めよ。

(3) 境界条件 $u(x,0)=x$ を満足する $u(x,t)$ を求めよ。

＜東北大学大学院＞

**【解説】**　今度は有限区間の熱方程式を調べてみよう。やはり変数分離解を求めるところがポイントである。

**解答**　(1) まず変数分離解を求める。

$u(x,t)=X(x)T(t)$ とおくと，いつもの議論により次が成り立つ。

$$X''(x)+\lambda^2X(x)=0 \quad \cdots\cdots① \qquad T'(t)+\lambda^2T(t)=0 \quad \cdots\cdots②$$

ここで，$\lambda>0$ である。

②より

$$T(t)=Ae^{-\lambda^2 t}$$

①より

$$X(x)=B\cos\lambda x+C\sin\lambda x \qquad \therefore \quad X'(x)=-\lambda B\sin\lambda x+\lambda C\cos\lambda x$$

境界条件：$u(0,t)=X(0)T(t)=0$ より，$X(0)=0 \qquad \therefore \quad X(0)=B=0$

境界条件：$\frac{\partial u}{\partial x}(1,t)=X'(1)T(t)=0$ より，$X'(1)=0$

$\therefore \quad X'(1)=0+\lambda C\cos\lambda=0 \qquad \therefore \quad \lambda=\frac{2n-1}{2}\pi$ （$n$ は正の整数）

したがって，変数分離解は

$$u(x,t)=X(x)T(t)=C\sin\frac{2n-1}{2}\pi x\cdot Ae^{-\left(\frac{2n-1}{2}\pi\right)^2 t}$$

$$=a_ne^{-\frac{1}{4}(2n-1)^2\pi^2 t}\sin\frac{2n-1}{2}\pi x \qquad (AC \text{ を } a_n \text{ とおいた})$$

重ね合わせの原理により，求める一般解は

$$u(x,t)=\sum_{n=1}^{\infty}a_ne^{-\frac{1}{4}(2n-1)^2\pi^2 t}\sin\frac{2n-1}{2}\pi x \quad \cdots\cdots〔答〕$$

(2) 境界条件：$u(x,0)=\sum_{n=1}^{\infty}a_n\sin\frac{2n-1}{2}\pi x=\sin\left(\frac{5}{2}\pi x\right)$ より

$$a_n=\begin{cases}1 & (n=3)\\ 0 & (n\neq 3)\end{cases}$$

よって

$$u(x,t)=e^{-\frac{25}{4}\pi^2 t}\sin\frac{5}{2}\pi x \quad \cdots\cdots〔答〕$$

(3) 境界条件：$u(x,0)=\sum_{n=1}^{\infty}a_n\sin\frac{2n-1}{2}\pi x=x$ より

$$\sum_{n=1}^{\infty}a_n\int_{-1}^{1}\sin\frac{2n-1}{2}\pi x\sin\frac{2m-1}{2}\pi x\,dx=\int_{-1}^{1}x\sin\frac{2m-1}{2}\pi x\,dx$$

ここで

$$\int_{-1}^{1}\sin\frac{2n-1}{2}\pi x\sin\frac{2m-1}{2}\pi x\,dx$$

$$=-\frac{1}{2}\int_{-1}^{1}\{\cos(n+m-1)\pi x-\cos(n-m)\pi x\}dx$$

$$=\begin{cases}1 & (n=m)\\ 0 & (n\neq m)\end{cases}$$

であるから

$$a_m=\int_{-1}^{1}x\sin\frac{2m-1}{2}\pi x\,dx=2\int_{0}^{1}x\sin\frac{2m-1}{2}\pi x\,dx$$

$$=2\left(\left[x\cdot\left(-\frac{2}{(2m-1)\pi}\cos\frac{2m-1}{2}\pi x\right)\right]_0^1-\int_0^1 1\cdot\left(-\frac{2}{(2m-1)\pi}\cos\frac{2m-1}{2}\pi x\right)dx\right)$$

$$=\frac{4}{(2m-1)\pi}\int_0^1\cos\frac{2m-1}{2}\pi x\,dx$$

$$=\frac{4}{(2m-1)\pi}\left[\frac{2}{(2m-1)\pi}\sin\frac{2m-1}{2}\pi x\right]_0^1$$

$$=\frac{8}{(2m-1)^2\pi^2}\sin\frac{2m-1}{2}\pi=\frac{8}{(2m-1)^2\pi^2}(-1)^{m-1}$$

以上より

$$u(x,t)=\sum_{n=1}^{\infty}a_n e^{-\frac{1}{4}(2n-1)^2\pi^2 t}\sin\frac{2n-1}{2}\pi x$$

$$=\sum_{n=1}^{\infty}(-1)^{n-1}\frac{8}{(2n-1)^2\pi^2}e^{-\frac{1}{4}(2n-1)^2\pi^2 t}\sin\frac{2n-1}{2}\pi x \quad \cdots\cdots〔答〕$$

**入試問題研究６－５（ラプラス方程式）**

偏微分方程式

$$\frac{\partial^2 U}{\partial x^2}+\frac{\partial^2 U}{\partial y^2}=0 \qquad (0 \leqq x \leqq \pi,\ \ y \geqq 0)$$

の解を $U(x, y)=X(x)Y(y)$ と仮定して求める。

$U(0, y)=U(\pi, y)=0$，$U(x, y)$ は発散しないとし，以下の問いに答えよ。

(1)　$X(x)$，$Y(y)$ がそれぞれ満たすべき常微分方程式を求めよ。

(2)　(1)で求めた $X(x)$ の常微分方程式を解け。

(3)　(1)で求めた $Y(y)$ の常微分方程式を解け。

(4)　$\dfrac{dU(x,0)}{dx}=\displaystyle\sum_{n=1}^{\infty}\frac{n}{n+1}\cos nx$ のとき，解の重ね合わせより $U(x, y)$ を求めよ。

＜北海道大学大学院＞

**【解説】**　次の偏微分方程式

$$\frac{\partial^2 u}{\partial x^2}+\frac{\partial^2 u}{\partial y^2}=0 \qquad (c\ は正の定数)$$

は**ラプラス方程式**と呼ばれる重要な楕円型偏微分方程式である。

ポイントはやはり変数分離法と重ね合わせの原理である。なお，本問(4)では明らかに変数分離解の重ね合わせの解を考えている。

**解答**　(1)　$\dfrac{\partial^2 U}{\partial x^2}+\dfrac{\partial^2 U}{\partial y^2}=0$ より，$X''(x)Y(y)+X(x)Y''(y)=0$

$$\therefore \quad \frac{X''(x)}{X(x)}=-\frac{Y''(y)}{Y(y)}=k \quad (k\ は定数)$$

よって

$$X''(x)-kX(x)=0 \quad \cdots\cdots ①$$

$$Y''(y)+kY(y)=0 \quad \cdots\cdots ②$$

ここで

$U(0, y)=X(0)Y(y)=0$ より，$X(0)=0$

$U(\pi, y)=X(\pi)Y(y)=0$ より，$X(\pi)=0$

よって，①において $k<0$ であり，$k=-\lambda^2$（$\lambda>0$）とおけて

①，②は

$$X''(x)+\lambda^2 X(x)=0 \quad \cdots\cdots〔答〕$$

$$Y''(y)-\lambda^2 Y(y)=0 \quad \cdots\cdots〔答〕$$

（注）後の計算より，$\lambda=n$（$n$ は正の整数）であることがわかる。

(2) $X(x)$ が満たすべき常微分方程式より

$$X(x)=A\cos\lambda x+B\sin\lambda x$$

である。

$X(0)=0$ より, $A=0$

$X(\pi)=0$ より, $B\sin\lambda\pi=0$

$\therefore\quad \lambda\pi=n\pi \qquad \therefore\quad \lambda=n$ ($n$ は正の整数)

よって

$X(x)=B\sin nx$ ($n$ は正の整数) ……〔答〕

(3) $Y(y)$ が満たすべき常微分方程式と $\lambda=n$ より

$$Y(y)=Ce^{ny}+De^{-ny}$$

$y\to\infty$ で発散しないことから, $C=0$

よって

$Y(y)=De^{-ny}$ ……〔答〕

(4) (2), (3)の結果より, $U(x,y)=X(x)Y(y)$ の形の解は

$$U(x,y)=X(x)Y(y)=B\sin nx\cdot De^{-ny}$$

$=a_n e^{-ny}\sin nx$ ($a_n=BD$ とおいた)

よって, 重ね合わせの原理より一般解は

$$U(x,y)=\sum_{n=1}^{\infty}a_n e^{-ny}\sin nx$$

このとき

$$U(x,0)=\sum_{n=1}^{\infty}a_n\sin nx$$

であるから

$$\frac{d}{dx}U(x,0)=\sum_{n=1}^{\infty}na_n\cos nx$$

したがって

条件 : $\dfrac{d}{dx}U(x,0)=\displaystyle\sum_{n=1}^{\infty}\frac{n}{n+1}\cos nx$

より

$$a_n=\frac{1}{n+1}$$

以上より

$U(x,y)=\displaystyle\sum_{n=1}^{\infty}\frac{1}{n+1}e^{-ny}\sin nx$ ……〔答〕

# 《付録》　高階線形微分方程式

常微分方程式については微分積分の学習の範囲内で学習済みであるが，線形微分方程式に限定してその重要事項をここで簡単にまとめておく。

**（1）線形微分方程式の基本性質**

関数 $y(x)$ についての線形微分方程式：$L(y)=f(x)$（$L$ は線形微分演算子）については，次の性質が基本である。

> **線形微分方程式の基本性質**
>
> 線形微分方程式 $L(y)=f(x)$ に対して
>
> 　　$L(y)=0$ の一般解（同次の一般解）を $y_0$，
>
> 　　$L(y)=f(x)$ の特殊解（もとの非同次の特殊解）を $y_1$
>
> とするとき，$L(y)=f(x)$ の一般解（もとの非同次の一般解）は
>
> $$y=y_0+y_1$$
>
> で与えられる。

**（証明）** 仮定より

$L(y_0)=0$ ……①　　$L(y_1)=f(x)$ ……②

であるから，①＋②より

$$L(y_0)+L(y_1)=f(x)$$

$L$ は線形微分演算子であるから

$$L(y_0+y_1)=f(x)$$

（証明終）

上で示した線形微分方程式の基本性質を標語的に言えば

**（非同次の一般解）＝（同次の一般解）＋（非同次の特殊解）**

となる。

この線形微分方程式の基本性質により，もとの線形微分方程式の特殊解と対応する同次の微分方程式の一般解が求まれば，もとの線形微分方程式の一般解はただちに得られる。

もとの微分方程式の特殊解はたいていの場合，未定係数法によって，すなわち適当に「カン」で見つける。ここでは，対応する同次の一般解について要点をまとめておく。

**（2）2階・線形・定数係数の微分方程式**

2階・線形・定数係数・同次の微分方程式

$$y''+ay'+by=0 \quad (a, b \text{ は実数の定数係数})$$

の一般解について，次の公式が成り立つ。

**［公式］（2階・線形・定数係数・同次の一般解）**

$y''+ay'+by=0$ （$a,b$ は実数の定数係数）の特性方程式

$$t^2+at+b=0$$

の解を $\alpha,\beta$ とするとき，一般解は以下のように与えられる。

（ⅰ） $\alpha,\beta$ が異なる2つの解のとき

$$y=C_1e^{\alpha x}+C_2e^{\beta x}$$

（ⅱ） $\alpha,\beta$ が重解（$\alpha=\beta$）のとき

$$y=C_1e^{\alpha x}+C_2xe^{\alpha x}$$

（ⅲ） $\alpha,\beta$ が虚数解（$p\pm qi$）のとき

$$y=C_1e^{px}\cos qx+C_2e^{px}\sin qx$$

ここで，$C_1,C_2$ は任意定数である。

**（注）** 上の公式で，一般解を構成する1次独立な解を**基本解**という。

（ⅰ）の場合の基本解は，$e^{\alpha x}$ と $e^{\beta x}$

（ⅱ）の場合の基本解は，$e^{\alpha x}$ と $xe^{\alpha x}$

（ⅲ）の場合の基本解は，$e^{px}\cos qx$ と $e^{px}\sin qx$

である。

### （3） 高階・線形・定数係数の微分方程式

2階の場合と同様，一般の $n$ 階線形微分方程式についても同様の命題が成り立つ。すなわち，次が成り立つ。

**［公式］（高階・線形・定数係数・同次の一般解）**

$y^{(n)}+a_1y^{(n-1)}+\cdots+a_{n-1}y'+a_ny=0$ （係数は実数定数）

の特性方程式

$$t^n+a_1t^{n-1}+\cdots+a_{n-1}t+a_n=0$$

の異なる解を $\alpha_1,\alpha_2,\cdots,\alpha_k$ とし，その重複度をそれぞれ

$$m_1,m_2,\cdots,m_k \quad (m_1+m_2+\cdots+m_k=n)$$

とするとき，次の $n$ 個の解が1次独立な解（基本解）である。

$e^{\alpha_1x}$, $xe^{\alpha_1x}$, $x^2e^{\alpha_1x}$, $\cdots$, $x^{m_1-1}e^{\alpha_1x}$ （$m_1$ 個）

$e^{\alpha_2x}$, $xe^{\alpha_2x}$, $x^2e^{\alpha_2x}$, $\cdots$, $x^{m_2-1}e^{\alpha_2x}$ （$m_2$ 個）

……

$e^{\alpha_kx}$, $xe^{\alpha_kx}$, $x^2e^{\alpha_kx}$, $\cdots$, $x^{m_k-1}e^{\alpha_kx}$ （$m_k$ 個）

（注）実数係数であるから，特性方程式が虚数解をもつ場合は，互いに共役な虚数解 $p+qi$ と $p-qi$ を対でもつ。

このとき，複素関数におけるオイラーの公式に注意すると

$$e^{(p+qi)x}=e^{px}(\cos qx+i\sin qx),\quad e^{(p-qi)x}=e^{x}(\cos qx-i\sin qx)$$

であるから

$$e^{px}\cos qx=\frac{e^{(p+qi)x}+e^{(p-qi)x}}{2},\quad e^{px}\sin qx=\frac{e^{(p+qi)x}-e^{(p-qi)x}}{2i}$$

が成り立つ。

すなわち，$e^{(p+qi)x}$ と $e^{(p+qi)x}$ が基本解であることと，$e^{px}\cos qx$ と $e^{px}\sin qx$ が基本解であることとは同値である。したがって，上の公式は 2 階の場合の公式と何ら矛盾するものではない。

**【例題】**　次の線形微分方程式の一般解を求めよ。

$$y'''-8y=3e^{2x}$$

**（解）** まず，$y'''-8y=0$ の一般解を求める。

特性方程式 $t^3-8=0$ より

$$(t-2)(t^2+2t+4)=0 \qquad \therefore \quad t=2,-1\pm\sqrt{3}\,i$$

よって，$y'''-8y=0$ の一般解は

$$y=C_1e^{2x}+C_2e^{-x}\cos\sqrt{3}x+C_3e^{-x}\sin\sqrt{3}x \quad (C_1, C_2, C_3 \text{ は任意定数})$$

次に，$y'''-8y=3e^{2x}$ の特殊解を求める。

$y=Axe^{2x}$ とおくと（注；$y=Ae^{2x}$ の形では特殊解は見つからない。）

$$y'=A(1\cdot e^{2x}+x\cdot 2e^{2x})=A(2x+1)e^{2x}$$

$$y''=A\{2\cdot e^{2x}+(2x+1)\cdot 2e^{2x}\}=A(4x+4)e^{2x}$$

$$y'''=A\{4\cdot e^{2x}+(4x+4)\cdot 2e^{2x}\}=A(8x+12)e^{2x}$$

であるから

$$y'''-y=A(8x+12)e^{2x}-8\cdot Axe^{2x}=12Ae^{2x}$$

よって，$12A=3$ とすると，$A=\frac{1}{4}$

したがって，$y=\frac{1}{4}xe^{2x}$ は与式の特殊解である。

以上より，求める一般解は

$$y=C_1e^{2x}+C_2e^{-x}\cos\sqrt{3}x+C_3e^{-x}\sin\sqrt{3}x+\frac{1}{4}xe^{2x} \quad \cdots\cdots〔答〕$$

$$(C_1, C_2, C_3 \text{ は任意定数})$$

# 演習問題の解答

# 第1章 複素解析(1)

## ■演習問題 1. 1

**1**　(1)　$z=x+yi$，　$w=u+vi$ とおくと

$$e^z\cdot e^w$$
$$=e^x(\cos y+i\sin y)\cdot e^u(\cos v+i\sin v)$$
$$=e^xe^u(\cos y+i\sin y)(\cos v+i\sin v)$$
$$=e^{x+y}\{\cos(y+v)+i\sin(y+v)\}$$
$$=e^{z+w}$$

(2)　$z=r(\cos\theta+i\sin\theta)$ とおくと

$\log z=\log_e r+(\theta+2n\pi)i$　（$n$ は自然数）

よって

$$e^{\log z}$$
$$=e^{\log_e r}\{\cos(\theta+2n\pi)+i\sin(\theta+2n\pi)\}$$
$$=r\cos\theta+i\sin\theta)=z$$

(3)　$z=x+yi$ とおくと

$$e^z=e^x(\cos y+i\sin y)$$

よって

$$\log e^z=\log_e e^x+(y+2n\pi)i$$
$$=x+yi+2n\pi i$$

$=z+2n\pi i$　（$n$ は自然数）

(4)　$(e^z)^n=e^z\cdot e^z\cdots e^z$

$$=e^{z+z+\cdots+z}=e^{nz}$$

**2**　(1) $\sin^2 z+\cos^2 z$

$$=\left(\frac{e^{iz}-e^{-iz}}{2i}\right)^2+\left(\frac{e^{iz}+e^{-iz}}{2}\right)^2$$
$$=\frac{e^{2iz}-2+e^{-2iz}}{-4}+\frac{e^{2iz}+2+e^{-2iz}}{4}$$
$$=1$$

(2)（ⅰ）　$\sin z\cos w+\cos z\sin w$

$$=\frac{e^{iz}-e^{-iz}}{2i}\cdot\frac{e^{iw}+e^{-iw}}{2}+\frac{e^{iz}+e^{-iz}}{2}\cdot\frac{e^{iw}-e^{-iw}}{2i}$$
$$=\frac{2e^{iz}e^{iw}-2e^{-iz}e^{-iw}}{4i}$$
$$=\frac{e^{i(z+w)}-e^{-i(z+w)}}{2i}$$
$$=\sin(z+w)$$

（ⅱ）　$\cos z\cos w-\sin z\sin w$

$$=\frac{e^{iz}+e^{-iz}}{2}\cdot\frac{e^{iw}+e^{-iw}}{2}-\frac{e^{iz}-e^{-iz}}{2i}\cdot\frac{e^{iw}-e^{-iw}}{2i}$$
$$=\frac{2e^{iz}e^{iw}+2e^{-iz}e^{-iw}}{4}$$
$$=\frac{e^{i(z+w)}+e^{-i(z+w)}}{2}$$
$$=\cos(z+w)$$

**3**　(1)　$\sin\left(\dfrac{\pi}{2}+i\right)$

$$=\frac{e^{i\left(\frac{\pi}{2}+i\right)}-e^{-i\left(\frac{\pi}{2}+i\right)}}{2i}$$
$$=\frac{e^{-1+\frac{\pi}{2}i}-e^{1-\frac{\pi}{2}i}}{2i}$$
$$=\frac{e^{-1}\left(\cos\frac{\pi}{2}+i\sin\frac{\pi}{2}\right)-e^{1}\left(\cos\frac{\pi}{2}-i\sin\frac{\pi}{2}\right)}{2i}$$
$$=\frac{e^{-1}i-(-ei)}{2i}=\frac{e+e^{-1}}{2}$$

(2)　$\log(-2)=\log\{2(\cos\pi+i\sin\pi)$

$$=\log_e 2+(\pi+2n\pi)i$$
$$=\log_e 2+(1+2n)\pi i$$

(3)　$(-1)^i=e^{\log(-1)^i}=e^{i\log(-1)}$

$$=e^{i\{\log_e 1+(\pi+2n\pi)i\}}$$
$$=e^{-(\pi+2n\pi)}=e^{-(1+2n)\pi}$$

**4**　複素数 $z$ に対して，$\cos w=z$ を満たす複素数 $w$ を求めたい。

$\cos w=z$ より

$$\frac{e^{iw}+e^{-iw}}{2}=z$$

$$\therefore\quad e^{2iw}-2ze^{iw}+1=0$$
$$e^{iw}=z\pm\sqrt{z^2-1}$$
$$\therefore\quad w=\frac{1}{i}\log(z\pm\sqrt{z^2-1})$$

よって

$$\cos^{-1}z=\frac{1}{i}\log(z\pm\sqrt{z^2-1})$$
$$=\frac{1}{i}\log(z\pm i\sqrt{1-z^2})$$

**（注）**$\sqrt{\ \ }$ が2価関数であることに注意すると

$$\cos^{-1} z = \frac{1}{i}\log(z + i\sqrt{1-z^2})$$

と表してもよい。

5 複素数 $z$ に対して，$\tan w = z$ を満たす複素数 $w$ を求めたい。

$\tan w = z$ より

$$\frac{e^{iw} - e^{-iw}}{2i} \cdot \frac{2}{e^{iw} + e^{-iw}} = z$$

$$\therefore \quad e^{iw} - e^{-iw} = iz(e^{iw} + e^{-iw})$$

$$(1 - iz)e^{2iw} = 1 + iz$$

$$\therefore \quad w = \frac{1}{2i}\log\frac{1+iz}{1-iz}$$

よって

$$\tan^{-1} z = \frac{1}{2i}\log\frac{1+iz}{1-iz}$$

## ■演習問題 1．2

1 $(z^n)' = \lim_{h\to 0}\frac{(z+h)^n - z^n}{h}$

$$= \lim_{h\to 0}\frac{z^n + {}_nC_1 z^{n-1}h + \cdots + h^n - z^n}{h}$$

$$= \lim_{h\to 0}({}_nC_1 z^{n-1} + {}_nC_2 z^{n-2}h + \cdots + h^{n-1})$$

$$= {}_nC_1 z^{n-1} = nz^{n-1}$$

2 (1) $\cos^{-1} z = \frac{1}{i}\log(z + i\sqrt{1-z^2})$ より

$$(\cos^{-1} z)' = \frac{1}{i} \cdot \frac{1 + i\frac{-z}{\sqrt{1-z^2}}}{z + i\sqrt{1-z^2}}$$

$$= \frac{-i + \frac{-z}{\sqrt{1-z^2}}}{z + i\sqrt{1-z^2}} = -\frac{\frac{i\sqrt{1-z^2} + z}{\sqrt{1-z^2}}}{z + i\sqrt{1-z^2}}$$

$$= -\frac{1}{\sqrt{1-z^2}}$$

(2) $\tan^{-1} z = \frac{1}{2i}\log\frac{1+iz}{1-iz}$ より

$(\tan^{-1} z)'$

$$= \frac{1}{2i} \cdot \frac{1-iz}{1+iz} \cdot \frac{i(1-iz) - (1+iz)(-i)}{(1-iz)^2}$$

$$= \frac{1}{2i} \cdot \frac{1-iz}{1+iz} \cdot \frac{2i}{(1-iz)^2}$$

$$= \frac{1}{(1+iz)(1-iz)} = \frac{1}{1+z^2}$$

3 $x = r\cos\theta$，$y = r\sin\theta$ であるから，チェイン・ルールより

$$\frac{\partial u}{\partial r} = \frac{\partial u}{\partial x}\cos\theta + \frac{\partial u}{\partial y}\sin\theta,$$

$$\frac{\partial u}{\partial \theta} = -\frac{\partial u}{\partial x}r\sin\theta + \frac{\partial u}{\partial y}r\cos\theta,$$

$$\frac{\partial v}{\partial r} = \frac{\partial v}{\partial x}\cos\theta + \frac{\partial v}{\partial y}\sin\theta,$$

$$\frac{\partial v}{\partial \theta} = -\frac{\partial v}{\partial x}r\sin\theta + \frac{\partial v}{\partial y}r\cos\theta$$

一方，コーシー・リーマンの関係式より

$$\frac{\partial u}{\partial x} = \frac{\partial v}{\partial y}, \quad \frac{\partial u}{\partial y} = -\frac{\partial v}{\partial x}$$

が成り立つから

$$\frac{\partial u}{\partial r} = \frac{\partial u}{\partial x}\cos\theta + \frac{\partial u}{\partial y}\sin\theta$$

$$= \frac{\partial v}{\partial y}\cos\theta - \frac{\partial v}{\partial x}\sin\theta = \frac{1}{r}\frac{\partial v}{\partial \theta}$$

$$\frac{\partial v}{\partial r} = \frac{\partial v}{\partial x}\cos\theta + \frac{\partial v}{\partial y}\sin\theta$$

$$= -\frac{\partial u}{\partial y}\cos\theta + \frac{\partial u}{\partial x}\sin\theta = -\frac{1}{r}\frac{\partial u}{\partial \theta}$$

**（参考）** 逆に

$$\frac{\partial u}{\partial r} = \frac{1}{r}\frac{\partial v}{\partial \theta}, \quad \frac{\partial v}{\partial r} = -\frac{1}{r}\frac{\partial u}{\partial \theta}$$

が成り立ったとする。

チェイン・ルールで確認された関係式より

$$\frac{\partial u}{\partial x} = \frac{\partial u}{\partial r}\cos\theta - \frac{1}{r}\frac{\partial u}{\partial \theta}\sin\theta,$$

$$\frac{\partial u}{\partial y} = \frac{\partial u}{\partial r}\sin\theta + \frac{1}{r}\frac{\partial u}{\partial \theta}\cos\theta,$$

$$\frac{\partial v}{\partial x} = \frac{\partial v}{\partial r}\cos\theta - \frac{1}{r}\frac{\partial v}{\partial \theta}\sin\theta,$$

$$\frac{\partial v}{\partial y} = \frac{\partial v}{\partial r}\sin\theta + \frac{1}{r}\frac{\partial v}{\partial \theta}\cos\theta$$

が得られるから

$$\frac{\partial u}{\partial x}=\frac{\partial u}{\partial r}\cos\theta+\frac{\partial v}{\partial r}\sin\theta,$$
$$\frac{\partial u}{\partial y}=\frac{\partial u}{\partial r}\sin\theta-\frac{\partial v}{\partial r}\cos\theta,$$
$$\frac{\partial v}{\partial x}=\frac{\partial v}{\partial r}\cos\theta-\frac{\partial u}{\partial r}\sin\theta,$$
$$\frac{\partial v}{\partial y}=\frac{\partial v}{\partial r}\sin\theta+\frac{\partial u}{\partial r}\cos\theta$$

であり

$$\frac{\partial u}{\partial x}=\frac{\partial v}{\partial y},\quad \frac{\partial u}{\partial y}=-\frac{\partial v}{\partial x}$$

が成り立つことがわかる。

**4**　$(\sinh z)'=\left(\dfrac{e^z-e^{-z}}{2}\right)'$

$$=\frac{e^z+e^{-z}}{2}=\cosh z$$

$(\cosh z)'=\left(\dfrac{e^z+e^{-z}}{2}\right)'$

$$=\frac{e^z-e^{-z}}{2}=\sinh z$$

$(\tanh z)'=\left(\dfrac{e^z-e^{-z}}{e^z+e^{-z}}\right)'$

$$=\frac{(e^z+e^{-z})^2-(e^z-e^{-z})^2}{(e^z+e^{-z})^2}$$
$$=\frac{4}{(e^z+e^{-z})^2}=\frac{1}{\cosh^2 z}$$

**5**　$w=f(z)=u(x,y)+iv(x,y)$ とすると

$$\frac{dw}{dz}=\frac{\partial u}{\partial x}+i\frac{\partial v}{\partial x}$$

$$\therefore\quad \left|\frac{dw}{dz}\right|^2=\left(\frac{\partial u}{\partial x}\right)^2+\left(\frac{\partial v}{\partial x}\right)^2$$

一方

$|w|^2=u^2+v^2$ より

$$\frac{\partial|w|^2}{\partial x}=2u\frac{\partial u}{\partial x}+2v\frac{\partial v}{\partial x},$$
$$\frac{\partial|w|^2}{\partial y}=2u\frac{\partial u}{\partial y}+2v\frac{\partial v}{\partial y}$$

よって

$$\frac{\partial^2|w|^2}{\partial x^2}$$
$$=2\left(\frac{\partial u}{\partial x}\cdot\frac{\partial u}{\partial x}+u\frac{\partial^2 u}{\partial x^2}+\frac{\partial v}{\partial x}\cdot\frac{\partial v}{\partial x}+v\frac{\partial^2 v}{\partial x^2}\right)$$
$$\frac{\partial^2|w|^2}{\partial y^2}$$
$$=2\left(\frac{\partial u}{\partial y}\cdot\frac{\partial u}{\partial y}+u\frac{\partial^2 u}{\partial y^2}+\frac{\partial v}{\partial y}\cdot\frac{\partial v}{\partial y}+v\frac{\partial^2 v}{\partial y^2}\right)$$

ここで，コーシー・リーマンの関係式および

$$\frac{\partial^2 u}{\partial x^2}+\frac{\partial^2 u}{\partial y^2}=0,\quad \frac{\partial^2 v}{\partial x^2}+\frac{\partial^2 v}{\partial y^2}=0$$

が成り立つことに注意すると

$$\left(\frac{\partial^2}{\partial x^2}+\frac{\partial^2}{\partial y^2}\right)|w|^2=4\left\{\left(\frac{\partial u}{\partial x}\right)^2+\left(\frac{\partial v}{\partial x}\right)^2\right\}$$
$$=4\left|\frac{dw}{dz}\right|^2$$

## ■演習問題 1. 3

**1**　(1)　$\displaystyle\int_{C_1}z^2dz=\int_0^1(t+ti)^2\cdot(1+i)dt$

$$=(1+i)\int_0^1 2t^2i\,dt$$
$$=(1+i)\cdot\frac{2}{3}i=-\frac{2}{3}+\frac{2}{3}i$$

$$\int_{C_2}z^2dz=\int_0^1(t+t^2i)^2\cdot(1+2ti)dt$$
$$=\int_0^1(t^2+2t^3i-t^4)\cdot(1+2ti)dt$$
$$=\int_0^1\{(t^2+2t^3i-t^4)+(2t^3+4t^4i-2t^5)i\}dt$$
$$=\int_0^1\{(t^2-5t^4)+(4t^3-2t^5)i\}dt$$
$$=\left(\frac{1}{3}-1\right)+\left(1-\frac{1}{3}\right)i=-\frac{2}{3}+\frac{2}{3}i$$

(2)　$\displaystyle\int_{C_1}|z|^2\,dz=\int_0^1 2t^2\cdot(1+i)dt$

$$=2(1+i)\int_0^1 t^2dt$$
$$=2(1+i)\cdot\frac{1}{3}=\frac{2}{3}+\frac{2}{3}i$$

$$\int_{C_2}|z|^2\,dz=\int_0^1(t^2+t^4)\cdot(1+2ti)dt$$
$$=\int_0^1\{(t^2+t^4)+(2t^3+2t^5)i\}dt$$

$$=\left(\frac{1}{3}+\frac{1}{5}\right)+\left(\frac{1}{2}+\frac{1}{3}\right)i=\frac{8}{15}+\frac{5}{6}i$$

**（参考）** $f(z)=z^2$ は $C_1$ と $C_2$ で囲まれる領域およびその境界で正則であるから，その積分値は 2 つの積分路 $C_1, C_2$ のいずれでも値が同じである。一方，$f(z)=|z|^2$ は $C_1$ と $C_2$ で囲まれる領域およびその境界で正則ではなく，その積分値は 2 つの積分路 $C_1, C_2$ で異なる値をとっている。

**2** $\left|\int_{C_R}\frac{1}{z^4+1}dz\right| \leqq \int_{C_R}\frac{1}{|z^4+1|}|dz|$

ここで，三角不等式

$$|\alpha+\beta| \leqq |\alpha|+|\beta|$$

より

$$|\alpha|=|(\alpha+\beta)+(-\beta)| \leqq |\alpha+\beta|+|\beta|$$

であるから

$$|\alpha+\beta| \geqq |\alpha|-|\beta|$$

よって，$|z|=R$ のとき

$$|z^4+1| \geqq |z^4|-1=R^4-1>0$$

$$\therefore \quad \frac{1}{|z^4+1|} \leqq \frac{1}{R^4-1}$$

よって

$$\left|\int_{C_R}\frac{1}{z^4+1}dz\right| \leqq \int_{C_R}\frac{1}{|z^4+1|}|dz|$$

$$\leqq \int_{C_R}\frac{1}{R^4-1}|dz|$$

$$=\frac{1}{R^4-1}\int_{C_R}|dz|$$

$$=\frac{1}{R^4-1}\cdot\pi R=\frac{\pi R}{R^4-1}$$

**（参考）** 証明した不等式より

$$\lim_{R\to\infty}\int_{C_R}\frac{1}{z^4+1}dz=0$$

が成り立つことが分かる。

**3** (1) $\displaystyle\int_{|z-i|=2}\frac{1}{z^2+4}dz$

$$=\int_{|z-i|=2}\frac{1}{4i}\left(\frac{1}{z-2i}-\frac{1}{z+2i}\right)dz$$

$$=\frac{1}{4i}\int_{|z-i|=2}\frac{1}{z-2i}dz-\frac{1}{4i}\int_{|z-i|=2}\frac{1}{z+2i}dz$$

$$=\frac{1}{4i}\cdot 2\pi i-\frac{1}{4i}\cdot 0=\frac{\pi}{2}$$

(2) $\displaystyle\int_{|z-1|=2}\frac{z+1}{z^2}dz$

$$=\int_{|z-1|=2}\frac{1}{z}dz+\int_{|z-1|=2}\frac{1}{z^2}dz$$

$$=\int_{|z|=\frac{1}{2}}\frac{1}{z}dz+\int_{|z|=\frac{1}{2}}\frac{1}{z^2}dz$$

$$=2\pi i+0=2\pi i$$

**4** (1) $z=\pi$ は円 $|z|=4$ の内部の点であるから

$$\cos\pi=\frac{1}{2\pi i}\int_{|z|=4}\frac{\cos z}{z-\pi}dz$$

$$\therefore \quad \int_{|z|=4}\frac{\cos z}{z-\pi}dz=2\pi i\cdot\cos\pi=-2\pi i$$

(2) $\displaystyle\int_{|z|=4}\frac{e^z}{z^2-2z}dz=\int_{|z|=4}\frac{e^z}{z(z-2)}dz$

$$=\int_{|z|=4}\frac{e^z}{2}\left(\frac{1}{z-2}-\frac{1}{z}\right)dz$$

$$=\frac{1}{2}\int_{|z|=4}\frac{e^z}{z-2}dz-\frac{1}{2}\int_{|z|=4}\frac{e^z}{z}dz$$

ここで

$$\int_{|z|=4}\frac{e^z}{z-2}dz=2\pi i\cdot e^2=2\pi e^2 i$$

$$\int_{|z|=4}\frac{e^z}{z}dz=2\pi i\cdot e^0=2\pi i$$

であるから

$$\int_{|z|=4}\frac{e^z}{z^2-2z}dz$$

$$=\frac{1}{2}\int_{|z|=4}\frac{e^z}{z-2}dz-\frac{1}{2}\int_{|z|=4}\frac{e^z}{z}dz$$

$$=\frac{1}{2}\cdot 2\pi e^2 i-\frac{1}{2}\cdot 2\pi i$$

$$=\pi(e^2-1)i$$

**5** 正則関数の積分表示より

$$f(a)=\frac{1}{2\pi i}\int_C\frac{f(z)}{z-a}dz \quad (C:|z-a|=R)$$

$$=\frac{1}{2\pi i}\int_0^{2\pi}\frac{f(a+Re^{i\theta})}{Re^{i\theta}}\cdot Rie^{i\theta}d\theta$$

$$(\because\ z=a+Re^{i\theta},\ 0\leqq\theta\leqq 2\pi)$$

$$=\frac{1}{2\pi}\int_0^{2\pi}f(a+Re^{i\theta})d\theta$$

# 第2章 複素解析 (2)

## ■演習問題 2. 1

**1** (1) $z=0$ は 2 位の極, $z=1$ は 3 位の極であるから

$$\mathrm{Res}(0)=\lim_{z\to 0}\{z^2 f(z)\}'$$

$$=\lim_{z\to 0}\left(\frac{z-2}{(z-1)^3}\right)'$$

$$=\lim_{z\to 0}\frac{1\cdot(z-1)^3-(z-2)\cdot 3(z-1)^2}{(z-1)^6}$$

$$=\lim_{z\to 0}\frac{(z-1)-3(z-2)}{(z-1)^4}$$

$$=\lim_{z\to 0}\frac{-2z+5}{(z-1)^4}=5$$

また

$$\mathrm{Res}(1)=\lim_{z\to 1}\frac{\{(z-1)^2 f(z)\}''}{2!}$$

$$=\lim_{z\to 1}\frac{1}{2}\left(\frac{z-2}{z^2}\right)''$$

ここで

$$\left(\frac{z-2}{z^2}\right)''=\left(\frac{1\cdot z^2-(z-2)\cdot 2z}{z^4}\right)'$$

$$=\left(\frac{-z^2+4z}{z^4}\right)'=\left(\frac{-z+4}{z^3}\right)'$$

$$=\frac{-1\cdot z^3-(-z+4)\cdot 3z^2}{z^6}$$

$$=\frac{2z^3-12z^2}{z^6}$$

$$=\frac{2z-12}{z^4}$$

であるから

$$\mathrm{Res}(1)=\lim_{z\to 1}\frac{1}{2}\left(\frac{z-2}{z^2}\right)''$$

$$=\lim_{z\to 1}\frac{z-6}{z^4}=-5$$

(2) $f(z)=\dfrac{z}{z^3-1}$

$$=\frac{z}{(z-1)(z-\omega)(z-\omega^2)}$$

$z=\omega=\dfrac{-1+\sqrt{3}\,i}{2}$ は 1 位の極であるから

$$\mathrm{Res}(\omega)=\lim_{z\to\omega}(z-\omega)f(z)$$

$$=\lim_{z\to\omega}(z-\omega)\frac{z}{z^3-1}$$

$$=\lim_{z\to\omega}\frac{z}{\dfrac{z^3-1}{z-\omega}}$$

$$=\lim_{z\to\omega}\frac{z}{\dfrac{z^3-\omega^3}{z-\omega}}$$

$$=\frac{\omega}{(z^3)'_{z=\omega}}$$

$$=\frac{\omega}{3\omega^2}=\frac{\omega^2}{3}$$

$$=\frac{1}{3}\cdot\frac{-1-\sqrt{3}\,i}{2}$$

$$=-\frac{1+\sqrt{3}\,i}{6}$$

(3) $f(z)=z^2 e^{\frac{i}{z}}$

$$=z^2\left\{1+\frac{1}{1!}\left(\frac{i}{z}\right)+\frac{1}{2!}\left(\frac{i}{z}\right)^2+\frac{1}{3!}\left(\frac{i}{z}\right)^3+\cdots\right\}$$

$$=z^2+zi-\frac{1}{2}-\frac{1}{6}\frac{1}{z}+\frac{1}{24}\frac{1}{z^2}-\cdots$$

より

$$\mathrm{Res}(0)=-\frac{1}{6}$$

**2** (1) $z=2, i$ はともに 1 位の極であり, 曲線 $C$ の内部にあるから

$$\mathrm{Res}(2)=\lim_{z\to 2}\frac{3z-2}{z-i}$$

$$=\frac{4}{2-i}=\frac{4(2+i)}{4-i^2}$$

$$=\frac{8+4i}{5}$$

$$\mathrm{Res}(i)=\lim_{z\to i}\frac{3z-2}{z-2}$$

$$=\frac{3i-2}{i-2}=\frac{2-3i}{2-i}$$

$$=\frac{(2-3i)(2+i)}{4-i^2}$$

$$=\frac{7-4i}{5}$$

よって，留数定理より

$$\int_C \frac{3z-2}{(z-2)(z-i)}dz$$

$$= 2\pi i\{\mathrm{Res}(2)+\mathrm{Res}(i)\}$$

$$= 2\pi i\left(\frac{8+4i}{5}+\frac{7-4i}{5}\right)=6\pi i$$

(2) 曲線 $C$ の内部にある特異点は $z=i$ のみであり，これは2位の極であるから

$$\mathrm{Res}(i)=\lim_{z\to i}\left(\frac{e^{iz}}{(z+i)^2}\right)'$$

$$=\lim_{z\to i}\frac{ie^{iz}\cdot(z+i)^2-e^{iz}\cdot 2(z+i)}{(z+i)^4}$$

$$=\lim_{z\to i}\frac{ie^{iz}(z+i)-2e^{iz}}{(z+i)^3}$$

$$=\lim_{z\to i}\frac{e^{iz}(iz-3)}{(z+i)^3}$$

$$=\frac{-4e^{-1}}{-8i}=\frac{1}{2ei}$$

よって，留数定理より

$$\int_C \frac{e^{iz}}{(z^2+1)^2}dz = 2\pi i\cdot\mathrm{Res}(i)$$

$$= 2\pi i\cdot\frac{1}{2ei}=\frac{\pi}{e}$$

(3) $z^2e^{\frac{1}{z}}$

$$= z^2\left\{1+\frac{1}{1!}\left(\frac{1}{z}\right)+\frac{1}{2!}\left(\frac{1}{z}\right)^2+\frac{1}{3!}\left(\frac{1}{z}\right)^3+\cdots\right\}$$

$$= z^2+z+\frac{1}{2}+\frac{1}{6}\frac{1}{z}+\frac{1}{24}\frac{1}{z^2}+\cdots$$

より

$$\mathrm{Res}(0)=\frac{1}{6}$$

よって，留数定理より

$$\int_C z^2e^{\frac{1}{z}}dz = 2\pi i\cdot\mathrm{Res}(0)$$

$$=2\pi i\cdot\frac{1}{6}=\frac{\pi}{3}i$$

**3** (1) $z^4+1=0$ より，$z^4=-1$

$z=r(\cos\theta+i\sin\theta)$ とおく。

ただし，$r>0,\ 0\leqq\theta<2\pi$

このとき

$$z^4=r^4(\cos 4\theta+i\sin 4\theta)$$

$$-1=\cos\pi+i\sin\pi$$

であるから

$r^4=1$ ……①

$4\theta=\pi+2n\pi$ （$n$ は整数） ……②

①より

$r=1$ （$\because$ $r>0$）

②より

$$\theta=\frac{\pi}{4}+\frac{n\pi}{2}$$

$$=\frac{\pi}{4},\frac{3\pi}{4},\frac{5\pi}{4},\frac{7\pi}{4} \quad (\because\ 0\leqq\theta<2\pi)$$

よって

$$z=\cos\frac{\pi}{4}+i\sin\frac{\pi}{4},\ \cos\frac{3\pi}{4}+i\sin\frac{3\pi}{4},\ \cos\frac{5\pi}{4}+i\sin\frac{5\pi}{4},\ \cos\frac{7\pi}{4}+i\sin\frac{7\pi}{4}$$

$$=\frac{1+i}{\sqrt{2}},\frac{-1+i}{\sqrt{2}},\frac{-1-i}{\sqrt{2}},\frac{1-i}{\sqrt{2}}$$

(2) (1)で求めた4点はいずれも1位の極であるが，このうち曲線 $C$ の内部にあるのは

$$a_1=\frac{1+i}{\sqrt{2}},\quad a_2=\frac{-1+i}{\sqrt{2}}$$

の2つである。

ここで

$$\mathrm{Res}(a_1)=\lim_{z\to a_1}(z-a_1)\frac{1}{z^4+1}$$

$$=\lim_{z\to a_1}\frac{1}{\frac{z^4-a_1{}^4}{z-a_1}}=\frac{1}{4a_1{}^3}$$

$$=\frac{1}{4\left(\cos\frac{3\pi}{4}+i\sin\frac{3\pi}{4}\right)}$$

$$=\frac{1}{4\cdot\frac{-1+i}{\sqrt{2}}}$$

$$=-\frac{\sqrt{2}}{4(1-i)}$$

$$=-\frac{\sqrt{2}}{8}(1+i)$$

$$\mathrm{Res}(a_2)=\lim_{z\to a_2}(z-a_2)\frac{1}{z^4+1}$$

$$=\lim_{z\to a_2}\frac{1}{\dfrac{z^4-a_2{}^4}{z-a_2}}=\frac{1}{4a_2{}^3}$$

$$=\frac{1}{4\left(\cos\dfrac{9\pi}{4}+i\sin\dfrac{9\pi}{4}\right)}$$

$$=\frac{1}{4\cdot\dfrac{1+i}{\sqrt{2}}}$$

$$=\frac{\sqrt{2}}{4(1+i)}$$

$$=\frac{\sqrt{2}}{8}(1-i)$$

よって，留数定理より

$$\int_C\frac{1}{z^4+1}dz=2\pi i\{\mathrm{Res}(a_1)+\mathrm{Res}(a_1)\}$$

$$=2\pi i\left\{-\frac{\sqrt{2}}{8}(1+i)+\frac{\sqrt{2}}{8}(1-i)\right\}$$

$$=\frac{\sqrt{2}}{2}\pi$$

## ■演習問題 2. 2

1 (1) 積分路は

$$C:|z|=1\quad(z=e^{i\theta},\ 0\leqq\theta\leqq 2\pi)$$

を考える。

$z=e^{i\theta}$ とおくと

$$dz=ie^{i\theta}d\theta=izd\theta\qquad\therefore\ d\theta=\frac{1}{iz}dz$$

また

$$z=\cos\theta+i\sin\theta$$

$$z^{-1}=\cos\theta-i\sin\theta$$

より

$$\cos\theta=\frac{z+z^{-1}}{2}$$

であるから，複素積分の定義に注意して

$$\int_0^{2\pi}\frac{1}{a+b\cos\theta}d\theta$$

$$=\int_C\frac{1}{a+b\dfrac{z+z^{-1}}{2}}\cdot\frac{1}{iz}dz$$

$$=-2i\int_C\frac{1}{bz^2+2az+b}dz$$

ここで，$bz^2+2az+b=0$ を解くと

$$z=\frac{-a\pm\sqrt{a^2-b^2}}{b}$$

よって，特異点は

$$\alpha=\frac{-a+\sqrt{a^2-b^2}}{b},$$

$$\beta=\frac{-a-\sqrt{a^2-b^2}}{b}$$

であるが

$$\alpha=\frac{-a+\sqrt{a^2-b^2}}{b}$$

$$=\frac{-b^2}{b(a+\sqrt{a^2-b^2})}$$

$$=-\frac{b}{a+\sqrt{a^2-b^2}}$$

より

$$-1<\alpha<0$$

また

$$\beta=\frac{-a-\sqrt{a^2-b^2}}{b}<-\frac{a}{b}<-1$$

であるから，積分路 $C:|z|=1$ の内部にあるのは $z=\alpha$ だけであり

$$\mathrm{Res}(\alpha)=\lim_{z\to\alpha}(z-\alpha)\frac{1}{bz^2+2az+b}$$

$$=\lim_{z\to\alpha}\frac{1}{b(z-\beta)}$$

$$=\frac{1}{b(\alpha-\beta)}=\frac{1}{2\sqrt{a^2-b^2}}$$

よって，留数定理より

$$\int_C\frac{1}{bz^2+2az+b}dz=2\pi i\cdot\mathrm{Res}(\alpha)$$

$$=2\pi i\cdot\frac{1}{2\sqrt{a^2-b^2}}$$

$$=\frac{\pi}{\sqrt{a^2-b^2}}i$$

以上より

$$\int_0^{2\pi}\frac{1}{a+b\cos\theta}d\theta$$

$$=-2i\int_C\frac{1}{bz^2+2az+b}dz$$

$$=\frac{2\pi}{\sqrt{a^2-b^2}}$$

(2) (1)の計算と同様に

$$\int_0^{2\pi}\frac{1}{1-2p\sin\theta+p^2}d\theta$$

$$=\int_C\frac{1}{1-2p\dfrac{z-z^{-1}}{2i}+p^2}\cdot\frac{1}{iz}dz$$

$$=\int_C\frac{1}{-pz^2+(1+p^2)iz+p}dz$$

$$=-\int_C\frac{1}{pz^2-(1+p^2)iz-p}dz$$

$$=-\int_C\frac{1}{(pz-i)(z-pi)}dz$$

よって，特異点は $z=pi,\dfrac{i}{p}$ であるが，$0<p<1$ より，積分路 $C:|z|=1$ の内部にあるのは $z=pi$ だけであり

$$\mathrm{Res}(pi)$$

$$=\lim_{z\to pi}(z-pi)\frac{1}{(pz-i)(z-pi)}$$

$$=\lim_{z\to pi}\frac{1}{pz-i}$$

$$=\frac{1}{(p^2-1)i}$$

よって，留数定理より

$$\int_C\frac{1}{(pz-i)(z-pi)}dz=2\pi i\cdot\mathrm{Res}(pi)$$

$$=\frac{2\pi}{p^2-1}$$

以上より

$$\int_0^{2\pi}\frac{1}{1-2p\sin\theta+p^2}d\theta$$

$$=-\int_C\frac{1}{(pz-i)(z-pi)}dz$$

$$=\frac{2\pi}{1-p^2}$$

2　十分大きな正の数 $R$ に対して積分路 $C_R$ を以下のように定める。

$$\Gamma_R:z=Re^{i\theta}\quad(0\leqq\theta\leqq\pi)$$

$$I_R:z=x\quad(-R\leqq x\leqq R)$$

とし

$$C_R=\Gamma_R+I_R$$

とする。

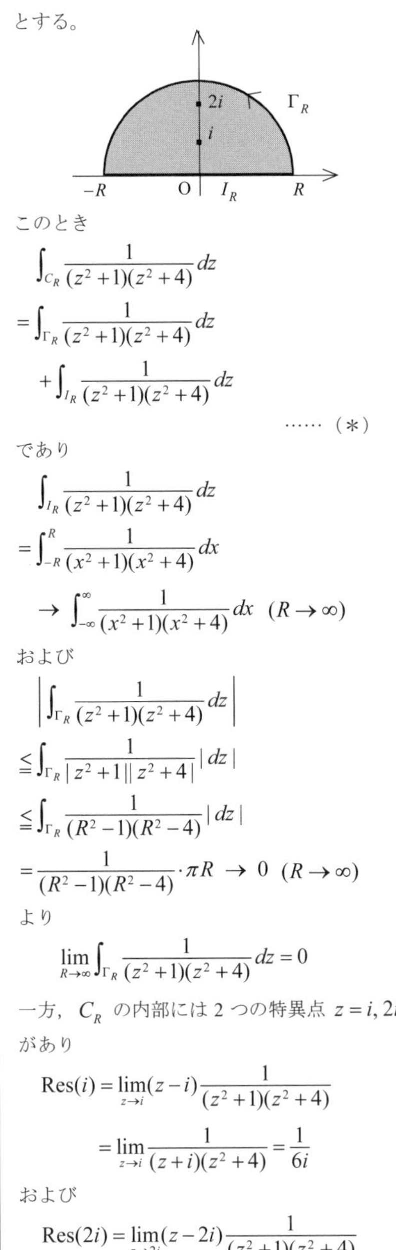


このとき

$$\int_{C_R}\frac{1}{(z^2+1)(z^2+4)}dz$$

$$=\int_{\Gamma_R}\frac{1}{(z^2+1)(z^2+4)}dz$$

$$+\int_{I_R}\frac{1}{(z^2+1)(z^2+4)}dz$$

……（＊）

であり

$$\int_{I_R}\frac{1}{(z^2+1)(z^2+4)}dz$$

$$=\int_{-R}^{R}\frac{1}{(x^2+1)(x^2+4)}dx$$

$$\to\int_{-\infty}^{\infty}\frac{1}{(x^2+1)(x^2+4)}dx\quad(R\to\infty)$$

および

$$\left|\int_{\Gamma_R}\frac{1}{(z^2+1)(z^2+4)}dz\right|$$

$$\leqq\int_{\Gamma_R}\frac{1}{|z^2+1||z^2+4|}|dz|$$

$$\leqq\int_{\Gamma_R}\frac{1}{(R^2-1)(R^2-4)}|dz|$$

$$=\frac{1}{(R^2-1)(R^2-4)}\cdot\pi R\ \to\ 0\quad(R\to\infty)$$

より

$$\lim_{R\to\infty}\int_{\Gamma_R}\frac{1}{(z^2+1)(z^2+4)}dz=0$$

一方，$C_R$ の内部には2つの特異点 $z=i,2i$ があり

$$\mathrm{Res}(i)=\lim_{z\to i}(z-i)\frac{1}{(z^2+1)(z^2+4)}$$

$$=\lim_{z\to i}\frac{1}{(z+i)(z^2+4)}=\frac{1}{6i}$$

および

$$\mathrm{Res}(2i)=\lim_{z\to 2i}(z-2i)\frac{1}{(z^2+1)(z^2+4)}$$

$$= \lim_{z \to 2i} \frac{1}{(z^2+1)(z+2i)} = -\frac{1}{12i}$$

であるから，留数定理より

$$\int_{C_R} \frac{1}{(z^2+1)(z^2+4)} dz$$
$$= 2\pi i \{\mathrm{Res}(i) + \mathrm{Res}(2i)\}$$
$$= 2\pi i \cdot \left( \frac{1}{6i} - \frac{1}{12i} \right) = \frac{\pi}{6}$$

よって，(＊) において $R \to \infty$ とすることにより

$$\int_{-\infty}^{\infty} \frac{1}{(x^2+1)(x^2+4)} dx = \frac{\pi}{6}$$

**3** まず次の等式に注意する。

$$\int_{-\infty}^{\infty} \frac{1}{(x^2+1)^2} e^{ix} dx$$
$$= \int_{-\infty}^{\infty} \frac{\cos x}{(x^2+1)^2} dx + i \int_{-\infty}^{\infty} \frac{\sin x}{(x^2+1)^2} dx$$
$$= \int_{-\infty}^{\infty} \frac{\cos x}{(x^2+1)^2} dx \quad (\because) \int_{-\infty}^{\infty} \frac{\sin x}{(x^2+1)^2} dx = 0$$

よって

$$\int_{-\infty}^{\infty} \frac{\cos x}{(x^2+1)^2} dx = \int_{-\infty}^{\infty} \frac{1}{(x^2+1)^2} e^{ix} dx$$

ここで，十分大きな正の数 $R$ に対して積分路 $C_R$ を

$C_R = \Gamma_R + I_R$,

$\Gamma_R : z = Re^{i\theta} \ (0 \leqq \theta \leqq \pi)$

$I_R : z = x \ (-R \leqq x \leqq R)$

によって定め，複素積分

$$\int_{C_R} \frac{1}{(z^2+1)^2} e^{iz} dz$$
$$= \int_{\Gamma_R} \frac{1}{(z^2+1)^2} e^{iz} dz + \int_{I_R} \frac{1}{(z^2+1)^2} e^{iz} dz \quad \cdots\cdots (＊)$$

を考える。

このとき積分路 $C_R$ の内部にある特異点は2位の極 $z=i$ のみである。

$$\mathrm{Res}(i) = \lim_{z \to i} \left( (z-i)^2 \frac{1}{(z^2+1)^2} e^{iz} \right)'$$
$$= \lim_{z \to i} \left( \frac{e^{iz}}{(z+i)^2} \right)'$$
$$= \lim_{z \to i} \frac{ie^{iz} \cdot (z+i)^2 - e^{iz} \cdot 2(z+i)}{(z+i)^4}$$
$$= \lim_{z \to i} \frac{ie^{iz} \cdot (z+i) - e^{iz} \cdot 2}{(z+i)^3}$$
$$= \lim_{z \to i} \frac{e^{iz}(iz-3)}{(z+i)^3} = \frac{-4e^{-1}}{-8i} = \frac{1}{2ei}$$

であるから，留数定理より

$$\int_{C_R} \frac{1}{(z^2+1)^2} e^{iz} dz = 2\pi i \cdot \mathrm{Res}(i) = 2\pi i \cdot \frac{1}{2ei} = \frac{\pi}{e}$$

一方，$\Gamma_R : z = Re^{i\theta} \ (0 \leqq \theta \leqq \pi)$ のとき

$$\left| \frac{1}{(z^2+1)^2} \right| = \frac{1}{|z^2+1|^2} \leqq \frac{1}{(R^2-1)^2} = \frac{2}{R^4 + R^2(R^2-4) + 2} < \frac{2}{R^4}$$

であるから，本文示した公式より

$$\lim_{R \to \infty} \int_{\Gamma_R} \frac{1}{(z^2+1)^2} e^{iz} dz = 0$$

よって，(＊) において $R \to \infty$ とすることにより

$$\int_{-\infty}^{\infty} \frac{1}{(x^2+1)^2} e^{ix} dx = \lim_{R \to \infty} \int_{I_R} \frac{1}{(z^2+1)^2} e^{iz} dz = \frac{\pi}{e}$$

以上より

$$\int_{-\infty}^{\infty} \frac{\cos x}{(x^2+1)^2} dx = \frac{\pi}{e}$$

**4** $0 < r < 1 < R$ に対して積分路 $C$ を図のように定める。

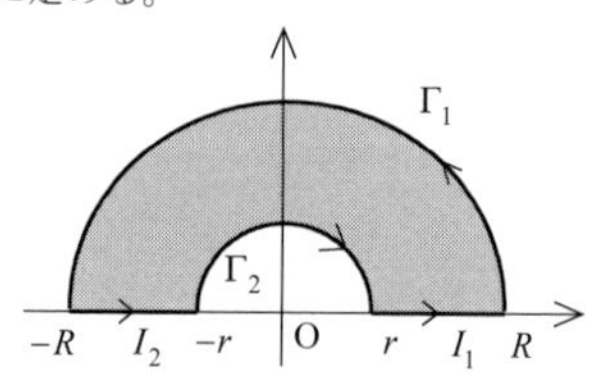

$$C = I_1 + \Gamma_1 + I_2 + \Gamma_2$$

ただし

$$I_1 : z = x \quad (r \leqq x \leqq R)$$

$$\Gamma_1 : z = Re^{i\theta} \quad (0 \leqq \theta \leqq \pi)$$

$$I_2 : z = x \quad (-R \leqq x \leqq -r)$$

$$\Gamma_2 : z = re^{i\theta} \quad (0 \leqq \theta \leqq \pi)$$

このとき

$$\int_C \frac{e^{iaz}}{z(z^2+1)} dz$$

$$= \int_{I_1} \frac{e^{iaz}}{z(z^2+1)} dz + \int_{\Gamma_1} \frac{e^{iaz}}{z(z^2+1)} dz$$

$$+ \int_{I_2} \frac{e^{iaz}}{z(z^2+1)} dz + \int_{\Gamma_2} \frac{e^{iaz}}{z(z^2+1)} dz$$

ここで

$$\int_{I_1} \frac{e^{iaz}}{z(z^2+1)} dz = \int_r^R \frac{e^{iax}}{x(x^2+1)} dx$$

$$= \int_r^R \frac{\cos ax}{x(x^2+1)} dx + i\int_r^R \frac{\sin ax}{x(x^2+1)} dx$$

$$\int_{I_2} \frac{e^{iaz}}{z(z^2+1)} dz = \int_{-R}^{-r} \frac{e^{iax}}{x(x^2+1)} dx$$

$$= \int_{-R}^{-r} \frac{\cos ax}{x(x^2+1)} dx + i\int_{-R}^{-r} \frac{\sin ax}{x(x^2+1)} dx$$

$$= -\int_r^R \frac{\cos ax}{x(x^2+1)} dx + i\int_r^R \frac{\sin ax}{x(x^2+1)} dx$$

よって

$$\int_{I_1} \frac{e^{iaz}}{z(z^2+1)} dz + \int_{I_2} \frac{e^{iza}}{z(z^2+1)} dz$$

$$= 2i\int_r^R \frac{\sin ax}{x(x^2+1)} dx$$

$$\to 2i\int_0^\infty \frac{\sin ax}{x(x^2+1)} dx \quad (R \to \infty, r \to 0)$$

また，$\Gamma_1$ 上で

$$\left| \frac{1}{z(z^2+1)} \right| = \frac{1}{|z||z^2+1|}$$

$$\leqq \frac{1}{R(R^2-1)} < \frac{2}{R^3}$$

より

$$\lim_{R\to\infty} \int_{\Gamma_1} \frac{e^{iaz}}{z(z^2+1)} dz = 0$$

さらに

$$\int_{\Gamma_2} \frac{e^{iaz}}{z(z^2+1)} dz$$

$$= \int_\pi^0 \frac{e^{iar(\cos\theta + i\sin\theta)}}{re^{i\theta}(r^2e^{2i\theta}+1)} rie^{i\theta} d\theta$$

$$= -i\int_0^\pi \frac{e^{iar(\cos\theta+i\sin\theta)}}{r^2e^{2i\theta}+1} d\theta \to -\pi i \quad (r \to 0)$$

一方，積分路 $C$ の内部にただ1つだけ1位の極 $z = i$ があり

$$\mathrm{Res}(i) = \lim_{z\to i}(z-i)\frac{e^{iaz}}{z(z^2+1)}$$

$$= \lim_{z\to i} \frac{e^{iaz}}{z(z+i)} = -\frac{e^{-a}}{2}$$

より

$$\int_C \frac{e^{iaz}}{z(z^2+1)} dz = 2\pi i \cdot \left(-\frac{e^{-a}}{2}\right)$$

$$= -\pi e^{-a} i$$

であるから

$$-\pi e^{-a} i = 2i\int_0^\infty \frac{\sin ax}{x(x^2+1)} dx - \pi i$$

よって

$$\int_0^\infty \frac{\sin ax}{x(x^2+1)} dx = \frac{\pi}{2}(1-e^{-a})$$

5 積分路を $C_R = I_R + \Gamma_R + S_R \ (= C)$ で定める。

ただし

$$I_R : z = x \quad (0 \leqq x \leqq R)$$

$$\Gamma_R : z = Re^{i\theta} \quad \left(0 \leqq \theta \leqq \frac{\pi}{4}\right)$$

$$S_R : z = t + ti \quad \left(0 \leqq t \leqq \frac{R}{\sqrt{2}}\right)$$

である。

このとき

$$\int_{C_R} e^{iz^2} dz = \int_{I_R} e^{iz^2} dz + \int_{\Gamma_R} e^{iz^2} dz + \int_{S_R} e^{iz^2} dz$$

ここで

$$\int_{I_R} e^{iz^2}dz = \int_0^R e^{ix^2}dx$$

$$\to \int_0^\infty \cos(x^2)dx + i\int_0^\infty \sin(x^2)dx \quad (R\to\infty)$$

また

$$\int_{\Gamma_R} e^{iz^2}dz = \int_0^{\frac{\pi}{4}} e^{iR^2(\cos 2\theta + i\sin 2\theta)} Rie^{i\theta}d\theta$$

$$= Ri\int_0^{\frac{\pi}{4}} e^{-R^2\sin 2\theta}e^{iR^2\cos 2\theta}e^{i\theta}d\theta$$

よって

$$\left|\int_{\Gamma_R} e^{iz^2}dz\right| \leqq R\int_0^{\frac{\pi}{4}} |e^{-R^2\sin 2\theta}e^{iR^2\cos 2\theta}e^{i\theta}|\,d\theta$$

$$= R\int_0^{\frac{\pi}{4}} e^{-R^2\sin 2\theta}d\theta$$

$$= \frac{R}{2}\int_0^{\frac{\pi}{2}} e^{-R^2\sin\varphi}d\varphi$$

$$\leqq \frac{R}{2}\int_0^{\frac{\pi}{2}} e^{-R^2\cdot\frac{2}{\pi}\varphi}d\varphi$$

$$= \frac{R}{2}\left[-\frac{\pi}{2R^2}e^{-\frac{2R^2}{\pi}\varphi}\right]_0^{\frac{\pi}{2}}$$

$$= \frac{\pi}{4R}(1-e^{-R^2}) \to 0 \quad (R\to\infty)$$

また

$$\int_{S_R} e^{iz^2}dz = \int_0^{\frac{R}{\sqrt{2}}} e^{i(t+ti)^2}(1+i)dt$$

$$= (1+i)\int_0^{\frac{R}{\sqrt{2}}} e^{-2t^2}dt$$

$$= (1+i)\frac{1}{\sqrt{2}}\int_0^R e^{-u^2}du$$

$$\to \frac{1}{\sqrt{2}}(1+i)\int_0^\infty e^{-u^2}du$$

$$= \frac{1}{\sqrt{2}}(1+i)\cdot\frac{\sqrt{\pi}}{2}$$

$$= \frac{1}{2}\sqrt{\frac{\pi}{2}} + \frac{1}{2}\sqrt{\frac{\pi}{2}}\,i \quad (R\to\infty)$$

一方

$$\int_{C_R} e^{iz^2}dz = 0$$

であるから

$$\int_0^\infty \cos(x^2)dx + i\int_0^\infty \sin(x^2)dx$$

$$= \frac{1}{2}\sqrt{\frac{\pi}{2}} + \frac{1}{2}\sqrt{\frac{\pi}{2}}\,i$$

よって

$$\int_0^\infty \cos(x^2)dx = \int_0^\infty \sin(x^2)dx$$

$$= \frac{1}{2}\sqrt{\frac{\pi}{2}}$$

## ■演習問題 2. 3

**1** (1) $u_n = \left|\dfrac{(-1)^n}{n}z^n\right| = \dfrac{|z|^n}{n}$ とおくと

$$\lim_{n\to\infty}\frac{u_{n+1}}{u_n} = \lim_{n\to\infty}\frac{|z|^{n+1}}{n+1}\cdot\frac{n}{|z|^n}$$

$$= \lim_{n\to\infty}\frac{n}{n+1}|z| = |z|$$

よって，求める収束半径は　1

(2) $u_n = \left|\dfrac{(-1)^n}{(2n)!}z^{2n}\right| = \dfrac{|z|^{2n}}{(2n)!}$ とおくと

$$\lim_{n\to\infty}\frac{u_{n+1}}{u_n} = \lim_{n\to\infty}\frac{|z|^{2(n+1)}}{\{2(n+1)\}!}\cdot\frac{(2n)!}{|z|^{2n}}$$

$$= \lim_{n\to\infty}\frac{|z|}{(2n+2)(2n+1)} = 0$$

よって，求める収束半径は　∞

(3) $u_n = |n!z^n| = n!|z|^n$ とおくと

$$\lim_{n\to\infty}\frac{u_{n+1}}{u_n} = \lim_{n\to\infty}\frac{(n+1)!|z|^{n+1}}{n!|z|^n}$$

$$= \lim_{n\to\infty}(n+1)|z| = \infty \quad (|z|\neq 0 \text{ のとき})$$

よって，求める収束半径は　0

**2** (1) $|z|<1$ のとき，$\left|\dfrac{z}{2}\right| < \dfrac{1}{2} < 1$ も成り立つことに注意する。

$$f(z) = \frac{1}{(z-1)(z-2)}$$

$$= \frac{1}{z-2} - \frac{1}{z-1}$$

$$= -\frac{1}{2-z} + \frac{1}{1-z}$$

$$= -\frac{1}{2}\cdot\frac{1}{1-\frac{z}{2}} + \frac{1}{1-z}$$

$$= -\frac{1}{2}\left\{1 + \frac{z}{2} + \left(\frac{z}{2}\right)^2 + \cdots + \left(\frac{z}{2}\right)^n + \cdots\right\}$$

$$+1 + z + z^2 + \cdots + z^n + \cdots$$

$$=\frac{1}{2}+\left(1-\frac{1}{2^2}\right)z+\left(1-\frac{1}{2^3}\right)z^2+\cdots+\left(1-\frac{1}{2^{n+1}}\right)z^n+\cdots$$

(2) $1<|z|<2$ のとき，$\left|\frac{z}{2}\right|<1$，$\left|\frac{1}{z}\right|<1$ が成り立つことに注意する。

$$f(z)=\frac{1}{(z-1)(z-2)}=\frac{1}{z-2}-\frac{1}{z-1}$$

$$=-\frac{1}{2}\cdot\frac{1}{1-\frac{z}{2}}-\frac{1}{z}\cdot\frac{1}{1-\frac{1}{z}}$$

$$=-\frac{1}{2}\left\{1+\frac{z}{2}+\left(\frac{z}{2}\right)^2+\cdots+\left(\frac{z}{2}\right)^n+\cdots\right\}-\frac{1}{z}\left\{1+\frac{1}{z}+\left(\frac{1}{z}\right)^2+\cdots+\left(\frac{1}{z}\right)^n+\cdots\right\}$$

$$=-\left(\frac{1}{2}+\frac{z}{2^2}+\frac{z^2}{2^3}+\cdots+\frac{z^n}{2^{n+1}}+\cdots\right)-\left(\frac{1}{z}+\frac{1}{z^2}+\frac{1}{z^3}+\cdots+\frac{1}{z^n}+\cdots\right)$$

(3) $|z|>2$ のとき，$\left|\frac{2}{z}\right|<1$，$\left|\frac{1}{z}\right|<\frac{1}{2}<1$ が成り立つことに注意する。

$$f(z)=\frac{1}{(z-1)(z-2)}=\frac{1}{z-2}-\frac{1}{z-1}$$

$$=\frac{1}{z}\cdot\frac{1}{1-\frac{2}{z}}-\frac{1}{z}\cdot\frac{1}{1-\frac{1}{z}}$$

$$=\frac{1}{z}\left\{1+\frac{2}{z}+\left(\frac{2}{z}\right)^2+\cdots+\left(\frac{2}{z}\right)^n+\cdots\right\}-\frac{1}{z}\left\{1+\frac{1}{z}+\left(\frac{1}{z}\right)^2+\cdots+\left(\frac{1}{z}\right)^n+\cdots\right\}$$

$$=\frac{1}{z^2}+\frac{2^2-1}{z^3}+\cdots+\frac{2^n-1}{z^{n+1}}+\cdots$$

**3** $f(z)=z^2e^{-\frac{1}{z}}$ の原点を中心とするローラン展開は

$$f(z)=z^2e^{-\frac{1}{z}}$$

$$=z^2\left\{1+\frac{1}{1!}\left(-\frac{1}{z}\right)+\frac{1}{2!}\left(-\frac{1}{z}\right)^2+\frac{1}{3!}\left(-\frac{1}{z}\right)^3+\cdots+\frac{1}{n!}\left(-\frac{1}{z}\right)^n+\cdots\right\}$$

$$=z^2-z+\frac{1}{2!}-\frac{1}{3!}\cdot\frac{1}{z}+\frac{1}{4!}\cdot\frac{1}{z^2}-\cdots+(-1)^n\frac{1}{z^{n-2}}+\cdots$$

よって，留数 $\mathrm{Res}(f\,;0)$ は

$$\mathrm{Res}(f;0)=-\frac{1}{3!}=-\frac{1}{6}$$

（注）原点 $z=0$ は $f(z)=z^2e^{-\frac{1}{z}}$ の**真性特異点**であることがわかる。

**4** (1) $f(z)=\frac{1}{\sin z}-\frac{1}{z}=\frac{z-\sin z}{z\sin z}$

$$=\frac{z-\left(z-\frac{1}{3!}z^3+\frac{1}{5!}z^5-\frac{1}{7!}z^7+\cdots\right)}{z\left(z-\frac{1}{3!}z^3+\frac{1}{5!}z^5-\frac{1}{7!}z^7+\cdots\right)}$$

$$=\frac{\frac{1}{3!}z^3-\frac{1}{5!}z^5+\frac{1}{7!}z^7-\cdots}{z^2-\frac{1}{3!}z^4+\frac{1}{5!}z^6-\frac{1}{7!}z^8+\cdots}$$

$$=\frac{\frac{1}{3!}z-\frac{1}{5!}z^3+\frac{1}{7!}z^5-\cdots}{1-\frac{1}{3!}z^2+\frac{1}{5!}z^4-\frac{1}{7!}z^6+\cdots}$$

よって

$$\lim_{z\to 0}f(z)=0$$

であるから，$z=0$ は $f(z)=\frac{1}{\sin z}-\frac{1}{z}$ の除去可能な特異点である

(2) $f(z)=\frac{1}{z\sin z}$

$$=\frac{1}{z\left(z-\frac{1}{3!}z^3+\frac{1}{5!}z^5-\frac{1}{7!}z^7+\cdots\right)}$$

$$=\frac{1}{z^2\left(1-\frac{1}{3!}z^2+\frac{1}{5!}z^4-\frac{1}{7!}z^6+\cdots\right)}$$

よって，$z=0$ は $f(z)=\frac{1}{z\sin z}$ の 2 位の極である

# 第３章 フーリエ解析

## ■演習問題 3．1

1 (1) $a_0=\dfrac{1}{\pi}\displaystyle\int_{-\pi}^{\pi}|x|\,dx$

$$=\frac{2}{\pi}\int_0^{\pi}x\,dx=\frac{2}{\pi}\left[\frac{1}{2}x^2\right]_0^{\pi}=\pi$$

$$a_n=\frac{1}{\pi}\int_{-\pi}^{\pi}|x|\cos nx dx \quad (n=1,2,\cdots)$$

$$=\frac{2}{\pi}\int_0^{\pi}x\cos nx\,dx$$

$$=\frac{2}{\pi}\left\{\left[x\cdot\frac{1}{n}\sin nx\right]_0^{\pi}-\int_0^{\pi}1\cdot\frac{1}{n}\sin nx\,dx\right\}$$

$$=\frac{2}{\pi}\left[\frac{1}{n^2}\cos nx\right]_0^{\pi}$$

$$=\frac{2}{\pi}\cdot\frac{1}{n^2}(\cos n\pi-1)$$

$$=-\frac{2}{n^2\pi}\{1-(-1)^n\}$$

$$b_n=\frac{1}{\pi}\int_{-\pi}^{\pi}|x|\sin nx dx=0 \quad (n=1,2,\cdots)$$

よって，求めるフーリエ級数は

$$f(x)\sim\frac{a_0}{2}+\sum_{n=1}^{\infty}(a_n\cos nx+b_n\sin nx)$$

$$=\frac{\pi}{2}-\sum_{n=1}^{\infty}\frac{2}{n^2\pi}\{1-(-1)^n\}\cos nx$$

$$=\frac{\pi}{2}-\frac{4}{\pi}\sum_{m=1}^{\infty}\frac{1}{(2m-1)^2}\cos(2m-1)x$$

(2) $a_0=\dfrac{1}{\pi}\displaystyle\int_{-\pi}^{\pi}f(x)dx$

$$=\frac{1}{\pi}\int_0^{\pi}(\pi-x)dx=\frac{1}{\pi}\left[\pi x-\frac{1}{2}x^2\right]_0^{\pi}=\frac{\pi}{2}$$

$$a_n=\frac{1}{\pi}\int_{-\pi}^{\pi}f(x)\cos nx\,dx \quad (n=1,2,\cdots)$$

$$=\frac{1}{\pi}\int_0^{\pi}(\pi-x)\cos nx\,dx$$

$$=\frac{1}{\pi}\left\{\left[(\pi-x)\cdot\frac{1}{n}\sin nx\right]_0^{\pi}-\int_0^{\pi}(-1)\cdot\frac{1}{n}\sin nx\,dx\right\}$$

$$=-\frac{1}{\pi}\left[\frac{1}{n^2}\cos nx\right]_0^{\pi}$$

$$=\frac{1}{n^2\pi}\{1-(-1)^n\}$$

$$b_n=\frac{1}{\pi}\int_{-\pi}^{\pi}f(x)\sin nx\,dx \quad (n=1,2,\cdots)$$

$$=\frac{1}{\pi}\int_0^{\pi}(\pi-x)\sin nx\,dx$$

$$=\frac{1}{\pi}\left\{\left[(\pi-x)\cdot\left(-\frac{1}{n}\cos nx\right)\right]_0^{\pi}-\int_0^{\pi}(-1)\cdot\left(-\frac{1}{n}\cos nx\right)dx\right\}$$

$$=\frac{1}{n}$$

よって，求めるフーリエ級数は

$$f(x)\sim\frac{a_0}{2}+\sum_{n=1}^{\infty}(a_n\cos nx+b_n\sin nx)$$

$$=\frac{\pi}{4}+\sum_{n=1}^{\infty}\frac{1}{n^2\pi}\{1-(-1)^n\}\cos nx+\sum_{n=1}^{\infty}\frac{1}{n}\sin nx$$

$$=\frac{\pi}{4}+\frac{2}{\pi}\sum_{m=1}^{\infty}\frac{1}{(2m-1)^2}\cos(2m-1)x+\sum_{n=1}^{\infty}\frac{1}{n}\sin nx$$

2 (1) $a_0=\dfrac{1}{L}\displaystyle\int_{-L}^{L}f(x)dx$

$$=\frac{1}{L}\int_0^{L}x\,dx$$

$$=\frac{1}{L}\left[\frac{1}{2}x^2\right]_0^{L}=\frac{L}{2}$$

$$a_n=\frac{1}{L}\int_{-L}^{L}f(x)\cos\frac{n\pi}{L}x\,dx$$

$$=\frac{1}{L}\int_0^{L}x\cos\frac{n\pi}{L}x\,dx \quad (n=1,2,\cdots)$$

$$=\frac{1}{L}\left\{\left[x\cdot\frac{L}{n\pi}\sin\frac{n\pi}{L}x\right]_0^{L}-\int_0^{L}1\cdot\frac{L}{n\pi}\sin\frac{n\pi}{L}x\,dx\right\}$$

$$=\frac{1}{L}\left[\frac{L^2}{n^2\pi^2}\cos\frac{n\pi}{L}x\right]_0^{L}$$

$$=-\frac{L}{n^2\pi^2}\{1-(-1)^n\}$$

$$b_n=\frac{1}{L}\int_{-L}^{L}f(x)\sin\frac{n\pi}{L}x\,dx$$

$$=\frac{1}{L}\int_0^L x\sin\frac{n\pi}{L}x\,dx \quad (n=1,2,\cdots)$$

$$=\frac{1}{L}\left\{\left[x\cdot\left(-\frac{L}{n\pi}\cos\frac{n\pi}{L}x\right)\right]_0^L -\int_0^L 1\cdot\left(-\frac{L}{n\pi}\cos\frac{n\pi}{L}x\right)dx\right\}$$

$$=(-1)^{n-1}\frac{L}{n\pi}$$

よって，求めるフーリエ級数は

$$f(x)\sim\frac{a_0}{2}+\sum_{n=1}^{\infty}\left(a_n\cos\frac{n\pi}{L}x+b_n\sin\frac{n\pi}{L}x\right)$$

$$=\frac{L}{4}-\sum_{n=1}^{\infty}\frac{L}{n^2\pi^2}\{1-(-1)^n\}\cos\frac{n\pi}{L}x +\sum_{n=1}^{\infty}(-1)^n\frac{L}{n\pi}\sin\frac{n\pi}{L}x$$

$$=\frac{L}{4}-\frac{2L}{\pi^2}\sum_{m=1}^{\infty}\frac{1}{(2m-1)^2}\cos\frac{(2m-1)\pi}{L}x +\frac{L}{\pi}\sum_{n=1}^{\infty}(-1)^n\frac{1}{n}\sin\frac{n\pi}{L}x$$

(2) $a_0=\dfrac{1}{L}\displaystyle\int_{-L}^{L}f(x)dx$

$$=\frac{1}{L}\int_0^{2L}f(x)dx=\frac{1}{L}\int_0^{2L}x\,dx$$

$$=\frac{1}{L}\left[\frac{1}{2}x^2\right]_0^{2L}=2L$$

$$a_n=\frac{1}{L}\int_{-L}^{L}f(x)\cos\frac{n\pi}{L}x\,dx$$

$$=\frac{1}{L}\int_0^{2L}f(x)\cos\frac{n\pi}{L}x\,dx$$

$$=\frac{1}{L}\int_0^{2L}x\cos\frac{n\pi}{L}x\,dx$$

$$=\frac{1}{L}\left\{\left[x\cdot\frac{L}{n\pi}\sin\frac{n\pi}{L}x\right]_0^{2L} -\int_0^{2L}1\cdot\frac{L}{n\pi}\sin\frac{n\pi}{L}xdx\right\}$$

$$=0$$

$$b_n=\frac{1}{L}\int_{-L}^{L}f(x)\sin\frac{n\pi}{L}x\,dx$$

$$=\frac{1}{L}\int_0^{2L}f(x)\sin\frac{n\pi}{L}x\,dx$$

$$=\frac{1}{L}\int_0^{2L}x\sin\frac{n\pi}{L}x\,dx$$

$$=\frac{1}{L}\left\{\left[x\cdot\left(-\frac{L}{n\pi}\cos\frac{n\pi}{L}x\right)\right]_0^{2L} -\int_0^{2L}1\cdot\left(-\frac{L}{n\pi}\cos\frac{n\pi}{L}x\right)dx\right\}$$

$$=-\frac{2L}{n\pi}$$

よって，求めるフーリエ級数は

$$f(x)\sim\frac{a_0}{2}+\sum_{n=1}^{\infty}\left(a_n\cos\frac{n\pi}{L}x+b_n\sin\frac{n\pi}{L}x\right)$$

$$=L-\frac{2L}{\pi}\sum_{n=1}^{\infty}\frac{1}{n}\sin\frac{n\pi}{L}x$$

**3** (1) $a_0=\dfrac{2}{\pi}\displaystyle\int_0^{\pi}f(x)dx$

$$=\frac{2}{\pi}\int_0^{\pi}x\,dx$$

$$=\frac{2}{\pi}\left[\frac{1}{2}x^2\right]_0^{\pi}=\pi$$

$$a_n=\frac{2}{\pi}\int_0^{\pi}f(x)\cos nx\,dx$$

$$=\frac{2}{\pi}\int_0^{\pi}x\cos nx\,dx \quad (n=1,2,\cdots)$$

$$=\frac{2}{\pi}\left\{\left[x\cdot\frac{1}{n}\sin nx\right]_0^{\pi}-\int_0^{\pi}1\cdot\frac{1}{n}\sin nx\,dx\right\}$$

$$=\frac{2}{\pi}\left[\frac{1}{n^2}\cos nx\right]_0^{\pi}$$

$$=-\frac{2}{n^2\pi}\{1-(-1)^n\}$$

よって，求めるフーリエ余弦級数は

$$f(x)\sim\frac{a_0}{2}+\sum_{n=1}^{\infty}a_n\cos nx$$

$$=\frac{\pi}{2}-\sum_{n=1}^{\infty}\frac{2}{n^2\pi}\{1-(-1)^n\}\cos nx$$

$$=\frac{\pi}{2}-\frac{4}{\pi}\sum_{m=1}^{\infty}\frac{1}{(2m-1)^2}\cos(2m-1)x$$

(2) $x=0$ は周期 $2\pi$ の偶関数に拡張された $f(x)$ の連続点であるから

$$f(0)=\frac{\pi}{2}-\frac{4}{\pi}\sum_{m=1}^{\infty}\frac{1}{(2m-1)^2}$$

$f(0)=0$ であるから

$$\frac{4}{\pi}\sum_{m=1}^{\infty}\frac{1}{(2m-1)^2}=\frac{\pi}{2}$$

$$\therefore \quad \sum_{m=1}^{\infty}\frac{1}{(2m-1)^2}=\frac{\pi^2}{8}$$

すなわち

$$1+\frac{1}{3^2}+\frac{1}{5^2}+\cdots+\frac{1}{(2n-1)^2}+\cdots=\frac{\pi^2}{8}$$

**4**　(1)　$a_0=\dfrac{2}{\pi}\displaystyle\int_0^{\pi} f(x)dx$

$$=\frac{2}{\pi}\int_0^{\pi}x^2dx$$

$$=\frac{2}{\pi}\left[\frac{1}{3}x^3\right]_0^{\pi}=\frac{2\pi^2}{3}$$

$$a_n=\frac{2}{\pi}\int_0^{\pi}f(x)\cos nx\,dx$$

$$=\frac{2}{\pi}\int_0^{\pi}x^2\cos nx\,dx \quad (n=1,2,\cdots)$$

$$=\frac{2}{\pi}\left\{\left[x^2\cdot\frac{1}{n}\sin nx\right]_0^{\pi}-\int_0^{\pi}2x\cdot\frac{1}{n}\sin nx\,dx\right\}$$

$$=-\frac{4}{n\pi}\int_0^{\pi}x\sin nx\,dx$$

$$=-\frac{4}{n\pi}\left\{\left[x\cdot\left(-\frac{1}{n}\cos nx\right)\right]_0^{\pi}-\int_0^{\pi}1\cdot\left(-\frac{1}{n}\cos nx\right)dx\right\}$$

$$=(-1)^n\frac{4}{n^2}$$

よって，求めるフーリエ余弦級数は

$$f(x)\sim\frac{a_0}{2}+\sum_{n=1}^{\infty}a_n\cos nx$$

$$=\frac{\pi^2}{3}+4\sum_{n=1}^{\infty}(-1)^n\frac{1}{n^2}\cos nx$$

(2)　(1)の結果とパーセバルの等式より

$$\frac{1}{2}\left(\frac{2\pi^2}{3}\right)^2+\sum_{n=1}^{\infty}\left\{\frac{4(-1)^n}{n^2}\right\}^2=\frac{1}{\pi}\int_{-\pi}^{\pi}(x^2)^2dx$$

$$\therefore \quad \frac{2\pi^4}{9}+16\sum_{n=1}^{\infty}\frac{1}{n^4}=\frac{2}{\pi}\int_0^{\pi}x^4dx=\frac{2}{5}\pi^4$$

よって

$$\sum_{n=1}^{\infty}\frac{1}{n^4}=\frac{1}{16}\left(\frac{2}{5}-\frac{2}{9}\right)\pi^4=\frac{\pi^4}{90}$$

すなわち

$$1+\frac{1}{2^4}+\frac{1}{3^4}+\cdots+\frac{1}{n^4}+\cdots=\frac{\pi^4}{90}$$

## ■演習問題 3．2

**1**　(1)　複素フーリエ係数は

$$c_n=\frac{1}{2\pi}\int_{-\pi}^{\pi}f(x)e^{-inx}\,dx$$

$$=\frac{1}{2\pi}\int_0^{\pi}e^{-inx}\,dx$$

(i)　$n=0$ のとき

$$c_0=\frac{1}{2\pi}\int_0^{\pi}dx=\frac{1}{2}$$

(ii)　$n\neq 0$ のとき

$$c_n=\frac{1}{2\pi}\int_0^{\pi}e^{-inx}\,dx$$

$$=\frac{1}{2\pi}\left[-\frac{1}{in}e^{-inx}\right]_0^{\pi}$$

$$=\frac{1}{2\pi ni}(1-e^{-in\pi})$$

$$=\frac{1}{2\pi ni}(1-\cos n\pi)$$

$$=\frac{1}{2\pi ni}\{1-(-1)^n\}$$

よって，求める複素フーリエ級数は

$$f(x)\sim\sum_{n=-\infty}^{\infty}c_ne^{inx}$$

$$=\frac{1}{2}+\sum_{\substack{n=-\infty\\ n\neq 0}}^{\infty}\frac{1}{2\pi ni}\{1-(-1)^n\}e^{inx}$$

$$=\frac{1}{2}+\sum_{n=1}^{\infty}\frac{1}{2\pi ni}\{1-(-1)^n\}e^{inx}+\sum_{n=1}^{\infty}\frac{1}{-2\pi ni}\{1-(-1)^{-n}\}e^{-inx}$$

$$=\frac{1}{2}+\sum_{m=1}^{\infty}\frac{1}{\pi(2m-1)i}e^{i(2m-1)x}-\sum_{m=1}^{\infty}\frac{1}{\pi(2m-1)i}e^{-i(2m-1)x}$$

$$=\frac{1}{2}+\frac{1}{\pi i}\sum_{m=1}^{\infty}\frac{1}{2m-1}\{e^{i(2m-1)x}-e^{-i(2m-1)x}\}$$

次に，これを実数形に直す。

$$f(x)$$

$$\sim\frac{1}{2}+\frac{1}{\pi i}\sum_{m=1}^{\infty}\frac{1}{2m-1}\{e^{i(2m-1)x}-e^{-i(2m-1)x}\}$$

$$=\frac{1}{2}+\frac{1}{\pi i}\sum_{m=1}^{\infty}\frac{1}{2m-1}\cdot 2i\sin(2m-1)x$$

$$=\frac{1}{2}+\frac{2}{\pi}\sum_{m=1}^{\infty}\frac{1}{2m-1}\sin(2m-1)x$$

(2) 複素フーリエ係数は

$$c_n=\frac{1}{2\pi}\int_{-\pi}^{\pi}f(x)e^{-inx}\,dx$$

$$=\frac{1}{2\pi}\int_{-\pi}^{\pi}|\sin x|\,e^{-inx}\,dx$$

$$=\frac{1}{2\pi}\left(\int_{-\pi}^{0}|\sin x|\,e^{-inx}\,dx+\int_{0}^{\pi}|\sin x|\,e^{-inx}\,dx\right)$$

$$=\frac{1}{2\pi}\left(-\int_{-\pi}^{0}\sin x\cdot e^{-inx}\,dx+\int_{0}^{\pi}\sin x\cdot e^{-inx}\,dx\right)$$

$$=\frac{1}{2\pi}\left(\int_{0}^{\pi}\sin x\cdot e^{inx}\,dx+\int_{0}^{\pi}\sin x\cdot e^{-inx}\,dx\right)$$

（前半に置換積分）

$$=\frac{1}{2\pi}\int_{0}^{\pi}\sin x\cdot(e^{inx}+e^{-inx})\,dx$$

$$=\frac{1}{2\pi}\int_{0}^{\pi}\frac{e^{ix}-e^{-ix}}{2i}(e^{inx}+e^{-inx})\,dx$$

$$=\frac{1}{4\pi i}\left(\int_{0}^{\pi}(e^{i(n+1)x}-e^{-i(n+1)x})dx-\int_{0}^{\pi}(e^{i(n-1)x}-e^{-i(n-1)x})dx\right)$$

（i） $n=1$ のとき

$$c_1=\frac{1}{4\pi i}\int_{0}^{\pi}(e^{2ix}-e^{-2ix})dx=\frac{1}{2\pi}\int_{0}^{\pi}\sin 2x\,dx=0$$

（ii） $n=-1$ のとき

$$c_{-1}=-\frac{1}{4\pi i}\int_{0}^{\pi}(e^{-2ix}-e^{2ix})dx=-\frac{1}{4\pi i}\int_{0}^{\pi}(-2i\sin 2x)dx=\frac{1}{2\pi}\int_{0}^{\pi}\sin 2x\,dx=0$$

（iii） $n\neq\pm1$ のとき

$$c_n=\frac{1}{4\pi i}\left(\left[\frac{1}{i(n+1)}(e^{i(n+1)x}+e^{-i(n+1)x})\right]_0^{\pi}-\left[\frac{1}{i(n-1)}(e^{i(n-1)x}+e^{-i(n-1)x})\right]_0^{\pi}\right)$$

$$=\frac{1}{4\pi i}\left(\frac{1}{i(n+1)}(2\cos(n+1)\pi-2)-\frac{1}{i(n-1)}(2\cos(n-1)\pi-2)\right)$$

$$=\frac{1}{2\pi i}\left(-\frac{1}{i(n+1)}\{1-(-1)^{n+1}\}+\frac{1}{i(n-1)}\{1-(-1)^{n-1}\}\right)$$

$$=\frac{1}{2\pi}\left(\frac{1}{n+1}\{1-(-1)^{n+1}\}-\frac{1}{n-1}\{1-(-1)^{n-1}\}\right)$$

$$=-\frac{1}{\pi(n^2-1)}\{1-(-1)^{n+1}\}$$

よって，求める複素フーリエ級数は

$$f(x)\sim\sum_{n=-\infty}^{\infty}c_ne^{inx}$$

$$=-\frac{1}{\pi}\sum_{\substack{n=-\infty\\ n\neq\pm1}}^{\infty}\frac{1}{n^2-1}\{1-(-1)^{n+1}\}e^{inx}$$

$$=-\frac{1}{\pi}\left(\sum_{n=2}^{\infty}\frac{1}{n^2-1}\{1-(-1)^{n+1}\}e^{inx}-2+\sum_{n=2}^{\infty}\frac{1}{(-n)^2-1}\{1-(-1)^{-n+1}\}e^{-inx}\right)$$

$$=-\frac{1}{\pi}\left(\sum_{m=1}^{\infty}\frac{2}{(2m)^2-1}e^{2mix}-2+\sum_{m=1}^{\infty}\frac{2}{(-2m)^2-1}e^{-2mix}\right)$$

$$=\frac{2}{\pi}-\frac{2}{\pi}\sum_{m=1}^{\infty}\frac{1}{4m^2-1}(e^{2mix}+e^{-2mix})$$

次に，これを実数形に直す。

$$f(x)\sim\frac{2}{\pi}-\frac{2}{\pi}\sum_{m=1}^{\infty}\frac{1}{4m^2-1}(e^{2mix}+e^{-2mix})$$

$$=\frac{2}{\pi}-\frac{4}{\pi}\sum_{m=1}^{\infty}\frac{1}{4m^2-1}\cos 2mx$$

2 (1) $f(x)=e^{-a|x|}$ は偶関数であるから，フーリエ余弦積分を考える。

$$A(u)=\frac{2}{\pi}\int_{0}^{\infty}f(t)\cos tu\,dt=\frac{2}{\pi}\int_{0}^{\infty}e^{-at}\cos tu\,dt$$

ここで，$t$ での微分を考えて

$$(e^{-at}\sin ut)'=-ae^{-at}\sin ut+e^{-at}u\cos ut \quad\cdots\cdots①$$

$$(e^{-at}\cos ut)'=-ae^{-at}\cos ut-e^{-at}u\sin ut \quad\cdots\cdots②$$

①$\times u$ −②$\times a$ より

$$(ue^{-at}\sin ut - ae^{-at}\cos ut)'$$
$$= (u^2 + a^2)e^{-at}\cos ut$$

よって

$$\int e^{-at}\cos ut\,dt$$
$$= \frac{1}{u^2+a^2}e^{-at}(u\sin ut - a\cos ut) + C$$

であり

$$A(u) = \frac{2}{\pi}\int_0^\infty e^{-at}\cos tu\,dt$$
$$= \frac{2}{\pi}\left[\frac{1}{u^2+a^2}e^{-at}(u\sin ut - a\cos ut)\right]_0^\infty$$
$$= \frac{2}{\pi}\cdot\frac{a}{u^2+a^2}$$

したがって，求めるフーリエ積分は

$$f(x) \sim \int_0^\infty A(u)\cos xu\,du$$
$$= \frac{2}{\pi}\int_0^\infty \frac{a}{u^2+a^2}\cos xu\,du$$

(2)　$f(x) = e^{-a|x|}$ は絶対可積分であるから，フーリエ積分の収束より

$$\frac{f(x+0)+f(x-0)}{2}$$
$$= \frac{2}{\pi}\int_0^\infty \frac{a}{u^2+a^2}\cos xu\,du$$

そこで，$x=1$ とすると

$$\frac{e^{-a}+e^{-a}}{2} = \frac{2}{\pi}\int_0^\infty \frac{a}{u^2+a^2}\cos u\,du$$

$$\therefore\quad \int_0^\infty \frac{\cos u}{u^2+a^2}du = \frac{\pi}{2a}e^{-a}$$

すなわち

$$\int_0^\infty \frac{\cos x}{x^2+a^2}dx = \frac{\pi}{2a}e^{-a}$$

3　(1)　$f(x)$ は偶関数であるから，フーリエ余弦積分を考える。

$$A(u) = \frac{2}{\pi}\int_0^\infty f(t)\cos tu\,dt$$
$$= \frac{2}{\pi}\int_0^2\left(1-\frac{1}{2}t\right)\cos tu\,dt$$
$$= \frac{2}{\pi}\left\{\left[\left(1-\frac{1}{2}t\right)\cdot\frac{1}{u}\sin tu\right]_0^2 - \int_0^2\left(-\frac{1}{2}\right)\cdot\frac{1}{u}\sin tu\,dt\right\}$$
$$= \frac{1}{\pi}\left[-\frac{1}{u^2}\cos tu\right]_0^2$$
$$= \frac{1}{\pi u^2}(1-\cos 2u)$$
$$= \frac{2\sin^2 u}{\pi u^2} = \frac{2}{\pi}\left(\frac{\sin u}{u}\right)^2$$

よって，求めるフーリエ積分は

$$f(x) \sim \int_0^\infty A(u)\cos xu\,du$$
$$= \frac{2}{\pi}\int_0^\infty \left(\frac{\sin u}{u}\right)^2\cos xu\,du$$

(2)　$f(x)$ は絶対可積分であるから，フーリエ積分の収束より

$$\frac{f(x+0)+f(x-0)}{2}$$
$$= \frac{2}{\pi}\int_0^\infty \left(\frac{\sin u}{u}\right)^2\cos xu\,du$$

そこで，$x=0$ とすると

$$\frac{1+1}{2} = \frac{2}{\pi}\int_0^\infty \left(\frac{\sin u}{u}\right)^2 du$$

$$\therefore\quad \int_0^\infty \left(\frac{\sin u}{u}\right)^2 du = \frac{\pi}{2}$$

すなわち

$$\int_0^\infty \left(\frac{\sin x}{x}\right)^2 dx = \frac{\pi}{2}$$

## ■演習問題 3．3

1　$F(u) = \dfrac{1}{\sqrt{2\pi}}\displaystyle\int_{-\infty}^\infty f(t)e^{-iut}\,dt$

$$= \frac{1}{\sqrt{2\pi}}\int_{-1}^1 (1-t^2)e^{-iut}\,dt$$
$$= \frac{1}{\sqrt{2\pi}}\left\{\left[(1-t^2)\left(-\frac{1}{iu}e^{-iut}\right)\right]_{-1}^1 - \int_{-1}^1(-2t)\left(-\frac{1}{iu}e^{-iut}\right)dt\right\}$$
$$= \frac{2i}{\sqrt{2\pi}u}\int_{-1}^1 te^{-iut}dt$$
$$= \frac{2i}{\sqrt{2\pi}u}\left\{\left[t\cdot\left(-\frac{1}{iu}e^{-iut}\right)\right]_{-1}^1 - \int_{-1}^1 1\cdot\left(-\frac{1}{iu}e^{-iut}\right)dt\right\}$$

$$=\frac{2}{\sqrt{2\pi}u^2}\left\{-\left[te^{-iut}\right]_{-1}^{1}+\int_{-1}^{1}e^{-iut}dt\right\}$$
$$=\frac{2}{\sqrt{2\pi}u^2}\left\{-(e^{-iu}+e^{iu})+\left[-\frac{1}{iu}e^{-iut}\right]_{-1}^{1}\right\}$$
$$=\frac{2}{\sqrt{2\pi}u^2}\left\{-(e^{-iu}+e^{iu})-\frac{1}{iu}(e^{-iu}-e^{iu})\right\}$$
$$=\frac{2}{\sqrt{2\pi}u^2}\left\{-2\cos u-\frac{1}{iu}(-2i\sin u)\right\}$$
$$=\frac{4}{\sqrt{2\pi}u^2}\left(\frac{1}{u}\sin u-\cos u\right)$$
$$=\frac{4}{\sqrt{2\pi}}\frac{\sin u-u\cos u}{u^3}$$

[2] $F_\varepsilon(u)=\frac{1}{\sqrt{2\pi}}\int_{-\infty}^{\infty}f_\varepsilon(t)e^{-iut}\,dt$

$$=\frac{1}{\sqrt{2\pi}}\cdot\frac{1}{2\varepsilon}\int_{-\varepsilon}^{\varepsilon}e^{-iut}dt$$
$$=\frac{1}{\sqrt{2\pi}}\cdot\frac{1}{2\varepsilon}\left[-\frac{1}{iu}e^{-iut}\right]_{-\varepsilon}^{\varepsilon}$$
$$=\frac{1}{\sqrt{2\pi}}\cdot\frac{1}{2\varepsilon}\cdot\frac{1}{iu}(e^{iu\varepsilon}-e^{-iu\varepsilon})$$
$$=\frac{1}{\sqrt{2\pi}}\cdot\frac{1}{2\varepsilon}\cdot\frac{1}{iu}\cdot 2i\sin u\varepsilon=\frac{1}{\sqrt{2\pi}}\frac{\sin u\varepsilon}{u\varepsilon}$$

よって

$$\lim_{\varepsilon\to+0}F_\varepsilon(u)=\frac{1}{\sqrt{2\pi}}\lim_{\varepsilon\to+0}\frac{\sin u\varepsilon}{u\varepsilon}=\frac{1}{\sqrt{2\pi}}$$

[3] $F(u)=\frac{1}{\sqrt{2\pi}}\int_{-\infty}^{\infty}f(t)e^{-iut}\,dt$

$$=\frac{1}{\sqrt{2\pi}}\int_{-\infty}^{\infty}e^{-\frac{t^2}{2}}(\cos ut-i\sin ut)dt$$
$$=\frac{2}{\sqrt{2\pi}}\int_0^{\infty}e^{-\frac{t^2}{2}}\cos ut\,dt$$
$$=\frac{2}{\sqrt{2\pi}}\int_0^{\infty}e^{-x^2}\cos\sqrt{2}ux\cdot\sqrt{2}dx$$

$\left(x=\frac{t}{\sqrt{2}}\right.$ と置換 $\left.\right)$

$$=\frac{2}{\sqrt{\pi}}\int_0^{\infty}e^{-x^2}\cos\sqrt{2}ux\,dx$$
$$=\frac{2}{\sqrt{\pi}}\cdot\frac{\sqrt{\pi}}{2}e^{-\frac{(\sqrt{2}u)^2}{4}}$$

$\left(\because\ \int_0^{\infty}e^{-x^2}\cos\alpha x\,dx=\frac{\sqrt{\pi}}{2}e^{-\frac{\alpha^2}{4}}\right)$

$$=e^{-\frac{u^2}{2}}$$

**【参考】** $\int_0^{\infty}e^{-x^2}\cos\alpha x\,dx=\frac{\sqrt{\pi}}{2}e^{-\frac{\alpha^2}{4}}$ の証明

次の等式を証明すればよい。

$$\int_{-\infty}^{\infty}e^{-x^2}\cos 2ax\,dx=\sqrt{\pi}e^{-a^2}\quad(a>0)$$

$r>0$ に対して，複素平面上に 4 点

$P:z=-r$，$Q:z=r$，

$R:z=r+ia$，$S:z=-r+ia$

をとり，長方形 PQRS を反時計回りに進む積分路を $C$ とすると，コーシーの積分定理により次が成り立つ。

$$\int_C e^{-z^2}dz=0$$

一方，積分路 $C$ を 4 つの部分

$C_1:P\to Q$，$C_2:Q\to R$，

$C_3:R\to S$，$C_4:S\to P$

に分けて考えると

$$\int_{C_1}e^{-z^2}dz=\int_{-r}^{r}e^{-x^2}dx$$
$$\int_{C_2}e^{-z^2}dz=\int_0^{a}e^{-(r+iy)^2}idy$$
$$=ie^{-r^2}\int_0^{a}e^{y^2-2ryi}dy$$
$$\int_{C_3}e^{-z^2}dz=\int_{r}^{-r}e^{-(x+ia)^2}dx$$
$$=-e^{a^2}\int_{-r}^{r}e^{-x^2}e^{-2axi}dx$$
$$\int_{C_4}e^{-z^2}dz=\int_a^{0}e^{-(-r+iy)^2}idy$$
$$=-e^{-r^2}\int_0^{a}e^{y^2+2ryi}dy$$

ここで，$r\to\infty$ とすると，2 番目と 4 番目の積分の値は 0 に収束し，次が成り立つ。

$$\int_{-\infty}^{\infty}e^{-x^2}dx-e^{a^2}\int_{-\infty}^{\infty}e^{-x^2}e^{-2axi}dx=0$$

よって

$$\int_{-\infty}^{\infty}e^{-x^2}e^{-2axi}dx=\left(\int_{-\infty}^{\infty}e^{-x^2}dx\right)e^{-a^2}$$
$$=\sqrt{\pi}e^{-a^2}$$

最後に，両辺の実部を考えれば

$$\int_{-\infty}^{\infty}e^{-x^2}\cos 2ax\,dx=\sqrt{\pi}e^{-a^2}$$

であることがわかる。　（証明終）

# 第４章 ラプラス変換

## ■演習問題 4. 1

1　(1)　$L[x^n](s)$

$=\dfrac{1}{s}L[nx^{n-1}](s)$　⬅ 積分法則

$=\dfrac{n}{s}L[x^{n-1}](s)$　⬅ 線形性

$=\dfrac{n}{s}\cdot\dfrac{n-1}{s}L[x^{n-2}](s)$

$=\cdots$

$=\dfrac{n}{s}\cdot\dfrac{n-1}{s}\cdots\dfrac{3}{s}\cdot\dfrac{2}{s}\cdot\dfrac{1}{s}L[1](s)$

$=\dfrac{n}{s}\cdot\dfrac{n-1}{s}\cdots\dfrac{3}{s}\cdot\dfrac{2}{s}\cdot\dfrac{1}{s}\cdot\dfrac{1}{s}=\dfrac{n!}{s^{n+1}}$

(2)　$L[e^{-x}\sin x](s)$

$=L[\sin x](s+1)$　⬅ 移動法則

$=\dfrac{1}{(s+1)^2+1}$

(3)　$L[x\cosh x](s)$

$=L\left[x\cdot\dfrac{e^x+e^{-x}}{2}\right](s)$

$=\dfrac{1}{2}\{L[e^x x](s)+L[e^{-x}x](s)\}$　⬅ 線形性

$=\dfrac{1}{2}\{L[x](s-1)+L[x](s+1)\}$　⬅ 移動法則

$=\dfrac{1}{2}\left(\dfrac{1}{(s-1)^2}+\dfrac{1}{(s+1)^2}\right)$

$=\dfrac{1}{2}\cdot\dfrac{(s+1)^2+(s-1)^2}{\{(s-1)(s+1)\}^2}=\dfrac{s^2+1}{(s^2-1)^2}$

2　(1)　$L[f(ax)](s)=\int_0^\infty f(at)e^{-st}dt$

$=\int_0^\infty f(u)e^{-s\frac{u}{a}}\cdot\dfrac{1}{a}du$　（$u=at$ と置換）

$=\dfrac{1}{a}\int_0^\infty f(u)e^{-\frac{s}{a}u}du=\dfrac{1}{a}L[f(x)]\left(\dfrac{s}{a}\right)$

(2)（ｉ）$L[f(x-a)](s)$

$=\int_0^\infty f(t-a)e^{-st}dt$

$=\int_{-a}^\infty f(u)e^{-s(a+u)}du$　（$u=t-a$ と置換）

$=e^{-as}\int_{-a}^\infty f(u)e^{-su}du$

$=e^{-as}\int_0^\infty f(u)e^{-su}du$

（∵　$x<0$ のとき，$f(x)=0$）

$=e^{-as}L[f(x)](s)$

（ii）$L[f(x+a)](s)$

$=\int_0^\infty f(t+a)e^{-st}dt$

$=\int_a^\infty f(u)e^{-s(u-a)}du$　（$u=t+a$ と置換）

$=e^{as}\int_a^\infty f(u)e^{-su}du$

$=e^{as}\left(\int_0^\infty f(u)e^{-su}du-\int_0^a f(u)e^{-su}du\right)$

$=e^{as}\left(L[f(x)](s)-\int_0^a f(u)e^{-su}du\right)$

## ■演習問題 4. 2

1　(1)　$x*e^{-x}=\int_0^x(x-t)e^{-t}dt$

$=\left[(x-t)\cdot(-e^{-t})\right]_0^x-\int_0^x(-1)\cdot(e^{-t})dt$

$=0-(-x)-\left[e^{-t}\right]_0^x$

$=x-(e^{-x}-1)$

$=-e^{-x}+x+1$

また，そのラプラス変換は

$L[-e^{-x}+x+1](s)$

$=-L[e^{-x}](s)+L[x](s)+L[1](s)$

$=-L[1](s+1)+L[x](s)+L[1](s)$

$=-\dfrac{1}{s+1}+\dfrac{1}{s^2}+\dfrac{1}{s}$

$=\dfrac{-s^2+(s+1)+s(s+1)}{s^2(s+1)}$

$=\dfrac{2s+1}{s^2(s+1)}$

(2)　$e^x*\sin x=\int_0^x e^{x-t}\sin t\,dt$

$=e^x\int_0^x e^{-t}\sin t\,dt$

ここで

$(e^{-t}\sin t)'=-e^{-t}\cdot\sin t+e^{-t}\cdot\cos t$

$(e^{-t}\cos t)'=-e^{-t}\cdot\cos t+e^{-t}\cdot(-\sin t)$

の和をとると

$$(e^{-t}\sin t+e^{-t}\cos t)'=-2e^{-t}\sin t$$

であるから

$$\int e^{-t}\sin t\,dt=-\frac{1}{2}e^{-t}(\sin t+\cos t)+C$$

（$C$ は積分定数）

よって

$$e^x*\sin x=e^x\int_0^x e^{-t}\sin t\,dt$$

$$=e^x\left[-\frac{1}{2}e^{-t}(\sin t+\cos t)\right]_0^x$$

$$=-\frac{1}{2}e^x\{e^{-x}(\sin x+\cos x)-1\}$$

$$=\frac{1}{2}(e^x-\sin x-\cos x)$$

また，そのラプラス変換は

$$L\left[\frac{1}{2}(e^x-\sin x-\cos x)\right](s)$$

$$=\frac{1}{2}\{L[e^x](s)-L[\sin x](s)-L[\cos x](s)\}$$

$$=\frac{1}{2}\left(\frac{1}{s-1}-\frac{1}{s^2+1}-\frac{s}{s^2+1}\right)$$

$$=\frac{1}{2}\cdot\frac{(s^2+1)-(1+s)(s-1)}{(s-1)(s^2+1)}$$

$$=\frac{s^2}{(s-1)(s^2+1)}$$

2　(1)　$\displaystyle\frac{1}{s^4-1}=\frac{1}{(s^2+1)(s^2-1)}$

$$=\frac{1}{2}\left(\frac{1}{s^2-1}-\frac{1}{s^2+1}\right)$$

$$=\frac{1}{2}\left\{\frac{1}{2}\left(\frac{1}{s-1}-\frac{1}{s+1}\right)-\frac{1}{s^2+1}\right\}$$

$$=\frac{1}{4}\left(\frac{1}{s-1}-\frac{1}{s+1}-\frac{2}{s^2+1}\right)$$

よって

$$L^{-1}\left[\frac{1}{s^4-1}\right](x)$$

$$=\frac{1}{4}\left\{L^{-1}\left[\frac{1}{s-1}\right](s)-L^{-1}\left[\frac{1}{s+1}\right](x)\right.$$
$$\left.-2L^{-1}\left[\frac{1}{s^2+1}\right](x)\right\}$$

$$=\frac{1}{4}(e^x-e^{-x}-2\sin x)$$

$$\left(=\frac{1}{2}(\sinh x-\sin x)\right)$$

(2)　$\displaystyle\frac{2s-3}{s^2-5s+6}=\frac{2s-3}{(s-2)(s-3)}$

$$=\frac{a}{s-3}+\frac{b}{s-2}$$

とおくと

$$2s-3=a(s-2)+b(s-3)$$
$$=(a+b)s-(2a+3b)$$

$$\therefore\quad\begin{cases}a+b=2\\2a+3b=3\end{cases}$$

これを解くと

$a=3$，$b=-1$

よって

$$L^{-1}\left[\frac{2s-3}{s^2-5s+6}\right](x)$$

$$=L^{-1}\left[\frac{3}{s-3}-\frac{1}{s-2}\right](x)$$

$$=3L^{-1}\left[\frac{1}{s-3}\right](x)-L^{-1}\left[\frac{1}{s-2}\right](x)$$

$$=3e^{3x}-e^{2x}$$

3　$F(s)=L[f(x)](s)$ とおく。

(1)　$\displaystyle\frac{d}{ds}L[f(x)](s)=-L[x\,f(x)](s)$

より

$$\frac{d}{ds}F(s)=-L[x\,f(x)](s)$$

であるから

$$L^{-1}\left[\frac{d}{ds}F(s)\right]=-x\,f(x)$$
$$=-xL^{-1}[F(s)](x)$$

これを利用して

$$L^{-1}\left[\frac{s}{(s^2+1)^2}\right](x)$$

$$=L^{-1}\left[-\frac{1}{2}\frac{d}{ds}\left(\frac{1}{s^2+1}\right)\right](x)$$

$$=-\frac{1}{2}L^{-1}\left[\frac{d}{ds}\left(\frac{1}{s^2+1}\right)\right](x)$$

$$=-\frac{1}{2}\left\{-xL^{-1}\left[\frac{1}{s^2+1}\right](x)\right\}$$

$$=\frac{1}{2}x\sin x$$

(2)　$\displaystyle L\left[\int_0^x f(u)du\right](s)=\frac{1}{s}L[f(x)](s)$

$$=\frac{1}{s}F(s)$$

より

$$L^{-1}\left[\frac{1}{s}F(s)\right](x)=\int_0^x f(u)du$$

$$=\int_0^x L^{-1}[F(s)](u)du$$

これを利用して

$$L^{-1}\left[\frac{1}{s(s^2+4)}\right](x)$$

$$=\int_0^x L^{-1}\left[\frac{1}{s^2+4}\right](u)\,du$$

$$=\int_0^x \frac{1}{2}L^{-1}\left[\frac{2}{s^2+4}\right](u)\,du$$

$$=\int_0^x \frac{1}{2}\sin 2u\,du$$

$$=\left[-\frac{1}{4}\cos 2u\right]_0^x$$

$$=\frac{1}{4}(1-\cos 2x)$$

## ■演習問題 4. 3

**1**　$F(s)=L[y](s)$ とおく。

(1)　$y''+y=\cos x$ より

$$L[y''+y](s)=L[\cos x](s)$$

$$\therefore\quad L[y''](s)+L[y](s)=L[\cos x](s)$$

ここで

$$L[\cos x](s)=\frac{s}{s^2+1}$$

および

$$L[y'](s)=sL[y](s)-y(0)$$

$$=sF(s)-1$$

$$L[y''](s)=sL[y'](s)-y'(0)$$

$$=s\{sF(s)-1\}-0$$

$$=s^2F(s)-s$$

よって

$$L[y''](s)+L[y](s)=L[\cos x](s)$$

は次のようになる。

$$(s^2F(s)-s)+F(s)=\frac{s}{s^2+1}$$

$$\therefore\quad (s^2+1)F(s)=s+\frac{s}{s^2+1}$$

$$\therefore\quad F(s)=\frac{s}{s^2+1}+\frac{s}{(s^2+1)^2}$$

したがって

$$y(x)=L^{-1}\left[\frac{s}{s^2+1}+\frac{s}{(s^2+1)^2}\right](x)$$

$$=L^{-1}\left[\frac{s}{s^2+1}\right](x)+L^{-1}\left[\frac{s}{(s^2+1)^2}\right](x)$$

ここで

$$L^{-1}\left[\frac{s}{s^2+1}\right](x)=\cos x$$

また

$$\frac{s}{(s^2+1)^2}=\frac{1}{s^2+1}\cdot\frac{s}{s^2+1}$$

$$=L[\sin x](s)\cdot L[\cos x](s)$$

$$=L[\sin x*\cos x](s)$$

より

$$L^{-1}\left[\frac{s}{(s^2+1)^2}\right](x)=\sin x*\cos x$$

$$=\int_0^x \sin(x-t)\cos t\,dt$$

$$=\frac{1}{2}\int_0^x\{\sin x+\sin(x-2t)\}dt$$

$$=\frac{1}{2}\left[t\sin x+\frac{1}{2}\cos(x-2t)\right]_0^x$$

$$=\frac{1}{2}\left\{\left(x\sin x+\frac{1}{2}\cos x\right)-\frac{1}{2}\cos x\right\}$$

$$=\frac{1}{2}x\sin x$$

以上より

$$y(x)=L^{-1}\left[\frac{s}{s^2+1}\right](x)+L^{-1}\left[\frac{s}{(s^2+1)^2}\right](x)$$

$$=\cos x+\frac{1}{2}x\sin x$$

(2)　$y''-4y'+5y=2e^{3x}$ より

$$L[y''-4y'+5y](s)=L[2e^{3x}](s)$$

ここで

$$L[e^{3x}](s)=L[1](s-3)=\frac{1}{s-3}$$

および

$$L[y'](s)=sL[y](s)-y(0)$$

$$=sF(s)-1$$

$$L[y''](s) = sL[y'](s) - y'(0)$$
$$= s\{sF(s) - 1\} - 1$$
$$= s^2F(s) - s - 1$$

よって

$$L[y'' - 4y' + 5y](s) = L[2e^{3x}](s)$$

は次のようになる。

$$s^2F(s) - s - 1 - 4\{sF(s) - 1\} + 5F(s) = \frac{2}{s-3}$$

$$\therefore \quad (s^2 - 4s + 5)F(s) = \frac{2}{s-3} + s - 3$$

したがって

$$F(s) = \frac{2}{(s-3)(s^2-4s+5)} + \frac{s-3}{s^2-4s+5}$$
$$= \frac{(s^2-4s+5) - (s-1)(s-3)}{(s-3)(s^2-4s+5)} + \frac{s-3}{s^2-4s+5}$$
$$= \frac{1}{s-3} - \frac{s-1}{s^2-4s+5} + \frac{s-3}{s^2-4s+5}$$
$$= \frac{1}{s-3} - \frac{2}{(s-2)^2+1}$$

以上より

$$y(x) = L^{-1}\left[\frac{1}{s-3} - \frac{2}{(s-2)^2+1}\right](x)$$
$$= L^{-1}\left[\frac{1}{s-3}\right](x) - 2L^{-1}\left[\frac{1}{(s-2)^2+1}\right](x)$$
$$= e^{3x}L^{-1}\left[\frac{1}{s}\right](x) - 2e^{2x}L^{-1}\left[\frac{1}{s^2+1}\right](x)$$
$$= e^{3x} \cdot 1 - 2e^{2x} \cdot \sin x$$
$$= e^{3x} - 2e^{2x}\sin x$$

**2** $F(s) = L[f(x)](s)$ とおく。

(1) $\displaystyle\int_0^x \cos(x-t)f(t)\,dt = x^2 - 2x$

より

$$\cos x * f(x) = x^2 - 2x$$

$$\therefore \quad L[\cos x * f(x)](s) = L[x^2 - 2x](s)$$
$$L[\cos x](s) \cdot L[f(x)](s) = L[x^2](s) - 2L[x](s)$$

よって

$$\frac{s}{s^2+1} \cdot F(s) = \frac{2!}{s^3} - 2 \cdot \frac{1!}{s^2}$$
$$= -\frac{2(s-1)}{s^3}$$

したがって

$$F(s) = -\frac{2(s-1)(s^2+1)}{s^4}$$
$$= -\frac{2(s^3 - s^2 + s - 1)}{s^4}$$
$$= 2\left(\frac{1}{s^4} - \frac{1}{s^3} + \frac{1}{s^2} - \frac{1}{s}\right)$$

以上より

$$f(x) = L^{-1}\left[2\left(\frac{1}{s^4} - \frac{1}{s^3} + \frac{1}{s^2} - \frac{1}{s}\right)\right](x)$$
$$= 2L^{-1}\left[\frac{1}{s^4} - \frac{1}{s^3} + \frac{1}{s^2} - \frac{1}{s}\right](x)$$
$$= 2\left(\frac{1}{3!}x^3 - \frac{1}{2!}x^2 + \frac{1}{1!}x - 1\right)$$
$$= \frac{1}{3}x^3 - x^2 + 2x - 2$$

(2) $\displaystyle f(x) - \int_0^x e^{x-t}f(t)\,dt = \cos x$

より

$$f(x) - e^x * f(x) = \cos x$$

$$\therefore \quad L[f(x) - e^x * f(x)](s) = L[\cos x](s)$$
$$L[f(x)](s) - L[e^x](s) \cdot L[f(x)](s) = L[\cos x](s)$$

$$\therefore \quad F(s) - \frac{1}{s-1} \cdot F(s) = \frac{s}{s^2+1}$$
$$\frac{s-2}{s-1} \cdot F(s) = \frac{s}{s^2+1}$$

よって

$$F(s) = \frac{s(s-1)}{(s^2+1)(s-2)}$$

これを部分分数分解すると

$$F(s) = \frac{1}{5}\left(\frac{2}{s-2} + \frac{3s+1}{s^2+1}\right)$$
$$= \frac{1}{5}\left(\frac{2}{s-2} + \frac{3s}{s^2+1} + \frac{1}{s^2+1}\right)$$

を得るから

$$f(x) = L^{-1}\left[\frac{1}{5}\left(\frac{2}{s-2} + \frac{3s}{s^2+1} + \frac{1}{s^2+1}\right)\right](x)$$
$$= \frac{1}{5}L^{-1}\left[\frac{2}{s-2} + \frac{3s}{s^2+1} + \frac{1}{s^2+1}\right](x)$$
$$= \frac{1}{5}(2e^x + 3\cos x + \sin x)$$

# 第5章 ベクトル解析

## ■演習問題 5. 1

1 (1) $\mathbf{a}=(a_1, a_2, a_3)$，$\mathbf{b}=(b_1, b_2, b_3)$，$\mathbf{c}=(c_1, c_2, c_3)$ とおく。

$$\mathbf{a}=\begin{pmatrix} a_1 \\ a_2 \\ a_3 \end{pmatrix},\quad \mathbf{b}\times\mathbf{c}=\begin{pmatrix} b_2c_3-c_2b_3 \\ b_3c_1-c_3b_1 \\ b_1c_2-c_1b_2 \end{pmatrix}$$

より

$$\mathbf{a}\times(\mathbf{b}\times\mathbf{c})$$
$$=\begin{vmatrix} a_2 & b_3c_1-c_3b_1 \\ a_3 & b_1c_2-c_1b_2 \end{vmatrix}\mathbf{i}+\begin{vmatrix} a_3 & b_1c_2-c_1b_2 \\ a_1 & b_2c_2-c_2b_3 \end{vmatrix}\mathbf{j}+\begin{vmatrix} a_1 & b_2c_3-c_2b_3 \\ a_2 & b_3c_1-c_3b_1 \end{vmatrix}\mathbf{k}$$

ここで

$$\begin{vmatrix} a_2 & b_3c_1-c_3b_1 \\ a_3 & b_1c_2-c_1b_2 \end{vmatrix}$$
$$=a_2(b_1c_2-c_1b_2)-(b_3c_1-c_3b_1)a_3$$
$$=(a_2c_2+a_3c_3)b_1-(a_2b_2+a_3b_3)c_1$$
$$=(a_1c_1+a_2c_2+a_3c_3)b_1-(a_1b_1+a_2b_2+a_3b_3)c_1$$
$$=(\mathbf{a}\cdot\mathbf{c})b_1-(\mathbf{a}\cdot\mathbf{b})c_1$$

より，同様に

$$\begin{vmatrix} a_3 & b_1c_2-c_1b_2 \\ a_1 & b_2c_2-c_2b_3 \end{vmatrix}=(\mathbf{a}\cdot\mathbf{c})b_2-(\mathbf{a}\cdot\mathbf{b})c_2$$

$$\begin{vmatrix} a_1 & b_2c_3-c_2b_3 \\ a_2 & b_3c_1-c_3b_1 \end{vmatrix}=(\mathbf{a}\cdot\mathbf{c})b_3-(\mathbf{a}\cdot\mathbf{b})c_3$$

であるから

$$\mathbf{a}\times(\mathbf{b}\times\mathbf{c})=(\mathbf{a}\cdot\mathbf{c})\mathbf{b}-(\mathbf{a}\cdot\mathbf{b})\mathbf{c}$$

(2) (1)より

$$\mathbf{a}\times(\mathbf{b}\times\mathbf{c})=(\mathbf{a}\cdot\mathbf{c})\mathbf{b}-(\mathbf{a}\cdot\mathbf{b})\mathbf{c}$$
$$\mathbf{b}\times(\mathbf{c}\times\mathbf{a})=(\mathbf{b}\cdot\mathbf{a})\mathbf{c}-(\mathbf{b}\cdot\mathbf{c})\mathbf{a}$$
$$\mathbf{c}\times(\mathbf{a}\times\mathbf{b})=(\mathbf{c}\cdot\mathbf{b})\mathbf{a}-(\mathbf{c}\cdot\mathbf{a})\mathbf{b}$$

であるから

$$\mathbf{a}\times(\mathbf{b}\times\mathbf{c})+\mathbf{b}\times(\mathbf{c}\times\mathbf{a})+\mathbf{c}\times(\mathbf{a}\times\mathbf{b})=\mathbf{0}$$

2 (1) $\varphi=x^2z+e^{\frac{y}{x}}$

より

$$\frac{\partial\varphi}{\partial x}=2xz+e^{\frac{y}{x}}\cdot\left(-\frac{y}{x^2}\right)=2xz-\frac{y}{x^2}e^{\frac{y}{x}}$$

$$\frac{\partial\varphi}{\partial y}=e^{\frac{y}{x}}\cdot\frac{1}{x}=\frac{1}{x}e^{\frac{y}{x}}$$

$$\frac{\partial\varphi}{\partial z}=x^2$$

よって

$$\nabla\varphi=\left(2xz-\frac{y}{x^2}e^{\frac{y}{x}},\ \frac{1}{x}e^{\frac{y}{x}},\ x^2\right)$$

(2) $\mathbf{A}=(xy^2,\ \log(y^2+z^2),\ \sin(xz))$

より

$$\frac{\partial}{\partial x}(xy^2)=y^2$$

$$\frac{\partial}{\partial y}\log(y^2+z^2)=\frac{2y}{y^2+z^2}$$

$$\frac{\partial}{\partial z}\sin(xz)=x\cos(xz)$$

よって

$$\nabla\cdot\mathbf{A}=y^2+\frac{2y}{y^2+z^2}+x\cos(xz)$$

(3) $\mathbf{A}=(e^x,\ e^{xy},\ e^{xyz})$

より

$$\frac{\partial}{\partial y}e^{xyz}-\frac{\partial}{\partial z}e^{xy}=xze^{xyz}$$

$$\frac{\partial}{\partial z}e^x-\frac{\partial}{\partial x}e^{xyz}=-yze^{xyz}$$

$$\frac{\partial}{\partial x}e^{xy}-\frac{\partial}{\partial y}e^x=ye^{xy}$$

よって

$$\nabla\times\mathbf{A}=(xze^{xyz},\ -yze^{xyz},\ ye^{xy})$$

3 (1) $r=|\mathbf{r}|=\sqrt{x^2+y^2+z^2}$

より

$$\frac{\partial}{\partial x}\left(\frac{1}{r}\right)=-\frac{1}{r^2}\cdot\frac{\partial r}{\partial x}$$
$$=-\frac{1}{r^2}\cdot\frac{x}{r}=-\frac{x}{r^3}$$

よって

$$\frac{\partial^2}{\partial x^2}\left(\frac{1}{r}\right)=-\frac{1}{r^6}\left\{1\cdot r^3-x\cdot 3r^2\cdot\frac{x}{r}\right\}$$

$$=-\frac{r^2-3x^2}{r^5}=\frac{3x^2-r^2}{r^5}$$

同様に

$$\frac{\partial^2}{\partial y^2}\left(\frac{1}{r}\right)=\frac{3y^2-r^2}{r^5},$$

$$\frac{\partial^2}{\partial z^2}\left(\frac{1}{r}\right)=\frac{3z^2-r^2}{r^5}$$

よって

$$\Delta\left(\frac{1}{r}\right)=\left(\frac{\partial^2}{\partial x^2}+\frac{\partial^2}{\partial y^2}+\frac{\partial^2}{\partial z^2}\right)\left(\frac{1}{r}\right)$$

$$=\frac{3(x^2+y^2+z^2)-3r^2}{r^5}$$

$$=\frac{3r^2-3r^2}{r^5}=0$$

(2)　まずはじめに

$$\frac{\partial}{\partial x}\log r=\frac{1}{r}\cdot\frac{\partial r}{\partial x}=\frac{1}{r}\cdot\frac{x}{r}=\frac{x}{r^2}$$

より

$$\frac{\partial^2}{\partial x^2}\log r=\frac{1}{r^4}\left\{1\cdot r^2-x\cdot 2r\cdot\frac{x}{r}\right\}$$

$$=\frac{r^2-2x^2}{r^4}$$

同様にして

$$\frac{\partial^2}{\partial y^2}\log r=\frac{r^2-2y^2}{r^4},$$

$$\frac{\partial^2}{\partial z^2}\log r=\frac{r^2-2z^2}{r^4}$$

よって

$$\Delta\log r=\left(\frac{\partial^2}{\partial x^2}+\frac{\partial^2}{\partial y^2}+\frac{\partial^2}{\partial z^2}\right)\log r$$

$$=\frac{3r^2-2(x^2+y^2+z^2)}{r^4}$$

$$=\frac{3r^2-2r^2}{r^4}=\frac{1}{r^2}$$

**4**　(1)　$\nabla\varphi=\left(\frac{\partial\varphi}{\partial x},\frac{\partial\varphi}{\partial y},\frac{\partial\varphi}{\partial z}\right)$

であり

$$\frac{\partial}{\partial y}\left(\frac{\partial\varphi}{\partial z}\right)-\frac{\partial}{\partial z}\left(\frac{\partial\varphi}{\partial y}\right)=0$$

$$\frac{\partial}{\partial z}\left(\frac{\partial\varphi}{\partial x}\right)-\frac{\partial}{\partial x}\left(\frac{\partial\varphi}{\partial z}\right)=0$$

$$\frac{\partial}{\partial x}\left(\frac{\partial\varphi}{\partial y}\right)-\frac{\partial}{\partial y}\left(\frac{\partial\varphi}{\partial x}\right)=0$$

よって

$$\nabla\times(\nabla\varphi)=\mathbf{0}$$

(2)　$\nabla\times\mathbf{A}$

$$=\left(\frac{\partial}{\partial y}A_3-\frac{\partial}{\partial z}A_2,\frac{\partial}{\partial z}A_1-\frac{\partial}{\partial x}A_3,\frac{\partial}{\partial x}A_2-\frac{\partial}{\partial y}A_1\right)$$

であり

$$\frac{\partial}{\partial x}\left(\frac{\partial}{\partial y}A_3-\frac{\partial}{\partial z}A_2\right)=\frac{\partial^2 A_3}{\partial x\partial y}-\frac{\partial^2 A_2}{\partial x\partial z}$$

$$\frac{\partial}{\partial y}\left(\frac{\partial}{\partial z}A_1-\frac{\partial}{\partial x}A_3\right)=\frac{\partial^2 A_1}{\partial y\partial z}-\frac{\partial^2 A_3}{\partial y\partial x}$$

$$\frac{\partial}{\partial z}\left(\frac{\partial}{\partial x}A_2-\frac{\partial}{\partial y}A_1\right)=\frac{\partial^2 A_2}{\partial z\partial x}-\frac{\partial^2 A_1}{\partial z\partial y}$$

よって

$$\nabla\cdot(\nabla\times\mathbf{A})=0$$

(3)　$\mathbf{A}=(A_1,A_2,A_3)$,

$\nabla\times\mathbf{A}=(B_1,B_2,B_3)$,

$\nabla\times(\nabla\times\mathbf{A})=(C_1,C_2,C_3)$

とおくと

$$B_1=\frac{\partial A_3}{\partial y}-\frac{\partial A_2}{\partial z},$$

$$B_2=\frac{\partial A_1}{\partial z}-\frac{\partial A_3}{\partial x},$$

$$B_3=\frac{\partial A_2}{\partial x}-\frac{\partial A_1}{\partial y}$$

よって

$$C_1=\frac{\partial B_3}{\partial y}-\frac{\partial B_2}{\partial z}$$

$$=\frac{\partial}{\partial y}\left(\frac{\partial A_2}{\partial x}-\frac{\partial A_1}{\partial y}\right)-\frac{\partial}{\partial z}\left(\frac{\partial A_1}{\partial z}-\frac{\partial A_3}{\partial x}\right)$$

$$=\frac{\partial^2 A_2}{\partial y\partial x}-\frac{\partial^2 A_1}{\partial y^2}-\frac{\partial^2 A_1}{\partial z^2}+\frac{\partial^2 A_3}{\partial z\partial x}$$

$$=\frac{\partial^2 A_1}{\partial x^2}+\frac{\partial^2 A_2}{\partial y\partial x}+\frac{\partial^2 A_3}{\partial z\partial x}-\frac{\partial^2 A_1}{\partial x^2}-\frac{\partial^2 A_1}{\partial y^2}-\frac{\partial^2 A_1}{\partial z^2}$$

$$= \frac{\partial}{\partial x}\left(\frac{\partial A_1}{\partial x} + \frac{\partial A_2}{\partial y} + \frac{\partial A_3}{\partial z}\right) - \left(\frac{\partial^2 A_1}{\partial x^2} + \frac{\partial^2 A_1}{\partial y^2} + \frac{\partial^2 A_1}{\partial z^2}\right)$$

$$= \frac{\partial}{\partial x}(\nabla \cdot \mathbf{A}) - \nabla^2 A_1$$

$C_2, C_3$ も同様にして

$$C_2 = \frac{\partial}{\partial y}(\nabla \cdot \mathbf{A}) - \nabla^2 A_2$$

$$C_3 = \frac{\partial}{\partial z}(\nabla \cdot \mathbf{A}) - \nabla^2 A_3$$

であるから

$$\nabla \times (\nabla \times \mathbf{A}) = (C_1, C_2, C_3)$$

$$= \left(\frac{\partial}{\partial x}(\nabla \cdot \mathbf{A}), \frac{\partial}{\partial y}(\nabla \cdot \mathbf{A}), \frac{\partial}{\partial z}(\nabla \cdot \mathbf{A})\right) - (\nabla^2 A_1, \nabla^2 A_2, \nabla^2 A_3)$$

$$= \nabla(\nabla \cdot \mathbf{A}) - \nabla^2 \mathbf{A}$$

## ■演習問題 5. 2

[1] $\int_C \varphi\, ds = \int_0^\pi \varphi(x(t), y(t), z(t)) \frac{ds}{dt} dt$

$$= \int_0^\pi (\cos t - \sin t + 2t) \times \sqrt{(-\sin t)^2 + (-\cos t)^2 + 2^2}\, dt$$

$$= \int_0^\pi (\cos t - \sin t + 2t) \cdot \sqrt{5}\, dt$$

$$= \sqrt{5}\Big[\sin t + \cos t + t^2\Big]_0^\pi$$

$$= \sqrt{5}\{(-1 + \pi^2) - 1\}$$

$$= \sqrt{5}(\pi^2 - 2)$$

$$\int_C \varphi\, dx = \int_0^\pi \varphi(x(t), y(t), z(t)) \frac{dx}{dt} dt$$

$$= \int_0^\pi (\cos t - \sin t + 2t)(-\sin t)\, dt$$

$$= \int_0^\pi (-\sin t \cos t + \sin^2 t - 2t \sin t)\, dt$$

$$= \int_0^\pi \left(-\sin t \cos t + \frac{1 - \cos 2t}{2}\right) dt - \int_0^\pi 2t \sin t\, dt$$

$$= \left[-\frac{1}{2}\sin^2 t + \frac{1}{2}\left(t - \frac{1}{2}\sin 2t\right)\right]_0^\pi - \left(\Big[2t \cdot (-\cos t)\Big]_0^\pi - \int_0^\pi 2 \cdot (-\cos t)\, dt\right)$$

$$= \frac{\pi}{2} - 2\pi = -\frac{3\pi}{2}$$

$$\int_C \varphi\, dy = \int_0^\pi \varphi(x(t), y(t), z(t)) \frac{dy}{dt} dt$$

$$= \int_0^\pi (\cos t - \sin t + 2t) \cos t\, dt$$

$$= \int_0^\pi (\cos^2 t - \sin t \cos t + 2t \cos t)\, dt$$

$$= \int_0^\pi \left(\frac{1 + \cos 2t}{2} - \sin t \cos t\right) dt + \int_0^\pi 2t \cos t\, dt$$

$$= \left[\frac{1}{2}\left(t + \frac{1}{2}\sin 2t\right) - \frac{1}{2}\sin^2 t\right]_0^\pi + \Big[2t \cdot \sin t\Big]_0^\pi - \int_0^\pi 2 \cdot \sin t\, dt$$

$$= \frac{\pi}{2} + \left(0 - \Big[-2\cos t\Big]_0^\pi\right) = \frac{\pi}{2} - 4$$

$$\int_C \varphi\, dz = \int_0^\pi \varphi(x(t), y(t), z(t)) \frac{dz}{dt} dt$$

$$= \int_0^\pi (\cos t - \sin t + 2t) \cdot 2\, dt$$

$$= 2\Big[\sin t + \cos t + t^2\Big]_0^\pi$$

$$= 2\{(-1 + \pi^2) - 1\}$$

$$= 2(\pi^2 - 2)$$

[2] $\int_C \mathbf{A} \cdot d\mathbf{r} = \int_0^1 \mathbf{A} \cdot \frac{d\mathbf{r}}{dt} dt$

$$= \int_0^1 \left(t^3, (t^2)^2, -\frac{2}{3}t^3\right) \cdot (1, 2t, 2t^2)\, dt$$

$$= \int_0^1 \left(t^3 + 2t^5 - \frac{4}{3}t^5\right) dt$$

$$= \int_0^1 \left(t^3 + \frac{2}{3}t^5\right) dt$$

$$= \left[\frac{1}{4}t^4 + \frac{1}{9}t^6\right]_0^1$$

$$= \frac{1}{4} + \frac{1}{9} = \frac{13}{36}$$

[3] 平面におけるグリーンの定理より

$$\oint_C \{(y - \sin x)\, dx + \cos x\, dy\}$$

$$= \iint_D \left(\frac{\partial}{\partial x}\cos x - \frac{\partial}{\partial y}(y - \sin x)\right) dxdy$$

$$= \iint_D (-\sin x - 1)\, dxdy$$

$$= -\iint_D (\sin x + 1)\, dxdy$$

$$= -\int_0^{\frac{\pi}{2}}\left(\int_0^{\frac{2}{\pi}x}(\sin x+1)dy\right)dx$$
$$= -\int_0^{\frac{\pi}{2}}\left[(\sin x+1)y\right]_{y=0}^{y=\frac{2}{\pi}x}dx$$
$$= -\int_0^{\frac{\pi}{2}}\frac{2}{\pi}x(\sin x+1)dx$$
$$= -\frac{2}{\pi}\int_0^{\frac{\pi}{2}}x(\sin x+1)dx$$
$$= -\frac{2}{\pi}\left(\left[x\cdot(\cos x+x)\right]_0^{\frac{\pi}{2}} - \int_0^{\frac{\pi}{2}}1\cdot(-\cos x+x)dx\right)$$
$$= -\frac{2}{\pi}\left(\frac{\pi^2}{4}-\left[-\sin x+\frac{1}{2}x^2\right]_0^{\frac{\pi}{2}}\right)$$
$$= -\frac{2}{\pi}\left\{\frac{\pi^2}{4}-\left(-1+\frac{\pi^2}{8}\right)\right\}$$
$$= -\frac{2}{\pi}\left(\frac{\pi^2}{8}+1\right)$$
$$= -\left(\frac{\pi}{4}+\frac{2}{\pi}\right)$$

4　$C:\mathbf{r}(t)$　（$a \leqq t \leqq b$）とする。

$$\int_C \nabla\varphi\cdot d\mathbf{r} = \int_a^b \nabla\varphi\cdot\frac{d\mathbf{r}}{dt}dt$$
$$= \int_a^b\left(\frac{\partial\varphi}{\partial x},\frac{\partial\varphi}{\partial y},\frac{\partial\varphi}{\partial z}\right)\cdot\left(\frac{dx}{dt},\frac{dy}{dt},\frac{dz}{dt}\right)dt$$
$$= \int_a^b\left(\frac{\partial\varphi}{\partial x}\cdot\frac{dx}{dt}+\frac{\partial\varphi}{\partial y}\cdot\frac{dy}{dt}+\frac{\partial\varphi}{\partial z}\cdot\frac{\partial z}{\partial t}\right)dt$$
$$= \int_a^b\frac{d}{dt}\varphi(x(t),y(t),z(t))dt$$
$$= \left[\varphi(x(t),y(t),z(t))\right]_a^b$$
$$= \varphi(x(b),y(b),z(b))-\varphi(x(a),y(a),z(a))$$
$$= \varphi(\mathrm{B})-\varphi(\mathrm{A})$$

（**注**）上で証明したことから，$D$ 内の単一閉曲線 $C$ に対して

$$\oint_C \nabla\varphi\cdot d\mathbf{r}=0$$

が成り立つことがわかる。

## ■演習問題 5．3

1　$S:\mathbf{r}(u,v)=\begin{pmatrix}(R+r\cos u)\cos v\\(R+r\cos u)\sin v\\r\sin u\end{pmatrix}$

より

$$\mathbf{r}_u=\begin{pmatrix}-r\sin u\cos v\\-r\sin u\sin v\\r\cos u\end{pmatrix},$$
$$\mathbf{r}_v=\begin{pmatrix}-(R+r\cos u)\sin v\\(R+r\cos u)\cos v\\0\end{pmatrix}$$

よって

$$\mathbf{r}_u\times\mathbf{r}_v=\begin{pmatrix}(R+r\cos u)r\cos u\cos v\\-(R+r\cos u)r\cos u\sin v\\-(R+r\cos u)r\sin u\end{pmatrix}$$
$$=(R+r\cos u)r\begin{pmatrix}\cos u\cos v\\-\cos u\sin v\\-\sin u\end{pmatrix}$$

$\therefore$　$|\mathbf{r}_u\times\mathbf{r}_v|=(R+r\cos u)r$

したがって，求める表面積は

$$\iint_D|\mathbf{r}_u\times\mathbf{r}_v|\,dudv$$
$$=\iint_D(R+r\cos u)r\,dudv$$
$$=\int_0^{2\pi}\left(\int_0^{2\pi}(R+r\cos u)r\,dv\right)du$$
$$=2\pi r\int_0^{2\pi}(R+r\cos u)\,du$$
$$=2\pi r\left[Ru+r\sin u\right]_0^{2\pi}=4\pi^2Rr$$

2　$S:\mathbf{r}(x,y)=(x,y,2-2x-y)$

（$x\geqq 0$，$y\geqq 0$，$y\leqq 2-2x$）

であり

$$\frac{\partial\mathbf{r}}{\partial x}=(1,0,-2),\quad\frac{\partial\mathbf{r}}{\partial y}=(0,1,-1)$$

$$\therefore\quad\frac{\partial\mathbf{r}}{\partial x}\times\frac{\partial\mathbf{r}}{\partial y}=(2,1,1)$$

よって

$D:x\geqq 0,\ y\geqq 0,\ y\leqq 2-2x$ として

$$\iint_S\varphi\,dS$$
$$=\iint_D\{x^2+y-(2-2x-y)\}\cdot\sqrt{6}\,dxdy$$
$$=\sqrt{6}\int_0^1\left(\int_0^{2-2x}\{(x^2+2x-2)+2y\}dy\right)dx$$

$$= \sqrt{6}\int_0^1 \left[ (x^2+2x-2)y + y^2 \right]_{y=0}^{y=2-2x} dx$$

$$= \sqrt{6}\int_0^1 \{(x^2+2x-2)(2-2x)+(2-2x)^2\}dx$$

$$= 2\sqrt{6}\int_0^1 (-x^3+x^2)dx$$

$$= 2\sqrt{6}\cdot\left(-\frac{1}{4}+\frac{1}{3}\right) = \frac{\sqrt{6}}{6}$$

**3**　$S:\mathbf{r}(u,v) = (2\cos u, 2\sin u, v)$

$$\left(0 \leqq u \leqq \frac{\pi}{2},\ 0 \leqq v \leqq 2\right)$$

であり

$$\mathbf{r}_u = (-2\sin u, 2\cos u, 0),$$

$$\mathbf{r}_v = (0,0,1)$$

$$\therefore\quad \mathbf{r}_u \times \mathbf{r}_v = (2\cos u, 2\sin u, 0) = 2(\cos u, \sin u, 0)$$

よって，求める面積分は

$$\iint_S \mathbf{A}\cdot\mathbf{n}\,dS = \iint_D \mathbf{A}\cdot(\mathbf{r}_u\times\mathbf{r}_v)\,dudv$$

ここで，$S$ において

$$\mathbf{A} = (4\sin u, 12v\cos u, 6\cos u) = 2(2\sin u, 6v\cos u, 2\cos u)$$

であるから

$$\mathbf{A}\cdot(\mathbf{r}_u\times\mathbf{r}_v)$$

$$= 4(2\sin u\cos u + 6v\sin u\cos u)$$

$$= 8(1+3v)\sin u\cos u$$

したがって

$$\iint_S \mathbf{A}\cdot\mathbf{n}\,dS = \iint_D \mathbf{A}\cdot(\mathbf{r}_u\times\mathbf{r}_v)\,dudv$$

$$= 8\iint_D (1+3v)\sin u\cos u\,dudv$$

$$= 8\int_0^{\frac{\pi}{2}}\left(\int_0^2 (1+3v)\sin u\cos u\,dv\right)du$$

$$= 8\int_0^{\frac{\pi}{2}} \sin u\cos u\,du \cdot \int_0^2 (1+3v)\,dv$$

$$= 8\left[\frac{1}{2}\sin^2 u\right]_0^{\frac{\pi}{2}} \cdot \left[v+\frac{3}{2}v^2\right]_0^2 = 8\cdot\frac{1}{2}\cdot 8 = 32$$

## ■演習問題 5. 4

**1**　曲面 $S$ を

$$S: x^2+y^2 \leqq 4,\ z=0$$

とし，$\mathbf{n}=(0,0,1)$ とする。

ストークスの定理より

$$\oint_C \mathbf{A}\cdot d\mathbf{r} = \iint_S (\nabla\times\mathbf{A})\cdot\mathbf{n}\,dS$$

ここで

$$\mathbf{A} = (x^2+y, x^2+2z, 2y)$$

より

$$\nabla\times\mathbf{A} = \begin{pmatrix} (2y)_y - (x^2+2z)_z \\ (x^2+y)_z - (2y)_x \\ (x^2+2z)_x - (x^2+y)_y \end{pmatrix} = \begin{pmatrix} 0 \\ 0 \\ 2x-1 \end{pmatrix} = (0,0,2x-1)$$

よって

$$\oint_C \mathbf{A}\cdot d\mathbf{r} = \iint_S (\nabla\times\mathbf{A})\cdot\mathbf{n}\,dS$$

$$= \iint_S (2x-1)\,dS$$

$$= \iint_D (2x-1)\,dxdy \qquad \left(D: x^2+y^2 \leqq 4\right)$$

$$= \int_{-2}^{2}\left(\int_{-\sqrt{4-y^2}}^{\sqrt{4-y^2}} (2x-1)dx\right)dy$$

$$= \int_{-2}^{2}\left[x^2-x\right]_{x=-\sqrt{4-y^2}}^{x=\sqrt{4-y^2}} dy$$

$$= -2\int_{-2}^{2}\sqrt{4-y^2}\,dy = -2\cdot\frac{\pi\cdot 2^2}{2} = -4\pi$$

**【参考】**線積分を直接計算した場合：

$$\oint_C \mathbf{A}\cdot d\mathbf{r} = \int_0^{2\pi} \mathbf{A}\cdot\frac{d\mathbf{r}}{dt}\,dt$$

ここで

$$C: \mathbf{r}(t) = (2\cos t, 2\sin t, 0),\ 0 \leqq t \leqq 2\pi$$

より

$$\frac{d\mathbf{r}}{dt} = (-2\sin t, 2\cos t, 0)$$

よって

$$\mathbf{A}\cdot\frac{d\mathbf{r}}{dt} = (4\cos^2 t + 2\sin t, 4\cos^2 t, 4\sin t)\cdot(-2\sin t, 2\cos t, 0)$$

$$= -8\sin t\cos^2 t - 4\sin^2 t + 8\cos^3 t$$

$$= -8\sin t\cos^2 t - 4\sin^2 t + 8(1-\sin^2 t)\cos t$$

$$= -8\sin t\cos^2 t - 2(1-\cos 2t) + 8\cos t - 8\sin^2 t\cos t$$

$$= -8\sin t\cos^2 t - 2 + 2\cos 2t + 8\cos t - 8\sin^2 t\cos t$$

したがって

$$\oint_C \mathbf{A}\cdot d\mathbf{r} = \int_0^{2\pi} \mathbf{A}\cdot\frac{d\mathbf{r}}{dt}dt$$

$$= \int_0^{2\pi}(-8\sin t\cos^2 t - 2 + 2\cos 2t + 8\cos t - 8\sin^2 t\cos t)\,dt$$

$$= \left[\frac{8}{3}\cos^3 t - 2t + \sin 2t + 8\sin t - \frac{8}{3}\sin^3 t\right]_0^{2\pi}$$

$$= -4\pi$$

**2** ガウスの発散定理より

$$\iint_S \mathbf{A}\cdot\mathbf{n}\,dS = \iiint_V \nabla\cdot\mathbf{A}\,dV$$

ここで，$\mathbf{A} = (-x^2, 4y^2z, 2xz^2)$ より

$$\nabla\cdot\mathbf{A} = -2x + 8yz + 4xz$$

であるから

$$\iint_S \mathbf{A}\cdot\mathbf{n}\,dS = \iiint_V (-2x + 8yz + 4xz)\,dV$$

$$= \int_0^2\left(\int_0^3\left(\int_0^{\sqrt{9-x^2}}(-2x + 8yz + 4xz)dy\right)dx\right)dz$$

$$= \int_0^2\left(\int_0^3[-2xy + 4y^2z + 4xyz]_{y=0}^{y=\sqrt{9-x^2}}\,dx\right)dz$$

$$= \int_0^2\left(\int_0^3[2(2z-1)xy + 4y^2z]_{y=0}^{y=\sqrt{9-x^2}}\,dx\right)dz$$

$$= \int_0^2\left(\int_0^3 2(2z-1)x\sqrt{9-x^2}\,dx\right)dz + \int_0^2\left(\int_0^3 4(9-x^2)z\,dx\right)dz$$

$$= \int_0^2\left[-\frac{2}{3}(2z-1)(9-x^2)^{\frac{3}{2}}\right]_0^3 dz + \int_0^2\left[4(9x - \frac{1}{3}x^3)z\right]_0^3 dz$$

$$= \int_0^2\{18(2z-1) + 72z\}dz$$

$$= \int_0^2(108z - 18)dz = \left[54z^2 - 18z\right]_0^2$$

$$= 216 - 36 = 180$$

**3** (1) まず，次の関係が成り立つことに注意する。

$$\nabla\cdot(\varphi\nabla\psi) = (\nabla\varphi)\cdot(\nabla\psi) + \varphi\Delta\psi$$

よって

$$\iiint_V\{\varphi\Delta\psi + (\nabla\varphi)\cdot(\nabla\psi)\}\,dV = \iiint_V \nabla\cdot(\varphi\nabla\psi)\,dV$$

ここで，ガウスの発散定理により

$$\iiint_V \nabla\cdot(\varphi\nabla\psi)\,dV = \iint_S(\varphi\nabla\psi)\cdot\mathbf{n}\,dS$$

$$= \iint_S \varphi(\nabla\psi)\cdot\mathbf{n}\,dS$$

$$= \iint_S \varphi\frac{\partial\psi}{\partial\mathbf{n}}dS$$

以上より

$$\iiint_V\{\varphi\Delta\psi + (\nabla\varphi)\cdot(\nabla\psi)\}\,dV = \iint_S \varphi\frac{\partial\psi}{\partial\mathbf{n}}dS$$

(2) (1)で示したことから

$$\iiint_V\{\varphi\Delta\psi + (\nabla\varphi)\cdot(\nabla\psi)\}\,dV = \iint_S \varphi\frac{\partial\psi}{\partial\mathbf{n}}dS$$

$$\iiint_V\{\psi\Delta\varphi + (\nabla\psi)\cdot(\nabla\varphi)\}\,dV = \iint_S \psi\frac{\partial\varphi}{\partial\mathbf{n}}dS$$

辺々引き算すると

$$\iiint_V\{\varphi\Delta\psi - \psi\Delta\varphi\}\,dV = \iint_S\left(\varphi\frac{\partial\psi}{\partial\mathbf{n}} - \psi\frac{\partial\varphi}{\partial\mathbf{n}}\right)dS$$

**[p. 227の積分の計算]**

まず

$$\int_{-\sqrt{1-x^2}}^{\sqrt{1-x^2}}\frac{1}{\sqrt{1-x^2-y^2}}dy$$

$$= \int_{-\sqrt{1-x^2}}^{\sqrt{1-x^2}}\frac{1}{\sqrt{1-x^2}}\frac{1}{\sqrt{1-(y/\sqrt{1-x^2})^2}}dy$$

$$= \left[\sin^{-1}\frac{y}{\sqrt{1-x^2}}\right]_{y=-\sqrt{1-x^2}}^{y=\sqrt{1-x^2}} = \frac{\pi}{2} - \left(-\frac{\pi}{2}\right) = \pi$$

と定数になり，

次に

$$\int_{-1}^1\frac{1-ax}{(\sqrt{1+a^2-2ax})^3}dx$$

において

$$\sqrt{1+a^2-2ax} = t$$

と置換積分すれば，簡単な計算により

$$\int_{-1}^1\frac{1-ax}{(\sqrt{1+a^2-2ax})^3}dx = \cdots = 0$$

を得る。

# 第６章 偏微分方程式

## ■演習問題 6.1

**1**　「ストークスの公式：

波動方程式：$\dfrac{\partial^2 u}{\partial t^2}=c^2\dfrac{\partial^2 u}{\partial x^2}$

の解 $u(x,t)$ で，

初期条件：

$$u(x,0)=\varphi(x),\quad \frac{\partial u}{\partial t}(x,0)=\psi(x)$$

を満たすものは

$$u(x,t)=\frac{\varphi(x+ct)+\varphi(x-ct)}{2}+\frac{1}{2c}\int_{x-ct}^{x+ct}\psi(s)ds$$

で与えられる。」

(1)　$\dfrac{\partial^2 u}{\partial t^2}=\dfrac{\partial^2 u}{\partial x^2}$

初期条件：

$$u(x,0)=e^{-x^2},\quad \frac{\partial u}{\partial t}(x,0)=0$$

ストークスの公式より

$$u(x,t)=\frac{e^{-(x+t)^2}+e^{-(x-t)^2}}{2}+\frac{1}{2}\int_{x-ct}^{x+ct}0\,ds$$

$$=e^{-(x^2+t^2)}\frac{e^{-2xt}+e^{2xt}}{2}+0$$

$$=e^{-(x^2+t^2)}\cosh 2xt$$

(2)　$\dfrac{\partial^2 u}{\partial t^2}=4\dfrac{\partial^2 u}{\partial x^2}$

初期条件：

$$u(x,0)=x^2,\quad \frac{\partial u}{\partial t}(x,0)=4x$$

ストークスの公式より

$$u(x,t)=\frac{(x+2t)^2+(x-2t)^2}{2}+\frac{1}{4}\int_{x-2t}^{x+2t}4s\,ds$$

$$=x^2+4t^2+\left[\frac{1}{2}s^2\right]_{x-2t}^{x+2t}$$

$$=x^2+4t^2+\frac{(x+2t)^2-(x-2t)^2}{2}$$

$$=x^2+4t^2+4xt=(x+2t)^2$$

**2**　「フーリエの方法：

波動方程式：$\dfrac{\partial^2 u}{\partial t^2}=c^2\dfrac{\partial^2 u}{\partial x^2}\quad(0<x<L)$

の解 $u(x,t)$ で，

初期条件：

$$u(x,0)=f(x),\quad \frac{\partial u}{\partial t}(x,0)=g(x)$$

境界条件：

$$u(0,t)=u(L,t)=0$$

を満たすものは

$$u(x,t)=\sum_{n=1}^{\infty}\sin\frac{n\pi}{L}x\left(a_n\cos\frac{cn\pi}{L}t+b_n\sin\frac{cn\pi}{L}t\right)$$

で与えられる。

ただし，定数係数 $a_n, b_n$ は

$$a_n=\frac{2}{L}\int_0^L f(x)\sin\frac{n\pi}{L}x\,dx,$$

$$b_n=\frac{2}{cn\pi}\int_0^L g(x)\sin\frac{n\pi}{L}x\,dx$$

で定まる。」

フーリエの方法より

$$a_n=\frac{2}{\pi}\int_0^{\pi}0\cdot\sin nx\,dx=0$$

$$b_n=\frac{2}{n\pi}\int_0^{\pi}\sin 2x\sin nx\,dx$$

ここで

$$\int_0^{\pi}\sin 2x\sin nx\,dx=\begin{cases}0 & (n\neq 2)\\ \dfrac{\pi}{2} & (n=2)\end{cases}$$

より

$$u(x,t)=\sum_{n=1}^{\infty}\sin nx(a_n\cos cnt+b_n\sin cnt)$$

$$=\sin 2x\cdot b_2\sin 2t$$

$$=\sin 2x\cdot\frac{1}{\pi}\cdot\frac{\pi}{2}\sin 2t$$

$$=\frac{1}{2}\sin 2x\sin 2t$$

**3**　「定理：

熱方程式：$\dfrac{\partial u}{\partial t}=c^2\dfrac{\partial^2 u}{\partial x^2}\quad(0<x<L)$

の解 $u(x,t)$ で，

初期条件：

$$u(x,0)=f(x)$$

境界条件：

$$u(0, t) = u(L, t) = 0$$

を満たすものは

$$u(x, t) = \sum_{n=1}^{\infty} a_n \sin \frac{n\pi}{L} x \cdot e^{-\left(\frac{cn\pi}{L}\right)^2 t}$$

で与えられる。

ただし，定数係数 $a_n$ は

$$a_n = \frac{2}{L}\int_0^L f(x) \sin \frac{n\pi}{L} x \, dx$$

で定まる。」

上の定理より

$$a_n = 2\int_0^1 \sin \pi x \sin n\pi x \, dx$$

ここで

$$\int_0^1 \sin \pi x \sin n\pi x \, dx$$

$$= \frac{1}{\pi}\int_0^\pi \sin u \sin nu \, du$$

$$= \begin{cases} 0 & (n \neq 1) \\ \dfrac{1}{2} & (n = 1) \end{cases}$$

であるから，求める解は

$$u(x, t) = \sum_{n=1}^{\infty} a_n \sin n\pi x \cdot e^{-(\sqrt{2}n\pi)^2 t}$$

$$= a_1 \sin \pi x \cdot e^{-(\sqrt{2}\pi)^2 t}$$

$$= 2 \cdot \frac{1}{2} \sin \pi x \cdot e^{-2\pi^2 t}$$

$$= \sin \pi x \cdot e^{-2\pi^2 t}$$

**4** まず定数解でない変数分離解を求める。

$u(x, y) = X(x)Y(y)$ とすると

$$\Delta u = X''Y + XY'' = 0$$

$$\therefore \quad \frac{X''}{X} = -\frac{Y''}{Y}$$

この両辺が定数であることがわかるから，その値を $\lambda$ とおくと

$$X'' - \lambda X = 0 \quad \cdots\cdots①$$

$$Y'' + \lambda Y = 0 \quad \cdots\cdots②$$

これらはごく基本的な 2 階線形（常）微分方程式である。

境界条件：

$$u(0, y) = u(\pi, y) = 0, \quad u(x, 0) = \sin 2x$$

より

$$X(0) = X(\pi) = 0$$

（$Y(y) = 0$ ではないことに注意）

①と，この境界条件より

$$\lambda = -n^2,$$

$$X(x) = A_n \sin nx \quad (n = 1, 2, \cdots)$$

このとき，②より

$$Y(y) = B_n e^{ny} + C_n e^{-ny} \quad (n = 1, 2, \cdots)$$

境界条件：$\displaystyle\lim_{y\to\infty} u(x, y) = 0$

より

$$\lim_{y\to\infty} Y(y) = 0$$

であるから

$$B_n = 0$$

よって

$$u(x, y) = X(x)Y(y)$$

$$= a_n \sin nx \cdot e^{-ny} \quad (a_n = A_n C_n)$$

重ね合わせの原理より，求める解を

$$u(x, y) = a_0 + \sum_{n=1}^{\infty} a_n \sin nx \cdot e^{-ny}$$

とおける。

ここで

$$u(x, 0) = a_0 + \sum_{n=1}^{\infty} a_n \sin nx = \sin 2x$$

より

$$a_n = \begin{cases} 0 & (n \neq 2) \\ 1 & (n = 2) \end{cases}$$

よって，求めるディリクレ問題の解は

$$u(x, y) = \sin 2x \cdot e^{-2y}$$

$$= e^{-2y} \sin 2x$$

# 索引

# 参考文献

本書では大学初年級で学習する微分積分（常微分方程式を含む）と線形代数は扱っていません。理工系の大学院入試の中心は応用数学からの出題ですが，微分積分や線形代数からの出題もあります。ところで，微分積分と線形代数については大学院入試と大学編入試験とで何ら違いはありません。よって，これらについては以下に紹介する拙著（「大学編入試験対策シリーズ」金子書房）の中で十分扱っていますので，必要な方はぜひ参考にしてください。

［1］　『編入数学徹底研究』
これは一冊で微分積分，線形代数，確率，応用数学を扱っており，大学編入試験対策の参考書として広く読まれているものです。しかも，難関大を除く大部分の理工系大学院入試対策としても十分通用することが確認されています。微分積分と線形代数を含む入試範囲全体を基礎から短期間で学習したい場合にはおすすめです。

［2］　『編入数学過去問特訓』
これも一冊で微分積分，線形代数，確率，応用数学を扱っています。収録されている問題はすべて大学編入試験の過去問題です。大学編入試験は微分積分と線形代数が中心であり，この問題集は問題数が多くレベルも高いため，微分積分と線形代数についてはそのまま難関大を含む大学院入試対策としても通用します。ただし，大学編入試験では応用数学からの出題は少ないので，応用数学に関しては難関大大学院入試対策として不十分です。

上記 2 冊の他に，微分積分と線形代数について理論的な基礎からレベルの高い編入試験問題まで解説したものとして，以下のものがあります。微分積分と線形代数を徹底的に勉強したいという人におすすめです。

［3］　『編入の微分積分 徹底研究』

［4］　『編入の線形代数 徹底研究』

本書は理工系の大学院入試の中心である応用数学に関する参考書で，微分積分（常微分方程式を含む）と線形代数は扱っていませんから，必要に応じて上に紹介した参考書を活用していただければと思います。

◉著者略歴

**桜井 基晴**（さくらい もとはる）

大阪大学大学院理学研究科修士課程（数学）修了
大阪市立大学大学院理学研究科博士課程（数学）単位修了
現在、ECC 編入学院 数学科チーフ・講師。
専門は確率論、微分幾何学。余暇のすべてを現代数学の勉強に充てている。

著書
『編入数学徹底研究』『編入数学過去問特訓』『編入数学入門』『編入の線形代数 徹底研究』『編入の微分積分 徹底研究』（以上、金子書房）、『数学Ⅲ 徹底研究』（科学新興新社）など。

大学院・大学編入のための応用数学
基本事項の整理と問題演習および入試問題研究

---

2022年9月1日　第1版第1刷発行

著　者　桜井　基晴
発行者　麻畑　　仁
発行所　㈲プレアデス出版
〒399-8301　長野県安曇野市穂高有明7345-187
TEL 0263-31-5023　FAX 0263-31-5024
http://www.pleiades-publishing.co.jp

装　丁　松岡　　徹
印刷所　亜細亜印刷株式会社
製本所　株式会社渋谷文泉閣

---

落丁・乱丁本はお取り替えいたします。定価はカバーに表示してあります。
ISBN978-4-910612-04-1　C3041
Printed in Japan